沟壑整治工程
优化配置与建造技术

曹文洪　李占斌　陈丽华　张晓明　李　鹏　著

中国水利水电出版社
www.waterpub.com.cn

内 容 提 要

本书围绕黄土高原地区沟壑整治工程规划、布局、设计、建造、管理与评价等理论和技术，在沟壑整治工程优化配置的理论与模型、潜力与能力、技术与模式、方案与评价，以及沟壑工程新型设计与建造、施工与管理、效益与评价等方面开展了研究。本书研究成果对实现水土资源的高效利用，对促进当地农业增产、农民增收、农村经济发展，巩固退耕还林成果，改善生态环境，有效减少入黄泥沙，确保黄河安澜，全面建设小康社会具有重大的现实意义。

本书适合水利行业相关专业的科研人员阅读和参考。

图书在版编目（CIP）数据

沟壑整治工程优化配置与建造技术 / 曹文洪等著. -- 北京：中国水利水电出版社，2012.4
ISBN 978-7-5084-9587-3

Ⅰ．①沟… Ⅱ．①曹… Ⅲ．①黄土高原－沟壑－水土保持－综合治理－研究 Ⅳ．①S157.2

中国版本图书馆CIP数据核字(2012)第051843号

书　　名	**沟壑整治工程优化配置与建造技术**
作　　者	曹文洪　李占斌　陈丽华　张晓明　李鹏　著
出版发行	中国水利水电出版社 （北京市海淀区玉渊潭南路1号D座　100038） 网址：www.waterpub.com.cn E-mail：sales@waterpub.com.cn 电话：（010）68367658（发行部）
经　　售	北京科水图书销售中心（零售） 电话：（010）88383994、63202643、68545874 全国各地新华书店和相关出版物销售网点
排　　版	中国水利水电出版社微机排版中心
印　　刷	北京纪元彩艺印刷有限公司
规　　格	184mm×260mm　16开本　21.25印张　503千字
版　　次	2012年4月第1版　2012年4月第1次印刷
印　　数	0001—1000册
定　　价	**80.00元**

凡购买我社图书，如有缺页、倒页、脱页的，本社发行部负责调换

版权所有·侵权必究

前言

黄土高原丘陵沟壑区，自然条件复杂，是我国生态环境脆弱和水土流失最为严重的地区。严重的水土流失不仅制约着当地农业生产和经济发展，导致当地生态环境不断恶化，而且输入黄河大量泥沙，给黄河下游两岸人民的生命、财产安全带来严重的洪灾威胁。

黄土高原丘陵沟壑区地貌的突出特点是"千沟万壑、支离破碎"。沟道是地表径流的通道，也是地表水、地下水的主要交互带，又是土壤侵蚀主要发生地，是黄河泥沙的主要来源区。长期的定位观测和实验研究结果表明，在黄土高原丘陵沟壑区流域侵蚀产沙中，沟道侵蚀产沙量占总侵蚀量的60%以上。在长期水土流失治理的实践中，形成了以生物措施、耕作措施和工程措施为主的综合治理体系。淤地坝作为主要的工程措施，利用水土流失的自然过程，集大面积上的水、沙、肥在坝地上使用，从而获得高产稳产的农业，深受黄土高原地区群众的喜爱；同时淤地坝可以迅速地拦截泥沙，减少河道淤积，又为黄河治理所急需。淤地坝有机地统一了当地致富、生态环境建设和治黄的关系。因此，以淤地坝为核心的沟道治理工程是黄土高原水土流失治理的关键措施。

建设社会主义新农村，消除贫困，构筑和谐社会和改善生态环境，对水土流失治理提出了新的、更高的要求。黄土高原地区沟道治理不仅只是修建淤地坝淤地造田，而且是利用淤地坝调控流域水资源配置，高效利用水土资源。因此，针对要建设和谐生态环境，又缺乏技术支撑的现实，科技部将"沟壑整治工程优化配置与建造技术"列为"十一五"国家科技支撑计划课题（编号 2006BAD09B02），开展沟壑整治开发与工程优化配置建设技术研究，以揭示沟道侵蚀的动力学过程、小流域水力调控模拟理论与方法、沟壑整治的环境效应评价等基础科学问题，解决沟道生态环境建设过程中存在的沟道工程规划、设计、施工、管理等问题，积极探索淤地坝及其坝系优化配置，调控流域水土资源，实现水土资源的高效利用。课题研究成果对农村经济发展，巩固退耕还林成果，改善生态环境，确保黄河安澜有重要意义。

本书相关研究和出版得到了"十一五"国家科技支撑计划课题（编号2006BAD09B02）"沟壑整治工程优化配置与建造技术"与"流域水环境模拟与调控国家重点实验室"的资助，在此衷心表示感谢。参加本书编写及课题研究的主要人员包括：曹文洪、李占斌、陈丽华、张晓明、李鹏、高凌、刘春晶、祁伟、鲁克新、张翔、沈中原、刘卉芳、侯建才、朱毕生、魏霞、解刚、杨启红、朱冰冰等。

课题组人员经过 5 年的艰辛探索和研究，课题取得了多项创新性成果，可概括为：四项理论研究的进展、三个模型的建立、六项新技术的开发、五项技术模式的推广。本课题在国内外期刊上发表学术论文 100 余篇，国内外学术会议特邀报告 10 余篇，出版专著 2 部，获得国家发明专利 6 项和实用新型专利 1 项，提出技术规程 3 项，参与制定国家标准 4 项，建立试验示范基地 3 个。

鉴于黄土高原问题的复杂性及作者水平的局限，书中难免出现疏漏或谬误之处，敬请读者批评指正。

作　者

2012 年 2 月

目 录

前言

第1章 绪论 ... 1
1.1 流域水文生态过程研究 ... 1
1.1.1 流域降水与径流 ... 1
1.1.2 生态水文过程研究 ... 2
1.1.3 流域泥沙来源研究 ... 4
1.1.4 水文模型研究进展 ... 5
1.2 坡沟系统侵蚀产沙研究 ... 6
1.2.1 坡沟系统侵蚀理论基础 ... 6
1.2.2 坡面侵蚀对沟道侵蚀的作用 ... 7
1.3 淤地坝对水沙资源的调控及坝系稳定研究 ... 8
1.3.1 淤地坝对水沙资源的调控研究 ... 8
1.3.2 基于土地利用变化的淤地坝坝系规划研究 ... 8
1.3.3 建坝顺序及建坝间隔 ... 9
1.3.4 坝系稳定性研究 ... 9
1.3.5 GIS及其模型在淤地坝设计中的现状及展望 ... 10
1.4 沟道工程对径流泥沙的影响研究 ... 10
1.4.1 沟道工程对径流的影响 ... 11
1.4.2 沟道工程对泥沙的影响 ... 12

第2章 流域次暴雨水沙响应模型 ... 13
2.1 径流侵蚀功率的理论基础 ... 14
2.2 流域次暴雨水沙响应模型的建立 ... 14
2.2.1 岔巴沟流域概况 ... 15
2.2.2 次暴雨水沙响应关系的建立及验证 ... 15
2.2.3 基于径流侵蚀功率的流域次暴雨水沙响应模型 ... 18
2.3 径流侵蚀功率理论在不同尺度坡面侵蚀产沙中的应用 ... 19
2.3.1 概述 ... 19
2.3.2 研究区域概况 ... 19
2.3.3 坡面次暴雨水沙响应关系的建立 ... 19

2.4 不同空间尺度次暴雨径流侵蚀功率与降雨侵蚀力对比研究 21
  2.4.1 概述 21
  2.4.2 研究结果与分析 22
2.5 流域次暴雨水沙响应关系的验证 24
  2.5.1 蛇家沟及团山沟流域 24
  2.5.2 南小河沟流域 25
  2.5.3 纸坊沟流域 27
  2.5.4 窟野河流域 28
  2.5.5 三川河流域 29
  2.5.6 典型对比流域 31
  2.5.7 大理河流域 34
2.6 不同尺度流域次暴雨水沙响应关系分析 35

第3章 流域地貌形态特征量化及其与侵蚀产沙耦合 37
3.1 地貌形态特征三维分形信息维数测定方法 37
  3.1.1 三维分形 GIS 实体的创建 38
  3.1.2 三维分形 GIS 实体的虚拟量化 40
  3.1.3 三维分形 GIS 扫描 41
  3.1.4 线性回归 44
  3.1.5 标度归一 44
3.2 典型流域地貌分形量化 47
  3.2.1 岔巴沟流域简介 47
  3.2.2 水文泥沙控制站与水沙特性数据的收集 48
  3.2.3 岔巴沟流域地貌分形特征 53
3.3 岔巴沟流域次降雨侵蚀产沙地貌临界计算 55

第4章 流域降雨水沙过程及分布式模型研究 63
4.1 降雨径流、侵蚀产沙的物理过程和力学机理 63
  4.1.1 有效降雨过程 63
  4.1.2 植物截留过程 64
  4.1.3 土壤入渗过程 64
  4.1.4 地表径流过程 65
  4.1.5 土壤侵蚀过程 66
  4.1.6 径流输沙过程 66
  4.1.7 流域产沙过程 66
4.2 场暴雨小流域降雨径流和侵蚀产沙分布式模型建立 67
  4.2.1 流域网格的划分 67
  4.2.2 模型建立 67

  4.2.3 模型的验证 ··· 68
 4.3 基于分布式模型的水土保持措施减水减沙效益评价 ························· 70
  4.3.1 减水减沙方案设计 ·· 70
  4.3.2 减水减沙效益评价 ·· 71
  4.3.3 流域配置措施优化 ·· 75
 4.4 淤地坝子模型 ·· 76
  4.4.1 "一大件"结构 ··· 76
  4.4.2 "两大件"结构 ··· 77
  4.4.3 "三大件"结构 ··· 78

第5章 小流域侵蚀产沙特征示踪研究 ······································· 80
 5.1 流域泥沙来源示踪研究技术原理 ··· 80
  5.1.1 典型淤地坝的选取 ·· 80
  5.1.2 坡地及淤积层土样选取及其干容重测定 ························· 82
  5.1.3 淤地坝淤积信息观测与分析 ·· 82
  5.1.4 典型坝淤积信息与侵蚀性降雨响应关系 ························· 83
  5.1.5 淤积信息的剖面分布规律 ·· 85
 5.2 流域侵蚀产沙特征示踪分析 ·· 86
  5.2.1 研究区背景值的确定 ·· 86
  5.2.2 流域不同地貌部位侵蚀产沙来源示踪分析 ······················· 87
  5.2.3 流域不同土地利用类型侵蚀产沙来源示踪分析 ················ 92
 5.3 小流域侵蚀产沙来源示踪 ··· 93
  5.3.1 流域侵蚀产沙来源 ·· 93
  5.3.2 典型降雨事件下流域主要侵蚀产沙来源变化 ··················· 94
  5.3.3 降雨侵蚀产沙与淤积泥沙对比分析 ······························· 96
 5.4 流域侵蚀产沙特征演变 ·· 97
  5.4.1 基于流域定位实测资料的流域侵蚀产沙演变 ··················· 97
  5.4.2 基于黄土高原土壤流失方程的流域侵蚀产沙模数计算 ······ 98
  5.4.3 基于淤地坝淤积信息的淤地坝坝控流域侵蚀产沙演变 ····· 103
  5.4.4 流域土壤侵蚀模数确定方法比较 ································· 104

第6章 流域坡沟系统重力侵蚀模拟与调控 ································ 106
 6.1 重力侵蚀数值分析原理 ·· 107
  6.1.1 滑坡稳定分析中的极限平衡方法 ································· 107
  6.1.2 有限差分强度系数折减法基本原理 ····························· 107
  6.1.3 崩塌滑坡的蒙特卡洛概率计算 ···································· 108
  6.1.4 FLAC^{3D}数值模拟原理 ·· 109
  6.1.5 坡沟系统作用力 ··· 109
  6.1.6 Rosenblueth 矩估计方法的基本原理 ····························· 111

6.2 坡沟系统重力侵蚀数值模拟研究 ·· 114
6.2.1 研究区概况 ··· 114
6.2.2 坡沟系统概化模型及有限差分计算模型 ································· 114
6.2.3 土体物理力学指标 ·· 115
6.2.4 数值计算过程 ·· 116
6.2.5 坡沟系统稳定性变化特征 ·· 116
6.2.6 坡沟系统位移场分布模拟 ·· 117
6.2.7 坡沟系统应力场分布模拟 ·· 119
6.2.8 坡沟系统塑性区分布模拟 ·· 120
6.3 小流域重力侵蚀数值模拟研究 ·· 121
6.3.1 复杂地形的 FLAC³ᴰ 建模方法 ·· 121
6.3.2 小流域概化模型及有限差分计算模型 ··································· 122
6.3.3 小流域重力侵蚀发育情况 ·· 123
6.3.4 小流域位移场分布模拟 ·· 123
6.3.5 小流域应力场分布模拟 ·· 126
6.3.6 小流域塑性区分布模拟 ·· 126
6.3.7 Rosenblueth 矩估计方法计算 ·· 127
6.4 淤地坝对小流域重力侵蚀的调控作用 ······································· 128
6.4.1 淤地坝小流域有限差分计算模型 ······································· 128
6.4.2 淤地坝对位移场分布调控作用 ··· 128
6.4.3 淤地坝对应力场分布调控作用 ··· 130
6.4.4 淤地坝对塑性区分布调控作用 ··· 131

第7章 流域坝系工程优化模拟 ··· 133
7.1 坝系规划方法研究进展 ·· 133
7.2 韭园沟坝系建设情况 ·· 134
7.3 坝系优化非线性规划研究 ··· 135
7.3.1 建模方法 ··· 135
7.3.2 坝系优化非线性规划模型 ·· 140
7.3.3 建坝顺序优化模型 ··· 141
7.3.4 非线性优化规划结果 ·· 142
7.3.5 建坝顺序优化计算及结果 ·· 148
7.4 坝系防洪标准研究 ·· 149
7.4.1 关于坝系防洪标准问题 ·· 149
7.4.2 相对稳定坝系防洪标准研究方法 ······································· 150
7.4.3 模型设计 ··· 151

第8章 淤地坝规划与规模布局新技术 ·· 154
8.1 淤地坝规划建设中的技术问题 ··· 154

8.1.1 淤地坝坝系的相对稳定 …………………………………………… 154
　　8.1.2 淤地坝洪水设计标准和不达标淤地坝的处理标准 ………………… 156
　　8.1.3 淤地坝淤满再用还是随淤随用 ………………………………………… 157
8.2 新时期淤地坝建设指导思想 …………………………………………… 158
8.3 淤地坝规模布局技术研究 ……………………………………………… 159
　　8.3.1 建坝规模潜力分析 …………………………………………………… 159
　　8.3.2 减沙需求的建坝规模分析 …………………………………………… 161
　　8.3.3 延安市拟建淤地坝规模确定 ………………………………………… 163

第9章 淤地坝快速施工技术 …………………………………………………… 164
9.1 水坠坝坝体排水系统技术优点 …………………………………………… 165
　　9.1.1 适用性 ………………………………………………………………… 165
　　9.1.2 可行性 ………………………………………………………………… 165
　　9.1.3 功效性 ………………………………………………………………… 165
9.2 水坠坝坝体排水系统技术内容 …………………………………………… 165
　　9.2.1 技术系统实施背景 …………………………………………………… 165
　　9.2.2 技术方案 ……………………………………………………………… 167
　　9.2.3 技术实施 ……………………………………………………………… 167
9.3 水坠坝坝体排水系统技术应用效果 ……………………………………… 168
　　9.3.1 表面观察 ……………………………………………………………… 169
　　9.3.2 施工速度 ……………………………………………………………… 169
　　9.3.3 经济性比较 …………………………………………………………… 170
　　9.3.4 推广前景 ……………………………………………………………… 170
9.4 淤地坝坝体排水中的新材料应用 ………………………………………… 170

第10章 淤地坝放水建筑物结构优化技术 …………………………………… 171
10.1 淤地坝放水建筑物型式 ………………………………………………… 171
　　10.1.1 卧管式放水工程 …………………………………………………… 171
　　10.1.2 竖井式放水工程 …………………………………………………… 171
10.2 放水工程具体实用新型设计 …………………………………………… 172
10.3 新型放水工程水力试验 ………………………………………………… 174
　　10.3.1 宋家沟淤地坝实体概况 …………………………………………… 174
　　10.3.2 放水工程的水力设计要求 ………………………………………… 176
　　10.3.3 模型及试验方案设计 ……………………………………………… 176
　　10.3.4 流量系数方法 ……………………………………………………… 178
　　10.3.5 水力试验结果与分析 ……………………………………………… 180

第11章 淤地坝结构设计与施工管理技术 …………………………………… 184
11.1 淤地坝卧管结构设计 …………………………………………………… 184
　　11.1.1 淤地坝卧管结构设计 ……………………………………………… 184

	11.1.2 卧管横断面尺寸设计	185
	11.1.3 消力池横断面尺寸设计	185
	11.1.4 方形卧管与消力池盖板厚度设计	185
	11.1.5 方形卧管侧墙厚度设计	186
11.2	淤地坝涵洞结构设计	186
	11.2.1 方形涵洞盖板厚度设计	186
	11.2.2 圆形涵洞壁厚设计	187
	11.2.3 圆形涵洞配筋设计	187
11.3	淤地坝卧管设计具体实例	187
	11.3.1 卧管放水孔直径确定	187
	11.3.2 卧管断面尺寸设计	188
	11.3.3 消力池断面尺寸	191
	11.3.4 方形卧管与消力池盖板厚度	191
	11.3.5 方形卧管侧墙、基础尺寸	195
	11.3.6 消力池侧墙、基础尺寸	197
11.4	淤地坝涵洞结构设计具体实例	198
	11.4.1 涵洞断面尺寸	198
	11.4.2 方形涵洞盖板厚度	201
	11.4.3 方涵侧墙、基础尺寸	204
	11.4.4 圆涵壁厚及配筋	205
11.5	淤地坝施工的破土面及坝体绿化技术	209
11.6	生态淤地坝的"随淤随用"	209

第12章 黄土丘陵沟壑区水土资源开发利用模式 211

12.1	常规农林业利用模式——安家沟流域	212
	12.1.1 常规农林业利用模式评价指标体系建立及解析	212
	12.1.2 典型区概况	214
	12.1.3 评价指标权重的确定	214
	12.1.4 评价结果及分析	217
12.2	科技示范综合利用模式——定西西川旱地高效农业科技园	218
	12.2.1 科技示范利用模式评价指标体系建立及解析	218
	12.2.2 典型地区概况	221
	12.2.3 评价指标权重的确定	222
	12.2.4 评价结果及分析	224
12.3	特色农业模式——定西马铃薯特色农业	225
	12.3.1 特色农业利用模式评价指标体系的建立及解析	225
	12.3.2 典型地区概况	227
	12.3.3 评价指标权重的确定	228
	12.3.4 评价结果及分析	229

12.4 生态旅游利用模式——平凉市田家沟流域 …… 231
  12.4.1 生态旅游利用模式评价指标体系的建立及解析 …… 231
  12.4.2 典型区概况 …… 233
  12.4.3 评价指标权重的确定 …… 233
  12.4.4 评价结果及分析 …… 235

第 13 章 黄土丘陵沟壑区坝系多目标开发统筹规划模式 …… 239
13.1 坝系多目标开发规划内涵 …… 239
  13.1.1 农业开发规划 …… 239
  13.1.2 林业开发规划 …… 240
  13.1.3 草畜开发规划 …… 241
  13.1.4 沟壑坝系景观开发规划 …… 242
13.2 安家沟流域坝系多目标开发统筹规划 …… 242
  13.2.1 安家沟流域概况 …… 242
  13.2.2 多目标规划 …… 243
  13.2.3 多目标开发 …… 248

第 14 章 黄土丘陵沟壑区坝地开发利用模式 …… 250
14.1 坝地引水灌溉模式 …… 250
  14.1.1 发展坝地引水灌溉模式的意义 …… 250
  14.1.2 发展坝地引水灌溉模式的目的 …… 251
  14.1.3 坝地引水灌溉技术模式 …… 251
  14.1.4 坝地引水灌溉效益分析 …… 253
14.2 坝地养鱼模式 …… 255
  14.2.1 发展坝地养鱼模式的意义 …… 255
  14.2.2 发展坝地养鱼模式的目的 …… 255
  14.2.3 坝地养鱼技术模式 …… 256
  14.2.4 坝地养鱼主要技术措施 …… 256
  14.2.5 坝地养鱼需注意的问题 …… 257
  14.2.6 坝地养鱼效益分析 …… 258
14.3 坝地苜蓿种植模式 …… 259
  14.3.1 发展坝地苜蓿种植模式的意义及目的 …… 259
  14.3.2 技术原理 …… 259
  14.3.3 技术规程 …… 260
  14.3.4 效益分析 …… 264
14.4 坝地马铃薯种植模式 …… 265
  14.4.1 技术目标 …… 265
  14.4.2 技术原理 …… 265
  14.4.3 技术方案 …… 266

14.4.4　技术规程	267
14.4.5　效益分析	269

14.5　坝地油菜栽培技术 … 270
  14.5.1　技术目标 … 270
  14.5.2　技术原理 … 270
  14.5.3　技术规程 … 271
  14.5.4　效益分析 … 273

第15章　沟壑整治工程的环境效应研究 … 274
15.1　流域沟壑整治工程对水沙资源的调控机制 … 274
  15.1.1　流域径流和泥沙对降雨的响应研究 … 274
  15.1.2　流域径流和泥沙对不同的土地利用响应研究 … 278
  15.1.3　土地利用及降雨的减沙理水耦合效应 … 281
  15.1.4　流域尺度变化对流域径流的影响 … 288
  15.1.5　淤地坝对水沙资源的调控效应 … 290
  15.1.6　不同治理方式下的流域侵蚀强度变化 … 296
15.2　沟壑开发整治工程环境效应评估 … 298
  15.2.1　评价指标的选择与指标体系构建 … 298
  15.2.2　淤地坝建设环境效应评估指标权重分析 … 304
  15.2.3　淤地坝建设环境效应指标筛选及权重分析 … 311
  15.2.4　淤地坝建设环境效应指标计算方法及评估标准 … 315

参考文献 … 317

第1章 绪 论

1.1 流域水文生态过程研究

1.1.1 流域降水与径流

降水是产流的主要输入项,对产流的影响也大,特别是降水的时空变化对产流具有决定性作用。降水量与降水强度是影响径流的两个主要因素。降水量与地表径流量的关系不论是在小流域还是在大流域都有密切关系。有学者指出,小雨量时直接径流与降水量之间呈指数关系,而雨量较大时,两者之间为线性关系,但雨量急剧增大时,直接径流率逐渐减小,最后趋近一固定值(中野秀章,1983)。降雨是影响侵蚀的主要动力因素之一,在天然降雨雨滴特性(牟金泽、孟庆枚,1983;江忠善、李秀英,1985)、降雨动能(周佩华等,1981)、侵蚀性暴雨(张汉雄,1983;周佩华、王占礼,1987)研究中取得明显进展。

降雨侵蚀力反映了降雨引起土壤侵蚀的潜力。客观准确的预报降雨侵蚀力,分析其季节变化对于定量预报黄土高原水土流失、进行水土保持具有重要意义。降雨侵蚀力与降雨量、降雨历时、降雨强度和降雨动能有关,反映了降雨特性对土壤侵蚀的影响。国内对降雨侵蚀力(R)有大量研究。其中,估算年降雨侵蚀力值多采用年雨量和月雨量因子两种方法(张光辉,2001)。王万忠等研究认为,最大30min雨强可以作为我国降雨侵蚀力计算的最佳参数,并建立了次降雨侵蚀力、年降雨侵蚀力和多年平均降雨侵蚀力的简易计算方法(王万忠、焦菊英,1996)。国内其他一些研究(吴素业,1992;黄炎和等,1993)以 EI 结构形式为基础,提出了针对具体区域的 R 值的计算方法,但在其他地区推广使用受到限制。由于降雨侵蚀力因子具有较强的地域性,开展对比性研究则是一项长期工作。

降水径流形成过程通常可以归结为产流和汇流两个阶段,前者是由次洪降水量预报所形成的产流量(净雨量),后者将产流量变为出口断面的流量过程。径流的形成是一个错综复杂的物理过程,为了了解降雨径流的机理,径流理论应运而生。径流理论是在19世纪以后逐步建立和发展起来的,旨在探讨不同气候和下垫面条件下降雨径流形成的物理机制、不同介质中水流汇集的基本规律以及产汇流计算方法的基本原理,是研制确定性水文模型、短期水文预报方法和解决许多水文、水资源实际问题的重要理论依据。

国内20世纪60年代初,中国水文学者通过对大量实测水文资料的分析研究,得出了湿润地区以蓄满产流为主和干旱区以超渗产流为主的重要论点,建立了实用的流域产流量计算方法,从而使霍顿产流理论在实际中得到了较为广泛的应用。60年代末期中国水文学者对马斯京根法的理论解释和提出了长河段连续演算方法等,已成为现行实用汇流计算方法的基础。到70年代以来,径流理论发展的主要标志是《动力水文学》(Dynamic Hydrology)、《水文系统线性理论》(The Liner Theory of Hydrology Systems)、《山坡水文学》(Hillslope Hydrology) 等一批中外学术专著的相继问世，以及非霍顿产流理论、计算河流水力学和地貌瞬时单位线等理论的先后提出，表明产汇流理论已经进入成熟期。

1.1.2 生态水文过程研究

生态水文过程是指水文过程与生物动力过程之间的功能关系（夏佰成等，2004），它是揭示生态格局和生态过程变化水文机理的关键。不同时空尺度上和一系列环境条件下的生态水文过程研究是生态水文学的一个重要研究方向。从生态水文过程对物质的运移和转化作用着手，研究其发生发展规律，调整人类活动，与自然为善，对流域的生态水文过程进行合理修复和改进，以使水环境系统沿着持续发展途径演化（王根绪等，2005）。因此，研究生态水文过程可以为合理生态水文格局的构建和水资源的持续利用提供理论支持（张晓明，2007），生态水文过程的剖析与调节被认为是实现水资源可持续发展的关键所在（王根绪等，2001）。

生态水文过程研究包括生态水文化学过程、生态水文物理过程及其生态效应。生态水文化学过程是指水质性研究；生态水文物理过程主要是指土地利用和植被覆盖对降雨、径流、蒸发等水分要素的影响；而水分生态效应主要指水分行为对植被生长和分布的影响。本书主要对生态水文物理过程进行研究，分析土地利用和植被覆盖对径流的影响。

1. 土地利用/覆被变化（LUCC）的水文效应研究

土地作为人类及其他生物生存与发展的载体，在人为与自然双重因子的相互作用下，不断发生变化。为了更好地理解与认识 LUCC 变化过程、机理以及对人类社会与环境产生的影响，实现对 LUCC 未来发展趋势的预测和调控，为区域可持续发展提供决策依据，必须开展全球变化情景下土地利用/覆盖变化的机制研究，掌握人类活动—土地利用/覆盖变化—全球变化—环境反馈之间的相互关系（王秀兰、包玉海，1999；傅伯杰等，1999；李秀彬，1996）。我国关于 LUCC 的研究已经取得丰硕的成果（张镱锂等，2000；蔡运龙，2001；陈军锋、李秀彬，2001；史培军等，2000；王根绪，2005）。

土地利用/覆被变化直接体现和反映了人类活动的影响水平，对水文过程的影响主要表现为对水分循环过程及水量水质的改变作用方面（Bronstert 等，2002），最终结果直接导致水资源供需关系发生变化，从而对流域生态和社会经济发展等多方面具有显著影响（Calder，2000）。Calder（2000）认为，影响水文的主要土地利用/覆被变化是造林和毁林、农业开发的增强、湿地的排水、道路建设以及城镇化等。虽然这些现象和过程从地方到全球所有的空间尺度都存在，但区域和地方尺度土地利用覆被变化是全球变化最重要的来源与驱动力，因此，研究区域尺度对于进一步理解全球变化的原因和影响及其过程是至关重要的。流域是与水有关的区域尺度研究的最佳单元，因为它代表了水与自然特征、人类水土资源利用相关的物质迁移的自然空间综合体。近几十年来，流域土地利用/覆被变化的水文效应研究越来越成为人们普遍关注的焦点。

黄土高原环境脆弱多变，受气候变化和社会经济高速发展的影响，生态水文问题的恶化尤为突出。近年来，该地区人口总量及密度迅速增加，工业发展、城市扩张、消费水平不断提高以及对土地资源和水资源的过度、不合理利用，又进一步加剧了这里的水危机。

因此，在黄土高原区开展 LUCC 对生态水文过程的影响研究，评价未来不同气候、不同土地利用情景下的生态水文过程及水资源安全，提出相应的技术措施和政策对策，既能丰富全球变化和生态水文学的理论，还能为政府制定区域发展政策或区域规划提供科学依据，具有重要的理论和实践价值。此外，由于黄土高原区水资源的安全问题与区域和局部生态水文状态和过程密切相关，在前所未有的气候变化和 LUCC 背景下，就更加迫切需要研究黄土高原区未来不同土地利用情景下的生态水文特征与趋势，正确评估人类活动改变土地利用方式对流域水循环、水资源的影响程度（尹婧，2008）。

随着计算机科学、地理信息系统与遥感技术的发展，研究 LUCC 与水文循环的关系由传统的统计分析方法转向水文模型方法。传统的集总式水文模型把整个流域作为一个单元，但它不能处理不同的土地利用类型和水文过程的区域差异以及流域参数的变化性。近年来，空间分布式水文模型取得了长足的发展，能够充分反映降雨因子和下垫面条件的空间分异性，真实模拟流域的产流产沙过程（王中根等，2003、2007），不仅有助于深入理解流域的产流产沙过程，而且还可以用于模拟不同土地利用方式下径流泥沙的响应，为土地利用的径流泥沙响应研究提供有效的途径。

2. LUCC 的水文效应研究方法

从研究方法上来看，土地利用/土地覆被变化在流域范围内水文效应的研究早期大都采用实验流域的方法，包括以下 4 种：控制流域法、单独流域法、平行流域法和并列流域法。虽然这些方法都有利于揭示土壤、植被、大气相互作用的机理，但很难在大尺度上定量评估土地覆被变化的水文效应。自 1970 年以来，土地利用/覆被变化的水文响应研究由传统的统计分析方法转向水文模型方法。OnsLad 和 Jamieson 于 1970 年最先尝试运用水文模型预测土地利用变化对径流的影响。水文模型种类很多，大致分为集总式模型、经验统计模型和空间分布式模型。

集总式水文模型如 HBV、CHARM、SCS 模型等将整个流域作为一个单元，表现整个流域的有效反应。由于集总式水文模型适用于土地利用/覆被类型比较单一的小尺度流域，模型参数往往无物理意义，需通过参数率定求出。因此，其致命的弱点在于不能处理不同土地利用类型和水文过程的区域差异以及流域参数的变化性。而经验水文模型的计算过程无明确的物理法则，在土地利用/覆被变化水文效应研究中应用很少。基于物理过程的分布式（或半分布式）水文模型能明确地反映出空间变异性，在解释和预测土地利用变化的影响上有着重要的应用，如模拟山区森林流域土地覆被变化水文影响的地形指数模型（TOPMODEL），评价不同降雨、气候和土地利用组合的流域响应模型 PRMS，研究长时期宏观尺度（或大中尺度）流域土地利用/覆被变化水文效应模型 CLASSIC、J200015、SHETRAN、VIC 等，土地利用/覆被变化对暴雨—径流及洪水动态影响的模型 LISFLOOD、IPHIV、MHYDAS 等。而 GIS 和 RS 在 LUCC 和水文循环领域的应用为水文模拟提供了新的研究思路和技术方法，如 SWAT、DPHM-RS 等。

3. LUCC 的土壤侵蚀效应研究

LUCC 引起的主要环境效应之一，是自然和人为因素双重作用的结果。不合理的土地利用和地表植被覆盖的减少对增加流域土壤侵蚀具有放大效应。土地利用/覆盖变化与土壤侵蚀之间的关系研究已逐渐成为 LUCC 研究和土壤侵蚀研究的一项新的重要课题。

在相同类型的土地上采用的土地利用方式不同，土壤侵蚀形式、强度也不同，有的差异还很大。在不同的土地利用方式下由于影响土壤侵蚀的坡长、坡度、地表覆盖、经营方式等因子不同，因此，产生的土壤侵蚀量也不尽相同。建立土地利用方式及其变化与土壤侵蚀的关系模型，是开展此研究的一种重要手段，也是通常进行研究的主要方法。到目前为止，涉及土地利用方式的土壤侵蚀模型很多，通用土壤流失方程 USLE（Universal Soil Loss Equation）及其修正版 RUSLE（Revised Universal Soil Loss Equation）是目前世界上使用最多、最常用的模型，应用此方程的关键在于各因子参数的本地化及各因子的量化精度。由于 USLE 预报坡耕地的溅蚀、片蚀和细沟侵蚀较精确，但地域性强，可移植性差，因此在应用 USLE 模型时，需要对不同的土地利用方式需要做大量的试验研究。因此，许多国内外学者在广泛应用 ULSE 的同时，对模型的算法、各因子取值都做了相应的改进。孙立达（1995）等通过对不同土地利用方式下 USLE 中各因子取值的修正，计算分析了宁夏西吉县黄家二岔流域的土壤侵蚀情况，分析结果表明，流域内土地利用方式不同，其土壤侵蚀量有显著差异：坡耕地的土壤侵蚀模数为 6885t/(km^2·a)，若退耕种草，侵蚀模数为 111t/(km^2·a)，可减少 98.6%；若退耕造林，侵蚀模数为 25t/(km^2·a)，可减少 99.7%；若坡耕地修成水平梯田，侵蚀模数为 34t/(km^2·a)，可减少 99.5%。在 ULSE 的土壤侵蚀因子中，地表覆盖状况对侵蚀量的影响最大。

1.1.3　流域泥沙来源研究

小流域是水土流失从坡面至沟道发生发展的基本单元。小流域一般都是以现代沟缘线为界分为沟间地和沟谷地两大区，沟间地坡度一般小于 25°，沟谷地突变，形成大于 35° 的沟坡。由于黄土高原特殊的地貌条件，决定了黄土高原土壤侵蚀形式具有垂直分带性特征，土壤侵蚀形式依次为溅蚀片蚀带、细沟侵蚀带和浅沟侵蚀带等。其中坡沟侵蚀产沙关系以及坡面侵蚀产沙分配等一直是国内外学者研究的热点和难点问题，也是争论较多的问题，它涉及侵蚀泥沙的来源，坡沟治理的方针以及水保措施配置等研究课题。

黄土高原丘陵沟壑区，从分水岭到坡脚线，径流入渗规律、侵蚀产沙强度、侵蚀方式及水沙运移特征表现出明显的垂直分带性规律。陈永宗（1988）分析了降雨、坡度、坡长对坡面侵蚀的影响，描述了黄土丘陵地区各种地貌形态与坡面径流侵蚀的关系，在定性描述和定量分析坡面侵蚀过程的基础上，进行了坡面侵蚀分带性研究，对于深入认识坡面侵蚀规律和坡面发育理论有重要意义。不同地形部位的野外径流小区观测表明坡上方来水来沙对坡下方侵蚀带产生重要影响（陈浩，2001）。黄土高原坡沟侵蚀产沙关系的研究，在定性和定量研究方面，皆取得了一定的发展。早在 20 世纪 60 年代，蒋德麒等（1990）就不同地貌区不同侵蚀亚带的产沙规律做了研究，探讨了沟间地和沟谷地的产沙比例问题，表明黄土丘陵沟壑区第一副区沟谷地产沙量占流域产沙总量的 52.9%～69.8%。80 年代，刘宝元等（1988）根据野外考察，对黄土丘陵沟壑区侵蚀垂直分带也进行了划分。所有这些研究成果，大大深化了人们对黄土高原侵蚀环境及其侵蚀区域分异规律的认识，清楚地展示了土壤侵蚀方式和侵蚀形态空间垂直分异的基本格局，为从定量和动力学角度研究土壤侵蚀规律奠定了重要基础。杨华（2001）对黄土区土壤侵蚀最为严重的切沟进行研究，通过实地调查及定位观测，分析得出黄土沟道泥沙主要来自切沟，采用聚类分析方法对切沟进行分类，切沟内塌积土的数量是分类的主要依据之一，也是沟道治理进行造林的关键。也有学者根据细沟侵蚀量沿坡长变化的实测资料指出，黄土区坡地上的冲刷量先是增强，以后逐渐减弱，随后增强，呈强弱交替变化。

1.1.4 水文模型研究进展

水文现象是众多因素共同作用的结果，其规律与机制的复杂性决定了通过建立数学模型进行模拟是一条基本途径。王国庆认为综合分析水文模型的研究现状，对进一步探讨水文规律，选择或开发有效水文模型进行流域水文效应分析等方面均具有重要的意义（李兰、郭生练，2000a）。从广义上说，所有涉及生态水文过程的模型都可称为生态水文模型，这包括当前所有的生态学和水文学模型以及它们的综合模型；从狭义上说，揭示生态水文过程的模型才是生态水文模型（李兰、郭生练，2000a、2000b）。建模时考虑的首要问题就是模型结构，模型结构有两个属性：一是模型对原型的仿真程度；二是模型参数在流域上的分布特征。

根据模型结构的第一个属性，水文学者一般将水文模型分为：经验性水文统计模型、概念性模型和物理模型。经验性水文统计模型主要有灰色系统模型和随机模型。由于经验性模型对水文实际过程了解不够，所以可以认为经验性水文统计模型并不能真正反映水文现象的实际过程。如仍然用降雨资料做两端控制，而不能增加径流形成过程的新信息，现有的确定性流域模型是较难再提高精度的。概念性模型和物理模型是以基于流域水文的自然过程来模拟降雨与产流的。

根据模型结构的第二个属性，可以把水文过程模型进一步分为集总式模型和分布式模型。集总式模型是把影响过程和各种不同的参数进行均一化处理，进而对流域水文过程的空间特性实行平均化的模拟。该类模型是基于流域因子（如降雨、地形、植被结构、土壤类型等）的空间变化对流域产流不会产生异质性的假定之上的，所以集总式模型只是从时间和土壤深度两个维度上对流域的水文过程进行模拟，并不能反映流域空间因子对产流的影响。所谓分布式水文模型，主要是指那些依据动量守恒定律、物理学质量以及流域产汇流的特性，推导出来的描述地表径流和地下径流的微分方程组。这些方程能表现径流在时空上的变化，也能处理随时空变化的降雨输入的偏微分方程组。

20世纪70年代，国外就开始了分布型水文数模型的研究，1969年Freeze和Harlan发表了《一个具有物理数值模拟的水文响应模型的草蓝图》的文章。Hewelett和Troenale在1975年提出了森林流域的变源面积模拟模型（简称VSAS），在该模型中，地下径流被分层模拟，在坡面上的地表径流被分块模拟。另一个变源面积模型是在1979年由Bevenh和Kirbby提出的，该模型将渠网拓扑结构中重要的分布效果和径流的动态贡献区域与简单的集总参数模型的优点结合起来，模型的参数具有明显的物理意义，不但能用野外的监测资料来确定，而且还能用于无资料流域的产流计算。

SHE是一个典型的分布式水文模型，是由丹麦、法国及英国的水文学者Beven和Abbott等研制与改进的，研制者鉴于常用的降雨径流模型不适合解决流域中人类活动对于产流、产沙及水质影响等问题，而研制了该模型，其主要水文物理过程均用能量、质量或动量守恒的偏微分方程的差分形式来描述，当然也采用了经过一些独立实际研究得来的经验关系。在该模型中，流域在平面上被划分为若干矩形网格，这样便于处理模型参数、降雨输入以及水文响应的空间分布性；在垂直面上，则划分成几个水平层，以便处理不同层次的土壤水运动问题。

在美国，一个比较典型的分布式模型是由美国工程师兵团所研制的 CAS-2D 模型；ANSWERS 模型只考虑超渗产流机制，利用 Green-Ampt 下渗方程计算每个网格单元上的超渗雨量。其他的分布式模型如 TOPOG 应用可变宽度山坡平面单元并将土壤划分为非饱和带和饱和带；VSAS2 也是用可变宽度山坡平面单元，但是当部分区域突然完全饱和时，利用一个时间变量区分饱和贡献面积来降低 Richards 方程数值解的复杂性；分布式水文模型在实践中的应用之一是土地利用变化的影响。关于土地利用变化的水文响应的分析技术尚处于初期研究阶段，而预测未来变化的影响可以说刚刚起步（Beven，1987）。美国农业部水土保持局研制的 SCS 曲线数（CN）方法，被广泛用于不同土壤及土地利用类型的产流量计算，该方法之所以被人们所普遍接受并不是因为其精确性，而是其简单性。

在我国分布式水文模型的研究起步较晚。1995年，沈晓东等在研究降雨时空分布与下垫面自然地理参数空间分布的不均匀性对径流过程影响的基础上，提出了一种在 GIS 支持下的动态分布式降雨径流流域模型，实现了基于栅格 DEM 的坡面产汇流与河道汇流的数值模拟。1997年，黄平等分析了国外一些具有物理基础的分布式水文模型的不足，提出了流域三维动态水文数值模型的构想（黄平、赵吉国，1997）。之后，黄平等又建立了森林坡地饱和与非饱和速水流运动规律的二维分布式水文数学模型，并用伽辽金有限元数值方法求解模型。李兰等（李兰、郭生练，2000a、2000b）提出了一种分布式水文模型，模型包括各小流域产流、汇流、流域单宽入流和上游入流反演、河道洪水演进四个部分。任立良等进行了流域数字水文模型（分布式新安江模型）研究，并基于 DEM 考虑流域空间的变异性，建立数字高程流域水系模型（任立良、刘新仁，1999、2000；任立良，1999）。郭生练等（2000）建立了一个基于 DEM 的分布式流域水文物理模型，用来模拟小流域降雨径流时空变化过程。

1.2 坡沟系统侵蚀产沙研究

1.2.1 坡沟系统侵蚀理论基础

黄土高原可分为两大地貌单元，即沟间地和沟谷地。这种地貌特征决定了黄土高原坡面从分水岭到坡脚，径流侵蚀产沙方式和产沙强度等特征表现出明显的垂直分带性（丁文峰，2008；朱显谟，1956；刘保元、朱显谟，1988；承继成，1964）。一般以沟缘线为界将其以上部分的侵蚀称为坡面侵蚀，以下部分的侵蚀称为沟道侵蚀。坡面侵蚀类型主要以水力侵蚀为主，侵蚀的主要方式包括：溅蚀、片蚀、细沟侵蚀、浅沟侵蚀、切沟侵蚀。其中，浅沟和切沟为坡面上的沟道侵蚀。由于切沟发育在靠于沟缘线的位置，沟缘线为坡面与沟坡水流发生巨变能量的转折点，因此，切沟为典型的现代沟道发育形式（陈浩，1999）。

1.2 坡沟系统侵蚀产沙研究

坡沟系统侵蚀自 20 世纪 50 年代以来，逐渐成为学术界研究的热点。坡面沟道系统（简称坡沟系统）是小流域侵蚀产沙的基本单元，也是水沙传递关系分析的基本单位（肖培青等，2007）。曾伯庆等（1990）通过分析山西羊道沟资料得出沟坡地接受沟间地径流的侵蚀产沙量是沟坡地不接受沟间地径流的 4.5 倍。陈永宗等分析陕北子洲团山沟黄土沟坡受沟间地径流下沟影响的侵蚀产沙量是不受径流下沟影响侵蚀产沙量的 5 倍（陈永宗，1988）。丁文峰（2008）对径流冲刷条件下的坡沟侵蚀产沙耦合关系进行了研究，试验模型只是概化的分为坡面和沟道两部分。陈浩定量研究了坡面来水来沙引起的净侵蚀量及含沙水流的侵蚀特性，认为坡面来水来沙在小流域产沙中起决定性作用（陈浩，1999）。坡面侵蚀主要是水力侵蚀，且具有明显的垂直分带性，从梁峁坡顶部到沟缘线分为溅蚀片蚀带、细沟侵蚀带、浅沟侵蚀带（刘前进，2004）。坡沟侵蚀示意图见图 1-1。

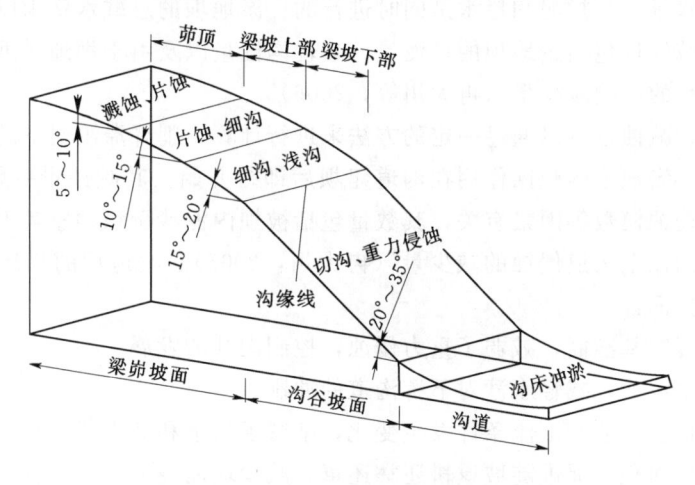

图 1-1 坡沟侵蚀示意图

受降雨的水动力作用影响，坡面和沟道形态不断发生变化，从而造成坡面沟道的水动力学特性在侵蚀过程中也不断发生变化。因此，研究侵蚀动床条件下坡面沟道水流水动力学特性的变化规律对于描述坡面沟道侵蚀的发生发展过程有一定的理论意义。在目前还没有完善的坡面侵蚀输沙理论的条件下，只能借助于河流动力学及其他理论来对坡面流的侵蚀产沙和输沙进行研究。杨志达（1972）提出了单位水流功率的概念，并将单位水流功率定义为流速与坡降的乘积。为了研究坡沟系统侵蚀有必要首先对坡面和沟道侵蚀分别进行研究。

1.2.2 坡面侵蚀对沟道侵蚀的作用

为了系统研究坡沟系统侵蚀理论有必要先将坡面侵蚀对沟道侵蚀的作用进行深入探讨。在降雨过程中，坡沟系统之间水流能量传递主要依靠坡面来水来沙，它不仅影响沟道系统的入渗、产流能力，同时会影响到沟道系统的径流挟沙能力和侵蚀产沙量。肖培青等（2007）根据对试验数据的分析，表明了梁峁坡面来水径流量与梁峁坡面引起的沟坡部分净侵蚀量呈密切的幂函数关系，即沟谷坡面部分的净侵蚀量随着梁峁坡面来水径流量的增大而增大。因此，有效减少坡面来水量将是黄土高原地区水土保持措施布设的关键，这在一定程度上为朱显谟院士提出水土保持28字方针中的"全部径流就地入渗"提供了有力的理论依据。

1.3 淤地坝对水沙资源的调控及坝系稳定研究

1.3.1 淤地坝对水沙资源的调控研究

淤地坝是指在流域沟道中以缓洪、拦泥、淤地造田为目的修建的水土保持工程设施。淤地坝的减水量计算包括以下两部分：一部分是计算已经淤平后作为农地利用的坝地减水量，减水作用与有埂的水平梯田一样，可按水平梯田计算方法处理；另一部分是仍在拦洪时期的淤地坝减水量，其拦泥和拦水是同时进行的。淤地坝的总减水量为以上两部分减水量之和。淤地坝减沙量包括淤地坝的拦泥量、减轻沟蚀量以及由于坝地滞洪及流速减小对坝下游沟道侵蚀量的影响减少量（冉大川等，2006）。

目前拦泥量、减蚀量可以通过一定的方法来进行计算，削峰滞洪对下游沟道的影响减少量还无法计算。淤地坝的减蚀作用在沟道建坝后即行开始，其减蚀量一般与沟壑密度、沟道比降及沟谷侵蚀模数等因素有关，其数量包括被坝内泥沙淤积物覆盖下的原沟谷侵蚀量和波及的淤泥面以上沟道侵蚀的减少量（冉大川，2006）。淤地坝的拦沙减蚀机理主要表现在以下4个方面：

(1) 抬高了侵蚀基准面，减弱了重力侵蚀，控制沟蚀的发展。
(2) 拦蓄洪水泥沙，减轻水沙对下游沟道的冲刷。
(3) 形成坝地后，使产汇流条件发生变化，削减了洪水和减少了产沙。
(4) 增加坝地面积，促进陡坡退耕还林还草，减少坡面侵蚀。

1.3.2 基于土地利用变化的淤地坝坝系规划研究

淤地坝规划是指在某一区域或流域内，为了防治水土流失、保护生态环境、合理开发利用水土资源，而制定的淤地坝工程总体布局和安排。也就是说，掌握规划区水土流失规律、区域自然、经济、社会条件及防洪安全、淤地生产、水土资源合理利用以及规划方法等因素对淤地坝规划布局的合理与否有着重要的影响。所以在时下大规模的水土保持生态建设已经对流域的气象水文、土壤侵蚀、沟道水沙等产生了大的效应，而且这些效应还在不断累积。这些累积的效应对流域的下垫面条件和水沙资源必然会产生相应影响，而这些影响对流域淤地坝的规模、配置、空间布局、拦泥拦沙指标和经济效益也将产生深远的影响。综上，极有必要对流域及其水土保持生态环境建设当前和今后一段时间的下垫面条件和水沙资源进行分析和研究，并科学规划布局，为淤地坝建设奠定坚实基础。它不是单一一座坝的设计而是对多座坝整体协调的进行布局和设计，在这期间要做大量重复和烦琐的工作，所以花费时间和精力较大。淤地坝规划的主要任务，是在一小流域中所有可建坝坝址处进行合理布局，然后根据淹没损失、上下游协调关系（调洪和淹没）、建设目标（拦泥和淤地）、动态分析（防洪和保收分析）最后确定最终方案中骨干坝和淤地坝的规模、数量和估算工程量以及拦沙量和淤地面积。

土地利用方式是影响土壤侵蚀的主导因子之一，通过对流域土地利用时空变化的分析，研究水土保持生态建设对环境的影响及其效应，特别流域来水来沙与土地利用变化对流域水沙资源的即时影响是淤地坝建设的两个最重要的基础要件，所以研究流域土地利用变化对研究淤地坝规划布局具有重要的意义。

尽管国内有不少学者已经在土地利用/覆被变化对水沙的影响及坝系规划布局等都有研究，但是在土地利用/覆被变化和淤地坝规划相结合起来进行研究的较少，即水土保持生态建设为核心的土地利用结构调整，影响区域水文泥沙进而影响坝系建设规划的研究尚未得到人们足够的重视，亟需开展以研究区域土地利用结构变化对流域产水产沙的影响程度及其在时间和空间格局上的变化趋势，从而为黄土高原坝系规划布局提供科学依据。有学者以陕北延河流域为例，分析流域以水土保持生态建设为核心的土地利用变化情况，研究土地利用变化格局特别是植被建设对流域水沙的影响，探讨不同治理情势下流域淤地坝建设的规模和布局（高照亮，2006）。魏霞等（2007）等人通过对大理河流域研究认为淤地坝对于产沙量减少的贡献率远远高于其他措施，20世纪60年代高达97.4%，70年代高达95.9%，80年代高达97.3%，90年代有所下降，造林的贡献率居第二位，梯田的贡献率居第三位，种草的贡献率最小。

1.3.3 建坝顺序及建坝间隔

坝系建设的重要思想是确定坝系中各个工程的建设顺序。由于布坝的模式很多，变化较大，各地的应用模式不尽相同，很难用一个统一的模式，因此在建坝过程中应当因地制宜地进行安排。坝系布局主要在初建阶段完成，发育阶段再根据需要进行补充和加高，成熟阶段和相对平衡阶段主要是坝体加高。

影响坝系建坝顺序的主导因子有：小流域土壤侵蚀模数、洪量模数、骨干坝的设计淤积库容以及坝系的空间布局方案。当流域土壤侵蚀模数和洪量模数一定时，骨干坝的设计库容越大，建坝顺序的调整幅度就越大；当骨干坝的设计库容和小流域土壤侵蚀模数一定时，洪量模数越大，建坝顺序调整的幅度就越小；当骨干坝的淤积库容和洪量模数一定时，侵蚀模数越大，建坝顺序调整的幅度就越小。坝系建设的时间间隔包括坝系各个发展阶段的建设周期、分期建设的时间间隔、建设期和运行周期。各个发展阶段的建设周期是指坝系从初建开始到初建完成、从发育开始到坝系成熟、从成熟期开始到相对平衡三个阶段的建设周期。

1.3.4 坝系稳定性研究

坝系相对稳定原理是坝系规划的理论基础。坝系是指以小流域为单元，为了充分利用水沙资源而建立的以缓洪、拦泥、淤地造田、发展生产为目的的淤地坝工程体系。坝系相对稳定指的不是单坝，而是坝群，是指在沟道小流域内，建坝资源和水沙资源已充分利用，在小多成群的单坝共同作用下达到相对稳定。坝系相对稳定需要满足很多条件，各条件的组合也比较复杂，但坝地面积与坝控流域面积的比值对坝系稳定起着决定性作用。一般认为满足以下5个条件的可以称为坝系稳定：

（1）在一定暴雨洪水频率下，能保证坝系工程的安全。

（2）在另一暴雨洪水频率下能保证坝地农作物不受损失或少受损失。
（3）沟道流域的水沙资源得到充分利用，泥沙基本不出沟。
（4）盐碱危害小、与水工建筑相适应。
（5）年均淤积厚度较薄，后期的坝体加高维修工程量小，群众可以承担养护。

随着淤地坝建设的发展，黄土高原有很大部分小流域沟道已经形成了完整的坝系工程，其中一些已经基本达到相对稳定。20世纪60年代初，人们受"天然聚湫"对洪水和泥沙全拦全蓄、不满不溢现象的启发，提出了淤地坝相对平衡的概念，并从80年代开始对典型流域坝系进行分析，对坝系相对稳定的条件、标准等进行了研究，取得了较好的研究成果。目前，淤地坝相对稳定条件多采用坝地面积与坝控制面积之比作为衡量坝系稳定的指标。该指标可以充分反映坝地对洪水泥沙的控制作用。等量的洪水与泥沙，铺在小面积上则水深沙厚，铺在大面积上则水浅沙薄，因此，当坝地面积合适时即可达到既保坝又保收，在合理维护下坝系趋于相对稳定。在下垫面条件变化不大的情况下，遇到相同的暴雨时，等量的洪水和泥沙在坝地形成的淹水深度和淤积厚度与坝地面积成反比，可见坝地面积与坝控流域面积之比可以综合反映小流域径流、泥沙的平衡关系，是研究坝系相对稳定的重要条件和标准。

1.3.5　GIS及其模型在淤地坝设计中的现状及展望

随着3S技术的迅速发展和数据采集、处理方式的进一步改进，三维可视技术不断走向成熟，使淤地坝规划高效率和数字化的步伐将逐渐加快。北京地拓责任有限公司开发的Region Managers5.0软件把水土保持与GIS、RS、GPS、CAD技术有机的结合，包括相对独立的3S工具、土壤侵蚀分析、资源评价、坡面措施布局、坝系规划、措施设计、工程制图、投资概（估）算、效益分析、经济评价和数据中心等相对独立又相互联系的几个模块组成，每个模块本身又是一个独立的软件，可单独使用，但组合在一起使用可以更加提高工作效率（刘娟，2006）。图1-2是3S技术辅助淤地坝建设流程图。马海宽（2004）以黄土高原地区坝系规划为研究背景，根据系统工程的理论和方法，以GIS和CAD为重要技术支撑，以坝系平衡为核心理论，对流域坝系规划问题进行了创新研究，提出基于GIS的坝系系统规划思想。

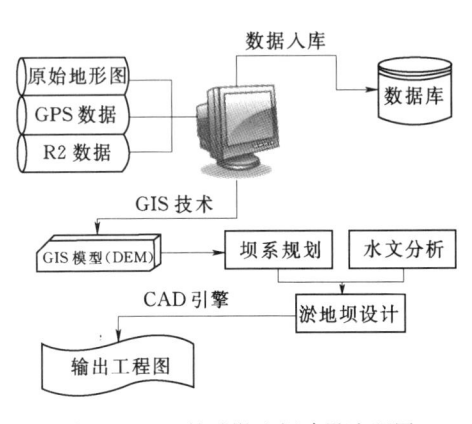

图1-2　3S辅助淤地坝建设流程图

1.4　沟道工程对径流泥沙的影响研究

黄土高原大的地貌单元可以划分为沟间地（坡面）和沟谷地（沟道）两部分，其中，沟谷地又可按照汇流的方向分为沟坡和沟床（包括边滩）两个部分（陈浩，1993）。按水

1.4 沟道工程对径流泥沙的影响研究

土流失类型的不同，黄土高原可分为黄土丘陵沟壑区、黄土高原沟壑区、风沙区、土石山区和黄土阶地区等，其中又以黄土丘陵沟壑区和黄土高原沟壑区的水土流失最为严重，图1-3是黄土高原地区丘陵沟壑区横剖面示意图。

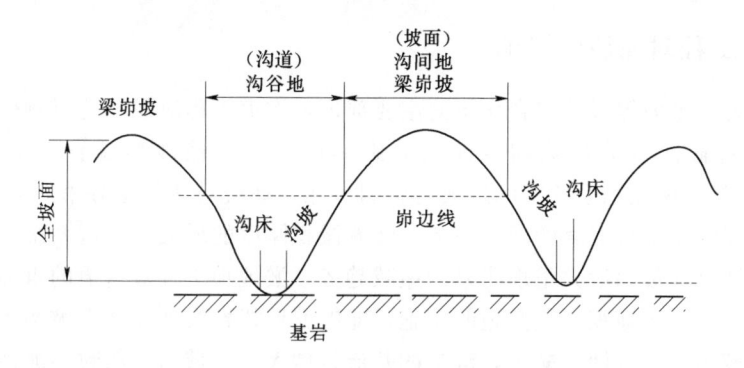

图 1-3 黄土高原地区丘陵沟壑区横剖面示意图

现代侵蚀沟的沟谷是水力侵蚀、重力侵蚀和潜流侵蚀综合作用的集中区，流域内的大部分泥沙来自沟谷。由于坡面径流加强了沟蚀，沟蚀又影响了坡面的稳定，因此沟壑治理是小流域综合治理的重要组成部分，在水土保持中有着重要的作用。在冲沟和支沟的上游，特别是发育旺盛的 V 形沟道，常用谷坊来控制水土流失的发展。沟道是水力、重力等侵蚀综合作用的主要部位，是洪水、泥沙集中的通道。下切、侧蚀、崩塌都很严重。但沟道内水沙资源丰富，对于造林种草、淤地造田和蓄水灌溉十分有利。因此，因地制宜，因害设防地配置沟道综合防治体系，对于固沟护岸护坡具有十分重要的意义。

我国在沟道综合防治措施配置时，是从上游到下游，从沟头到沟口，从支沟到主沟，从沟岸到沟底层层设防，分类施治。通过削、垫、筑、淤等改造消除破烂沟坡、陷穴暗洞和活动塌方。修筑沟边、沟头防护埂、蓄水池、小水库、淤地坝、排洪渠等拦、蓄、排相结合的沟道防治体系。以工程防治体系为基础，根据立地条件，本着乔、灌、草结合；一年生和多年生结合；水生和旱生结合；长远利益和近期利益结合；提高土地利用率的原则，选择适宜的树种和草种，营造沟边、沟头防护林、沟底防护林、护岸护滩林。

1.4.1 沟道工程对径流的影响

沟道里修建淤地坝，可以拦蓄来自坝控小流域内坡沟系统的径流泥沙，实现对其调控作用。魏霞（2008）采用典型流域对比法研究了黄土高原丘陵沟壑区淤地坝对其所在小流域坡沟系统径流泥沙的调控。通过五次典型大暴雨韭园沟相比裴家如沟的平均径流量减少59%，平均输沙量减少77%，平均径流模数减少77%，平均输沙模数减少87%。据韭园沟口站观测资料分析，张金慧（2003）认为各年代基流量均呈增长趋势，淤地坝坝系建设在某种程度上可以大大调节径流的时空分布，在提高降水利用率、改善流域生态环境方面发挥着重要作用。王国庆（2000）认为蓄滞型水土保持沟道工程作用强的地区，水向土壤中的下渗能力要比非作用区高得多，更易于使地表径流向壤中流和地下径流的转化。拦蓄型水保措施则具有一定的容水量，在一定程度上拦蓄地表径流，从而减少径流损失。被拦蓄的径流则消耗于下渗、蒸发增加土壤含水量，也可以引起地下径流的增加。汤立群

(1995)、丁琳霞等（1999）的研究表明：水土流失综合治理引起了黄土高原地区产流机制的变化，使地表径流更易于向壤中流、地下径流转化，产流形式有从超渗产流向蓄满产流转变的趋势。

1.4.2 沟道工程对泥沙的影响

沟道是水力、重力等侵蚀综合作用的主要部位，沟道工程对泥沙的影响研究主要集中在3个方面：对输沙量的影响和侵蚀量的影响以及对于输沙颗粒直径的影响。魏霞（2008）通过对陕北碾庄坝系的实际勘测与资料收集，研究认为随着淤积厚度的增大，坡沟系统的重力侵蚀量呈现显著的减小趋势。随着淤积厚度的增大，坡沟系统的稳定性逐渐增大，重力侵蚀量或侵蚀潜力呈现明显的递减趋势，淤地坝工程对沟道的重力侵蚀具有较强的调控作用。沟道淤地坝工程措施的实施，能够就地拦蓄淤地坝所在坡沟系统的产流产沙量，使得流域出口的水沙量减小，沟道的基流量增大，流域出口粗粒径泥沙减少，说明淤地坝不但能有效拦蓄洪水泥沙，而且可以减小粗泥沙对下游河道的危害。谢毅文（2006）通过对沙棘柔性坝分析，认为沙棘柔性坝使沟道具有对泥沙进行自然分选的功能，种植沙棘的沟道的泥沙级配具有上游较粗下游较细的分布规律。付凌（2007）研究认为，同样放水工程的淤地坝，控制面积大的较控制面积小的淤积物较细；无放水工程的淤地坝属于全拦全蓄"闷葫芦"坝，坝前黏土层厚度较大；缺口坝同样具有淤粗排细作用。

淤地坝具有巨大的拦蓄泥沙的能力，特别是具有拦减粗泥沙的能力，开展沟道淤地坝拦沙蓄调控能力模拟，对坝系方案研究以及黄土高原典型小流域坝系布局的拦沙效果，从而提出合理的布坝方案，使淤地坝在使用年限内更好地发挥其效益，对于黄上高原地区和黄河下游治理具有重要意义。

第 2 章　流域次暴雨水沙响应模型

土壤侵蚀模型是预报水土流失、指导水土保持措施配置、优化水土资源利用的有效工具，因此有关土壤侵蚀模型的研究一直是土壤侵蚀研究的核心内容。从 20 世纪 50 年代开始，基于对水蚀过程及其机理的认识，世界各国陆续开展了水蚀预报模型的研发工作，并建立了各具特色的水蚀预报模型。国外以 USLE（Wischmeier 和 Smith，1978）、RUSLE（Kenneth 等，1991）、ANSWERS（Laflen 等，1991）、WEPP（Beasley 等，1980）、EUROSEM（Young 等，1989）、AGNPS（Morgan 等，1998）、LISEM（De Roo 等，1996）、GUEST（Misra 等，1996）等为代表的土壤侵蚀模型，对于我国土壤侵蚀机理、土壤侵蚀模型研究的深入开展有很好的借鉴作用。然而，国外流域侵蚀产沙模型大都是缓坡模型，直接应用于我国以陡坡侵蚀为主的黄土高原地区还存在许多问题。同时，国内外土壤侵蚀模型研究在土壤侵蚀的水动力学方面还存在较大差异，例如，在 USLE 及 RUSLE 中，土壤侵蚀量是降雨侵蚀力的函数；在 WEPP 模型中，土壤分离速率、径流输沙是水流剪切力的函数；在欧洲的 EUROSEM 和 LISEM 模型中则被定义为单位水流功率的函数；在澳大利亚的 GUEST 模型中则定义为水流功率的函数（张光辉，2000）；而国内李占斌等则认为土壤侵蚀量是径流能耗的函数（李占斌等，2002），赵晓光等认为土壤侵蚀量是径流能量的函数（赵晓光等，1998），朱启疆等则将土壤侵蚀信息熵与降雨侵蚀力的乘积作为土壤侵蚀的侵蚀动力指标（朱启疆等，2002）。究竟哪种水动力参数更能准确地反映土壤侵蚀的侵蚀动力仍需要进一步深入研究。

大量研究表明，黄土高原流域的年产沙量主要是由每年汛期内一场或几场短历时高强度暴雨产生（李壁成，1995；王万忠、焦菊英，1996；李占斌等，1998）。建立一个既符合我国黄土高原地区特有的水土流失规律，又具有结构简单、计算方便等特点的流域次暴雨产沙模型，对于黄土高原流域水土资源综合管理、防治水土流失、改善和恢复当地良性生态环境都具有十分重要的意义。

本章在借鉴国内外已有研究成果的基础上提出了基于径流深和洪峰流量模数两个流域次暴雨洪水过程特征参数的径流侵蚀功率的概念及其计算方法；利用岔巴沟流域实测的暴雨径流泥沙资料水土保持综合治理前后实测的次暴雨径流泥沙资料，分析了次暴雨输沙模数与径流侵蚀功率之间的相关性，建立了基于径流侵蚀功率的流域次暴雨水沙响应模型；利用黄土高原其他不同空间尺度和不同水土保持治理程度（包括坡面和流域）的实测次暴雨径流泥沙资料对所建立的模型进行了验证；利用团山沟径流场和纸坊沟流域的次暴雨径流泥沙资料，对比分析了径流侵蚀功率和降雨侵蚀力在表征水力侵蚀的侵蚀动力方面的作用；给出了径流侵蚀功率在流域次暴雨侵蚀产沙计算中应用的技术路线。

2.1　径流侵蚀功率的理论基础

次暴雨条件下，流域出口断面的洪水过程是降雨与流域下垫面相互作用的最终体现。径流深 H 和洪峰流量 Q_m 是流域次暴雨洪水过程的两个重要水文特征参数，其中 H 代表次暴雨在流域上产生的洪水总量的多少，间接反映了降雨量的大小以及流域下垫面对降雨的再分配作用的强弱；而 Q_m 代表洪水的强度，间接反映了降雨的时空分布特征和流域下垫面对径流汇流过程的影响。国内外学者一般采用 H 和 Q_m 的组合因子或单因子计算流域的次暴雨产沙量（蔡强国等，2004；Williams 和 Berndt，1977；曹文洪等，1993；李占斌等，1997；王孟楼、张仁，1990；毕华兴等，1998）。上述研究表明，无论是径流深和洪峰流量的组合因子还是单因子，它们与流域次暴雨产沙量的相关程度都很高，说明径流深和洪峰流量是流域次暴雨侵蚀产沙的两个重要的侵蚀动力因子。H 和 Q_m 分别反映了流域次暴雨洪水的某些特性，但均不能反映次暴雨洪水的综合特性，特别是在侵蚀产沙方面的特征。为消除流域面积的影响，将次暴雨洪水的径流深和洪峰流量模数的乘积作为次暴雨侵蚀产沙的侵蚀动力指标，并令

$$E = Q'_m H \tag{2-1}$$

式中：E 为次暴雨侵蚀产沙动力指标，$m^4/(s \cdot km^2)$；H 为次暴雨平均径流深，m；Q'_m 为洪峰流量模数，$m^3/(s \cdot km^2)$，其大小等于次暴雨洪水洪峰流量与流域面积的比值。

为了进一步明确指标 $Q'_m H$ 的物理意义，对式（2-1）进行如下变换：

$$E = Q_m H = \frac{W}{A} \frac{Q_m}{A} = \frac{W}{A^2} A' \frac{Q_m}{A'} = \frac{A'}{A^2} WV = \frac{A'}{\rho g A^2} \rho g WV = \frac{A'}{\rho g A^2} FV \tag{2-2}$$

令 $Con = \dfrac{A'}{\rho g A^2}$，则：

$$E = Con \cdot F \cdot V \tag{2-3}$$

式中：W 为次暴雨的径流总量，m^3；E 为径流深 H 和洪峰流量模数 Q'_m 的乘积，$m^4/(s \cdot km^2)$；A 为流域面积，m^2；Q_m 为洪峰流量，m^3/s；A' 为与 Q_m 对应的流域出口断面的过水面积，m^2；V 为流域出口断面与 Q_m 对应的平均流速，m/s；ρ 为水的密度，kg/m^3；g 为重力加速度，m/s^2；F 为力，N。

从式（2-3）不难看出，指标 E 具有功率的量纲，它综合表征了在流域次暴雨侵蚀产沙过程中径流侵蚀和径流输沙的效率，具有明确的物理内涵，真实反映了不同流域下垫面状况（植被、治理状况等）对降雨径流过程的综合响应。因此，将指标 E 定义为径流侵蚀功率。

2.2　流域次暴雨水沙响应模型的建立

本节以岔巴沟曹坪水文站以上流域为研究对象，利用曹坪站 1959～1990 年间历年实测的次暴雨洪水径流泥沙资料，分不同的研究时段，分别计算了岔巴沟流域的次暴雨径流侵蚀功率，并对径流侵蚀功率与流域次暴雨输沙模数之间的关系进行了研究。

2.2.1 岔巴沟流域概况

岔巴沟流域位于黄土高原丘陵沟壑区第一副区，是无定河的一级支流大理河的一条支流。流域控制水文站曹坪站控制流域面积为 187.0km²，流域形状基本对称，沟道长 24.1km。流域内沟壑纵横，沟谷发育剧烈，地貌支离破碎，沟壑密度为 1.05km/km²。岔巴沟流域属于干燥少雨的大陆性气候，1959～1969 年的实测资料表明，多年平均年降水量约 480.0mm，降雨季节分配不均，7～9 月的降雨量约占全年总量的 70%，且多集中于几场高强度短历时的暴雨中。由于流域内土质疏松、坡度陡峻、土地利用不合理，加之植被稀疏、降雨强度大等原因，流域内土壤侵蚀极为严重，流域平均侵蚀模数 22200t/(km²·a)，最大侵蚀模数达 71100t/(km²·a)，最小亦为 2110t/(km²·a)。该流域内暴雨洪水的特点为暴雨历时短、雨强大、洪水含沙量高、输沙量大，全年输沙量主要是由于年内少数几场大暴雨洪水造成的。

岔巴沟流域治理工作始于 1959 年，治理措施以治沟为主，治坡为辅，工程措施为主，生物措施为辅。治沟措施以修建小型淤地坝为主。自 1983 年开始，岔巴沟流域被列入无定河重点治理区，主要进行以治坡为主的梯田、造林、种草建设。

2.2.2 次暴雨水沙响应关系的建立及验证

2.2.2.1 自然流域次暴雨水沙响应关系

岔巴沟流域在 1959～1969 年期间水土保持治理措施单一，数量少，流域下垫面条件基本没有太大变化，可以看成是天然流域。利用岔巴沟流域曹坪站 1959～1969 年间历年实测的输沙模数大于 100.0t/km² 的次暴雨洪水径流泥沙资料，分析计算了各次洪水的洪峰流量模数、径流深和流域输沙模数以及相应的次暴雨径流侵蚀功率。图 2-1 是在双对数坐标系中点绘的岔巴沟流域曹坪站 1959～1969 年间次暴雨洪水的径流侵蚀功率与输沙模数的关系散点图。从图 2-1 中点据的分布情况可以看出，在研究时段内，点据近似呈线状分布，且次暴雨流域输沙模数均随着径流侵蚀功率的增大而增大，因此岔巴沟流域的次暴雨径流侵蚀功率与流域输沙模数之间具有较好的相关关系。

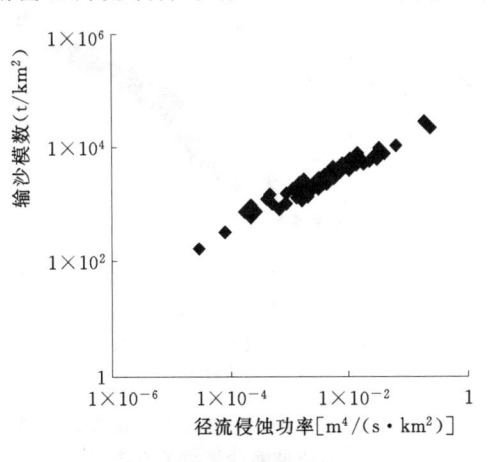

图 2-1 岔巴沟流域径流侵蚀功率与输沙模数关系图

根据图 2-1 中点据的分布规律，经回归分析，可建立用于描述岔巴沟流域研究时段内的次暴雨洪水径流侵蚀功率与输沙模数之间定量关系的幂函数方程：

$$M_s = 53784.0 E^{0.6176}, \quad R^2 = 0.96, n = 57 \quad (2-4)$$

式中：M_s 为次暴雨输沙模数，t/km²；E 为次暴雨洪水径流侵蚀功率，m⁴/(s·km²)；n 为次暴雨洪水场次。

经分析计算，式（2-4）的 F 检验值为 1301.1。取 $\alpha=0.05$，由 F 分布表查得 $F_{0.95}(1, 55)=4.02$ 而 $1301.1\gg 4.02$，因此式（2-4）通过 $\alpha=0.05$ 的检验，具有较高的置信度。这说明，利用流域次暴雨洪水的径流深和洪峰流量模数资料推求出径流侵蚀功率后代入式（2-4），就可以对次暴雨输沙模数进行合理预测。

2.2.2.2 人类活动剧烈影响下的岔巴沟流域次暴雨水沙响应关系

1. 资料选取与划分

根据研究的需要，收集了岔巴沟流域曹坪站 1959～1990 年期间（缺少 1970 年）历年实测最大含沙量大于 100.0kg/m^3 的次暴雨洪水泥沙资料（合计 139 场），在此基础上，分析计算各次洪水的洪峰流量模数、径流深和流域输沙模数以及相应的次暴雨径流侵蚀功率。

将上述 139 场洪水泥沙资料按发生年限划分为 1959～1980 年、1981～1990 年两个研究时段，其中 1959～1980 年期间的 103 场资料用于建立次暴雨径流侵蚀功率与流域输沙模数之间的关系模型并验证所建立的基于径流侵蚀功率的流域次暴雨水沙响应关系能否使用于受人类活动剧烈影响的非天然流域；而 1981～1990 年期间的 36 场资料用于验证上述所建立的水沙响应关系的合理性与预测精度。

2. 1959～1980 年间次暴雨水沙响应关系

图 2-2 为在双对数坐标系中点绘的岔巴沟流域曹坪站 1959～1980 年期间 103 场实测次暴雨洪水的径流侵蚀功率和流域侵蚀模数之间的关系散点图。从图 2-2 中点据的分布情况可以看出，在研究时段内，岔巴沟流域次暴雨输沙模数随着径流侵蚀功率的增大而增大，说明次暴雨径流侵蚀功率与流域产沙模数之间具有较好的相关关系。同时，1969～1980 年期间岔巴沟流域已受到人类活动剧烈影响下的次暴雨洪水的径流侵蚀功率和流域输沙模数的点据与 1969 年以前的点据相互掺混，在图 2-2 中并没有明显的界限。这说明，提出的径流侵蚀功率同样可以应用于非天然流域的次暴雨水沙响应关系。

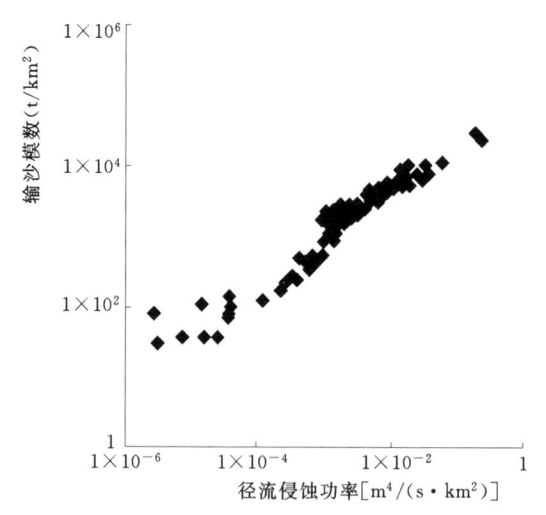

图 2-2 岔巴沟流域曹坪站径流侵蚀功率与流域输沙模数关系图

根据图 2-2 中点据的分布规律，通过回归分析建立了用于描述岔巴沟流域 1971～1980 年期间的各场次暴雨洪水的径流侵蚀功率与输沙模数之间相关关系的回归方程：

$$M_s = 73420.0 E^{0.572}, \quad R^2=0.9713, \quad n=103 \qquad (2-5)$$

经分析计算，式（2-5）的 F 检验值为 3413.2。取 $\alpha=0.05$，由 F 分布表查得 $F_{0.95}(1, 101)=3.94$ 而 $3413.2\gg 3.94$，因此式（2-5）通过 $\alpha=0.05$ 的检验，具有较高的置信度。可见，建立的基于径流侵蚀功率的流域次暴雨水沙响应关系［式（2-5）］可以用

2.2 流域次暴雨水沙响应模型的建立

于人类活动剧烈影响下的岔巴沟流域次暴雨产沙预报。

3. 模型的验证

基于水沙响应关系回归方程 [式 (2-5)], 以岔巴沟流域曹坪站未参与建模的 1981~1990 年期间 36 组次暴雨洪水的径流侵蚀功率计算值为输入数据, 对相应各场次的侵蚀模数进行预测, 进而将侵蚀模数的预测值与实测值进行对比分析, 计算成果详见表 2-1 和图 2-3; 用相对误差合格率和 Nash-Sutcliffe 效率系数来验证式 (2-5) 的精度与合理性。

表 2-1　　　　　　　模型验证计算成果统计表

洪号	径流侵蚀功率 $[m^4/(s \cdot km^2)]$	流域侵蚀模数 (t/km²) 实测值	流域侵蚀模数 (t/km²) 计算值	绝对误差 (t/km²)	相对误差 (%)
19810620	1.00×10^{-4}	383.66	378.26	-5.39	1.4
19810707	1.53×10^{-3}	2522.78	1802.00	-720.79	28.6
19810805	3.02×10^{-4}	786.14	711.87	-74.27	9.4
19820708	2.66×10^{-4}	415.22	661.59	246.37	59.3
19820730	7.37×10^{-4}	1283.92	1185.75	-98.17	7.6
19820731	3.78×10^{-5}	247.76	216.71	-31.06	12.5
19820801	4.51×10^{-5}	56.29	140.08	83.79	148.9
19820804	8.63×10^{-6}	220.77	240.03	19.25	8.7
19830724	5.71×10^{-3}	118.74	93.15	-25.59	21.6
19830726	6.65×10^{-5}	4467.72	3823.33	-644.39	14.4
19830827	1.21×10^{-3}	350.02	299.49	-50.53	14.4
19830904	3.96×10^{-5}	1617.97	1571.35	-46.62	2.9
19840511	1.46×10^{-4}	329.71	222.83	-106.88	32.4
19850511	5.63×10^{-5}	557.23	468.97	-88.26	15.8
19850619	4.30×10^{-4}	248.16	272.46	24.30	9.8
19850812	1.03×10^{-5}	976.46	871.60	-104.85	10.7
19850917	3.03×10^{-5}	106.84	103.11	-3.73	3.5
19860619	2.22×10^{-4}	227.61	191.08	-36.53	16.0
19860703	7.43×10^{-5}	597.65	597.41	-0.24	0.0
19860721	4.61×10^{-5}	334.73	319.10	-15.63	4.7
19870614	3.74×10^{-5}	201.13	242.80	41.66	20.7
19870813	9.15×10^{-3}	262.30	215.58	-46.72	17.8
19870826	7.36×10^{-5}	4510.92	5007.66	496.74	11.0
19880701	2.66×10^{-3}	227.68	317.38	89.71	39.4
19880713	4.33×10^{-3}	2109.80	2470.35	360.55	17.1
19880715	3.56×10^{-4}	3181.18	3264.20	83.02	2.6
19880807	2.54×10^{-3}	856.94	782.48	-74.46	8.7
19880808	2.56×10^{-4}	2707.92	2404.58	-303.34	11.2
19880809	1.05×10^{-4}	512.49	647.08	134.59	26.3
19880906	1.50×10^{-2}	414.88	389.86	-25.02	6.0
19890716	1.14×10^{-4}	5177.54	6651.73	1474.19	28.5

续表

洪号	径流侵蚀功率 [m⁴/(s·km²)]	流域侵蚀模数 (t/km²) 实测值	流域侵蚀模数 (t/km²) 计算值	绝对误差 (t/km²)	相对误差 (%)
19890721	$5.39×10^{-4}$	493.29	408.42	−84.87	17.2
19900704	$2.56×10^{-4}$	1033.59	991.42	−42.17	4.1
19900725	$1.40×10^{-4}$	672.00	648.01	−23.99	3.6
19900809	$7.07×10^{-4}$	345.04	459.05	114.01	33.0
19900827	$1.00×10^{-4}$	867.75	1158.29	290.55	33.5

分析表 2-1 中数据可以得出，在岔巴沟流域 1981~1990 年期间的 35 场次暴雨洪水中，次暴雨输沙模数预测值与实测值相对误差小于 10% 的场次共 15 场，占总场次的 42.9%；相对误差小于 20% 的场次共 22 场，占总场次的 62.9%；相对误差小于 30% 的场次共 29 场，占总场次的 82.9%；相对误差小于 35% 的场次共 31 场，占总场次的 88.6%；相对误差大于 35% 的场次共 4 场，占总场次的 11.4%；总平均相对误差为 17.3%。

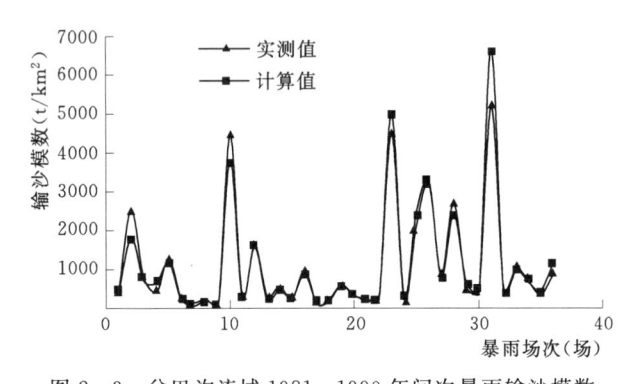

图 2-3 岔巴沟流域 1981~1990 年间次暴雨输沙模数预测值与实测值的变化趋势曲线

从图 2-3 可以看出，利用式（2-5）计算得到的岔巴沟流域 1981~1990 年期间各次暴雨洪水的输沙模数预测值与实测值的变化曲线吻合良好。经计算，Nash-Sutcliffe 效率系数为 0.94。

从上述分析可以看出，建立的用于描述次暴雨径流侵蚀功率与流域侵蚀模数之间定量关系的幂函数型回归关系［式（2-5）］可以用于岔巴沟流域的次暴雨产沙预报。

2.2.3 基于径流侵蚀功率的流域次暴雨水沙响应模型

根据上述分析可以得出，径流侵蚀功率与流域次暴雨输沙模数之间存在着极显著的幂函数相关关系。这说明，提出的流域次暴雨侵蚀产沙指标——径流侵蚀功率能够综合反映在水蚀过程中降雨和地表径流在水蚀过程中产输沙的能力。

如上所述，所建立的基于径流侵蚀功率的流域次暴雨水沙响应关系模型中只有径流侵蚀功率一个计算指标，为了综合考虑地形、土壤、植被、人类活动等因素对流域次暴雨侵蚀产沙的影响，将流域次暴雨水沙响应关系模型用下式表示：

$$M_s = aE^b \tag{2-6}$$

式中：M_s 为流域次暴雨输沙模数，t/km²；E 为次暴雨径流侵蚀功率，m⁴/(s·km²)；a 为综合反映流域地形、土壤、植被等因素对流域输沙的影响的系数；b 为反映径流侵蚀功率在流域侵蚀产沙中的作用大小的指数。

2.3 径流侵蚀功率理论在不同尺度坡面侵蚀产沙中的应用

2.3.1 概述

坡面是降雨径流、侵蚀产沙的策源地和主要来源，历来是地貌学、土壤学、水文学和农学等学科的重要研究领域。国外早在19世纪晚期就开展了坡面土壤侵蚀问题的研究，但仅局限于对坡地表面侵蚀现象的观察和定性描述，从20世纪20年代起对坡地侵蚀机理开展研究，试图从定量方面给予必要的阐明。自从20世纪60年代美国通用土壤流失方程（USLE）研发以来，坡面土壤侵蚀定量研究进入新的里程碑，世界各国借鉴USLE的成功经验相继开展了坡面土壤侵蚀预报模型研究，最具代表性的成果有RUSLE、WEPP等。在我国，坡面土壤侵蚀预报模型研究也一直是土壤侵蚀学科研究的前沿领域。我国坡面侵蚀定量评价和预报模型研究始于20世纪50年代，从80年代开始，坡面土壤侵蚀预报模型研究进入系统研发阶段，在USLE的推动下，建立了各具特色的坡面侵蚀预报模型。但是，国内外研究学者研发的坡面土壤侵蚀预报模型，无论是经验统计模型还是物理成因模型，普遍存在一些自身难以克服的缺陷（蔡强国、刘纪根，2003；刘纪根等，2005），仍然滞后于生产实践的需要。建立结构简单、计算方便的坡面次暴雨侵蚀产沙模型对于黄土高原流域水土资源综合管理、水土流失防治、水土流失区域的良性生态环境的改善和恢复都具有重要的理论与实际意义。

本节利用岔巴沟流域团山沟不同尺度径流场实测次暴雨径流泥沙资料，研究了径流侵蚀功率与坡面次暴雨侵蚀模数之间的相关性，分析了将径流侵蚀功率应用于坡面次暴雨侵蚀产沙预报的可行性，以期为次暴雨侵蚀产沙模型侵蚀动力因子的确定提供参考。

2.3.2 研究区域概况

子洲径流站位于陕西省子洲县内大理河的一级支流岔巴沟上，于1958年建站，1969年撤销。岔巴沟面积为205km^2，沟内先后设立了9个水文站，40多个雨量站和三处径流场。1959～1969年的实测资料表明：岔巴沟流域多年平均年降水量480.0mm，降水季节分配不均匀，70%集中在6～9月，且多为强度大、历时短的暴雨，实测最大降雨强度达3.5mm/min，年平均温度约8℃，最高气温38℃，最低气温-27℃，霜冻期约半年。

团山沟径流场位于岔巴沟流域的支沟蛇家沟左岸的毛沟团山沟内。在团山沟流域内共布设了12个径流场，面积变化于30～17200m^{2}之间，分别位于峁顶、峁坡和沟坡，坡形有顺直坡、全坡面等几种类型，降雨径流泥沙观测资料年限为1959～1969年。根据观测资料的完整程度，本研究选取了峁坡2号、3号、4号径流场以及复合坡面7号径流场、自然坡面9号径流场为研究坡面。表2-2为团山沟不同空间尺度坡面径流场的基本情况。

2.3.3 坡面次暴雨水沙响应关系的建立

根据岔巴沟流域团山沟2号、3号、4号、7号和9号径流场历年实测次暴雨径流泥沙资料，本研究计算得到了各场次暴雨洪水的径流深、洪峰流量模数、侵蚀模数及相应的径流侵蚀功率。

表 2-2　　　　　　　岔巴沟流域团山沟不同空间尺度径流场基本情况

径流场编号	2号	3号	4号	7号	9号
坡形	顺直坡	顺直坡	顺直坡	复合坡面	自然坡面
坡度	22°	22°	22°	—	—
长度（m）	40.0	60.0	20.0	126.0	164.0
宽度（m）	15.0	15.0	15.0	45.5	105.0
面积（m²）	600.0	900.0	300.0	5740.0	17200.0
场地部位	崩坡中、上部	崩坡上部	崩坡上部	全坡	全坡
资料年限	1963～1967年	1963～1969年	1963～1967年	1963～1969年	1963～1969年
次暴雨场次	22	37	22	37	31

图 2-4（a）～（e）分别是在双对数坐标系中点绘的团山沟2号、3号、4号、7号

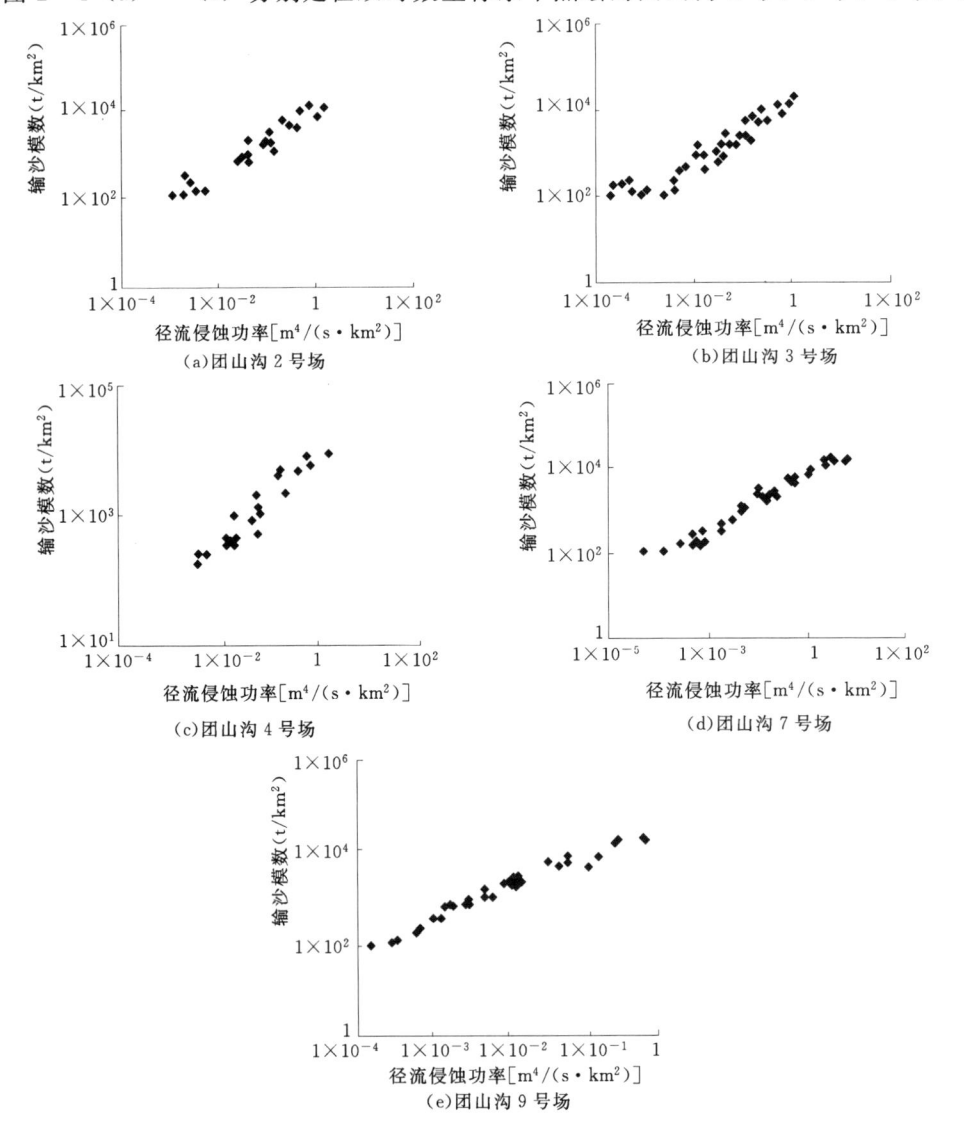

(a) 团山沟2号场

(b) 团山沟3号场

(c) 团山沟4号场

(d) 团山沟7号场

(e) 团山沟9号场

图 2-4　团山沟不同空间尺度坡面径流场径流侵蚀功率与侵蚀模数关系图

和9号坡面径流场历年次暴雨洪水的径流侵蚀功率与对应的侵蚀模数之间的关系图。从图2-4中点据的分布情况可以看出，对不同空间尺度的团山沟径流场而言，次暴雨侵蚀模数均随着径流侵蚀功率的增大而增大，说明次暴雨径流侵蚀功率与侵蚀模数之间具有较好的相关关系。

利用岔巴沟流域团山沟各径流场1963～1969年期间历年实测次暴雨径流泥沙资料，采用统计回归分析方法，建立的次暴雨洪水径流侵蚀功率与相应的侵蚀模数之间的回归关系详见表2-3。

表2-3　　　　　　　团山沟各径流场次暴雨水沙响应关系计算成果

径流场序号	汇水面积（m²）	回归方程	相关系数 R^2	样本个数
4号	300.0	$W_s=7743.5E^{0.6951}$	0.86	22
2号	600.0	$W_s=10606.0E^{0.6499}$	0.93	22
3号	900.0	$W_s=10637.0E^{0.6084}$	0.89	37
7号	5740.0	$W_s=29169.0E^{0.6059}$	0.96	37
9号	17200.0	$W_s=31142.0E^{0.6515}$	0.96	31

注　表中 W_s 为输沙模数，t/km²；E 为径流侵蚀功率，m⁴/(s·km²)。

从表2-3可以看出，团山沟不同空间尺度径流场次暴雨洪水径流侵蚀功率与侵蚀模数之间均呈幂函数关系，相关系数 R^2 均在0.86以上。同时，各径流场水沙响应关系回归方程中的系数随着径流场面积的增大而增大；除了9号场以外，回归方程指数随着径流场面积的增大有减小趋势。经分析计算，分别用于描述团山沟4号、2号、3号、7号和9号径流场次暴雨水沙响应关系的回归方程的 F 检验值分别为124.5、249.6、292.3、960.6和679.1；取置信度 $\alpha=0.05$，由 F 分布表查得 $F_{0.95}(1, 20)=4.35$、$F_{0.95}(1, 35)=4.12$、$F_{0.95}(1, 29)=4.18$；而249.6＞124.5≫4.35、960.6＞292.3≫4.12和679.1≫4.18，因此上述建立的反映团山沟不同尺度径流场水沙响应关系的回归方程均通过置信度 $\alpha=0.05$ 的 F 检验，具有较高的置信度。

上述研究结果表明，本研究所建立的基于径流侵蚀功率的坡面次暴雨水沙响应关系可以应用于坡面次暴雨侵蚀产沙计算。

值得注意的是，本研究提出的基于径流侵蚀功率的坡面次暴雨水沙响应关系是建立在坡面次暴雨洪水的洪峰流量模数和径流深已知的基础上的。实际应用时，首先利用研究坡面径流小区的出口实测水沙资料对水沙响应关系中的参数 a、b 进行率定；其次，结合降雨过程资料和径流小区下垫面资料，利用现有的比较成熟的产汇流模型，分析得到降雨在坡面产生的次洪水过程的洪峰流量模数和径流深；然后，将计算得到的径流侵蚀功率代入坡面次暴雨水沙响应关系，求得坡面次暴雨侵蚀模数。

2.4　不同空间尺度次暴雨径流侵蚀功率与降雨侵蚀力对比研究

2.4.1　概述

土壤侵蚀的产生是多种自然与社会因素相互作用的结果（陈浩等，2001、2002），而降雨及其在地表产生的径流是土壤侵蚀的主要动力。在国内外比较流行的流域土壤侵蚀模型中应用最广泛的侵蚀动力为降雨侵蚀力。Wischmeier 等（1959）明确提出降雨总动能 E 与最大 30min 雨强 I_{30} 的乘积 EI_{30} 是表征降雨侵蚀力的最好指标，并将其应用到美国通用土壤流失方程 USLE 中。随着 USLE 和 RUSLE 在世界各国的广泛推广和应用，许多学者提出了不同形式 R 指标及 R 值的简易计算方法。从 20 世纪 80 年代初开始，我国的水土保持学者通过各地小区资料的统计分析也提出了不同形式的降雨侵蚀力指标（王万忠，1983；周伏建等，1989；杨子生，1999；刘文耀，1999；陈法扬、王志明，1992），而王万忠等（1995）在对全国各地区的降雨径流资料进行综合分析后认为，我国降雨侵蚀力指标采用 EI_{30} 相对最好。王万忠（1995）、Foster 等（1982）及 Bagarello 和 D'Asaro（1994）研究表明，EI_{30} 与 PI_{30} 之间高度线性相关，可以采用雨量和 30min 最大雨强的乘积 PI_{30} 来精确估算 EI_{30} 值，从而避免繁琐复杂的降雨动能计算（章文波等，2001）。

EI_{30} 或 PI_{30} 是 USLE、RUSLE 等流域土壤侵蚀模型中反映水力侵蚀动力的唯一因子，而它仅反映了雨滴击溅对土壤侵蚀的综合效应，却没有体现在水力侵蚀过程中具有至关重要性的径流侵蚀和径流输沙的作用。Foster 等（1982）研究表明，包含雨量、雨强和径流量的综合指标明显比 EI_{30} 指标好。Williams（1975）建立的 MUSLE 模型中以径流量和洪峰流速来计算次降雨侵蚀力；Kinnell 和 Risse（1998）在 USLE－M 模型中以径流系数、降雨动能和最大 30min 雨强等三个参数来计算次降雨侵蚀力，与指标 EI_{30} 相比能更好地模拟预报降雨侵蚀力。

本研究利用黄土高原岔巴沟流域团山沟径流场 1963～1969 年间实测 27 场降雨径流泥沙资料、纸坊沟流域 1985 年 20 场降雨径流泥沙资料，在建立降雨侵蚀力、径流侵蚀功率与次暴雨输沙模数之间定量关系的基础上，从坡面和流域两个不同空间尺度上对比分析了降雨侵蚀力和径流侵蚀功率在表征水力侵蚀动力上的优劣。

2.4.2 研究结果与分析

2.4.2.1 坡面尺度

图 2－5（a）、(b) 分别是利用团山沟 3 号径流场 1963～1969 年间实测 27 场次降雨的降雨径流泥沙资料分析得到的成果，在双对数坐标系中点绘的降雨侵蚀力 R—输沙模数 M_s、径流侵蚀功率 E—输沙模数 M_s 关系图。从图 2－5（a）、(b) 两图中点据的分布情况

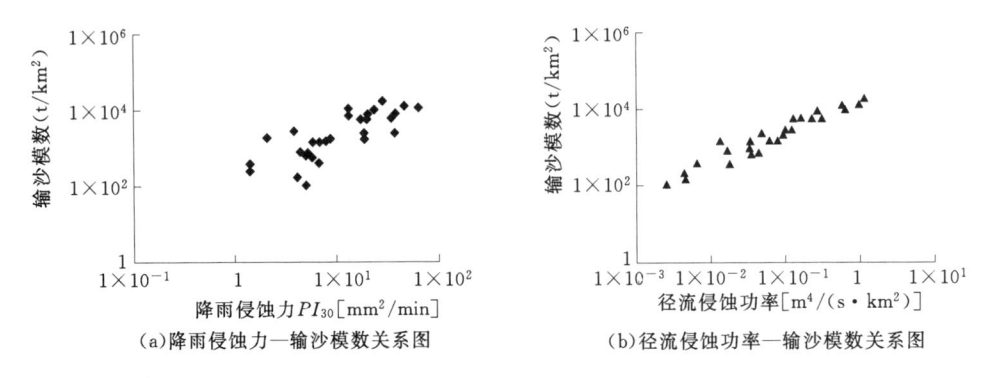

(a) 降雨侵蚀力—输沙模数关系图　　(b) 径流侵蚀功率—输沙模数关系图

图 2－5　坡面尺度次暴雨输沙模数与降雨侵蚀力和径流侵蚀功率关系对比图

2.4 不同空间尺度次暴雨径流侵蚀功率与降雨侵蚀力对比研究

可以看出,输沙模数均随着降雨侵蚀力 R 和径流侵蚀功率 E 的增大而增大,说明输沙模数 M_s 与降雨侵蚀力 R、径流侵蚀功率 E 之间均存在着较好的相关关系。然而,比较图2-5两图中点据分布的离散程度可以看出,(a) 图中点据分布离散程度大,而 (b) 图中点距分布离散程度小,这说明在坡面尺度上次暴雨输沙模数 M_s 与径流侵蚀功率 E 之间的相关关系明显好于输沙模数 M_s 和降雨侵蚀力 R 之间的相关关系。

根据实测资料分析成果,经回归分析得到的坡面尺度次暴雨输沙模数 M_s 分别和降雨侵蚀力 R、径流侵蚀功率 E 之间的回归关系如下:

$$M_s = 230.71 E^{0.9452}, \quad R^2 = 0.543, \quad n = 27 \quad (2-7)$$

$$M_s = 15708.0 E^{0.7825}, \quad R^2 = 0.910, \quad n = 27 \quad (2-8)$$

式中:M_s 为坡面次暴雨输沙模数,t/km²;R 为降雨侵蚀力,mm²/min;E 为径流侵蚀功率,m⁴/(s·km²)。

经分析计算,式(2-7)和式(2-8)的 F 检验值分别为 29.7、241.7。取 $\alpha=0.05$,由 F 分布表查得 $F_{0.95}(1, 25) = 4.24$ 而 $241.7 \gg 29.7 \gg 4.24$,因此,在坡面尺度上,输沙模数 M_s 与径流侵蚀功率 E 之间的相关性明显好于它与降雨侵蚀力 PI_{30} 之间的相关性。

本研究还利用实测次降雨过程资料及径流泥沙资料,分析了团山沟7号和9号径流场次降雨径流侵蚀功率 E 和降雨侵蚀力 R 与对应次降雨输沙模数 M_s 的相关关系,分析结果与3号径流场相同,限于篇幅,此处不再列出。

2.4.2.2 流域尺度

根据纸坊沟流域把口站1985年实测20场降雨径流泥沙资料分析得到的各场次降雨的降雨侵蚀力 R 和输沙模数 M_s 以及径流侵蚀功率 E 成果,在双对数坐标系中点绘的降雨侵蚀力 R—输沙模数 M_s、径流侵蚀功率 E—输沙模数 M_s 关系图见图2-6 (a)、(b)。从图2-6 (a) 图中点据的分布规律可以看出,当降雨侵蚀力 PI_{30} 小于 2.2mm²/min 时,图中点据分布比较分散,输沙模数 M_s 随着降雨侵蚀力 R 的变化规律不明显;而当降雨侵蚀力 PI_{30} 大于 2.2mm²/min 时,输沙模数 M_s 随着降雨侵蚀力 R 的增大而增大。与(a)图不同的是,(b) 图中点据均集中分布于某个狭长区域内,同时,不论径流侵蚀功率 E 大小如何,输沙模数 M_s 均随着径流侵蚀功率 E 的增大而增大。分析表明,在流域尺度上输沙模数 M_s 与径流侵蚀功率 E 之间的相关关系也明显好于输沙模数 M_s 和降雨侵蚀力 R 之间

(a) 降雨侵蚀力—输沙模数关系图 (b) 径流侵蚀功率—输沙模数关系图

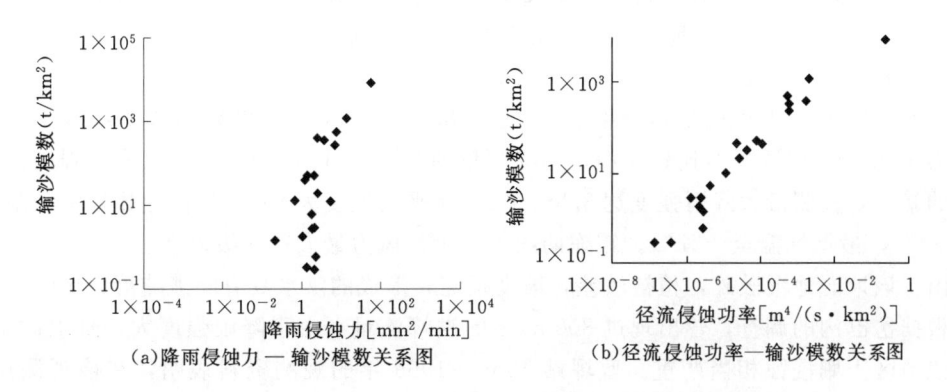

图2-6 流域尺度次暴雨输沙模数与降雨侵蚀力和径流侵蚀功率关系对比图

的相关关系。

根据实测资料分析成果，经回归分析得到的流域尺度次暴雨输沙模数 M_s 分别和降雨侵蚀力 R、径流侵蚀功率 E 之间的回归关系如下：

$$M_s = 3.8146 E^{1.8108}, \quad R^2 = 0.5156, \quad n = 20 \qquad (2-9)$$

$$M_s = 92982.0 E^{0.8154}, \quad R^2 = 0.9512, \quad n = 20 \qquad (2-10)$$

式中：M_s 为流域次暴雨输沙模数，t/km^2；R 为降雨侵蚀力，mm^2/min；E 为径流侵蚀功率，$m^4/(s \cdot km^2)$。

经计算，式（2-9）和式（2-10）的 F 检验值分别为 19.2、351.2。取 $\alpha=0.05$，由 F 分布表查得 $F_{0.95}(1, 18) = 4.41$。由于 $351.2 \gg 19.2 > 4.41$，因此，在流域尺度上，输沙模数 M_s 与径流侵蚀功率 E 之间的相关性高于它与降雨侵蚀力 R 之间的相关性，当其他条件均相同的情况下，径流侵蚀功率 E 比降雨侵蚀力 R 更能表征水力侵蚀的侵蚀动力特征。

以上研究结果表明，与通用的降雨侵蚀力相比，径流侵蚀功率可以更好地表征坡面和流域尺度次暴雨水力侵蚀动力，更能综合地体现天然降雨和流域下垫面特性对流域侵蚀产沙的综合影响，更适宜于做坡面、流域尺度次暴雨侵蚀产沙模型的侵蚀动力因子。

2.5　流域次暴雨水沙响应关系的验证

为了验证本研究所建立的基于径流侵蚀功率的流域次暴雨水沙响应关系模型在不同尺度流域、不同水土保持治理程度流域的适用性，笔者收集了岔巴沟流域、团山沟流域、蛇家沟流域、南小河沟流域、纸坊沟流域、窟野河流域、三川河流域、大理河流域、韭园沟流域、裴家峁沟流域等不同尺度和治理程度的流域实测次暴雨洪水径流泥沙资料，参照上述分析方法，分别建立了各自的水沙响应关系并进行了验证。

2.5.1　蛇家沟及团山沟流域

1. 流域概况

蛇家沟是岔巴沟主沟左岸的一级支沟，而团山沟又是蛇家沟的一条支沟。蛇家沟流域地处黄土高原第一副区，蛇家沟把口水文站控制流域面积为 $4.26km^2$，流域植被较差，沟谷地植被度 $0\sim10\%$，沟间地由于主要用作农耕地，植被度在产流季节在 $10\%\sim30\%$。团山沟流域面积 $0.18km^2$，长度 $0.63km$，平均比降 13.5%。

本地区属于干旱少雨的大陆性气候，据 1959～1969 年的实测资料表明：多年平均降雨量为 480mm，降雨季节比较集中，年降雨量的 70% 集中在 6～9 月，且多为强度大，历时短的暴雨，实测最大降雨强度达 3.5mm/s。年平均温度为 8℃，年温差比较大，最高温度达 38℃，最低气温至 -27℃。霜冻期约为半年，风力最大在 9 级以上。

由于该地区地形破碎，植被较差，坡度很陡，形成的洪水具有陡涨陡落、历时短的特点。根据岔巴沟的调查，曾出现过 $800 m^3/s$ 的洪峰流量。由于降雨强度大，且土质疏松，因而该地区土壤侵蚀相当严重。曹坪站 1959～1969 年的观测资料表明，在该观测期间，最大年侵蚀模数为 $71100 t/km^2$（1966 年），最小的也有 $2110 t/km^2$（1965 年）。

2． 研究时段径流泥沙资料的选取

按照输沙模数大于100.0t/km² 的次暴雨洪水选取原则，分别收集蛇家沟流域把口站（控制面积4.26km²）1960～1969年间实测的38场次暴雨径流泥沙资料和团山沟流域把口站（控制面积0.18km²）1961～1969年间历年实测的51场次暴雨径流泥沙资料，采用前述分析方法计算得到在上述研究时段内逐次侵蚀性降雨的流域平均径流深、洪峰流量模数和输沙模数以及对应的径流侵蚀功率。

3． 计算结果与分析

图2-7（a）、（b）分别是在双对数坐标系中点绘的蛇家沟和团山沟研究时段内历年次暴雨径流侵蚀功率和相应的流域输沙模数的关系散点图。从图2-7（a）、（b）中点据的分布情况可看出，蛇家沟流域和团山沟流域的次暴雨输沙模数均随着径流侵蚀功率的增大而增大，说明，两个流域的次暴雨输沙模数和径流侵蚀功率之间存在着较好的相关关系。

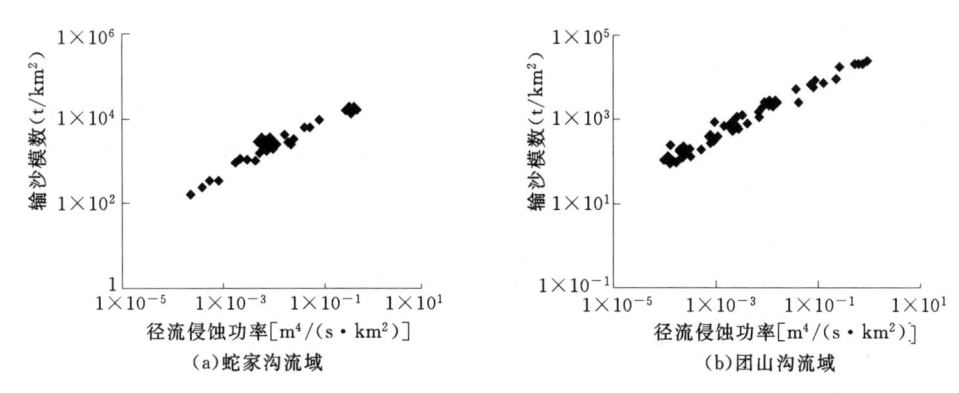

图2-7 蛇家沟、团山沟流域次暴雨径流侵蚀功率与输沙模数关系图

根据图2-7中点据的分布规律，经回归分析，分别建立了用于描述蛇家沟流域、团山沟流域次暴雨径流侵蚀功率和流域输沙模数之间定量关系的回归方程：

蛇家沟流域： $M_s = 27800.0 E^{0.5232}$， $R^2 = 0.95$， $n = 38$ （2-11）

团山沟流域： $M_s = 30408.0 E^{0.6170}$， $R^2 = 0.97$， $n = 51$ （2-12）

式中：M_s 为次暴雨下的流域输沙模数，t/km²；E 为次暴雨下的径流侵蚀功率，m⁴/(s·km²)。

经计算，式（2-11）和式（2-12）的 F 检验值分别为697.4、1572.2。取 $\alpha = 0.05$，由 F 分布表查得 $F_{0.95}(1, 36) = 4.11$、$F_{0.95}(1, 49) = 4.02$ 而 697.4≫4.11、1572.2≫4.11，因此，式（2-11）和式（2-12）均通过 $\alpha = 0.05$ 的检验，具有较高的置信度。

2.5.2 南小河沟流域

1． 流域概况

南小河沟是泾河支流蒲河左岸的一条支沟，属典型黄土高原沟壑区。流域面积36.6km²，十八亩台测站以上控制面积30.62km²，流域长13.6km，主沟平均比降2.8%，沟道密度1.69 km/km²。全流域由塬面、山坡、沟谷3部分组成。沟谷面积占27.5%，塬面、坡占72.5%；塬面坡度多在5°以下，坡是连接塬面与沟谷的纽带，坡度一般为10°～20°，沟谷坡度一般在25°以上。据西峰气象站1937～2000年观测统计，南小河沟流域年平均降水量555.2mm，降水量年际变化较大，且年内分布不均，其中6～9月降水量占全年降水总量的69.9%；年平均气温8.7℃；年均蒸发量1474.6mm，干燥度1.6；年均日照时数为2454.1h，无霜期150～180d。南小河沟流域的塬面土壤主要是黄绵土和黑垆土。梁峁坡地的土壤一般为黄绵土；沟岸陡崖、立壁以下为幼年红胶土和塌积土。根据以往试验观测的研究结果，进行水土保持综合治理前，南小河沟流域多年平均径流模数为8994.0m³/(km²·a)，多年平均侵蚀模数为4350.0 t/(km²·a)。

杨家沟流域是南小河沟中的一条小支沟，流域面积0.87km²，沟长1500.0m，沟壑密度为2.95km/km²，沟道比降为8.46%。杨家沟自1954年开始进行水土保持治理以来，对不同类型土地采取以林为主多项措施相结合的水土流失综合治理，至1958年杨家沟流域水土流失治理度达80%～90%，林草覆盖度70%～90%。

2. 研究时段径流泥沙资料的选取

收集南小河沟流域十八亩台测站（控制面积30.62km²）1981～1994年间实测的32场次暴雨径流泥沙资料和杨家沟测站（控制面积0.87km²）1981～2000年间实测的46场次暴雨径流泥沙资料，采用前述分析方法计算得到在上述研究时段内逐次侵蚀性降雨的流域平均径流深、洪峰流量模数和输沙模数以及对应的径流侵蚀功率。

3. 计算结果与分析

图2-8（a）、（b）分别是在双对数坐标系中点绘的南小河沟流域十八亩台测站和杨家沟测站研究时段内历年次暴雨径流侵蚀功率和相应的流域输沙模数的关系散点图。从图2-8中点据的分布情况可以看出，在研究时段内，南小河沟流域和杨家沟流域的次暴雨输沙模数均随径流侵蚀功率的增大而增大，因此两个流域的次暴雨径流侵蚀功率与流域输沙模数之间均具有较好的相关关系。

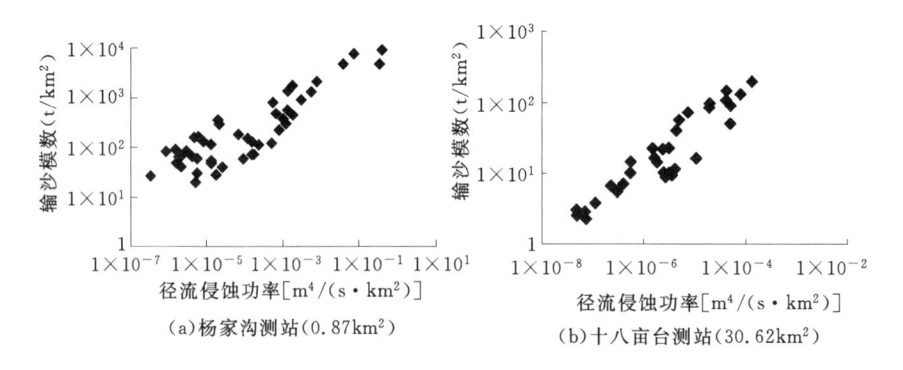

图2-8 南小河沟流域径流侵蚀功率与输沙模数关系图

根据图2-8中点据的分布规律，经回归分析，分别建立了用于描述南小河沟和杨家沟研究时段内的次暴雨洪水径流侵蚀功率与输沙模数之间相关关系的回归方程：

杨家沟流域： $M_s = 8195.6 E^{0.4033}$, $R^2 = 0.78$, $n = 46$ (2-13)

南小河沟流域： $M_s = 18895.0 E^{0.5352}$, $R^2 = 0.91$, $n = 32$ (2-14)

式中：M_s 为次暴雨下的流域输沙模数，t/km²；E 为次暴雨下的径流侵蚀功率，m⁴/(s·

km²)。

经分析计算，式（2-13）和式（2-14）的 F 检验值分别为 152.00、188.87。取 $\alpha=0.05$，由 F 分布表查得 $F_{0.95}(1,44)=4.06$、$F_{0.95}(1,30)=4.17$ 而 $152.00\gg 4.06$、$188.87\gg 4.17$，因此，式（2-13）和式（2-14）均通过 $\alpha=0.05$ 的检验，具有较高的置信度。

2.5.3 纸坊沟流域

1. 流域概况

纸坊沟流域是延河支流杏子河下游的一级支沟，属典型的黄土高原丘陵沟壑区第二副区，流域面积 8.27km²。流域平均海拔高程 1200m，上下游沟床高差 210m，平均纵比降 37‰，流域内沟壑密度达 8.06km/km²，地面破裂度为 63.2%。土壤类型以黄绵土为主。

纸坊沟流域在气候区划上属暖温带半干旱气候区，年平均温度为 8.8℃，不小于 10℃积温 3113.9℃，无霜期平均 159d，年日照总时数 2415.6h，年辐射量 132.0kcal/cm²，多年年平均降水量为 541.2mm，降水分配不均，降水年际变率大，年内降雨主要集中在 6～9 月，约占年降雨量的 75%，且多以高强度暴雨形式出现；暴雨后，产流集中，挟沙量大，易造成水土流失。根据纸坊沟流域把口站（控制流域面积 8.05km²）1988～1990 年的资料，多年平均径流量为 $2.225\times 10^5 m^3$，年平均输沙模数为 6397.7t/km²。

纸坊沟流域从 1975 年开始开展水土流失综合治理，特别是 1986 年以来，该流域连续作为国家"七五"、"八五"和"九五"水土保持综合治理科技攻关项目试验流域。经过 20 多年的治理，特别是 1986 年以来的快速持续治理，流域生态环境明显改善，从"九五"后期以来，流域生态系统开始步入良性发展阶段。"八五"期间平均治理度为 52.4%，平均减沙效益 48.7%；"九五"期间，流域治理度已由 1995 年的 57.7% 提高到 2000 年的 76%，覆盖度 0.6 以上的林草面积比例达到 57.7%，流域输沙模数减少到 2180.0 t/(km²·a)，2000 年综合治理作用减沙效益达 64.3%。

2. 研究时段径流泥沙资料的选取

收集纸坊沟流域把口站（控制流域面积 8.05km²）1985～1992 年间历年实测的 50 场次暴雨洪水泥沙资料，采用前述分析方法计算得到在上述研究时段内逐次侵蚀性降雨的流域平均径流深、洪峰流量模数和输沙模数以及对应的径流侵蚀功率。

3. 计算结果与分析

图 2-9 是在双对数坐标系中点绘的纸坊沟流域把口站历年次暴雨径流侵蚀功率与相应的流域输沙模数之间的关系散点图。从图 2-9 中点据的分布规律可以看出，在研究时段内，流域次暴雨输沙模数随着径流侵蚀功率的增大而增大，说明纸坊沟流域次暴雨输沙模数与径流侵蚀功率之间也存在着较好的相关关系。

根据图 2-9 中点据的分布规律，经回

图 2-9 纸坊沟流域径流侵蚀功率与输沙模数关系散点图

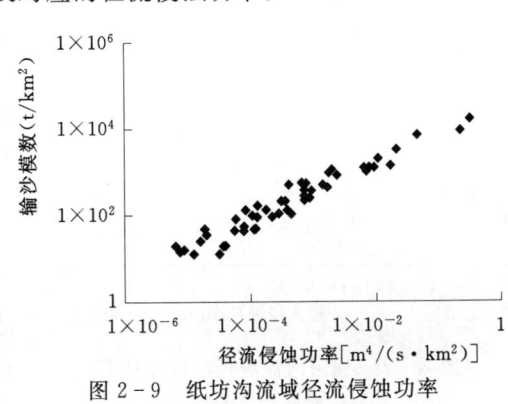

归分析，建立了用于描述纸坊沟流域研究时段内的次暴雨洪水径流侵蚀功率与输沙模数之间相关关系的回归方程：

$$M_s = 38181.0 E^{0.6729}, R^2 = 0.94, \quad n = 50 \quad (2-15)$$

式中：M_s 为流域次暴雨输沙模数，t/km²；E 为次暴雨径流侵蚀功率，m⁴/(s·km²)。

经计算，式（2-15）的 F 检验值为 735.8。取 $\alpha = 0.05$，由 F 分布表查得 $F_{0.95}(1, 48) = 4.04$ 而 735.8≫4.04，因此，式（2-15）通过 $\alpha = 0.05$ 的检验，具有较高的置信度。如前所述，纸坊沟流域是水土保持综合治理试验流域，在研究时段内，水土保护综合治理措施的建设使流域内的下垫面条件不断发生变化，导致流域次降雨产汇流及侵蚀产沙规律相应发生变化。但从图 2-9 点据分布规律及公式（2-15）的 R^2 达 0.94 可以看出，本研究提出的径流侵蚀功率同样适用于流域下垫面不断发生变化情况下的次暴雨产沙计算。

2.5.4 窟野河流域

1. 流域概况

窟野河流域是黄河中游右岸的一条较大的支流，流域面积 8706km²，全长 242.0km，海拔 740.6～1498.7m。窟野河流域地貌组成大致以长城为界，东南部为黄土丘陵沟壑区，东北部为砾石、岩屑组成的砾质丘陵区，西北部为风沙土覆盖的砂质丘陵区，各类型区植被稀疏，土地沙漠化和潜在沙漠化非常严重。窟野河流域王道恒塔站控制流域面积 3839.0km²，占窟野河流域总面积的 44.4%，河道长度 134.0km，河道平均比降 2.98%。根据地貌特征，可将王道恒塔以上流域分为以人工草地风沙地为主的砾质砒砂岩丘陵区、以天然草地风沙地为主的沙化丘陵及风沙滩区、沙质丘陵及盖沙黄土丘陵区三个区域。

窟野河流域年平均降雨量 400.0mm，年际变化大且年内分布很不均匀，造成该流域径流量和产沙量在年内和年际间的分布也不均匀。根据窟野河王道恒塔站 1956～1993 年实测径流成果推算，窟野河王道恒塔站多年平均径流量 21829.0 万 m³/a，而年内 7～9 月的径流量约占全年径流量的 55.0%；窟野河流域王道恒塔多年平均输沙量 2725.0 万 t/a，年内 6～9 月的产沙量一般占全年的 96% 以上。

2. 研究时段径流泥沙资料的选取

收集窟野河王道恒塔站（控制面积 3839.0km²）1976～1990 年间历年实测的 36 场次暴雨洪水泥沙资料，采用前述分析方法计算得到在上述研究时段内逐次侵蚀性降雨的流域平均径流深、洪峰流量模数和输沙模数以及对应的径流侵蚀功率。

3. 计算结果与分析

图 2-10 是在双对数坐标系中点绘的窟野河王道恒塔站以上流域历年次暴雨径流侵蚀功率与相应的流域输沙模数之间的关系散点图。从图 2-10 中点据的分布规律可以看出，在研究时段内，窟野河王道恒塔站以上

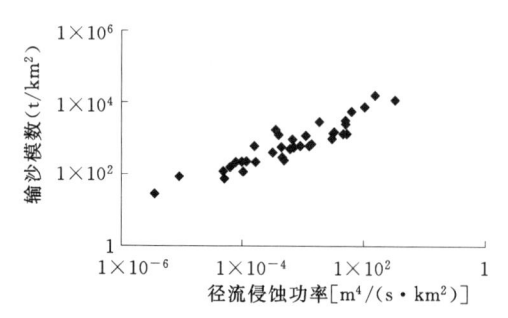

图 2-10 窟野河流域径流侵蚀功率与输沙模数关系图

流域次暴雨输沙模数也基本上随着径流侵蚀功率的增大而增大，说明窟野河王道恒塔站以上流域次暴雨输沙模数与径流侵蚀功率之间也存在着较好的相关关系。

根据图 2-10 中点据的分布规律，经回归分析，建立了用于描述窟野河流域研究时段内的次暴雨洪水径流侵蚀功率与输沙模数之间相关关系的回归方程：

$$M_s = 84595.0 E^{0.6499}, \quad R^2 = 0.86, \quad n = 36 \quad (2-16)$$

式中：M_s 为次暴雨下的流域输沙模数，t/km^2；E 为次暴雨下的径流侵蚀功率，$m^4/s \cdot km^2$。

经计算，式（2-16）的 F 检验值为 203.6。取 $\alpha = 0.05$，由 F 分布表查得 $F_{0.95}(1, 34) = 4.13$ 而 $203.6 \gg 4.13$，因此，式（2-16）通过 $\alpha = 0.05$ 的检验，具有较高的置信度。

2.5.5 三川河流域

1. 流域概况

三川河流域地处黄河中游黄土丘陵沟壑区第一副区，为黄河的一级支流，河长 176.4km，流域面积 4161km²。据 1957～1989 年资料，三川河流域多年平均降水量 504.9mm，其中汛期 6～9 月约降水量 371.5mm，占全年总量的 73.6%；流域水土流失面积 2769km²，占流域面积的 67.0%，流域平均侵蚀模数为 8973.0t/(km²·a)。

南川河流域为三川河的南支流，流域面积为 810.0km²，海拔高度为 990.0～2100.0m，主河长 60.0km，流域水土流失面积 249.0km²，占全流域面积的 30.7%，至 1978 年，水土流失治理程度为 30.6%。

王家沟为三川河中游左岸一条支沟，海拔 1000～1320m，流域面积 9.1km²，主沟长 5.9km，平均比降 2.7%，流域地形破碎，平均坡度为 32°，沟壑密度 7.01km/km²，沟壑面积占 44%，沟间地占 56%。王家沟流域水土保持治理工作开始于 1955 年，至 1980 年王家沟流域水土保持治理程度达到 70.45%。

羊道沟和插财主沟是王家沟上游左侧毗邻且流向一致的 2 条支沟，二者具有基本相似的土壤、地质、地貌条件。羊道沟流域面积为 0.206km²，平均坡度为 31°，主沟长 752.0m，总高差 173.5m，流域平均比降为 12.7%，沟壑密度为 3.82km/km²。插财主沟流域面积 0.193km²，流域平均坡度为 31°，主沟长 776.0m，总高差 167.0m，流域平均比降为 11.9%，沟壑密度为 3.91km/km²。1954 年设定插财主沟为治理沟（以林草为主多项措施相结合的水土流失综合集中治理）、羊道沟为对比沟，开展水土保持措施的蓄水拦沙效益研究。至 1956 年，插财主沟治理度达到 78.3%，其中坡面水平梯田 1.47hm²，林草覆盖度 75%。根据 1956～1970 年资料统计，两流域多年平均降水量 544mm，汛期 6～9 月降水量约占年降水量的 72%；流域的产流产沙源于汛期内的几场高强度暴雨。羊道沟和插财主沟多年平均径流模数分别为 27740m³/(km²·a)、14115m³/(km²·a)，相应的多年平均侵蚀模数分别为 20811 t/(km²·a)、8504t/(km²·a)。

2. 研究时段径流泥沙资料的选取

按照最大含沙量大于 100.0kg/m³ 的次暴雨洪水选取原则，分别收集南川河流域 1974～1981 年间实测的 66 场次暴雨径流泥沙资料、王家沟流域 1955～1981 年间实测的 131

场次暴雨径流泥沙资料、羊道沟流域 1956～1970 年间实测的 94 场次暴雨径流泥沙资料和插财主沟流域 1956～1970 年间实测的 76 场次暴雨径流泥沙资料，并计算得到在上述研究时段内逐次侵蚀性降雨的流域平均径流深、洪峰流量模数和输沙模数以及对应的径流侵蚀功率。

3. 计算结果与分析

图 2-11（a）～（d）分别是在双对数坐标系中点绘的南川河、王家沟、羊道沟、插财主沟 4 个流域研究时段内次暴雨径流侵蚀功率与相应的流域输沙模数之间的关系图。从图 2-11 中点据的分布规律可以看出，在三川河不同尺度子流域上，流域次暴雨输沙模数均随着径流侵蚀功率的增大而增大，即次暴雨径流侵蚀功率与流域输沙模数之间同样存在着较好的相关关系。

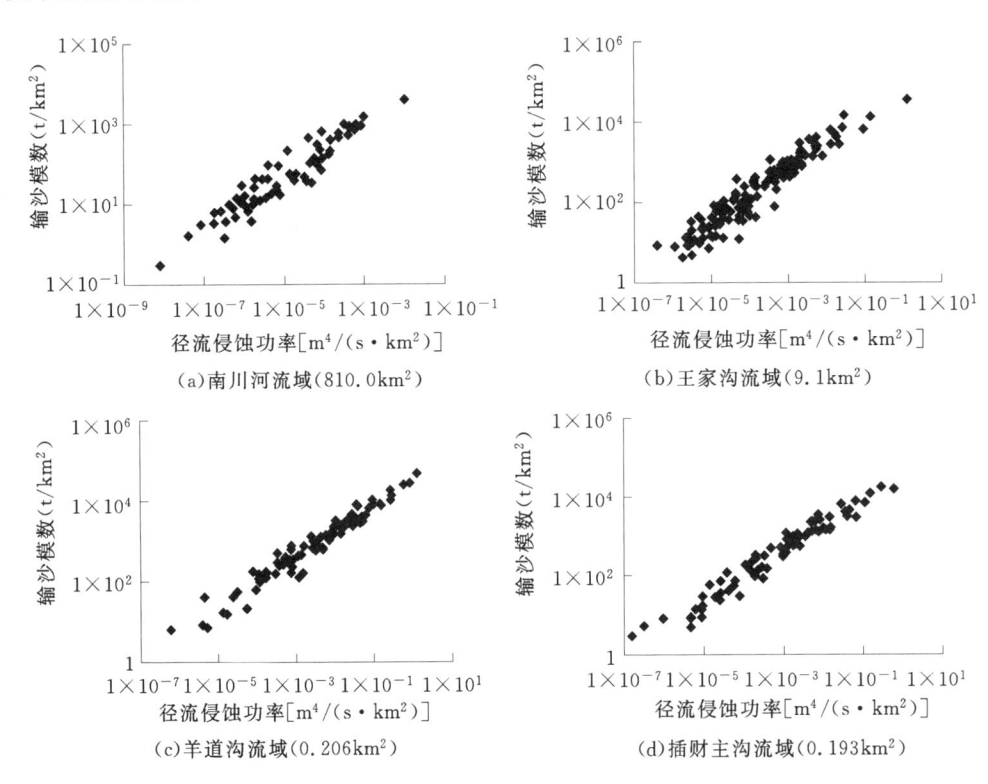

图 2-11　三川河流域主要子流域次暴雨径流侵蚀功率与流域输沙模数关系图

根据图 2-11 中点据的分布规律，经回归分析，建立了用于描述三川河不同面积尺度子流域研究时段内的次暴雨洪水径流侵蚀功率与输沙模数之间相关关系的回归方程：

插财主沟：　　　　　$M_s = 37779.0 E^{0.6414}$，　　$R^2 = 0.95$，　　$n = 76$　　　　（2-17）

羊 道 沟：　　　　　$M_s = 30786.0 E^{0.6243}$，　　$R^2 = 0.95$，　　$n = 94$　　　　（2-18）

王 家 沟：　　　　　$M_s = 72874.0 E^{0.6777}$，　　$R^2 = 0.91$，　　$n = 131$　　　（2-19）

南 川 河：　　　　　$M_s = 92011.0 E^{0.6553}$，　　$R^2 = 0.90$，　　$n = 66$　　　　（2-20）

式中：M_s 为流域次暴雨输沙模数，t/km^2；E 为次暴雨径流侵蚀功率，$m^4/(s \cdot km^2)$。

2.5 流域次暴雨水沙响应关系的验证

经计算，式（2-17）～式（2-20）的 F 检验值分别为 1489.6、1844.2、1270.0、559.5。取 $\alpha=0.05$，由 F 分布表查得 $F_{0.95}(1, 74)=1.69$ 而 $1489.6 \gg 1.69$、$F_{0.95}(1, 92)=1.66$ 而 $1844.2 \gg 1.66$、$F_{0.95}(1, 129)=1.63$ 而 $1270.0 \gg 1.63$、$F_{0.95}(1, 64)=1.72$ 而 $559.5 \gg 1.72$，因此，式（2-17）、式（2-18）、式（2-19）、式（2-20）均通过 $\alpha=0.05$ 的检验，具有较高的置信度。

2.5.6 典型对比流域

2.5.6.1 韭园沟与裴家峁沟

1. 研究流域概况

韭园沟是无定河中游左岸的一条支沟，全流域面积为 70.7km²，韭园沟测站以上控制流域面积为 70.1km²，属黄土丘陵沟壑区第一副区，海拔高度在 810.0～1189.0m 之间，平均海拔 990.0m，平均坡度 25.5°。流域内丘陵起伏，沟壑纵横，沟涧地面积为 39.6km²，沟谷地面积 30.41 km²；主沟长 18.0km，平均宽 3.89km，沟道比降为 1.15%，沟壑密度为 5.34 km/km²。土壤侵蚀极为剧烈，据 1954～1969 年资料，多年平均土壤侵蚀模数在 14000～18000t/(km²·a) 之间。

裴家峁沟位于无定河下游左岸，沟口距离绥德县城 4.0km，距离韭园沟 6.0km，流域面积 41.5km²，测站以上控制流域面积 41.2 km²，属黄土梁峁丘陵地形。流域相对高差约 250.0m，主沟长 11.0km，沟道比降 1.51%，沟壑密度为 2.69 km/km²。全流域 1954 年韭园沟被设定为治理沟（以沟道工程措施为主）、裴家峁沟为对比沟进行水土保持综合治理对比研究。

本区属温带半干旱大陆性季风气候，据多年观测统计资料，年均气温 8℃，最高 39℃，最低 -27℃，多年平均无霜期 150～190d，多西北风，最大风速 40m/s；年平均降雨量为 475.0mm，年际变化大且年内分配极不均衡，7～9 个月降雨量占全年降雨量的 64.4%，且多为暴雨出现，历时短，强度大；据韭园沟 1954～1990 年实测资料统计，多年平均年径流量 275.0 万 m³；土壤侵蚀以水蚀、风蚀和重力侵蚀为主，韭园沟多年平均年输沙量为 59.1 万 t，泥沙主要来源于汛期 1～2 次大洪水。

两流域水土流失治理状况：韭园沟至 1964 年累计完成地埂 600.0hm²、梯田 289.0hm²、造林 417.5hm²、种草 165.8hm²、淤地坝 138 座，水土流失综合治理度 22.0%；至 1979 年，累计完成梯田 716.0、造林 980.0、种草和修建淤地坝 229 座、造林 304.0hm²、种草 131.0hm²；至 1996 年累计完成梯田 124.2hm²、造林 304.0hm²、种草 131.0hm²、淤地坝 242 座，治理度 70.3%。裴家峁沟植物被覆种类与韭园沟相近，人工草地较少，没有大片林地，治理程度低，到 1964 年，修筑淤地坝 18 座、水平梯田 7.3hm²、隔坡梯田 4.2hm²、地埂 63.9hm²、水窖 640 个、造林 11.5、种草 21.9，属非治理沟。

2. 研究时段径流泥沙资料的选取

分别收集韭园沟流域径流观测站 1954～1976 年间和裴家峁流域径流观测站 1959～1976 年间各年逐次侵蚀性降雨的径流泥沙资料，并计算得到在上述研究时段内逐次侵蚀性降雨的流域平均径流深、洪峰流量模数和输沙模数以及对应的径流侵蚀功率。

3. 计算结果与分析

图2-12（a）和（b）分别是在双对数坐标系中点绘的韭园沟1954～1976年期间和裴家峁沟1959～1976年间历年实测次暴雨洪水的径流侵蚀功率和流域输沙模数关系散点图。从图2-12两图中各点据的分布规律可以看出，在研究时段内，岔巴沟和裴家峁沟的次暴雨流域输沙模数均随着径流侵蚀功率的增大而增大，因此两个流域的次暴雨径流侵蚀功率与流域输沙模数之间具有较好的相关关系。

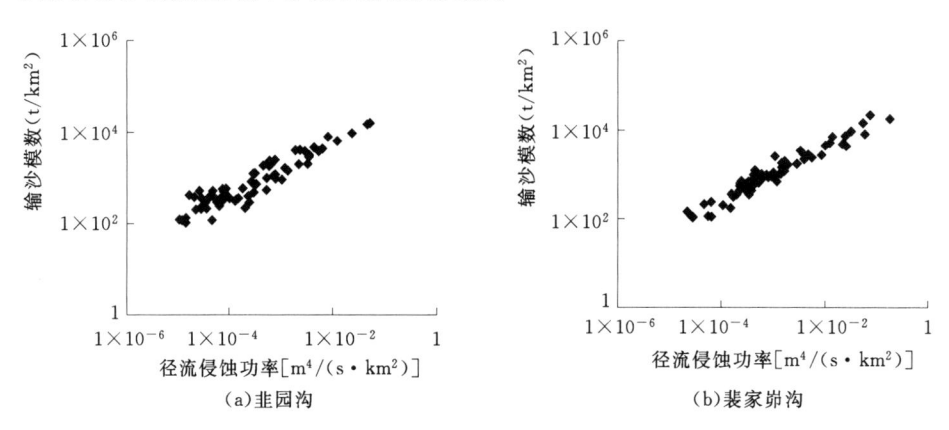

图2-12 对比沟流域次暴雨洪水径流侵蚀功率与输沙模数关系图

根据图2-12中点据的分布规律，经回归分析，分别建立了用于描述韭园沟和裴家峁沟研究时段内的次暴雨洪水径流侵蚀功率与输沙模数之间相关关系的回归方程：

韭园沟： $M_s = 71536.0 E^{0.5509}$，$R^2 = 0.88$，$n = 69$ （2-21）

裴家峁沟： $M_s = 66230.0 E^{0.5999}$，$R^2 = 0.95$，$n = 70$ （2-22）

式中：M_s 为次暴雨输沙模数，t/km^2；E 为次暴雨洪水径流侵蚀功率，$m^4/(s \cdot km^2)$；n 为次暴雨洪水场次。

经分析计算，式（2-21）和式（2-22）的 F 检验值分别为498.9和1178.2。取 $\alpha = 0.05$，由 F 分布表查得 $F_{0.95}(1, 67) = 3.994$、$F_{0.95}(1, 68) = 3.996$，而 498.9≫3.994、1178.2≫3.996，因此式（2-21）和式（2-22）均通过 $\alpha = 0.05$ 的检验，具有较高的置信度。这说明，利用治理流域或未治理流域的次暴雨洪水的径流深和洪峰流量模数资料推求出径流侵蚀功率后代入式（2-21）或式（2-22），就可以对次暴雨输沙模数进行合理预测。

2.5.6.2 想她沟与团园沟

1. 研究流域概况

想她沟与团园沟是韭园沟中游的两条支沟，均属黄土丘陵沟壑区。想她沟控制断面以上流域面积为 $0.454km^2$，沟道长 $1.5km$，平均宽 $304m$；流域内坡面面积占 75.6%，沟壑面积占 24.4%；团园沟控制断面以上流域面积为 $0.491km^2$，沟道长 $1.1km$，平均宽度 $446m$；流域内坡面面积占 45.4%，沟壑面积占 54.6%。1957年设定想她沟为治理沟、团园沟为对比非治理沟进行水土保持效益和水土流失规律研究。

两流域水土流失治理状况：想她沟流域内有耕地 $514.5hm^2$，占流域面积的

2.5 流域次暴雨水沙响应关系的验证

75.5%；林地23.6 hm²，占3.46%。截至1960年，有水平梯田208.7hm²、地埂13.07hm²、隔坡梯田47.7hm²、水平沟75.8hm²、淤地坝5座、造林24.6hm²、种草28.5hm²。团园沟流域治理程度较差，有耕地583.5hm²，占流域面积的79.2%，林地60.0hm²，占8.5%，其余为荒草地和非生产用地。流域治理较差，截至1960年，仅有水平梯田39.1 hm²、地埂107.5hm²、隔坡梯田19.4hm²、造林6.0hm²、种草22.2hm²、淤地坝1座。

2. 研究时段径流泥沙资料的选取

分别收集想她沟流域和团园沟流域各自径流观测站1958~1961年间历年实测逐次侵蚀性降雨的径流泥沙资料，并计算得到在上述研究时段内逐次侵蚀性降雨的流域平均径流深、洪峰流量模数和输沙模数以及对应的径流侵蚀功率。

3. 计算结果与分析

图2-13（a）和（b）分别是在双对数坐标系中点绘的想她沟1958~1961年期间和团园沟1958~1961年间历年实测次暴雨洪水的径流侵蚀功率和流域输沙模数关系散点图。从图2-13两图中各点据的分布规律可以看出，在研究时段内，想她沟和团园沟的次暴雨流域输沙模数均随着径流侵蚀功率的增大而增大，因此两个流域的次暴雨径流侵蚀功率与流域输沙模数之间具有较好的相关关系。

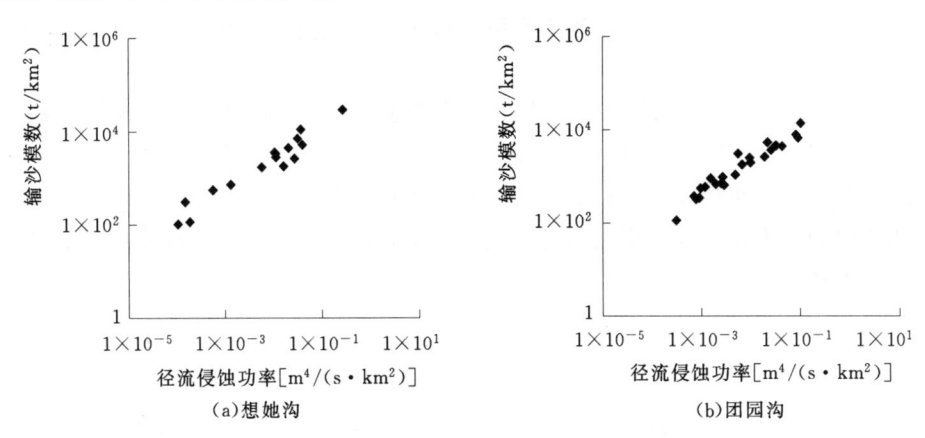

(a) 想她沟　　　　　　　　　　(b) 团园沟

图2-13　对比沟流域次暴雨径流侵蚀功率与输沙模数关系图

根据图2-13中点据的分布规律，经回归分析，分别建立了用于描述想她沟和团园沟研究时段内的次暴雨洪水径流侵蚀功率与输沙模数之间相关关系的回归方程：

想她沟：　　　　　　$M_s = 54999 E^{0.6590}$, 　$R^2 = 0.94$, 　$n = 16$ 　　　　　(2-23)

团园沟：　　　　　　$M_s = 49811.0 E^{0.6858}$, 　$R^2 = 0.94$, 　$n = 25$ 　　　　　(2-24)

式中：M_s为次暴雨输沙模数，t/km²；E为次暴雨洪水径流侵蚀功率，m⁴/(s·km²)；n为次暴雨洪水场次。

经分析计算，式（2-23）和式（2-24）的F检验值分别为653.0和783.9。取$\alpha = 0.05$，由F分布表查得$F_{0.95}(1, 14) = 4.6$、$F_{0.95}(1, 23) = 4.28$，而653.0＞4.6、783.9＞4.28，因此式（2-23）和式（2-24）均通过$\alpha = 0.05$的检验，具有较高的置信度。

2.5.7 大理河流域

1. 流域概况

大理河是无定河的最大支流，干流全长170km，面积3906km²，绥德站以上控制流域面积3893km²。青阳岔站以上为河源梁涧区，面积662km²，占全流域的16.9%，其余面积均处于黄土丘陵沟壑区。流域多年平均降雨量445.3mm，7～9月3个月降水量占年降水量的60%以上。流域治理措施主要有造林、种草、修水平梯田和淤地坝等。该流域地形破碎，植被稀疏，水土流失严重。据1960～1970年资料统计，年径流量为1.82亿m³，年输沙量6540万t，年侵蚀模数为1.68万t/km²，局部地区高达3.0万t/km²，为黄土高原土壤侵蚀最强烈的地区之一。1970年以来，由于流域水土保持综合治理，径流泥沙发生了很大变化，大理河1980～1989年观测资料与1959～1969年比较，年降水量减少15%，年径流量减少36.5%，年输沙量减少68.4%。

2. 研究时段径流泥沙资料的选取

分别收集大理河绥德水文站（控制流域面积3893.0km²）和青阳岔水文站（控制流域面积662.0km²）1974～1989年间历年实测的次暴雨洪水径流泥沙资料（其中绥德站次暴雨场次为97场，青阳岔站为84场），并计算得到在上述研究时段内逐次侵蚀性降雨的流域平均径流深、洪峰流量模数和输沙模数以及对应的径流侵蚀功率。

3. 计算结果与分析

图2-14（a）、（b）分别是在双对数坐标系中分别点绘大理河绥德站和青阳岔站1974～1989年间历年实测的次暴雨洪水雨径流侵蚀功率和输沙模数之间的关系散点图。从图2-14两图中点据的分布情况可以看出，大理河绥德站和青阳岔站的次暴雨输沙模数均随着径流侵蚀功率的增大而增大，因此两个测站的次暴雨输沙模数和径流侵蚀功率之间存在着较好的相关关系。

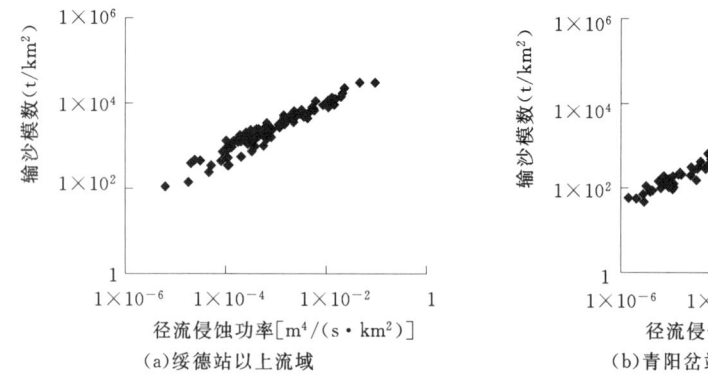

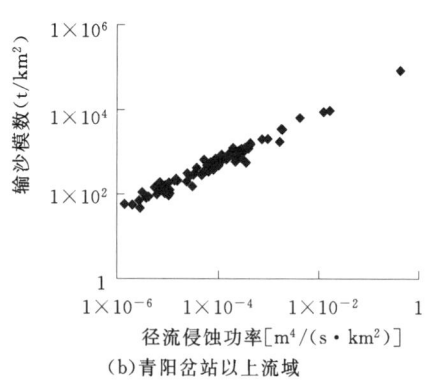

图2-14 大理河流域次暴雨径流侵蚀功率与输沙模数关系图

根据图2-14中点据的分布规律，经回归分析，建立了用于描述大理河绥德站和青阳岔站次暴雨径流侵蚀功率和流域输沙模数之间相关关系的回归方程：

绥德站： $M_s = 113202.0 E^{0.5746}$， $R^2 = 0.96$， $n = 84$ (2-25)

青阳岔站： $M_s = 163848.0 E^{0.5871}$， $R^2 = 0.92$， $n = 97$ (2-26)

式中：M_s 为次暴雨输沙模数，t/km^2；E 为次暴雨洪水径流侵蚀功率，$m^4/(s \cdot km^2)$；n 为次暴雨洪水场次。

经分析计算，式（2-25）和式（2-26）的 F 检验值分别为 697.4、1572.2。取 $\alpha=0.05$，由 F 分布表查得 $F_{0.95}(1,36)=4.11$、$F_{0.95}(1,49)=4.02$ 而 $697.4 \gg 4.11$、$1572.2 \gg 4.11$，因此，式（2-25）和式（2-26）均通过 $\alpha=0.05$ 的检验，具有较高的置信度。

2.6 不同尺度流域次暴雨水沙响应关系分析

在上述几节中，利用实测的次暴雨径流泥沙资料，结合径流侵蚀功率的计算方法，分别建立了包括团上沟径流场、杨家沟流域、南小河沟流域、纸坊沟流域、岔巴沟流域、窟野河流域以及三川河流域各支流流域在内的不同流域尺度、不同水土保持治理程度的流域次暴雨水沙响应关系回归方程，表 2-4 对建立的各流域幂函数型水沙响应关系及相关内容进行了汇总。

表 2-4　　不同流域尺度的次暴雨水沙响应关系计算成果

集水区名称及资料年限	控制面积（km^2）	回归方程	相关系数 R^2	样本个数 n
团山沟 4 号径流场 1963~1967 年	0.00030	$M_s=7743.5 E^{0.6951}$	0.86	22
团山沟 2 号径流场 1963~1967 年	0.00060	$M_s=10606.0 E^{0.6499}$	0.93	22
团山沟 3 号径流场 1963~1969 年	0.00090	$M_s=15708.0 E^{0.7825}$	0.91	27
团山沟 7 号径流场 1963~1969 年	0.00574	$M_s=29169.0 E^{0.6059}$	0.96	37
团山沟 9 号径流场 1963~1969 年	0.01720	$M_s=31142.0 E^{0.6515}$	0.96	31
团山沟 1961~1969 年	0.180	$M_s=30408.0 E^{0.6170}$	0.97	103
蛇家沟 1960~1969 年	4.260	$M_s=27800.0 E^{0.5232}$	0.95	38
岔巴沟 1959~1969 年	187.000	$M_s=53784.0 E^{0.6176}$	0.96	57
岔巴沟 1971~1980 年	187.000	$M_s=93489.0 E^{0.6015}$	0.97	43
杨家沟 1981~2000 年	0.87	$M_s=8195.6 E^{0.4033}$	0.78	46
南小河沟 1981~2000 年	30.62	$M_s=18895.0 E^{0.5352}$	0.86	32
想她沟 1958~1961 年	0.454	$M_s=54999.0 E^{0.6590}$	0.94	16
团园沟 1958~1961 年	0.491	$M_s=49811.0 E^{0.6858}$	0.94	25
裴家峁 1959~1969 年	41.200	$M_s=66230.0 E^{0.5999}$	0.95	70
韭园沟 1954~1976 年	70.100	$M_s=71536.0 E^{0.5509}$	0.88	69
纸坊沟 1985~1992 年	8.050	$M_s=38181.0 E^{0.6729}$	0.94	50
插财主沟 1956~1970 年	0.193	$M_s=37779.0 E^{0.6464}$	0.95	76
羊道沟 1956~1970 年	0.206	$M_s=30786.0 E^{0.6243}$	0.95	94
王家沟 1955~1981 年	9.100	$M_s=72874.0 E^{0.6777}$	0.91	131
南川河 1974~1981 年	810.000	$M_s=92011.0 E^{0.6553}$	0.90	66
窟野河 1976~1990 年	3839.000	$M_s=84595.0 E^{0.6499}$	0.86	36
大理河青阳岔站 1974~1989 年	662.000	$M_s=113202.0 E^{0.5746}$	0.96	84
大理河绥德站 1974~1989 年	3893.000	$M_s=163848.0 E^{0.5871}$	0.92	97

注　表中的字母 M_s、E 分别代表径流侵蚀功率和输沙模数。

从表 2-4 中可以看出，在坡面上无论是汇水面积为 300.0m² 的团山沟 4 号径流场还是面积为 17200.0m² 的团山沟 9 号径流场，无论是流域面积仅为 0.193km² 的插财主沟流域，还是流域面积为 3839.00km² 的窟野河流域，无论是水土保持治理程度高达 70% 以上的杨家沟流域、纸坊沟流域和插财主沟流域，还是没有任何水土保持治理措施的岔巴沟流域和羊家沟流域，利用各个流域实测的次暴雨径流泥沙资料建立的反映流域次暴雨水沙响应关系的幂函数型回归方程的相关系数均大于 0.78。这说明，本研究提出的基于径流侵蚀功率的次暴雨水沙响应关系适用于黄土高原不同空间尺度和不同治理度的集水区次暴雨产沙计算，较好地反映了流域次暴雨产流产沙之间的内在联系，直接反映了天然降雨和流域下垫面的时空差异对流域侵蚀产沙的综合影响，且具有计算简便、物理概念清楚等优点，可用于黄土高原流域次暴雨侵蚀产沙预报。

有关本研究提出的基于径流侵蚀功率的流域次暴雨水沙响应关系能够适用于不同治理度的黄土高原流域次暴雨产沙计算的原因，笔者认为：径流侵蚀功率是建立在反映流域次暴雨的两个重要洪水过程特征值即洪峰流量和径流深的基础上的。由于降雨及其在流域下垫面上产生的径流不仅是流域坡面和沟道侵蚀产沙的根本动力，还是泥沙输移的主要载体，径流所具有的能力大小在很大程度上决定了被剥离输移的侵蚀土壤的多少。一方面，流域内的各类水土保持措施在拦蓄了大量地表径流的同时必将拦蓄径流所携带的泥沙，导致流域次降雨产沙模数的减少；另一方面，流域各类水土保持措施对地表径流的拦蓄滞洪作用必将导致流域出口处的洪水过程特征值的变化，即洪水总量减少、洪峰流量降低，相应地流域次暴雨径流侵蚀功率也就相应变小，进而利用水沙响应关系分析得到的流域产沙量变小。这与实际情况下流域降雨径流产沙、输沙的规律是一致的。

值得注意的是，利用本研究提出的流域次暴雨水沙响应关系对流域输沙量进行预测的前提是次暴雨洪水的径流侵蚀功率已知，也就是说，次暴雨洪水的洪峰流量和洪水总量必须已知。

实际应用时，首先利用研究流域出口水文站的实测水沙资料对水沙响应关系式中的参数 a、b 进行率定；其次，结合流域的降雨资料和流域下垫面资料，利用现有的成熟流域水文模型，分析得到特定降雨在流域出口处产生的次洪水过程的洪峰流量和洪水总量（径流深）；然后，将计算得到的洪峰流量和径流深代入流域次暴雨水沙响应模型，求得流域次暴雨输沙量。

第3章 流域地貌形态特征量化及其与侵蚀产沙耦合

本研究以分形理论为指导研究复杂的非线性地貌形态综合特征问题，以现代GIS技术为手段处理复杂的数学统计和逻辑推理，以回归理论为基础进行数据相关性分析和模型构建，以计算机技术为手段开发设计易于操作的人机交互界面。

3.1 地貌形态特征三维分形信息维数测定方法

鉴于美国ARCVIEW系统超强的功能与领先业界的二次开发技术，并考虑到分形维数复杂的计算、分析与处理需求等，作者选择ARCVIEW系统作为数据运行处理和软件开发平台，力图将ARCVIEW技术与分形理论相融合，运用ARCVIEW系统中强大的空间地理信息分析处理能力来探讨和揭示地貌形态特征的分形特性，同时采用ARCVIEW系统中完善的二次开发语言开发基于ARCVIEW平台下地貌形态特征三维分形信息维数的计算与处理应用子系统，使地貌形态特征的量化问题模块化、界面化，操作简单化。

ARCVIEW平台下流域地貌形态特征三维分形信息维数测定的技术路线是：根据研究目的以地貌学原理为基础划定流域（测区）范围，由选定范围确定分形所用地形数据源类别；继而在ARCVIEW平台下进行相关矢栅数据的处理和数据生成，构建所需的三维分形GIS实体；根据分形盒维数计算原理，选择一系列不同尺度的三维扫描盒子组，以三维分形GIS实体为对象进行三维空间扫描（见图3-2），并依据三维分形信息维数GIS计算模型，记录和统计相关分形参数值，建立分形统计表；进而根据线性回归原理，以盒子尺度的对数值为X轴，以分形信息累积量的对数值为Y轴，进行线性回归分析，确定分形无标度区间，最后在无标度区间内通过计算拟合直线的斜率来确定流域地貌形态特征三维分形信息维数值，技术流程见图3-1。

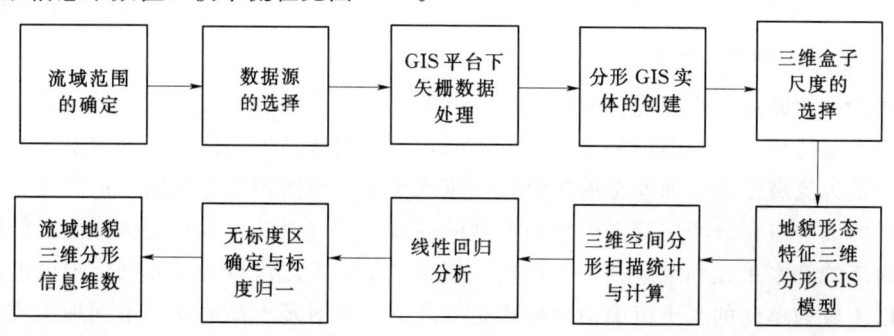

图3-1 流域地貌形态三维分形信息维数计算技术流程

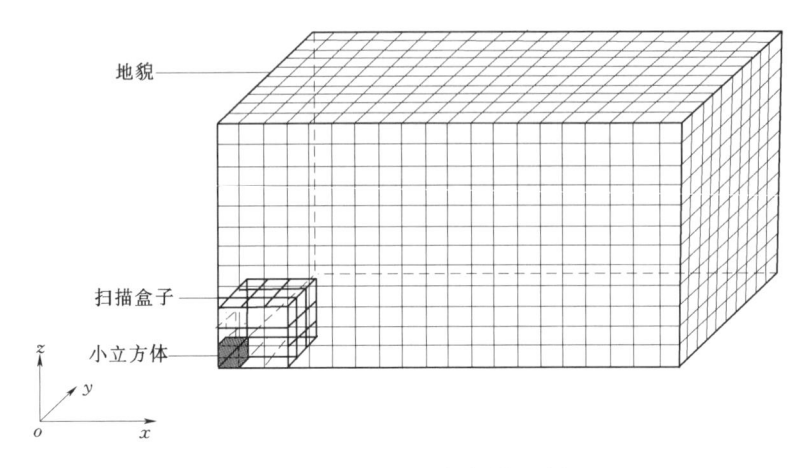

图 3-2 三维盒子空间扫描示意图

3.1.1 三维分形 GIS 实体的创建

三维分形 GIS 实体是指进行三维分形信息维数测算时盒子扫描的对象，其实质是栅格形式（GRID）数字高程模型（DEM），见图 3-3 和图 3-4。三维分形 GIS 实体的创建一般需要经过测区范围划定、地形图数据选定、GIS 矢栅数据处理等步骤。

图 3-3 岔巴沟流域三维分形 GIS 实体正视图 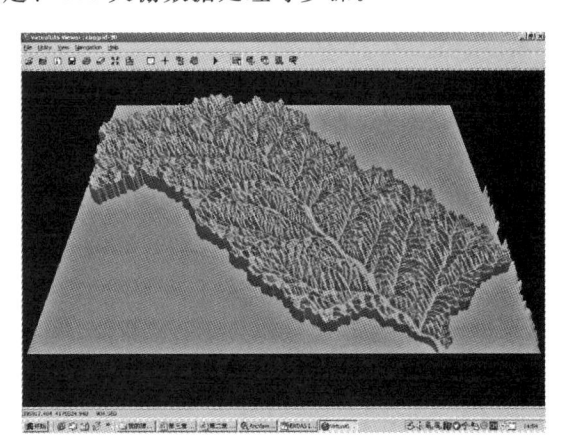　　图 3-4 岔巴沟流域三维分形 GIS 实体三维鸟瞰图

3.1.1.1 测区边界确立原则

测区边界的确立与研究的目的密切相关，由于不同类型的地貌、不同区域的地貌将呈现不同的形态特征，其分形结果也将有所不同，因此测区边界的确定十分重要。由于本研究的目的是为流域土壤侵蚀模型的构建和流域水土流失预测预报等基础理论研究服务，因此，测区的确定应充分考虑测区内地貌类型的一致性，并以是否具有完整降雨、侵蚀和输沙系统为流域基本单元判定原则，即在同一地貌类型区内以流域为单元确定测区范围，这与当前以流域为单元的水土流失治理模式是一致的。针对黄土高原众多不同地貌类型，将着重研究黄土高原丘陵沟壑区（峁状丘陵区、梁峁状黄土丘陵沟壑区、梁状黄土丘陵沟壑区）和黄土高原沟壑区内典型流域的地貌形态特征问题。

3.1.1.2 数据源选择

数据源的选择十分重要，它应能充分表达地貌的形态特征，如前所述，描述地形地貌形态的方式有多种，等高线是形态与量化为一体的描述地形地貌形态特征的最常用的方式之一。目前等高线的主要载体是地形图，它是国家基础地理信息4D产品的主要内容之一，其覆盖率广，产品精度级别多样，且能根据研究目的和范围灵活购买，能满足本研究的需求，因此，本研究选择地形图为主要数据源。按照国家基础地理信息生产制作标准要求，地形图精度一般按成图比例尺来表达，目前国家基本成图比例尺为1∶500、1∶1000、1∶2000、1∶5000、1∶10000、1∶50000、1∶100000、1∶250000、1∶500000、1∶1000000等，其成图精度与已成图情况见表3-1。

研究范围确定后，面临数据源的选择问题，选择何种精度（比例尺）的地形图作为数据源，必须十分慎重。理论而言，地形图精度越高越好，即比例尺越大越好，但由于比例尺越大，必然导致图幅数越多，数据量呈几何级数递增，给后续数据处理工作增加难度，同时也极大制约着数据运算速度；反之，所选比例尺越小，成图精度就越低，虽然减小了数据量，提升了运算速度，但因小比例尺地形图地形综合取舍较大，微地貌不易表达出来，因而降低了成果的可靠性。因此，选择适当比例尺对于后续研究工作至关重要。

一般而言，数据源比例尺的选择应考虑的因素是：①研究的目的；②测区的面积；③已成图情况；④后续数据处理和运算的速度；⑤数据源的价格。从表3-1中可以看出，1∶500~1∶5000比例尺地形图成图精度在0.25~2.5m之间，比较适合于微观或点上研究；1∶10000和1∶50000比例尺地形图成图精度在5~25m之间，比较适合于中小尺度流域的宏观或面上研究；小于等于1∶100000比例尺地形图成图精度在50m以上，适合于大尺度区域的宏观面上研究。

表3-1　　　　　　　　　地形图比例尺与成图精度对照表

比例尺分母	成图精度（m）	成图情况	比例尺分母	成图精度（m）	成图情况
500	0.25	A	50000	25.00	C
1000	0.50	A	100000	50.00	C
2000	1.00	A	250000	125.00	C
5000	2.50	A	500000	250.00	C
10000	5.00	B	1000000	500.00	C

注　表A为已在少量局部地区成图；B为已在局部地区成图；C为已全局成图。

本研究的目的是流域地貌形态特征的综合性、整体性、宏观性的量化问题，研究对象为黄土高原不同地貌类型区的中小尺度典型流域，因此，1∶10000和1∶50000比例尺是比较合适的选项，但由于研究区域涉及面积多达5000多km^2，覆盖200多幅1∶10000的地形图，其后续矢量化等数据处理工作量将十分繁重，加上1∶10000地形图并未全局成图，因此，实例中选择了1∶50000比例尺地形图为基础数据源，局部地区选购少量以1∶10000比例尺数据作为补充。

3.1.1.3 三维分形GIS实体的创建

经过测区划定和地形图数据源选定之后，接着要创建三维分形GIS实体，一般而言，三维分形 GIS 实体的创建主要有以下几种途径。

1. 由纸质地形图创建

由纸质地形图创建三维分形实体，需经过地形图扫描、几何纠正、影像二值处理与细化、等高线矢量化、数据接边、构建不规则三角网（TIN）、DEM 的生成等步骤。

纸质地形图必须经过扫描转换成数字影像方能被计算机处理，扫描分辨率应不低于 300DPI，同时由于图纸受气温和湿度影响产生较大的伸缩变形，一般可达图上 1cm 左右，因此扫描后数字影像必须要进行几何纠正以消除变形误差，影像二值处理与细化是等高线矢量化的预处理工作，矢量化可采用半自动智能化跟踪和全自动加后续编辑二种方式，可采用常规的矢量化软件，如 VECT2000、ARCSAN 等，数据接边主要是为了检查和确保矢量化作业的正确性，矢量化完成后可导入到 ARCVIEW 系统下生成等高线矢量数据层，接着可在 ARCVIEW 平台下构建不规则三角网（TIN），最后生成数字高程模型 DEM。

2. 由电子地形图创建

电子地形图直接包含数字形式等高线信息，将数据导入到 ARCVIEW 系统后，在 ARCVIEW 平台下直接提取等高线，继而构建不规则三角网（TIN），最后生成数字高程模型 DEM。

3. 由全数字摄影测量工作站创建

全数字摄影测量工作站，是一种基于摄影测量原理并应用计算机技术、数字影像处理技术、计算机视觉、模式识别等多学科的理论和方法，从影像（特别是航空数字摄影影像和航空扫描数字化影像）提取所摄对象，用数字方式表达几何与物理信息的综合测绘处理系统，如美国 LEICA HELAWA DPW 全数字摄影测量系统和国内的 VITUOZO 全数字摄影测量系统等。在全数字摄影测量工作站平台下，利用立体摄影像对和一定数量的像控点通过内定向、相对定向、绝对定向等有关步骤可构建虚拟三维空间地貌，直接生成数字等高线或数字高程模型（DEM），继而通过格式转换导入 ARCVIEW 平台生成所需的 GRID 形式数字高程模型。成果精度主要取决于摄影影像的比例尺，一般而言，摄影影像比例尺应大于 4 倍成图比例尺，如测制 1/10000 比例尺地形图或 DEM 需要使用大于 1：40000 比例尺航摄影像等。

4. 由遥感影像处理系统创建

遥感影像处理系统，如美国 ERDAS 系统等，近年来将摄影测量技术融合于遥感处理系统之中，它不但能基于光谱空间特征进行复杂的遥感影像分类和处理，还能够利用卫星像对（如 SPOT 立体像对等）进行全数字摄影测量，依据一定数量的像控点通过内定向、相对定向、绝对定向等有关步骤可构建虚拟三维空间地貌直接测制等高线和数字高程模型等数据，继而通过格式转换导入 ARCVIEW 平台生成所需的 GRID 形式数字高程模型。成果精度主要取决于卫星影像的分辨率，一般而言，卫星影像分辨率（像元尺度）应小于 1/2 倍成图精度，如全色 SPOT 卫星影像分辨率为 10m，可测制 1/50000 比例尺精度的地形图或 DEM 等。

3.1.2 三维分形 GIS 实体的虚拟量化

三维分形 GIS 实体创建之后，如何根据分形理论测定其形态特征，这里必须对三维

3.1 地貌形态特征三维分形信息维数测定方法

分形 GIS 实体的结构予以重新理解和虚拟量化。

我们知道，ARCVIEW 中栅格形式的数字高程模型，实际上是 2.5 维的 GRID 格式数据，XY 平面上由大小相等的正方形像元组成（见图 3-2），高程值则存储在 GRID 属性表"VALUE"字段里（见表 3-2），地貌形态高低起伏和千沟万壑均由"VALUE"字段值决定，对于这种结构的 DEM 是很难直接分形的。为此，将三维分形 GIS 实体理解成由大量相同的小立方体单元"堆积"而成（见图 3-2），小立方体边长等于像元的边长，地貌的高低起伏完全由 Z 方向上小立方体堆积的数量决定，即"堆积"的小立方体数越多，地形越高，反之亦然。显然，不同地貌形态完全可以通过这些小立方体不同的高低组合和位置分布来组建。这种数据结构上新的理解和虚拟转变，将非常有利于后续三维分形扫描的信息量化。实际扫描时，落在每个像元上的小立方体数将由编程序自动计算。

表 3-2　　　　岔巴沟流域数字高程模型部分高程属性表

VALUE	COUNT	VALUE	COUNT	VALUE	COUNT
908	2	932	97	955	239
909	1	933	78	956	222
910	8	934	83	957	246
911	9	935	73	958	249
912	9	936	99	959	273
913	11	937	74	960	6562
914	13	938	90	961	523
915	18	939	90	962	521
916	17	940	5895	963	498
917	18	941	224	964	528
918	16	942	229	965	513
919	19	943	240	966	493

注　VALUE 字段存储高程信息；COUNT 字段记录对应高程的像元累积数。

3.1.3 三维分形 GIS 扫描

由地貌形态特征三维分形信息维数测定基本步骤可知，地貌三维分形信息维数的测定必须通过以盒子为工具进行无间隙扫描来获取所需的地貌信息含量统计值，对于三维 GIS 分形而言，应对三维分形 GIS 实体依次进行 X、Y、Z 三方向的连续无间隙扫描，为此需确定扫描原点、扫描坐标系，定义扫描盒子的空间状态属性等。

3.1.3.1 扫描坐标系与扫描原点

扫描坐标系是指盒子扫描时所参照的三维坐标系，扫描原点是指盒子扫描时的起始点。

一般而言，为方便起见，扫描坐标系的 XY 轴设置成与三维分形 GIS 实体所处的大地坐标系 XY 轴一致，扫描坐标系的 Z 轴设置成与三维分形 GIS 实体所处的高程坐标系（一般为黄海高程坐标系）方向一致；扫描原点 X_0、Y_0 定义为三维分形 GIS 实体大地坐标 X、Y 的最小值，扫描原点 Z_0 定义为三维分形 GIS 实体高程坐标 Z 的最小值，见图 3-2。

扫描坐标系的单位是像元数，无纲量。

3.1.3.2 扫描盒子的空间状态属性

扫描盒子的空间状态属性是指扫描盒子在扫描过程中相对于三维分形 GIS 实体的空间位置关系。主要有以下三种情形：① 扫描盒子完全处在三维分形 GIS 实体之外；② 扫描盒子与三维分形 GIS 实体的表面相交；③ 扫描盒子完全处于三维分形 GIS 实体之内。与此对应，扫描盒子在扫描过程中有以下三种类型（见图 3-5）：

（1）空盒子：指扫描盒子完全处于三维分形 GIS 实体之外，扫描盒子内包含有 0 个小立方体。

（2）面盒子：指扫描盒子与三维分形 GIS 实体的表面相交，扫描盒子内包含有 N 个小立方体，其中 $0<N<$ 扫描盒子能包含的最大小立方体数。

（3）实体盒子：指扫描盒子完全处于三维分形 GIS 实体之内，扫描盒子内包含的小立方体数等于扫描盒子所能包含的最大小立方体数。

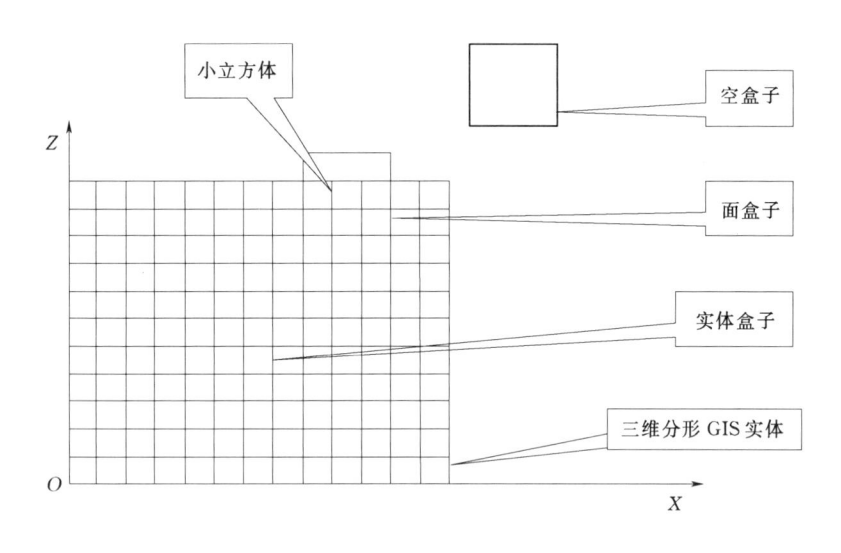

图 3-5 三维分形扫描盒子类型示意图

可见，面盒子和实体盒子都是非空盒子。不难理解，对于三维分形 GIS 实体而言，表面形态越复杂，扫描盒子在扫描过程中所测得的面盒子数必然越多，反之亦然；同样地貌平均高度越大，扫描盒子在扫描过程中所测得的实体盒子数就越多，反之亦然；对于空盒子而言，其与三维分形 GIS 实体表面的复杂度没有直接的关系；可见，三维分形 GIS 实体的复杂性与面盒子数紧密相关，正确区分不同类型的扫描盒子，对于准确量化地貌表面形态特征具有重要意义。

3.1.3.3 地貌形态信息含量的量化

结合盒维数测定基本特点和 GIS 技术基础上，提出地貌形态特征三维分形信息维数 GIS 模型如下：

$$D_{(i,3)} = -\lim_{r_3 \to 0} \frac{\sum_{i=1}^{n} P_{(i,3)} \ln P_{(i,3)}}{\ln r_3} \quad (3-1)$$

$$P_{(i,3)} = P_3 \sqrt{\frac{\sum_{j=1}^{m}(H_j - H_i)^2}{m}}$$

式中："3"表示三维空间的意思；$D_{(i,3)}$ 为地貌形态特征信息维数（i 表示信息维），本文称之为三维分形信息维数；r_3 为三维扫描立方体盒子边长；n 为测区内面盒子总数；P_3 为测区单位面积内面盒子出现的概率；$P_{(i,3)}$ 为第 i 个面盒子内小立方体的起伏信息量；m 为第 i 个面盒子内小立方体个数；H_j 为第 i 个面盒子内第 j 个小立方体的高程；H_i 为第 i 个面盒子内小立方体的平均高程；其中：

P_3＝面盒子总数 n/流域面积

H_i＝第 i 个面盒子内小立方体高程累积量/小立方体个数

三维分形信息维数测定基本步骤为：① 选择盒子的尺度规格，可选择一系列不同尺度大小的立方体为扫描盒子；② 用所选不同尺度规格的扫描盒子依次去"扫描"地貌实体（称之为三维分形 GIS 实体），并动态统计"扫描"过程中出现的非空扫描盒子数及其所含的小立方体起伏信息量；③ 依据三维分形信息维数 GIS 模型计算有关分形参数值，即 $\sum_{i=1}^{n} P_{(i,3)} \ln P_{(i,3)}$（由 $\ln s$ 表示）与 $\ln r_3$；④ 以 $\ln r_3$ 为横坐标轴，以 $\sum_{i=1}^{n} P_{(i,3)} \ln P_{(i,3)}$ 为纵坐标轴将计算结果点绘在双对数坐标系中，可拟合出一条直线，通过线性回归分析确定无标度区，在无标度区范围内的直线斜率即为地貌形态特征三维分形信息维数值。

地貌信息含量是表达地貌表面复杂程度的重要参数，根据式（3-1）分形 GIS 模型可知，可以用 $\ln s$ 来表达地貌信息含量。该值主要是通过三维扫描盒子对三维分形 GIS 实体作无间隙的空间三位扫描统计获得，由于扫描盒子具有不同的空间状态属性，且三维分形 GIS 实体复杂性与面盒子数紧密相关，因此，扫描时必须准确区别空盒子、实体盒子和面盒子，并针对面盒子进行信息含量的统计。显然，面盒子数越多、面盒子内含有的小立方体数越多、小立方体的起伏形越复杂，则累积信息含量 $\ln s$ 越大，基于模型式（3-1）测出的三维分形信息维数值 $D_{(i,3)}$ 越大，地貌形态越复杂；反之亦然。

3.1.3.4 扫描盒子尺度的设定

从模型的定义可知，三维分形扫描需要利用一系列不同尺度（边长）的立方体扫描盒子来扫描探测地表信息，因此盒子尺度是进行三维分形计算时首先必须确定的重要参数之一，应如何进行盒子尺度的设置？

理论而言，扫描盒子尺度规格或盒子数越多越好，但实际计算中所选的扫描盒子数总是有限的，并且若盒子数选得太多将有许多数据超出无标度区而无实际意义，考虑到三维分形扫描本身的计算量非常大、耗时长，以岔巴沟分形计算为例（面积：205km^2，高差：392m，三维分形GIS实体像元分辨率：18m），一台主频为3.3Hz的HP工作站，当以一个2×2×2规格的扫描盒子进行三维扫描时将耗时8h左右，若选10个盒子就需要80h之多。可见为了提高效率，节省时间，减少或控制盒子数是必须的。

由此可见，盒子尺度的设置应首先以能有效判断无标度区间为原则，其次要适度控制盒子数以减小运算工作量。三维分形信息维数无标度区对应的盒子尺度区间为1×1×1～10×10×10区间，为此确定了选择2×2×2～11×11×11共10个扫描盒子数的盒子尺度设定方法。扫描盒子边长设置成三维分形GIS实体像元边长的整数倍以便于统计分析，即2、3、4、5、6、…、11（单位：像元边长）。

实算时，可通过双对数点位分布图或线性回归结果及时判断所设盒子尺度区间的合理性，必要时可适当扩大区间，从大量的实际计算看，该区间的设置是合理的。

3.1.4 线性回归

由上可知，不同尺度的扫描盒子在扫描过程中测到的三维分形GIS实体表面信息含量是不同的，当选择一定数量不同尺度的扫描盒子完成三维扫描后，便可创建不同盒子尺度（$\ln r_3$）下地貌信息含量（$\ln s$）的扫描统计表，进行线性回归以确定无标度区间，进而计算三维分形信息维数值。

回归分析时，通常首先以$\ln r_3$为横坐标，以$\ln s$为纵坐标将计算结果点绘在双对数坐标系中，观察点位的线性分布特征，以初步判断线性区间；继而根据回归原理，采用最小二乘法进行线性回归，计算相关系数最高的区间——无标度区间，此时无标度区内直线的斜率即为三维分形信息维数值。

回归分析可采用MICROSOFT EXCEL、MATLAB等数学分析工具。

3.1.5 标度归一

由上可知，无标度区间的确定是进行三维分形信息维数计算的关键前提，无标度区间实际上是指线性回归相关程度最佳的区间或相关系数最高的区间。

确定最佳区间时，首先选择不同的盒子尺度区间分别对$\ln r_3$、$\ln s$数据进行线性回归，可创建分形回归参数表3-3和表3-4。从表3-3和表3-4中可以看出：不同的盒子尺度区间对应不同的"无标度区间"、不同的相关系数值和不同的"分形信息维数值"；盒子尺度区间选择得越小，则"无标度区间"越小、相关系数值越大、"分形信息维数值"越大；反之亦然。如在表3-3中，盒子尺度区间为2×2×2～3×3×3时，"无标度区间"为3.5835～3.9890、相关系数为1.0000、"分形信息维数"为2.9217；盒子尺度区间为2×2×2～11×11×11时，"无标度区间"为3.5835～5.2883、相关系数为0.9790，"分形信息维数"为2.2001等。选择哪个区间为无标度区间合理？

3.1 地貌形态特征三维分形信息维数测定方法

表 3-3 马家沟小流域分形回归参数表

盒子尺度区间	无标度区间（$\ln r_3$）	相关系数 R^2	分形信息维数
2×2×2～3×3×3	3.5835～3.9890	1.0000	2.9217
2×2×2～4×4×4	3.5835～4.2767	1.0000	2.8975
2×2×2～5×5×5	3.5835～4.4998	0.9958	2.7272
2×2×2～6×6×6	3.5835～4.6821	0.9953	2.6381
2×2×2～7×7×7	3.5835～4.8363	0.9935	2.5451
2×2×2～8×8×8	3.5835～4.9698	0.9905	2.4500
2×2×2～9×9×9	3.5835～5.0876	0.9869	2.3602
2×2×2～10×10×10	3.5835～5.1930	0.9834	2.2792
2×2×2～11×11×11	3.5835～5.2883	0.9790	2.2001

表 3-4 牛嘴沟小流域分形回归参数表

盒子尺度区间	无标度区间（$\ln r_3$）	相关系数 R^2	分形信息维数
2×2×2～3×3×3	3.5835～3.9890	1.0000	3.1161
2×2×2～4×4×4	3.5835～4.2767	0.9996	3.2032
2×2×2～5×5×5	3.5835～4.4998	0.9994	3.1417
2×2×2～6×6×6	3.5835～4.6821	0.9987	3.0686
2×2×2～7×7×7	3.5835～4.8363	0.9968	2.9763
2×2×2～8×8×8	3.5835～4.9698	0.9939	2.8756
2×2×2～9×9×9	3.5835～5.0876	0.9908	2.7806
2×2×2～10×10×10	3.5835～5.1930	0.9871	2.6884
2×2×2～11×11×11	3.5835～5.2883	0.9837	2.6052

不难理解，如果"无标度区间"选择得太小如 3.5835～3.9890 区间，虽然相关系数"很高"（$R^2=1$），但参与线性回归的数据点太少（2 个点），降低了回归数据的可靠性，不可选取；反之，如果"无标度区间"选择得太大如 3.5835～5.2883 区间，虽然参与线性回归的数据点较多（10 个点），但相关系数较低（$R^2=0.9790$），也不可取之。为此，统一规定"无标度区间内应包含不少于 5 个线性回归点，且相关系数应不低于 0.985"。

按照上述原则，那么根据表 3-3，"无标度区间"为 3.5835～5.0876 或 3.5835～4.9698 或 3.5835～4.8363，相关系数为 0.9869 或 0.9905 或 0.9935，"分形信息维数"为 2.3602 或 2.4500 或 2.5451；根据表 3-4，"无标度区间"为 3.5835～5.1930 或 3.5835～5.0876 或 3.5835～4.9700 或 3.5835～4.8363，此时相关系数为 0.9871 或 0.9908 或 0.9939 或 0.9968，"分形信息维数"为 2.6884 或 2.7806 或 2.8756 或 2.9763。

上述所算"三维分形信息维数"值各不相同,难以进行对比分析,因为它们的相关系数不相等,"无标度区间"也不尽相同,即基础条件不一致,结果不宜比较。同时对于一条流域而言,其地貌形态特征三维分形信息维数是不宜用多值进行描述的。为此,提出"标度归一"概念。

所谓"标度归一"是指为了使同一流域地貌形态特征三维分形信息维数值具有确定性,或使不同流域(或区域)的地貌形态特征三维分形信息维数值具有可比性,在线性回归时统一相关系数,称之为标准相关系数,在标准相关系数下分析计算三维分形信息维数值。

以表 3-3 和表 3-4 为例,现以相关系数 R^2 为 X 坐标、以"分形信息维数"值 $D_{(i,3)}$ 为 Y 坐标将表 3-3 和表 3-4 中数据点绘在平面坐标系中,可生成图 3-6 和图 3-7。从图 3-6 可以看出,当相关系数处于 0.9790~0.9935 区间,相关系数与"分形信息维数"值之间呈现出明显的线性递增关系,即:相关系数越大,"分形信息维数"值越大;反之亦然。相关系数大于 0.9935 时,相关系数与"分形信息维数"之点位线性分布特征关系不明显(回归点数太少所致)。

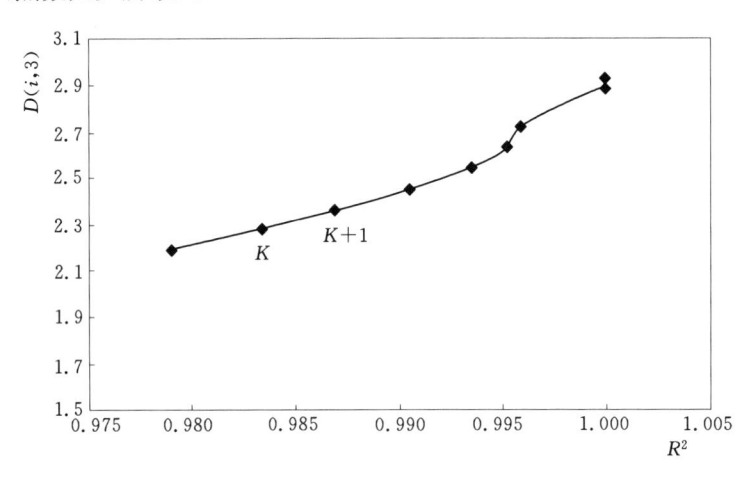

图 3-6 马家沟小流域相关系数与"分形信息维数"关系图

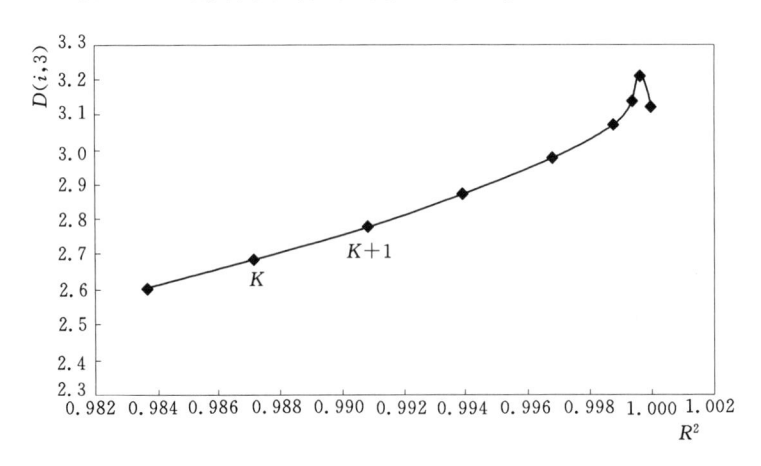

图 3-7 牛嘴沟小流域相关系数与"分形信息维数"关系图

同理，从图 3-7 中可以看出，当相关系数处于 0.9987～0.9837 区间时，相关系数与"分形信息维数"值之间呈现出明显的线性递增关系，即：相关系数越大，"分形信息维数"值越大；反之亦然。相关系数大于 0.9987 时，相关系数与"分形信息维数"之点位分布特征不明显（回归点数太少所致）。因此，可通过线性内插方法，加密计算出线性区间内任意一点或标准相关系数对应的"分形信息维数"值。其计算式见（3-2）：

$$D_{(i,3)} = D_{(i,3)(K)} + [D_{(i,3)(K+1)} - D_{(i,3)(K)}] \times [R^2 - R^2_{(K)}]/[R^2_{(K+1)} - R^2_{(K)}] \quad (3-2)$$

式中：$D_{(i,3)(K+1)}$ 为 $K+1$ 点的"分形信息维数"；$D_{(i,3)(K)}$ 为 K 点的"分形信息维数"；$D_{(i,3)}$ 为标准相关系数下的"分形信息维数"；$R^2_{(K+1)}$ 为 $K+1$ 点的相关系数；$R^2_{(K)}$ 为 K 点的相关系数；R^2 为标准相关系数，其值介于 $R^2_{(K+1)}$ 与 $R^2_{(K)}$ 之间。

值得注意的是，对于标准相关系数下三维分形信息维数 $D_{(i,3)}$ 所对应的无标度区间，实际应介于 $D_{(i,3)(K+1)}$ 和 $D_{(i,3)(K)}$ 所对应的无标度区间之间，可不必精确解算出来。

如根据表 3-3，计算标准相关系数 $R^2=0.99$ 时的"分形信息维数"值，如下：

$$D_{(i,3)} = 2.3602 + (2.4500 - 2.3602) \times (0.99 - 0.9869)/(0.9905 - 0.9869) = 2.4375$$

实算时，为了保证三维分形信息维数计算成果的可靠性，统一将标准相关系数 R^2 定为 0.99。

通过标度归一，使同一流域或不同流域的三维分形信息维数值的计算在一致性条件进行，从而使不同流域的三维分形信息维数值具有了可比性，有利于后续的地貌形态分形特征的空间尺度转换和不同流域之间三维分形信息维数值的对比分析。

3.2 典型流域地貌分形量化

为了进一步验证三维分形信息维数作为地貌形态特征整体性综合性量化指标的可靠性，检验地貌形态分形特征空间尺度转换关系模型的有效性和实用性。以黄土高原典型流域岔巴沟流域为例，通过对 11 年（1959～1969 年）系统性降雨、径流、泥沙观测资料分析和对地貌形态三维分形信息维数的计算，利用多元回归原理，建立流域降雨侵蚀产沙与地貌形态三维分形信息维数的耦合关系模型。

3.2.1 岔巴沟流域简介

岔巴沟流域位于东经 109°47′、北纬 37°31′，属于黄河丘陵沟壑区第Ⅰ副区，在无定河流域的西南部与无定河的大支流大理河相汇处，流域面积为 204.17km²。

岔巴沟流域的地貌形态可划分两大类：一是河谷阶地区；二是黄土丘陵沟区。其中黄土丘陵沟区又分两个亚区，即梁地沟谷亚区及峁谷亚区，流域上游以梁地沟谷为主，下游以峁地沟谷为主；中游二者皆有。主沟两岸及一级支沟的沟头一般都有较开阔的平地，而二级支沟的沟头切割很深，沿沟两岸近似垂直，垂直节理发育，崩塌严重。该流域地貌的基本特征是：土壤侵蚀严重，沟谷发育剧烈，全流域被大小沟道割切成支离破碎、沟壑纵横的典型黄土地貌景观,见图 3-4。

岔巴沟流域土壤侵蚀类型主要包括片蚀、沟蚀、崩塌、滑坡和潜蚀等类型。片蚀主要发生在梁峁上部的耕地和牧地上,发生程度较为严重,在接近水平的川阶地上发生程度轻微的片蚀现象。沟蚀是该流域主要的侵蚀类型,它使沟头溯源发展,沟谷加深加宽,沟蚀作用沿梁峁四周发展,沟的大小不等,有单个分布在坡度较大的山坡上,亦有成群成片密布在陡壁上,或布满梁峁腰部。崩塌在岔巴沟流域较为普遍,由于黄土节理发育,沟谷下切很深,两岸形成陡壁,一遇到暴雨受水浸湿,就会发生大量浸塌现象,使沟谷加宽加大。滑坡在岔巴沟流域另一种较为普遍的重力侵蚀类型,由于新黄土质地疏松,暴雨过程中受湿下陷,大量滑落于沟谷之中,滑塌土方可达千余立方米,有时堵住沟谷,形成很深的水池。潜蚀多发生在沟谷坡上部或沟坡边缘,雨水顺着黄土节理下渗,形成很深的陷穴(假喀斯特),陷穴下部有暗道与沟谷相连,土壤侵蚀极其严重。

3.2.2 水文泥沙控制站与水沙特性数据的收集

岔巴沟流域均匀布设了大量的雨量站、流量站和水位站,雨量站用以控制流域的降雨过程;流量站主要分布在主沟和较大支沟上,用以控制流域的泥沙、径流形成过程;水位站主要控制较大支沟的径流过程,以补流量站之不足。针对岔巴沟流域次降雨水沙关系空间特性,在全面分析该流域 11 年(1959~1969 年)径流泥沙观测资料基础上,选择岔巴沟流域的西庄、驼巷、杜家沟、三川口、黑矾沟、水旺沟、蛇家沟 7 个子流域控制站(见图 3-8)的 164 场次降雨水沙特性数据进行分析研究。这里,洪水特征采用洪峰流量模数和径流深来定量描述,其中洪峰流量模数表征次降雨所形成洪水的强度,径流深表征次降雨所形成洪水的总量。输沙特征采用次降雨输沙模数定量描述,表征次降雨的输沙强度,详细数据见表 3-5。

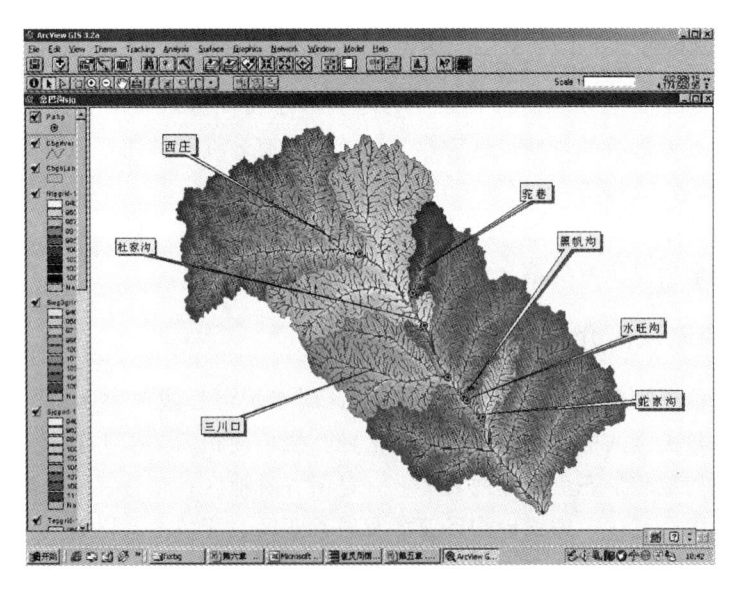

图 3-8 岔巴沟流域主要水文泥沙观测站示意图

3.2 典型流域地貌分形量化

表3-5　　　　岔巴沟流域7个水沙控制站降雨泥沙观测数据统计表

流域名称	流域面积（km²）	洪号	洪峰流量模数[m³/(s·km²)]	径流深（mm）	输沙模数（t/km²）
杜家沟	97.004	590728	0.15	0.34	253.13
		590805	2.08	5.78	4020.83
		590825	1.33	2.93	3156.25
		590829	3.29	7.20	5479.17
		600702	0.35	0.84	641.67
		600705	0.51	1.93	1604.17
		600719	1.09	3.15	1968.75
		600731	1.64	4.27	2885.42
		600924	1.09	7.54	3770.83
		610721	0.43	1.59	1156.25
		610722	0.24	1.67	1093.75
		610730	7.65	20.63	15000.00
		610816	1.92	6.21	4166.67
		610926	0.41	7.14	2531.25
		620723	0.86	3.22	2489.58
		620801	0.35	1.86	1239.58
		620811	0.71	5.20	3395.83
		630603	0.37	2.20	1645.83
		630629	0.09	0.32	209.38
		630706	0.33	1.72	769.79
		630823	0.55	4.46	3177.08
		630826	4.85	15.65	12916.67
		630828	1.25	5.19	3927.08
		640705	0.35	5.29	2635.42
		640714	0.81	2.54	1739.58
		640802	0.37	1.93	1239.58
		640911	0.26	2.13	842.71
		640917	0.58	2.03	1385.42
		670521	0.63	3.65	3281.25
		670717	1.71	7.15	5458.33
		670826	3.25	8.91	6760.42
		670831	1.68	7.48	5166.67
三川口	21.509	590728	2.00	3.43	2261.91
		590803	0.96	3.15	1547.62
		590805	7.14	8.70	6666.67
		590815	1.52	4.46	2666.67

49

续表

流域名称	流域面积（km²）	洪号	洪峰流量模数 [m³/(s·km²)]	径流深（mm）	输沙模数（t/km²）
三川口	21.509	590829	1.98	3.93	4085.71
		600702	4.95	6.48	4904.76
		600719	0.30	0.80	429.52
		600726	0.05	0.18	30.00
		610721	7.38	12.11	10285.71
		610722	1.75	3.55	2152.38
		610730	0.76	1.32	780.95
		610813	1.17	5.21	2338.10
		610927	0.41	5.51	1804.76
		620723	1.93	4.27	3314.29
		620813	2.60	4.71	3257.14
		630523	0.17	1.78	638.10
		630603	2.05	3.80	3352.38
		630826	2.90	5.23	4371.43
		630828	2.38	8.07	5333.33
		640617	0.32	0.78	423.33
		640705	1.59	12.13	7393.81
		640714	1.20	2.37	1723.81
		640802	0.42	1.06	785.71
		640911	0.81	2.16	904.76
		640917	0.01	0.13	4.48
		670717	3.48	5.84	4595.24
		670822	0.49	2.68	1190.48
		670826	1.53	4.08	2933.33
		680715	2.69	4.35	3576.19
		680811	0.55	0.58	370.95
		680813	1.71	3.90	3061.91
		680822	6.67	7.63	5380.95
		680822	6.57	13.26	10419.05
		690708	1.67	3.46	2390.48
		690820	1.71	3.45	1852.38
黑帆沟	0.145	610720	0.58	0.23	55.02
		620801	0.42	0.23	61.20
		670717	0.41	0.93	165.41
		670822	0.23	0.58	112.78
		670822	1.36	1.57	842.11
		670825	0.47	0.54	160.90
		670826	6.20	3.64	2218.05
		670829	0.71	0.76	336.09
		670829	2.15	1.13	699.25

3.2 典型流域地貌分形量化

续表

流域名称	流域面积（km²）	洪号	洪峰流量模数 [m³/(s·km²)]	径流深（mm）	输沙模数（t/km²）
水旺沟	0.17	610722	0.48	0.56	77.86
		610727	1.42	1.14	247.48
		640429	23.18	13.43	11261.68
		640705	6.67	6.53	3879.44
		640714	2.97	1.93	996.26
		640802	41.12	20.93	14560.75
		640823	4.23	1.80	1114.95
		640911	4.23	4.96	2155.14
		670717	0.39	0.44	55.89
		670810	0.29	0.35	36.26
		670819	0.91	0.49	106.54
		670821	0.46	0.37	50.19
		670822	3.11	2.97	1373.83
		670826	11.40	8.79	6233.65
		670829	0.29	0.47	50.19
		670829	1.69	1.18	754.21
驼巷	6.639	600719	0.40	0.36	76.83
		600810	0.23	0.65	167.42
		610721	2.51	5.64	1794.43
		610731	1.92	4.25	1557.49
		610813	0.70	2.83	782.23
		610927	0.20	1.98	421.60
		620811	1.38	3.82	2526.13
		630523	2.30	2.36	1623.69
		630603	0.91	0.97	425.09
		630705	0.04	0.25	12.20
		630826	41.64	38.97	33449.48
		630828	0.26	0.64	165.51
		640429	3.73	5.85	4721.25
		640705	0.46	3.19	1179.44
		640714	0.44	0.58	304.88
		640716	1.58	1.94	1114.98
		640802	4.55	7.93	4407.67
		640911	0.18	0.70	142.51
		640917	0.13	0.37	95.65
		670717	6.48	6.13	4616.73
		670826	4.69	5.44	3745.65
		670831	1.50	2.40	1534.84

续表

流域名称	流域面积 (km²)	洪号	洪峰流量模数 [m³/(s·km²)]	径流深 (mm)	输沙模数 (t/km²)
西庄	49.643	590803	0.14	0.92	82.29
		590805	1.09	2.30	1395.92
		590825	2.69	4.80	5083.67
		590829	3.29	4.73	3408.16
		600702	0.64	1.15	869.39
		600705	1.13	2.24	1730.61
		600719	1.24	2.93	1300.00
		600731	2.63	4.29	2673.47
		610815	1.53	3.10	2102.04
		610926	0.26	4.11	1638.78
		620723	1.17	2.58	2367.35
		620811	0.63	2.25	1579.59
		630523	0.47	2.53	1736.74
		630603	0.91	1.87	1720.41
		630629	0.34	0.62	371.43
		630706	0.67	1.85	1138.78
		630826	3.98	6.54	5387.76
		630828	1.06	3.76	3102.04
		640705	0.44	3.68	1700.00
		640714	0.72	2.05	1544.90
		640802	0.39	1.18	722.45
		640911	0.29	1.94	771.43
		640916	0.77	2.58	1957.14
		670521	1.24	3.41	3061.22
		670717	1.97	4.11	3244.90
		670826	5.86	7.30	5959.18
		670831	1.62	5.74	3673.47
蛇家沟	4.999	610721	0.22	0.78	273.31
		610722	0.24	1.08	394.07
		610730	2.16	4.60	3474.58
		610813	0.42	3.42	1055.09
		610926	1.68	10.64	4533.90
		620627	1.86	1.43	733.05
		620723	0.15	0.60	134.32
		620801	0.77	1.13	843.22
		620811	0.48	0.68	381.36
		630615	0.83	1.53	875.00
		630826	0.53	1.41	932.20
		630828	1.38	2.83	1694.92

续表

流域名称	流域面积（km²）	洪号	洪峰流量模数[m³/(s·km²)]	径流深（mm）	输沙模数（t/km²）
蛇家沟	4.999	640429	6.29	7.64	6271.19
		640705	6.04	11.88	8516.95
		640714	5.08	4.29	2966.10
		640802	6.50	6.64	4406.78
		640911	1.44	3.37	1620.76
		670711	1.04	1.26	730.93
		670725	1.71	4.98	2754.24
		670822	1.40	3.89	2394.07
		670826	5.85	8.15	5508.48
		680715	20.13	16.46	13559.32
		680718	2.58	3.31	1720.34
		680813	1.27	1.99	1095.34
		680822	4.13	4.39	2330.51
		690714	15.89	21.27	15932.20
		690726	2.31	4.14	2521.19
		690726	2.97	2.57	1718.22
		690809	0.84	4.55	2330.51
		690820	1.65	2.24	1192.80

3.2.3 岔巴沟流域地貌分形特征

3.2.3.1 分形 GIS 实体创建

分别以岔巴沟流域的西庄、驼耳巷、杜家沟岔、三川口、黑矾沟、水旺沟、蛇家沟7个子流域为单元（见图 3-8），采用 1:50000 比例尺地形图为数据源，经由地形图扫描、几何纠正、影像二值处理与细化、等高线矢量化、数据接边、构建不规则三角网（TIN）、DEM 的生成等步骤创建三维分形 GIS 实体，见图 3-4。

3.2.3.2 分形参数设置

（1）分形 GIS 实体像元尺度。根据分形 GIS 实体像元尺度设置方法，将像元尺度设置为 18m×18m×18m。

（2）扫描盒子尺度。选择 10 个扫描盒子数，扫描盒子边长分别为 2、3、4、5、6、7、8、9、10、11 个像元边长。

3.2.3.3 分形计算结果

三维分形扫描统计数据详见表 3-6。

基于表 3-6，在双对数坐标系中通过回归分析和无标度区间确定，最后得到岔巴沟流域 7 个研究子流域的地貌形态特征三维分形信息盒维数计算表，见表 3-6。

表 3-6　岔巴沟流域 7 条子流域地貌形态特征三维分形扫描统计表

流域名称	流域面积（m²）	盒子尺寸	$\ln r_3$	$\ln s$	流域名称	流域面积（m²）	盒子尺寸	$\ln r_3$	$\ln s$
西庄	49642604	2×2×2	3.5835	5.1860	西庄	49642604	7×7×7	4.8363	1.6184
		3×3×3	3.9890	3.9521			8×8×8	4.9698	1.3943
		4×4×4	4.2767	3.0070			9×9×9	5.0876	1.2161
		5×5×5	4.4998	2.5946			10×10×10	5.1930	1.0986
		6×6×6	4.6821	1.9427			11×11×11	5.2883	0.9462

续表

流域名称	流域面积（m²）	盒子尺寸	lnr_3	ln$s$	流域名称	流域面积（m²）	盒子尺寸	lnr_3	ln$s$
杜家沟	97004428	2×2×2	3.5835	5.1623	驼巷	6638581	2×2×2	3.5835	4.4449
		3×3×3	3.9890	3.8252			3×3×3	3.9890	3.3311
		4×4×4	4.2767	2.9259			4×4×4	4.2767	2.5856
		5×5×5	4.4998	2.3899			5×5×5	4.4998	2.0992
		6×6×6	4.6821	1.9081			6×6×6	4.6821	1.7279
		7×7×7	4.8363	1.6065			7×7×7	4.8363	1.4666
		8×8×8	4.9698	1.3834			8×8×8	4.9698	1.3101
		9×9×9	5.0876	1.2267			9×9×9	5.0876	1.1310
		10×10×10	5.1930	1.1170			10×10×10	5.1930	1.0419
		11×11×11	5.2883	0.9499			11×11×11	5.2883	0.8816
黑帆沟	144790	2×2×2	3.5835	2.9468	三川口	32641216	2×2×2	3.5835	5.1514
		3×3×3	3.9890	2.2834			3×3×3	3.9890	3.9501
		4×4×4	4.2767	1.7945			4×4×4	4.2767	3.0182
		5×5×5	4.4998	1.4087			5×5×5	4.4998	2.5995
		6×6×6	4.6821	1.1394			6×6×6	4.6821	1.9303
		7×7×7	4.8363	1.0543			7×7×7	4.8363	1.6041
		8×8×8	4.9698	0.6967			8×8×8	4.9698	1.3903
		9×9×9	5.0876	0.8276			9×9×9	5.0876	1.2235
		10×10×10	5.1930	0.6136			10×10×10	5.1930	1.1067
		11×11×11	5.2883	0.3517			11×11×11	5.2883	0.9298
蛇家沟	4999090	2×2×2	3.5835	4.7831	水旺沟	170128	2×2×2	3.5835	3.0271
		3×3×3	3.9890	3.7083			3×3×3	3.9890	2.1478
		4×4×4	4.2767	2.8512			4×4×4	4.2767	1.6984
		5×5×5	4.4998	2.3552			5×5×5	4.4998	1.2589
		6×6×6	4.6821	1.8753			6×6×6	4.6821	1.2021
		7×7×7	4.8363	1.6352			7×7×7	4.8363	0.7525
		8×8×8	4.9698	1.4382			8×8×8	4.9698	0.9893
		9×9×9	5.0876	1.2356			9×9×9	5.0876	0.5728
		10×10×10	5.1930	1.1216			10×10×10	5.1930	0.5744
		11×11×11	5.2883	0.9347			11×11×11	5.2883	0.4658

从表3-7可以看出，岔巴沟7条支流域地貌形态在各自得无标度区间内呈现很好的分形特征，拟合直线的相关系数R^2均大于0.99，最高可达0.9947。无标度区间随流域面积大小有所变化，杜家沟岔、西庄和三川口3个面积较大子流域的无标度区间均为54～144m，驼巷、蛇家沟、黑矾沟和水旺沟4个面积较小流域的无标度区间有所差

别，其中蛇家沟和黑矾沟子流域的无标度区间均为36～144m，驼巷和水旺沟子流域的无标区间均为36～126m。7条支流域的地貌形态三维分形信息盒维数分别为2.4946（杜家沟岔）、2.6257（西庄）、2.6403（三川口）、2.4624（蛇家沟）、1.5854（黑矾沟）、2.3912（驼巷）和1.8099（水旺沟），最高为三川口（2.6403）、最小为黑矾沟（1.5854）。

表3-7 岔巴沟流域7条子流域地貌形态特征三维分形信息维数计算结果

流域名称	流域面积（m²）	无标度区（m）	相关系数 R^2	地貌三维分形信息盒维数
杜家沟岔	96817347	54～144	0.9907	2.4946
西庄	49951742	54～144	0.9904	2.6257
三川口	21525912	54～144	0.9903	2.6403
蛇家沟	4999090	36～144	0.992	2.4624
黑矾沟	144790	36～144	0.9941	1.5854
驼巷	6638581	36～126	0.9937	2.3912
水旺沟	170128	36～126	0.9947	1.8099

3.3 岔巴沟流域次降雨侵蚀产沙地貌临界计算

根据计算出的岔巴沟流域的杜家沟岔、西庄、蛇家沟、驼巷、黑矾沟、水旺沟和三川口7个子流域地貌形态三维分形信息盒维数 D_{3i} 和次降雨径流侵蚀力 E 基础上，以三维分形信息盒维数作为流域地貌形态特征综合量化指标，以径流侵蚀力作为次降雨产生径流对土壤侵蚀及泥沙输移搬运能力的量化指标，利用杜家沟岔、西庄、蛇家沟、驼巷、黑矾沟和水旺沟6个子流域的地貌形态三维分形信息盒维数 D_{3i}、单位流域面积次降雨径流侵蚀力 E 和140场侵蚀性降雨的输沙模数 M_s（表3-8～表3-13），运用回归统计和曲线拟合方法建立岔巴沟流域次降雨侵蚀产沙与地貌形态定量耦合关系模型，见式（3-3）：

$$M_s = 42.748 e^{-0.0068(D_{3i} - 2.159)^2} E^{0.3387} \tag{3-3}$$

式中：M_s 为次降雨流域输沙模数，t/km²；D_{3i} 为流域地貌三维分形信息盒维数，无量纲；E 为次降雨单位流域面积的径流侵蚀力，m³·kg/(s·km²)。相关系数 R 为0.86。

表3-8 杜家沟岔子流域的次降雨输沙模数 M_s、径流侵蚀力 E 和地貌三维分形信息盒维数 D_{3i}

洪号	洪峰流量（m³/s）	径流总量（万m³）	单位流域面积径流侵蚀力 E [万m³·kg/(s·km²)]	地貌形态三维分形信息盒维数 D_{3i}	次降雨输沙模数 M_s(t/km²)
590701	378	78.48	306.4062	2.4946	4110.834
590815	192	62.64	124.2224	2.4946	3170.919
590728	14.1	3.3	0.4803	2.4946	250.988
590803	49.2	9.36	4.7565	2.4946	1094.845
590805	200	55.44	114.5249	2.4946	3986.889
590825	128	28.08	37.1239	2.4946	3129.604

续表

洪号	洪峰流量 (m³/s)	径流总量 (万 m³)	单位流域面积径流侵蚀力 E [万 m³·kg/(s·km²)]	地貌形态三维分形信息盒维数 D_{3i}	次降雨输沙模数 M_s (t/km²)
590829	316	69.12	225.5992	2.4946	5432.911
600702	33.6	8.05	2.7923	2.4946	636.25
600705	48.5	18.54	9.2875	2.4946	1590.624
600719	105	30.2	32.7524	2.4946	1952.13
600731	157	40.97	66.4374	2.4946	2861.058
600924	105	72.4	78.519	2.4946	3738.999
600810	63	32.31	21.0244	2.4946	1156.817
610721	40.9	15.23	6.4338	2.4946	1146.489
610722	23.3	16.02	3.8554	2.4946	1084.516
610730	734	198	1501.0946	2.4946	14873.368
610816	184	59.58	113.2309	2.4946	4131.491
610926	39.2	68.58	27.7671	2.4946	2509.881
620723	82.3	30.95	26.3092	2.4946	2468.566
620801	33.4	17.84	6.1544	2.4946	1229.119
620811	68.3	49.95	35.2373	2.4946	3367.165
630603	35.8	21.08	7.7947	2.4946	1631.939
630629	9.09	3.12	0.2927	2.4946	207.607
630706	31.8	16.5	5.4195	2.4946	763.293
630823	53.1	42.79	23.4684	2.4946	3150.262
630826	466	150.2	722.9407	2.4946	12807.622
630828	120	49.81	61.7369	2.4946	3893.93
640705	33.2	50.81	17.4234	2.4946	2613.168
640714	78	24.41	19.6657	2.4946	1724.898
640802	35.9	18.54	6.8747	2.4946	1229.119
640911	25.3	20.43	5.3387	2.4946	835.594
640917	55.4	19.46	11.1352	2.4946	1373.721
670521	60.8	35.01	21.9858	2.4946	3253.549
670717	164	68.67	116.3209	2.4946	5412.253
670826	312	85.54	275.658	2.4946	6703.344
670831	161	71.85	119.4812	2.4946	5123.049

可以看出，岔巴沟流域次降雨侵蚀产沙与地貌形态定量耦合关系模型可用式（3-3）很好表达，多元回归相关系数为0.86，F检验达到极显著，标准误差为0.57，见表3-9。

3.3 岔巴沟流域次降雨侵蚀产沙地貌临界计算

表 3-9　西庄子流域的次降雨输沙模数 M_s、径流侵蚀力 E 和地貌三维分形信息盒维数 D_{3i}

洪号	洪峰流量 (m^3/s)	径流总量 (万 m^3)	单位流域面积径流侵蚀力 E [万 $m^3·kg/(s·km^2)$]	地貌形态三维分形信息盒维数 D_{3i}	次降雨输沙模数 M_s (t/km^2)
590701	240	29.34	140.9681	2.6257	4184.038
590805	53.5	11.25	12.0491	2.6257	1369.322
590815	102	21.18	43.2489	2.6257	1729.669
590825	132	23.52	62.1528	2.6257	4986.813
590829	161	23.16	74.6472	2.6257	3343.227
600702	31.5	5.61	3.5377	2.6257	852.823
600705	55.3	10.97	12.1445	2.6257	1697.638
600719	61	14.35	17.5239	2.6257	1275.231
600924	46.6	14.88	13.8816	2.6257	1335.289
600810	46.4	18.93	17.584	2.6257	1273.229
600731	129	21.04	54.3356	2.6257	2622.531
610722	27.2	8.8	4.7896	2.6257	1557.503
610815	75	15.17	22.777	2.6257	2061.99
610926	12.8	20.16	5.1659	2.6257	1607.552
610730	646	65.69	849.5347	2.6257	9729.39
620811	30.7	11.01	6.7667	2.6257	1549.496
620723	57.2	12.66	14.497	2.6257	2322.241
620801	22.9	9.59	4.3969	2.6257	1389.341
630629	16.7	3.02	1.0103	2.6257	364.352
630706	32.8	9.05	5.9452	2.6257	1117.078
630603	44.4	9.14	8.1233	2.6257	1687.629
630523	22.8	12.38	5.6507	2.6257	1703.644
630828	52	18.4	19.1545	2.6257	3042.937
630826	195	32.04	125.0767	2.6257	5285.101
640705	21.7	18.05	7.8413	2.6257	1667.61
640802	19	5.78	2.1993	2.6257	708.684
640911	14.2	9.53	2.7083	2.6257	756.73
640714	35.1	10.04	7.0549	2.6257	1515.463
640916	37.5	12.63	9.4817	2.6257	1919.853
670521	60.6	16.72	20.2842	2.6257	3002.898
670717	96.5	20.13	38.8884	2.6257	3183.072
670831	79.2	28.12	44.5851	2.6257	3603.478
670826	287	35.75	205.4032	2.6257	5845.642

57

表 3-10　蛇家沟子流域的次降雨输沙模数 M_s、径流侵蚀力 E 和地貌三维分形信息盒维数 D_{3i}

洪号	洪峰流量 （m³/s）	径流总量 （万 m³）	单位流域面积径流侵蚀力 E ［万 m³·kg/(s·km²)］	地貌形态三维分形 信息盒维数 D_{3i}	次降雨输沙 模数 M_s（t/km²）
600924	4.83	2.82	2.7265	2.4624	3480.633
610721	1.04	0.37	0.0764	2.4624	258.047
610722	1.12	0.51	0.1141	2.4624	372.068
610730	10.2	2.17	4.4337	2.4624	3280.597
610813	1.97	1.61	0.6352	2.4624	996.181
610926	7.95	5.02	7.9864	2.4624	4280.779
620627	8.8	0.67	1.1838	2.4624	692.126
620723	0.71	0.28	0.0407	2.4624	126.823
620811	2.27	0.32	0.1453	2.4624	360.066
620801	3.65	0.53	0.3878	2.4624	796.145
630603	2.33	0.62	0.2897	2.4624	892.162
630615	3.93	0.72	0.566	2.4624	826.15
630826	2.5	0.66	0.332	2.4624	880.16
630828	6.53	1.34	1.7438	2.4624	1600.291
640429	29.7	3.61	21.4295	2.4624	5921.078
640705	28.5	5.61	31.9657	2.4624	8041.464
640714	24	2.02	9.7122	2.4624	2800.51
640802	30.7	3.14	19.2585	2.4624	4160.757
640911	6.78	1.59	2.1551	2.4624	1530.279
670711	4.93	0.59	0.5863	2.4624	690.126
670725	8.09	2.35	3.8062	2.4624	2600.473
670822	6.62	1.84	2.4313	2.4624	2260.411
670826	27.6	3.85	21.2283	2.4624	5200.947
680715	95	7.77	147.6189	2.4624	12802.33
680813	6	0.94	1.1245	2.4624	1034.188
680718	12.2	1.56	3.8095	2.4624	1624.296
680822	19.5	2.07	8.0823	2.4624	2200.4
690820	7.8	1.06	1.6444	2.4624	1126.205
690726	14	1.21	3.3998	2.4624	1622.295
690726	10.9	1.96	4.2627	2.4624	2380.433
690714	75	10.04	150.6274	2.4624	15042.738
690809	4	2.15	1.698	2.4624	2200.4

3.3 岔巴沟流域次降雨侵蚀产沙地貌临界计算

表 3-11　驼巷子流域的次降雨输沙模数 M_s、径流侵蚀力 E 和地貌三维分形信息盒维数 D_{3i}

洪号	洪峰流量 (m^3/s)	径流总量 (万 m^3)	单位流域面积径流侵蚀力 E [万 $m^3 \cdot kg/(s \cdot km^2)$]	地貌形态三维分形信息盒维数 D_{3i}	次降雨输沙模数 $M_s(t/km^2)$
600810	1.32	0.37	0.0737	2.3912	144.76
600924	2.91	4.45	1.9524	2.3912	848.073
610721	14.4	3.24	7.0193	2.3912	1551.536
610731	11	2.44	4.043	2.3912	1346.673
610730	26	3.46	13.5354	2.3912	1897.996
610813	4.02	1.62	0.9834	2.3912	676.349
610927	1.13	1.14	0.1937	2.3912	364.536
620811	7.92	2.19	2.6127	2.3912	2184.202
630828	1.48	0.37	0.0822	2.3912	143.103
630603	5.25	0.56	0.4417	2.3912	367.548
630523	13.2	1.36	2.6962	2.3912	1403.914
630826	239	22.37	805.3573	2.3912	15217.861
640429	21.4	3.36	10.828	2.3912	4082.198
640705	2.63	1.83	0.7246	2.3912	1019.796
640714	2.51	0.33	0.1264	2.3912	263.611
640802	26.1	4.55	17.8886	2.3912	3811.055
640911	1.03	0.4	0.0624	2.3912	123.219
640716	9.07	1.11	1.5179	2.3912	964.061
670717	37.2	3.52	19.7303	2.3912	3991.817
670826	26.9	3.12	12.6465	2.3912	3238.644
670831	8.63	1.38	1.794	2.3912	1327.091

表 3-12　水旺沟子流域的次降雨输沙模数 M_s、径流侵蚀力 E 和地貌三维分形信息盒维数 D_{3i}

洪号	洪峰流量 (m^3/s)	径流总量 (万 m^3)	单位流域面积径流侵蚀力 E [万 $m^3 \cdot kg/(s \cdot km^2)$]	地貌形态三维分形信息盒维数 D_{3i}	次降雨输沙模数 $M_s(t/km^2)$
610727	0.152	0.012	0.0109	1.8099	155.648
640429	2.48	0.144	2.0948	1.8099	7082.902
640705	0.714	0.07	0.2931	1.8099	2439.928
640714	0.318	0.021	0.0386	1.8099	626.587
640802	4.4	0.224	5.7907	1.8099	9157.811
640823	0.453	0.019	0.0512	1.8099	701.237
640911	0.453	0.053	0.1413	1.8099	1355.45
670819	0.097	0.005	0.003	1.8099	67.008
670822	0.333	0.032	0.0622	1.8099	864.055
670826	1.22	0.094	0.6748	1.8099	3920.577
670829	0.181	0.013	0.0134	1.8099	474.349

表 3-13 黑矾沟子流域的次降雨输沙模数 M_s、径流侵蚀力 E 和地貌三维分形信息盒维数 D_{3i}

洪号	洪峰流量 （m³/s）	径流总量 （万 m³）	单位流域面积径流侵蚀力 E [万 m³·kg/(s·km²)]	地貌形态三维分形信息盒维数 D_{3i}	次降雨输沙模数 M_s (t/km²)
670822	0.0307	0.008	0.0016	1.5854	103.598
670825	0.062	0.007	0.0031	1.5854	147.8
670717	0.054	0.012	0.0046	1.5854	151.944
670829	0.095	0.01	0.0066	1.5854	308.723
670829	0.286	0.015	0.0296	1.5854	642.31
670822	0.181	0.021	0.0261	1.5854	773.534
670826	0.824	0.048	0.2754	1.5854	2037.434

表 3-14 岔巴沟流域次降雨侵蚀产沙与地貌形态耦合关系模型回归方差分析表

项目	自由度 f	平方和 SS	平均平方和 MS	F 值	$F_{0.01}$	标准误差
回归	2	124.74	62.37	191.85**	4.79	0.57
残差	137	44.54	0.33			
总计	139	169.28				

为了检验所建立的岔巴沟流域次降雨侵蚀产沙与地貌形态定量耦合关系模型的可靠性和精度，利用未参与建模的三川口子流域 31 场侵蚀性降雨的输沙模数 M_s、次降雨单位流域面积径流侵蚀力 E 和该流域地貌形态三维分形信息盒维数 D_{3i}，对式（3-3）进行了可靠性检验和分析，见表 3-15 和图 3-9。

表 3-15 岔巴沟流域次降雨侵蚀产沙与地貌形态耦合关系模型
可靠性检验分析表（三川口流域为例）

洪号	单位流域面积径流侵蚀力 E [万 m³·kg/(s·km²)]	地貌形态三维分形信息盒维数 D_{3i}	次降雨输沙模数观测值 M_s (t/km²)	次降雨输沙模数预测值 M'_s (t/km²)	相对误差 （%）
590728	14.0482	2.6403	2206.643	2364.453	7.2
590803	6.216	2.6403	1509.808	1793.881	18.8
590805	126.6845	2.6403	6503.789	4979.941	−23.4
590815	13.9144	2.6403	2601.516	2356.802	−9.4
590829	15.932	2.6403	3985.894	2467.405	−38.1
590820	4.9219	2.6403	3205.439	1657.511	−48.3
600702	65.7069	2.6403	4784.931	3987.094	−16.7
600727	0.6411	2.6403	650.379	831.077	27.8
600924	91.9543	2.6403	5853.411	4467.798	−23.7
610721	183.1839	2.6403	10034.418	5642.5	−43.8
610722	12.7255	2.6403	2099.795	2286.575	8.9
610813	12.4515	2.6403	2280.972	2269.778	−0.5
610927	4.5834	2.6403	1760.669	1617.989	−8.1

3.3 岔巴沟流域次降雨侵蚀产沙地貌临界计算

续表

洪号	单位流域面积径流侵蚀力 E [万 $m^3 \cdot kg/(s \cdot km^2)$]	地貌形态三维分形信息盒维数 D_{3i}	次降雨输沙模数观测值 M_s (t/km²)	次降雨输沙模数预测值 M'_s (t/km²)	相对误差 (%)
620723	16.8541	2.6403	3233.312	2514.876	−22.2
620811	25.0601	2.6403	3177.566	2876.518	−9.5
630523	0.6171	2.6403	622.506	820.409	31.8
630826	31.1151	2.6403	4264.628	3095.286	−27.4
630603	15.9548	2.6403	3270.477	2468.6	−24.5
630828	39.3712	2.6403	5203.032	3352.112	−35.6
640705	39.5166	2.6403	7213.167	3356.302	−53.5
640802	0.9156	2.6403	766.518	937.686	22.3
640714	5.8183	2.6403	1681.694	1754.155	4.3
670826	12.8136	2.6403	2861.667	2291.925	−19.9
670822	2.6963	2.6403	1161.391	1351.865	16.4
670717	41.6108	2.6403	4482.969	3415.519	−23.8
680813	13.6656	2.6403	2987.098	2342.444	−21.6
680715	23.9613	2.6403	3488.818	2833.164	−18.8
680822	104.2557	2.6403	5249.487	4661.891	−11.2
690511	178.4532	2.6403	10164.494	5592.719	−45
690820	12.1299	2.6403	1807.124	2249.752	24.5
690708	11.8239	2.6403	2332.073	2230.363	−4.4

从表3-15和图3-9可以看出,基于式(3-3)的岔巴沟流域次降雨侵蚀产沙与地貌形态耦合关系模型具有较高可靠性和预测精度。在参与检验的三川口子流域31场侵蚀性降雨中,利用式(3-3)计算的次降雨输沙模数预测值相对误差最小为0.5%,最大为53.5%;其中小于20%的14场,占总降雨场次的45.2%;小于30%的有24场降雨,占

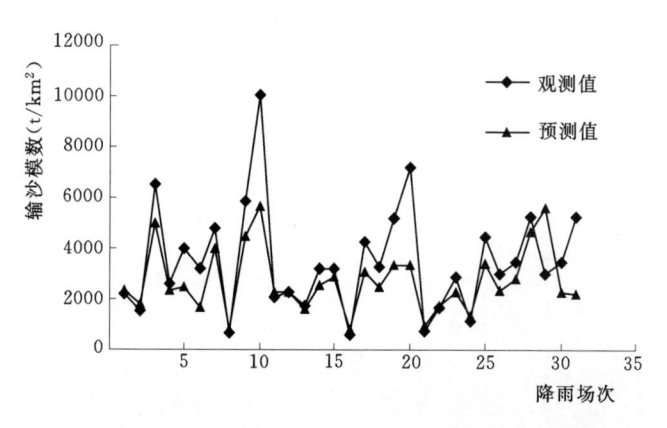

图3-9 三川口子流域次降雨输沙模数观测值与预测值

总降雨场次的 77.4%；小于 40% 的 27 场，占总降雨场次的 87.1%。造成预测误差的主要来源是式（3-3）仅考虑了影响流域降雨侵蚀产沙的地貌形态和径流两大因子，对于植被覆盖、土壤特征和治理状况等方面的没有考虑，但式（3-3）消除了地貌形态特征对单一水沙关系的影响，提高了次降雨输沙模数预报的可靠性和精确度，说明以次降雨径流侵蚀力和地貌三维分形信息盒维数作为流域次降雨产生径流对土壤的侵蚀和输移能力及流域地貌形态综合量化指标是合理性和可靠性。

深入分析式（3-3）可以发现，在径流侵蚀力一定前提下，当流域地貌形态三维分形信息盒维数 D_{3i} 小于 2.159 时，次降雨输沙模数 M_s 随着地貌形态三维分形信息盒维数 D_{3i} 的增大而增大；当 $D_{3i}=2.159$ 时，流域次降雨输沙模数取得最大值；当 $D_{3i}<2.159$ 时，随着流域地貌形态三维分形信息盒维数 D_{3i} 的增大，流域次降雨输沙模数呈明显减小趋势。可见，分形信息盒维数 2.159 成为次降雨径流侵蚀力一定前提下，岔巴沟流域次降雨侵蚀产沙出现峰值时的地貌形态特征定量表达；以此为分界点，流域次降雨侵蚀产沙过程呈现完全不同的变化趋势，可把此值作为岔巴沟流域次降雨输沙模数在径流侵蚀力一定条件下出现峰值时流域地貌形态特征临界值。

第4章 流域降雨水沙过程及分布式模型研究

流域侵蚀与产沙是一个复杂的系统，很早就受到国内外学者的重视，相应取得了大量的研究成果，并开发了多种流域的产流产沙模型。目前国内的流域水文泥沙过程模型多为集总模型（LumpModel），即把影响过程的各种不同的参数进行均一化处理，进而对流域水文泥沙过程的空间特性实行平均化模拟，其模型结果不包含流域水文泥沙过程空间特性的具体信息。随着人类活动对流域侵蚀产沙过程的影响越来越大，迫切需要了解流域内不同区域下垫面变化时，河流系统水文泥沙的响应例如修建梯田改变了坡度和坡长，砍伐森林、坡地开垦或恢复植被改变了地表植被覆盖状况等，改变了地表径流的形成和汇集过程、水流能量的耗散方式、地表物质的抗蚀力与雨滴及径流侵蚀力的相对关系。随着现代计算机的高速发展和地理信息系统的引入，为数据的提取、贮存、处理和计算提供了灵活、方便的手段，使分布式模型（Distributed Model）的发展成为可能，并成为当今国际水文科学研究的重点和发展方向。分布式模型所需数据量大，模型充分考虑到流域各个因子的空差异性，将流域细化为多个连续的小单元，不同单元中流域因子不同，而每一个单元中的流域因子似相同。因此，模型可以反映时空变化过程，可对流域内任一单元进行模拟和描述，从而把各个单元的模拟结果联系起来，扩展为整个流域的输出结果，同时还能兼容小区试验成果，能更恰当地模拟流域水文泥沙的时空过程，将为优化流域不同单元水土保持措施和确定综合治理方案奠定坚实的基础。为此，本章针对物理概念明晰的Green-Ampt入渗方程，提出了适用于更为普遍的非恒定降雨度情况的一套改进的计算方法，并运用Matlab语言开发和建立了小流域产汇流分布式模型，以模拟流域在不同人类活动下的产汇流时空过程，从而加强模型在水保措施制定中的应用及检测流域管理措施对径流过程产生的影响，并为进一步建立小流域产沙分布式模型奠定了基础。

4.1 降雨径流、侵蚀产沙的物理过程和力学机理

根据黄土高原地区的地理和土壤特性，采用超渗产流模式，依次分别用数学形式描述流域降雨径流和侵蚀产沙中的一系列物理过程。

4.1.1 有效降雨过程

有效降雨指实际降雨量中扣除植物截留、下渗、填洼与蒸发蒸腾等各种损失后所剩下的那部分雨量。我国黄土高原地区通常情况下场次暴雨降雨历时较短，降雨损失主要为植物截留和土壤入渗，而填洼和蒸发蒸腾损失量一般很小，可以近似忽略。因此有效降雨计算主要只考虑植物截留和土壤入渗这两种降雨损失过程。即

$$I_e = I - J_t - f \tag{4-1}$$

式中：I_e 为有效降雨强度；I 为天然降雨强度；J_t 为降雨过程中任意时刻的植物截留强度；f 为土壤入渗率。

4.1.2 植物截留过程

植物截留过程与土壤的渗透过程很相似，即当降雨被植物林冠截留后，产生初始截留强度；当植物林冠截留饱和后，仍具有一定的截留能力，称稳定截留强度。它们分别相当于土壤下渗过程中的初始下渗率和稳定下渗率。采用 Horton 的渗透方程来描述植物截留的物理过程：

$$J_t = J_c + (J_0 - J_c)e^{-\beta t} \quad (4-2)$$

式中：J_t 为降雨过程中任意时刻的植物截留强度；J_c 为植物林冠稳定截留强度；J_0 为植物初始截留强度；t 为降雨经过的时间。

4.1.3 土壤入渗过程

土壤入渗损失的计算采用物理概念明晰的 Green - Ampt 入渗方程：

$$f = \frac{dF}{dt} = K[1 + (\theta_s - \theta_i)S_F/F] \quad (4-3)$$

$$F = Kt + S_F(\theta_s - \theta_i)\ln\left[1 + \frac{F}{S_F(\theta_s - \theta_i)}\right] \quad (4-4)$$

式中：f 为土壤入渗率；F 为累积入渗量；K 为饱和导水率；t 为时间；S_F 为湿润锋面处土壤水吸力；θ_s 为饱和含水率；θ_i 为初始含水率。

本研究中运用以下的预测校正法对 Green - Ampt 方程进行迭代计算，使 Green - Ampt 入渗方程能应用于更为普遍的实际降雨强度 I 为不恒定降雨的情况，具体改进方法如下：

（1）在 $n=1$ 时刻时，预测 $f = I$，则有

$$F_p = \frac{(\theta_s - \theta_i)S_F}{\frac{I(1)}{K} - 1} \quad (4-5)$$

$$I(1) > K \quad (4-6)$$

如果 $t_p = \dfrac{F_p}{I} = \dfrac{KS_F(\theta_s - \theta_i)}{I(1)[I(1) - K]} < t$，则说明地表径流早已产生，预测不成立，应校正，有：

$$F(1) = K\Delta t + S_F(\theta_s - \theta_i)\ln\left[1 + \frac{F(1)}{S_F(\theta_s - \theta_i)}\right] \quad (4-7)$$

$$f = K[1 + (\theta_s - \theta_i)S_F/F(1)] \quad (4-8)$$

如果 $t_p \geq t$，则预测成立，有

$$f = I(1), \quad F(1) = I(1)\Delta t \quad (4-9)$$

（2）在 n 时刻（其中 $n>1$），预测 $f = I$，则有

$$F(n) = F(n-1) + I(n)\Delta t \quad (4-10)$$

假如 $t_p = F(n)/I(n) < t$，应校正，则有

$$F = K[t-(t_p-t_s)] + S_F(\theta_s - \theta_i)\ln\left[1 + \frac{F}{S_F(\theta_s - \theta_i)}\right] \quad (4-11)$$

$$f = K[1 + (\theta_s - \theta_i)S_F/F] \quad (4-12)$$

$$F(n) = F(n-1) + f\Delta t \quad (4-13)$$

式中：t_s 表示假设由 $t=0$ 就开始地表积水到 $F=F_p$ 时所需的时间，则

$$Kt_s = F_p - S_F(\theta_s - \theta_i)\ln\left[1 + \frac{F_p}{S_F(\theta_s - \theta_i)}\right] \quad (4-14)$$

假如 $t_p = F(n)/I(n) \geqslant t$，则预测成立，有

$$f = I(n) \quad (4-15)$$

$$F(n) = F(n-1) + I(n)\Delta t \quad (4-16)$$

4.1.4 地表径流过程

模型中每个网格单元的地表径流计算采用水量连续平衡方程（Beasley 等，1981）表示为

$$\frac{dW}{dt} = W_i - W_o \quad (4-17)$$

式中：W 为单元中所滞留的水量；t 为时间；W_i 为进入单元格的水量；W_o 为流出单元格的水量。

在 Δt 时间内单元格所滞留的水量（以体积计，以下同）又可进一步表示为

$$\frac{dW}{dt} = [A(i,t) - A(i, t-\Delta t)]\Delta x \quad (4-18)$$

式中：$A(i, t)$ 和 $A(i, t-\Delta t)$ 分别代表 t 时刻以及 $t-\Delta t$ 时刻垂直于径流方向的过水断面面积；Δx 为网格空间步长。

进入单元格的水量 W_i 包括有效降雨量和从相邻单元汇入当前单元的水量之和，可表示为

$$W_i = I_e(i,t)\Delta t \Delta x^2 + \sum_{u \leqslant 8} Q(u, t-\Delta t)\Delta t \quad (4-19)$$

式中：$I_e(i, t)$ 为当前时刻有效降雨强度；$Q(u, t-\Delta t)$ 为 Δt 时刻之前相邻单元汇入当前单元的流量；u 为相邻八个网格单元中汇入当前单元的那些网格单元。

流出单元格的水量 W_o 即为进入下一相邻单元格的水量，可表示为

$$W_o = Q(i,t)\Delta t \quad (4-20)$$

式中：$Q(i, t)$ 为当前时刻流出单元格的流量。

研究中将流域从地形结构上概化成由坡面和沟道两部分组成，其中把流域中水流汇集、水沙输移的主要通道定义为沟道，其余部分则定义为坡面。在地表径流过程将沟道单元和坡面单元进行区分，并相应地适用不同的模型计算机制，突破传统的流域侵蚀产沙模型"沟坡不分"的弊端。

对于坡面单元，把垂直于径流方向的水流断面面积 A 概化成矩形断面，则径流深度 h 采用下式计算：

$$h = A/\Delta x \quad (4-21)$$

式中：Δx 为网格单元边长，也即网格空间步长。

流速 v 采用明渠均匀流的谢才公式计算，如下：

$$v = \frac{1}{n}h^{\frac{2}{3}}S_0^{\frac{1}{2}} \quad (4-22)$$

式中：n 为曼宁糙率系数，根据流域下垫面因子和土地利用类型的不同而选取相应的值；S_0 为地表坡度比降。

而对于沟道单元，过水断面面积 A 不能概化成分布于整个网格单元边长的矩形断面，需根据沟道的水位～流量（即 $h\sim Q$）资料，运用谢才公式 $Q = \frac{A}{n}h^{\frac{2}{3}}S_0^{\frac{1}{2}}$ 来确定沟道上各级实测流量 Q 所对应的过水面积 A 的值，即 $A\sim Q$ 对应曲线，再与水量连续平衡方程式相结合，采用牛顿迭代法求解出 $A(i,t)$，并通过谢才公式求得 h 和 v。

4.1.5 土壤侵蚀过程

土壤侵蚀过程中考虑了沟间侵蚀过程和细沟侵蚀过程。

（1）沟间侵蚀过程。采用 Foster 和 Meyer 提出的沟间侵蚀能力公式计算：

$$D_l = \xi_l C_0 K_0 I_e^2 (2.96\sin\theta^{0.79} + 0.56) \quad (4-23)$$

式中：D_l 为沟间侵蚀能力；ξ_l 为沟间侵蚀系数；C_0、K_0 分别为土壤侵蚀力因子和植被管理因子，具体取值采用土壤流失通用方程（USLE）中的相应值；I_e 为有效降雨强度；θ 为单元地表坡度。

（2）细沟侵蚀过程。细沟侵蚀能力同样采用 Foster 和 Meyer 提出的以下公式进行计算：

$$D_r = \xi_r C_0 K_0 \tau^{1.5} \quad (4-24)$$

式中：D_r 为细沟侵蚀能力；ξ_r 为细沟侵蚀系数；τ 为地表径流剪切力；且 $\tau = \gamma h \sin\theta$；$\gamma$ 为水的容重；h 为地表径流水深；其他符号含义同上。

4.1.6 径流输沙过程

径流输沙过程的计算采用曹文洪导出的径流输沙能力关系，可表达为

$$g_s(t) = 80I^{2.5}(t) + 0.00228[\rho' q(t)S_0]^{1.2} \quad (4-25)$$

式中：$g_s(t)$ 为以质量计的径流单宽输沙能力；$I(t)$ 为实际降雨强度；ρ' 为浑水密度；$q(t)$ 为地表径流单宽流量；S_0 为坡度比降。

4.1.7 流域产沙过程

流域产沙过程物理机理为：小流域在降雨径流物理过程作用下，首先发生沟间侵蚀过程；若单元内的沟间侵蚀能力大于地表径流输沙能力，则通常不发生细沟侵蚀过程，且单元内有泥沙淤积，此时流域产沙量等于地表径流输沙能力。反之，若沟间侵蚀能力小于地表径流输沙能力，则通常会发生细沟侵蚀过程；在此情况下，若地表径流输沙能力大于沟间侵蚀能力与细沟侵蚀能力之和，则流域产沙量等于沟间侵蚀能力与细沟侵蚀能力之和，单元内无泥沙淤积；若地表径流输沙能力小于沟间侵蚀能力与细沟侵蚀能力之和，则流域

产沙量等于地表径流输沙能力，单元内有泥沙淤积。流域产沙物理过程计算流程见图 4-1。

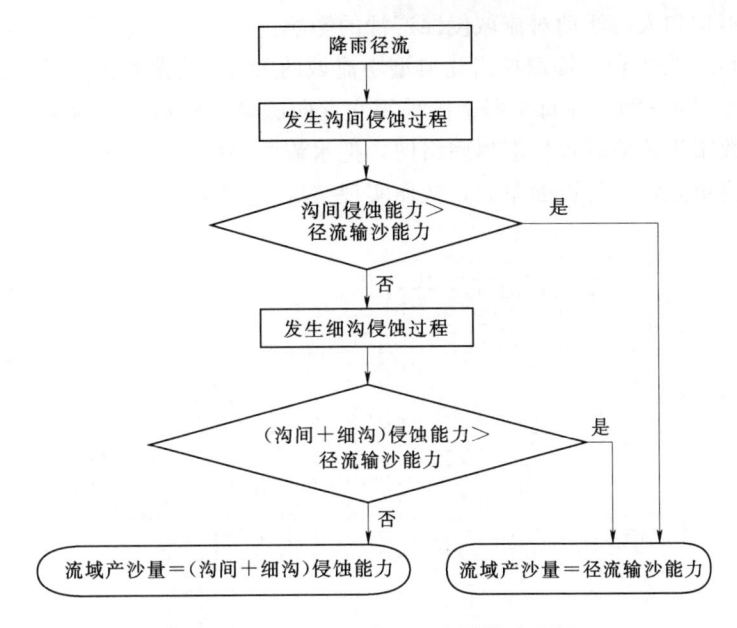

图 4-1　流域产沙物理过程计算流程图

本研究将土壤侵蚀、径流输沙和流域产沙几个不同的物理过程在机理上进行明确的区分和数学描述，打破数学模型计算中历来将这几个物理过程混淆或仅简单地使用"输移比"来概化的情形。

4.2　场暴雨小流域降雨径流和侵蚀产沙分布式模型建立

4.2.1　流域网格的划分

为反映流域内地形地貌、土壤、植被和人类活动造成的下垫面变化等在空间分布的差异性，将流域细化为多个连续的小单元，网格单元的划分原则是要使流域边界和河段能被网格所近似，同时，在每一个网格单元内要求其人类活动和下垫面要素（如土地利用、植被类型、土壤类型等）是基本均衡的。所以，为充分反映出流域的空间特性，单元格应足够小，但这将会限制模型在较大流域上的使用。从实用的观点看，当流域面积小于1万 hm^2 时，方格尺寸可取 1～4hm^2，其原则是一个单元的参数变化对流域整体行为的影响可忽略。网格划分之后，每一网格单元上的土地利用、坡度、植被类型、土壤类型、植被覆盖度等信息都以相应的代码存入数据文件。地理信息系统（GIS）和遥感技术（RS）的应用可大大降低人工处理的时间和成本。

4.2.2　模型建立

针对小流域下垫面各个因子空间分布不均匀的特点，将小流域细化为一系列的连续小单元，每个小单元可反映不同下垫面、降雨和人类活动的情况，把各个单元的模拟结果联系起来，扩展为整个流域的输出结果。这种分布式模型的研究方法能较好地反映因下垫面因子空间分布不均和人类活动对流域侵蚀产沙的影响。

研究中以 GIS 为平台，提取栅格化典型小流域的 DEM 数据和相关下垫面及土地利用情况的信息（见图 4-2）；在每个网格内采用八方向法确定网格的汇流流向，并采用递归算法计算汇流数来生成流域水沙汇集网络图，把水流汇集的主流路网格单元定义为沟道单元，而其他网格单元定义为坡面单元，从而实现"沟坡分离"。

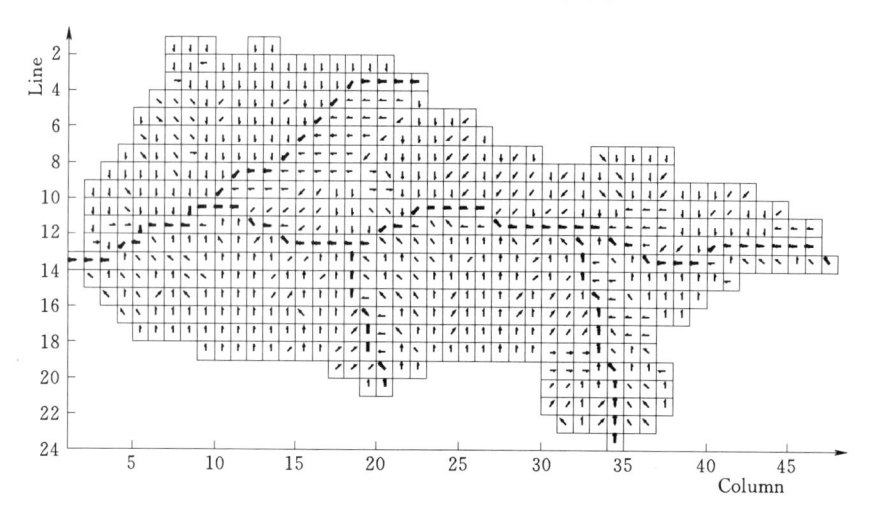

图 4-2　流域水沙汇集网络图

在上述第一项对黄土高原地区降雨径流、侵蚀产沙的物理过程和力学机理研究当中取得的进展和成果为本研究内容基于场次暴雨的具有物理基础的小流域降雨径流和侵蚀产沙分布式模型的建立奠定了基础。

建立的分布式模型在结构上分为降雨径流模块和侵蚀产沙模块，通过分别研究相应模块在产流过程和产沙过程中的物理机制，通过两个子模型的联合计算来模拟小流域的产流产沙时空过程，并对流域不同水保措施及其配置方案的减水减沙效益进行对比和评价。

4.2.3　模型的验证

选取陕西黑草河小流域，根据实测场次暴雨资料，率定了建立的小流域降雨径流和侵蚀产沙分布式数学模型的物理参数，并对小流域实测的降雨径流和侵蚀产沙过程进行分布式模型验证。

黑草河小流域（图 4-3）流域面积 24.85km^2，以黄褐土、紫色土为主。在主沟道大田包建有水文站，其控制面积为 23.5km^2。

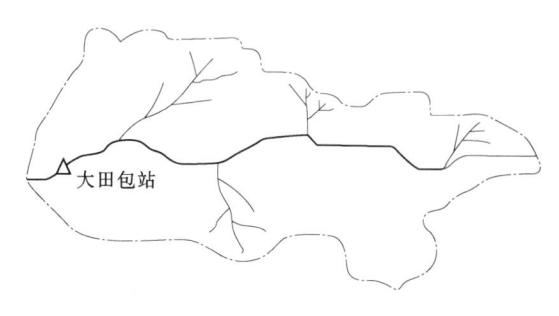

图 4-3　试验小流域沟系图

模型的率定选取了该小流域 1984 年

4.2 场暴雨小流域降雨径流和侵蚀产沙分布式模型建立

9月6日和1985年5月11日的两次降雨产沙过程,模型计算的时间步长为 $\Delta t = 60s$。

模型中根据土壤测定资料确定土壤参数 $K = 1.19 \times 10^{-6}$ m/s,$\theta_s = 0.518$,$S_F = 0.02$m,并用大田包站实测降雨径流和产沙资料,对以上两个场次的降雨和侵蚀产沙过程进行其他参数的率定,其中分别率定 $\theta_i = 0.216$;$\xi_1 C_0 K_0 = 0.0005$、$\xi_r C_0 K_0 = 2.28$。率定结果如图4-4和图4-5所示,可见,模型所率定的参数基本反映了小流域产汇流、侵蚀产沙的物理过程。

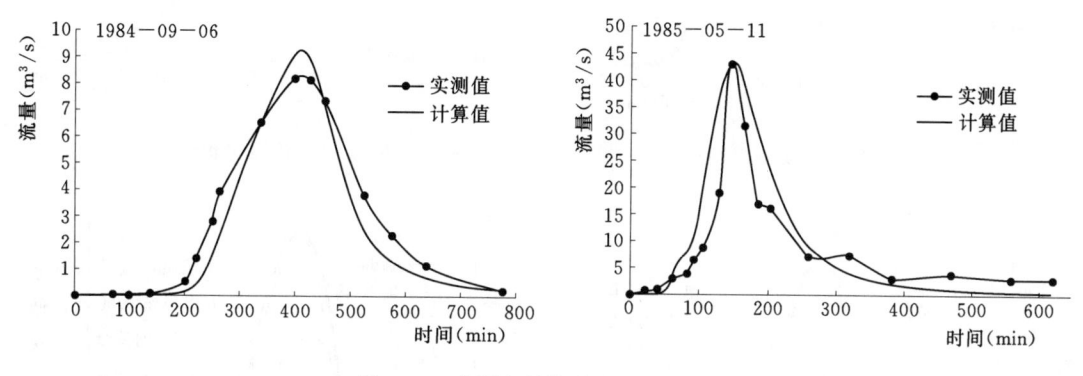

图4-4 实测与计算流量过程的率定

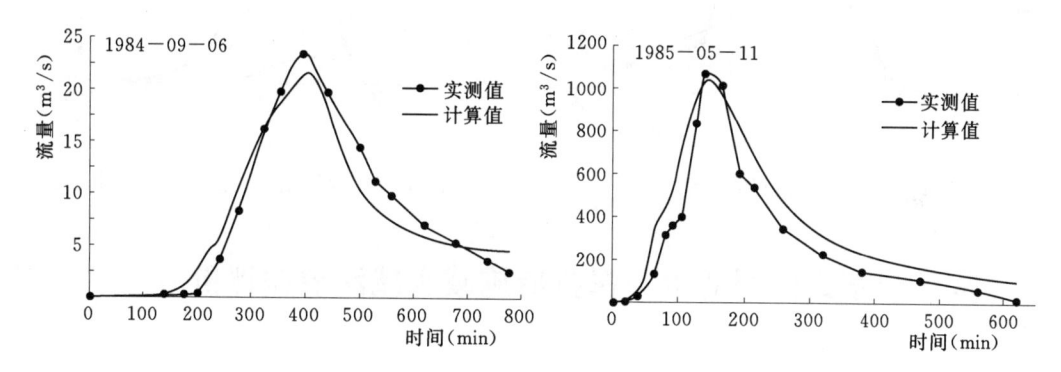

图4-5 实测与计算输沙过程的率定

模型参数率定之后,采用1985年9月15日的降雨径流和产沙过程对模型进行了验证计算。流域出口实测总径流量为34.35万 m³,模型计算的径流量为31.16万 m³,径流误差为9.3%;实测总输沙量为1493.6t,模型计算的输沙量为1550.4t,产沙误差为3.8%。图4-6给出了1985年9月15日该小流域的实测降雨过程,图4-7和图4-8分别为流量过程和输沙率过程的验证对比曲线,图4-9为模型输出的流域内任意指定网格单元的径流和输沙过程。

计算结果表明:

(1) 由建立的分布式侵蚀产沙模型计算的流量过程以及输沙率过程与实测结果基本符合良好,较好地反映了小流域的地表径流过程和侵蚀产沙过程。

(2) 模型还能计算出任意网格单元的产汇流和侵蚀产沙的时空分布过程,这一分布式侵蚀产沙模型所独具的优势,使人们可以检测不同水保措施对小流域径流输沙产生的响应,为不同水土保持措施的减水减沙效益评价奠定了基础。

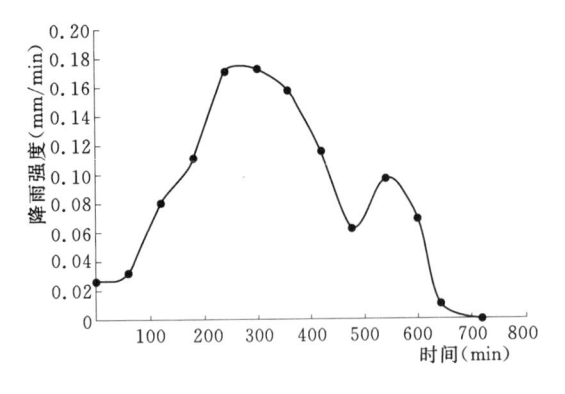

图 4-6 小流域一次实测降雨过程

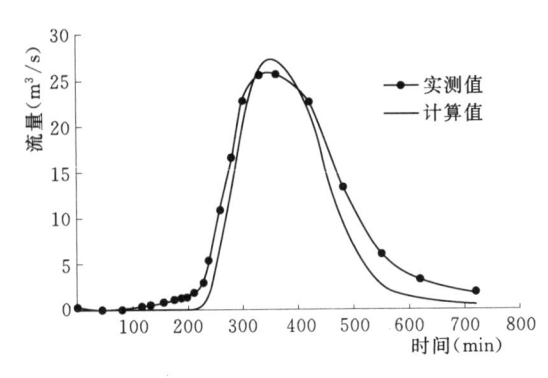

图 4-7 流量过程验证

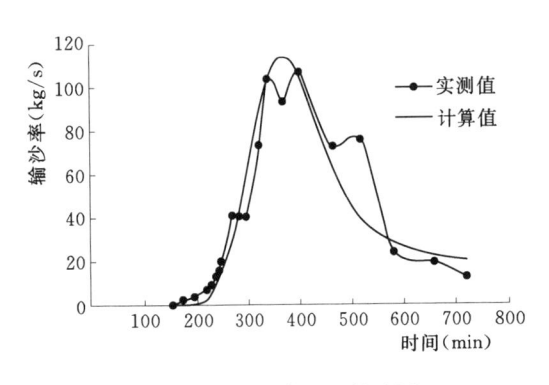

图 4-8 输沙率过程的验证

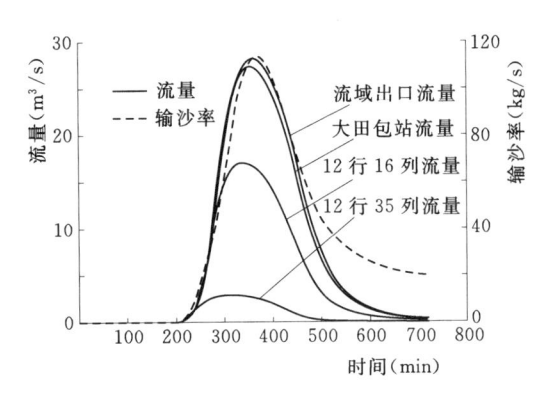

图 4-9 计算流量及输沙率过程线

4.3 基于分布式模型的水土保持措施减水减沙效益评价

4.3.1 减水减沙方案设计

黑草河流域内共有 8 种土地利用类型，如图 4-10 所示，各种土地利用类型的面积和所占流域的比例分别为：用材林面积为 892hm²，占 37.6%；灌木林面积为 424hm²，占 17.9%；荒山荒坡面积为 192hm²，占 8.1%；坡耕地面积为 344hm²，占 14.5%；治理林地面积为 356hm²，占 15%；零星林地面积为 4hm²，占 0.2%；水平梯地面积为 8hm²，占 0.3%；水田面积为 152hm²，占 6.4%。

为定量检测和分离评价不同水土保持措施以及不同土地利用方式的减水减沙效益，特设计以下两组共 8 个方案。

(1) 评价不同水土保持措施的减水减沙效益：

方案 1：保持如图 4-10 所示的配置现状不变。

方案 2：（水土保持工程措施之一）调整坡耕地地块使为水平梯地（坡改梯），其他各地块不变。

方案 3：（水土保持生物措施之一）改造荒山荒坡为治理林地（植树造林），其他各地

4.3 基于分布式模型的水土保持措施减水减沙效益评价

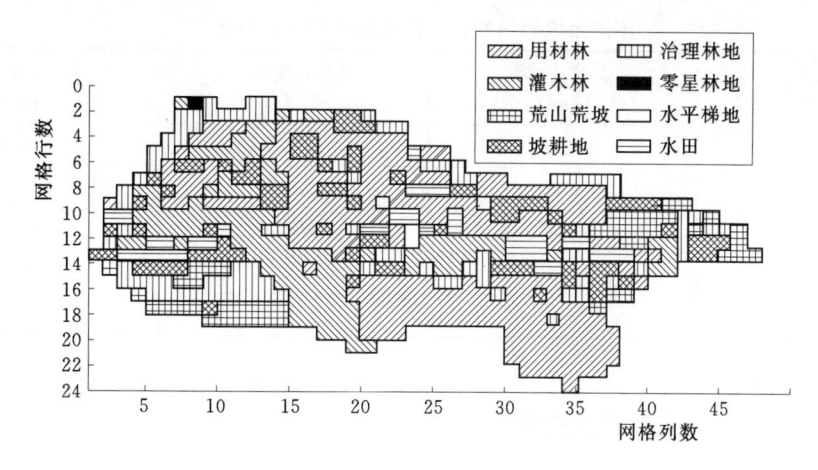

图 4-10 流域土地利用类型分布图

块不变。

其中，方案 1 为定量检测不同水土保持措施减水减沙效益的基准方案，方案 2 和方案 3 的设计目的是以方案 1 为对比基准，定量检测水土保持工程措施（方案 2）与生物措施（方案 3）分别对小流域产流产沙的影响。

（2）评价不同土地利用方式的减水减沙效益：

方案 4：假定全部地块均为荒山荒坡。

方案 5：恢复图 4-10 中的用材林地块，其余各地块仍为荒山荒坡。

方案 6：恢复图 4-10 中的灌木林地块，其余各地块仍为荒山荒坡。

方案 7：恢复图 4-10 中的坡耕地地块，其余各地块仍为荒山荒坡。

方案 8：恢复图 4-10 中的治理林地地块，其余各地块仍为荒山荒坡。

其中，方案 4 为定量检测不同土地利用方式减水减沙效益的基准方案，方案 5～方案 8 的设计目的是以方案 4（未实施任何治理措施，全部为荒山荒坡）为对比基准，来定量检测不同土地利用方式对小流域产流产沙的影响。

4.3.2 减水减沙效益评价

选取黑草河小流域 1985 年 9 月 15 日的场次降雨事件作为各设计方案计算的降雨条件，采用小流域产汇流和侵蚀产沙分布式数学模型进行各方案的产流产沙计算，模型参数值与验证时所取值相同。不同水土保持措施和不同土地利用方式下大田包站径流量和输沙量的计算结果见表 4-1 和表 4-2。

表 4-1 不同水土保持措施下径流和输沙计算结果

方 案 号	改变的面 (hm²)	计算总径流量 ($\times 10^3$ m³)	计算总输沙量 (t)
1	基准	311.6	1550.4
2	344	262.4	1342.3
3	192	307.6	1525.5

表 4-2　　　　　　　不同土地利用方式下径流和输沙计算结果

方案号	改变的面积 (hm²)	计算总径流量 (×10³m³)	计算总输沙量 (t)
4	基准	387.5	2111.6
5	892	341.8	1684.2
6	424	371.7	2076.2
7	344	389.3	2118.6
8	356	380.0	2065.3

4.3.2.1 减水效益分析

各个方案的减水效益计算公式为

$$D_r = \frac{\Delta R}{\Delta A} = \frac{R_r - R_c}{\Delta A} \tag{4-26}$$

式中：D_r 为当前方案的减水效益；ΔR 为当前方案的减水量；R_r 为基准方案的总径流量；R_c 为当前方案的总径流量；ΔA 为改变水土保持措施或土地利用方式的地块的面积。

（1）不同水土保持措施的减水效益：

1）方案 2 将坡耕地改为水平梯田的面积为 344hm²，减水量为 49200m³，因此这种工程措施的减水效益为 143m³/hm²。

2）方案 3 将荒山荒坡改为治理林地的面积为 192hm²，减水量为 4000m³，因此这种生物措施的减水效益为 21 m³/hm²。

（2）不同土地利用方式的减水效益：

不同土地利用方式的减水效益计算结果见表 4-3。

表 4-3　　　　　　　不同土地利用方式减水效益计算结果

方案号	4	5	6	7	8
R_c（×10³m³）	387.5	341.8	371.7	389.3	380.0
ΔR（×10³m³）	—	45.7	15.8	−1.8	7.5
ΔA（hm²）		892	424	344	356
M_r（m³/hm²）	163	112	126	168	142
D_r（m³/hm²）	—	51	37	−5	21

由表 4-3 可以看出：

在方案 4（基准方案）中假定流域内全部为荒山荒坡，其计算总径流量为 387500m³，而整个流域面积为 2372hm²，因此荒山荒坡地块的产流模数为 163m³/hm²。

1）方案 5 的土地利用方式从荒山荒坡变为用材林的面积为 892hm²，产流模数为 112m³/hm²，减水量为 45700m³，减水效益为 51m³/hm²。

2）方案 6 的土地利用方式从荒山荒坡变为灌木林的面积为 424hm²，产流模数为 126m³/hm²，减水量为 15800m³，减水效益为 37m³/hm²。

3）方案 7 的土地利用方式从荒山荒坡变为坡耕地的面积为 344hm²，产流模数为 168m³/hm²，减水量为 −1800m³，减水效益为 −5m³/hm²。

4.3 基于分布式模型的水土保持措施减水减沙效益评价

4)方案 8 的土地利用方式从荒山荒坡变为治理林地的面积为 356hm², 产流模数为 142m³/hm², 减水量为 7500m³, 减水效益为 21m³/hm²。

不同土地利用方式的减水效益和产流模数柱状图如图 4-11 所示。

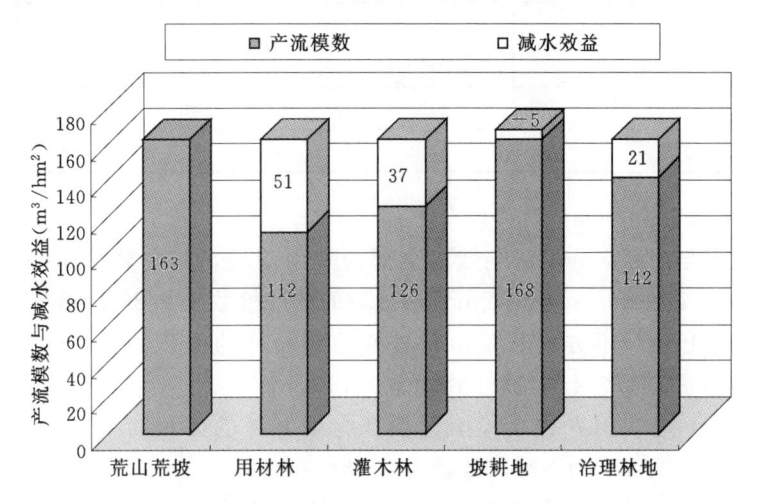

图 4-11 不同土地利用方式的产流模数和减水效益柱状图

比较以上各方案的减水效益可以得出：水土保持工程措施（坡耕地整平为水平梯地）的减水效益（143m³/hm²）大于水土保持生物措施（荒山荒坡改造为治理林地）的减水效益（21m³/hm²）；而定量分离的各种不同土地利用方式的减水效益大小排列顺序为：用材林（51m³/hm²）＞灌木林（37m³/hm²）＞治理林地（21m³/hm²）＞荒山荒坡（对比基准）＞坡耕地（-5m³/hm²）。

以上方案比较的结果表明：①工程措施一般比生物措施见效快；②由于治理林地尚未形成完整的枯枝落叶层，因而减水效益较之天然用材林和灌木林为小；③未经治理的荒山荒坡径流流失固然严重，但若在其上开垦坡耕地则会进一步加剧径流的流失。

4.3.2.2 减沙效益分析

各个方案的减沙效益计算公式为

$$D_s = \frac{\Delta S}{\Delta A} = \frac{S_r - S_c}{\Delta A} \tag{4-27}$$

式中：D_s 为当前方案的减沙效益；ΔS 为当前方案的减沙量；S_r 为基准方案的总输沙量；S_c 为当前方案的总输沙量；ΔA 为改变水土保持措施或土地利用方式的地块的面积。

(1) 不同水土保持措施的减沙效益：

1) 方案 2 将坡耕地改为水平梯地的面积为 344hm², 减沙量为 208.1t, 因此这种工程措施的减沙效益为 0.60t/hm²。

2) 方案 3 将荒山荒坡改为治理林地的面积为 192hm², 减沙量为 24.9t, 因此这种生物措施的减沙效益为 0.13t/hm²。

(2) 不同土地利用方式的减沙效益：

不同土地利用方式的减水效益计算结果见表 4-4。

表 4-4　　　　　　　　　不同土地利用方式减沙效益计算结果

方　案　号	4	5	6	7	8
S_c (t)	2111.6	1684.2	2076.2	2118.6	2065.3
ΔS (t)	—	427.4	35.4	−7.0	46.3
ΔA (hm^2)	—	892	424	344	356
M_s (t/hm^2)	0.89	0.41	0.81	0.91	0.76
D_s (t/hm^2)	—	0.48	0.08	−0.02	0.13

从表 4-4 可以看出：

在方案 4（基准方案）中假定流域内全部为荒山荒坡，其计算总输沙量为 2111.6t，而整个流域面积为 2372hm^2，因此荒山荒坡地块的产沙模数为 0.89 t/hm^2。

1）方案 5 的土地利用方式从荒山荒坡变为用材林的面积为 892hm^2，产沙模数为 0.41 t/hm^2，减沙量为 427.4 t，减沙效益为 0.48 t/hm^2。

2）方案 6 的土地利用方式从荒山荒坡变为灌木林的面积为 424hm^2，产沙模数为 0.81 t/hm^2，减沙量为 35.4 t，减沙效益为 0.08 t/hm^2。

3）方案 7 的土地利用方式从荒山荒坡变为坡耕地的面积为 344hm^2，产沙模数为 0.91 t/hm^2，减沙量为 −7.0 t，减沙效益为 −0.02 t/hm^2。

4）方案 8 的土地利用方式从荒山荒坡变为治理林地的面积为 356hm^2，产沙模数为 0.76 t/hm^2，减沙量为 46.3 t，减沙效益为 0.13 t/hm^2。

不同土地利用方式的减沙效益和产沙模数柱状图如图 4-12 所示。

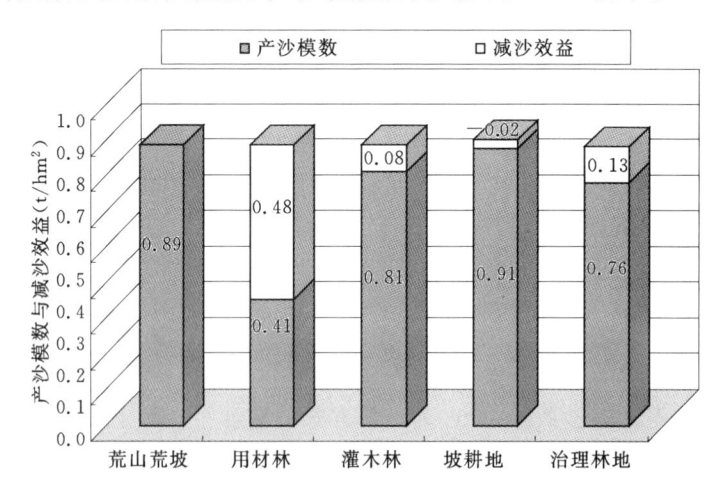

图 4-12　不同土地利用方式的产沙模数和减沙效益柱状图

同样的，对以上各方案的减沙效益进行比较可以得出：水土保持工程措施（坡耕地整平为水平梯地）的减沙效益（0.60 t/hm^2）大于水土保持生物措施（荒山荒坡改造为治理林地）的减沙效益（0.13 t/hm^2）；而定量分离的各种不同土地利用方式的减沙效益大小排列顺序为：用材林（0.48 t/hm^2）＞治理林地（0.13 t/hm^2）＞灌木林（0.08 t/hm^2）＞荒山荒坡（对比基准）＞坡耕地（−0.02 t/hm^2）。

以上方案比较的结果表明：①在减沙效益方面，与生物措施相比，工程措施仍然具有见效快和更直接的特点；②值得注意的是不同土地利用方式的减沙效益排列顺序与减水效益的排列顺序并不完全相同，在减水效益比较中治理林地的减水效益逊于灌木林，而在减沙效益比较中则优于灌木林；③荒山荒坡上开垦坡耕地同样也会加剧土壤的流失。

4.3.3 流域配置措施优化

小流域的水土保持措施配置需要因地制宜，在实现减水减沙效益的同时，一般也应考虑该地区生产实际情况和当地人民的生活需求等各种其他因素，兼顾社会效益、经济效益和生态效益。

本研究以水土保持措施的减水减沙效益为目标，依据以上分离比较的评价结果，拟对黑草河小流域水土保持措施配置进行优化设计，所得到的配置方案可作为小流域进一步治理决策时的参考并提供一定的科学依据。

水土保持措施优化配置是在黑草河小流域1985年治理情况的基础上进行。黑草河小流域水土保持措施优化配置的原则为：

（1）保持现有小流域治理格局基本不变，不提倡对多个地块的原有土地利用方式或水保措施进行改变，避免无谓地增加治理成本。

（2）由于水土保持工程措施的减水减沙效益比水土保持生物措施更直接，见效更快，因此在流域水土保持措施配置规划中应有一定数量的工程措施。

（3）对少数减水减沙效益差的地块可因地制宜改为其他合适的减水减沙效益相对较好的土地利用方式或水土保持措施，但要兼顾社会效益、经济效益和生态效益的统一。

依据以上原则，黑草河小流域现有水土保持措施配置方案可进一步做以下优化为：将坡耕地整平为水平梯田；同时将荒山荒坡和零星林地的土地利用方式改为减水减沙效益较好的治理林地；其他地块维持现状不变。

经过优化之后的黑草河小流域各种土地利用类型所占比例分别为：用材林面积为892hm^2，占37.6%；灌木林面积为424hm^2，占17.9%；治理林地面积为552hm^2，占23.3%；水平梯田面积为352hm^2，占14.8%；水田面积为152hm^2，占6.4%。

仍然采用1985年9月15日的降雨过程，在以上优化配置方案下，所计算的大田包站径流量为257700m^3，输沙量为1316.9t，而采用相同的降雨过程在治理现状方案（1985年）下计算的黑草河小流域大田包站径流量为311600m^3，输沙量为1550.4t。在此次降雨事件过程中，优化配置方案比治理现状方案减少径流量53900m^3，减水17.3%；减少输沙量233.5t，减沙15.1%。另外计算了黑草河小流域在未经治理（全部地块假设为荒山荒坡，同方案4）情况下的大田包站径流量为387500m^3，输沙量为2111.6t。未经治理方案比治理现状方案增加径流量75900m^3，增加的径流量占治理现状方案下计算径流量的24.4%；增加输沙量561.2t，增加的输沙量占治理现状方案下计算输沙量的36.2%。计算结果列于表4-5。

未经治理、治理现状和优化配置三种方案下所计算的流量和输沙量过程如图4-13和图4-14所示。从两图中几个方案之间的比较还可以看出，各方案下小流域开始产流产沙的时刻以及出现洪峰、沙峰的时刻各不相同，其中未经治理方案下的产汇流速度最快，其

表4-5 三种方案下径流输沙的计算与比较

方案名	径流量 ($\times 10^3 m^3$)	减水量 ($\times 10^3 m^3$)	减水百分比（%）	输沙量 (t)	减沙量 (t)	减沙百分比（%）
治理现状	311.6	—	—	1550.4	—	—
优化配置	257.7	53.9	17.3	1316.9	233.5	15.1
未经治理	387.5	−75.9	−24.4	2111.6	−561.2	−36.2

流量和输沙率的峰值也最大；治理现状方案次之；而优化配置方案的产汇流速度最慢，流量和输沙率的峰值也最小。出现以上现象的原因是由于小流域在经过治理或优化配置的过程中采用了减水减沙效益好的水土保持措施和土地利用方式，从而改变了地表的糙率、坡度减缓和增加了植被覆盖度等下垫面条件，导致汇流路径变长、径流流速变小，进而达到控制水土流失的目的。

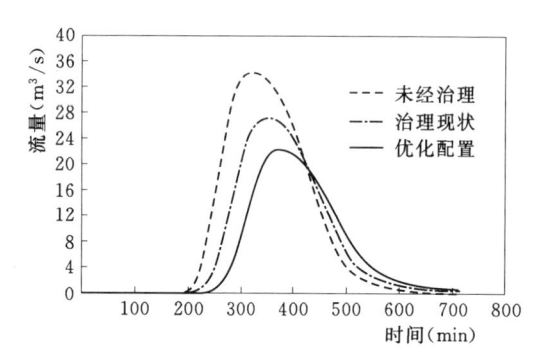

图4-13 各方案下流量计算过程

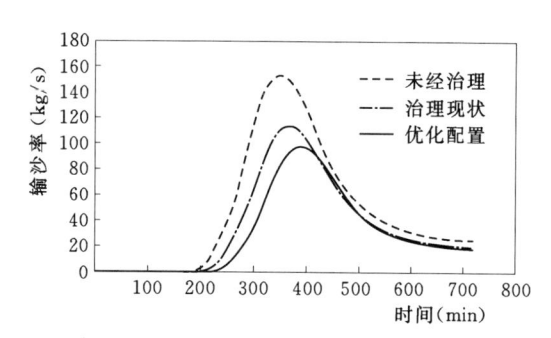

图4-14 各方案下输沙率计算过程

4.4 淤地坝子模型

淤地坝是淤地坝枢纽工程的习惯称呼，是挡水、放水、泄洪建筑物的总称。淤地坝工程建筑物中坝体、溢洪道、放水建筑物俗称淤地坝结构的"三大件"。

模型中将淤地坝概化为节点形式的网格单元，提取其"三大件"结构的信息，并根据此信息来确定淤地坝节点网格单元和坝上游淹没网格单元的计算模式。

4.4.1 "一大件"结构

"一大件"结构的淤地坝是指仅有坝体本身的淤地坝，俗称"闷葫芦坝"。此种结构的淤地坝对坝控流域面积的径流泥沙全拦全蓄，安全性差，但工程投资较小，一般适用于小荒沟或小支毛沟且无长流水的沟头治理上。此类淤地坝数量一般占流域内总淤地坝数量的比例最大。

当坝控流域内因降雨产生径流泥沙时，由于"一大件"结构的淤地坝（见示意图4-15）将来

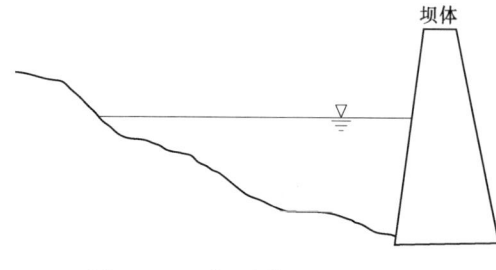

图4-15 "一大件"淤地坝示意图

4.4 淤地坝子模型

水来沙全拦全蓄，因此，对于淤地坝节点网格单元来说其排水量和排沙量均为零，即

$$Q=0; \quad G_s=0$$

式中：Q 为淤地坝节点网格单元的径流流量；G_s 为淤地坝节点网格单元的输沙率。

对于坝上游洪水位以下的淹没单元来说，因为拦截上游的泥沙而产生的淤积，其厚度的计算采用沿水下地形平铺的方式，即

$$\Delta h = \frac{\Delta V_s}{A}$$

式中：Δh 为坝上游洪水淹没网格单元的淤积厚度；ΔV_s 为坝控流域的输沙量体积；A 为全部淹没网格单元的面积。

4.4.2 "两大件"结构

"两大件"结构的淤地坝是指具有坝体加上放水建筑物（或坝体加上溢洪道结构，一般较少见）的淤地坝，此种结构的淤地坝对坝控流域面积的径流以滞蓄为主，对泥沙以拦淤为主。它具有较大的库容保证了其安全性较高，但工程投资较大，上游淹没损失也较多。

1. 坝体＋放水建筑物

"坝体＋放水建筑物"配置组成的"两大件"结构的淤地坝最为常见，其示意图见图 4－16。

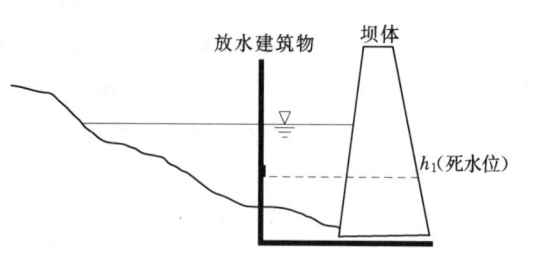

图 4－16 "两大件"淤地坝（坝体＋放水建筑物）示意图

坝控流域内因降雨产生径流泥沙时，当坝上游洪水位低于放水建筑物（一般为竖井或卧管）的底孔高程（即淤地坝的死水位，图 4－16 中以 h_1 标注）时，其来水来沙被全拦全蓄；当洪水位高于放水建筑物的底孔高程时，其来水经由放水建筑物排至下游，而泥沙则沉积在坝内。

因此，对于淤地坝节点网格单元：

如果 $h < h_1$：

$$Q=0; \quad G_s=0$$

如果 $h \geqslant h_1$：

$$Q=Q_\text{放}; \quad G_s=0$$

式中：Q 为淤地坝节点网格单元的径流流量；G_s 为淤地坝节点网格单元的输沙率；$Q_\text{放}$ 为放水建筑物的流量；h 为洪水水位，h_1 为放水建筑物底孔高程（死水位）。

对于坝上游洪水位以下的淹没单元，泥沙淤积厚度仍采用沿水下地形平铺的方式，即

$$\Delta h = \frac{\Delta V_s}{A}$$

式中：Δh 为坝上游洪水淹没网格单元的淤积厚度；ΔV_s 为坝控流域的输沙量体积；A 为全部淹没网格单元的面积。

2. 坝体+溢洪道

坝体+溢洪道配置组成的"两大件"结构的淤地坝其示意图见图4-17。

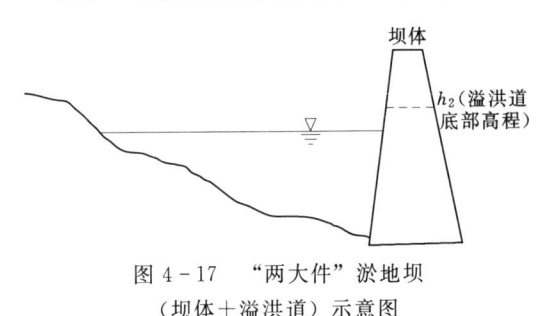

坝控流域内因降雨产生径流泥沙时，当坝上游洪水位低于溢洪道的底部高程（图4-17中以h_2标注）时，其来水来沙被全拦全蓄；当洪水位高于溢洪道的底部高程时，其来水来沙经由溢洪道排至下游。

图4-17 "两大件"淤地坝（坝体+溢洪道）示意图

因此，对于淤地坝节点网格单元：

如果 $h < h_2$：

$$Q=0; \quad G_s=0$$

如果 $h \geq h_2$：

$$Q=Q_溢; \quad G_s=G_{s溢}$$

式中：Q为淤地坝节点网格单元的径流流量；G_s为淤地坝节点网格单元的输沙率；$G_{s溢}$为溢洪道的输沙率；$Q_溢$为溢洪道的流量；h为洪水水位，h_2为溢洪道底部高程。

对于坝上游洪水位以下的淹没单元：

如果 $h < h_2$：

$$\Delta h = \frac{\Delta V_s}{A}$$

如果 $h \geq h_2$：

$$\Delta h = \frac{\Delta V_s - \Delta V_{s溢}}{A}$$

式中：Δh为坝上游洪水淹没网格单元的淤积厚度；ΔV_s为坝控流域的输沙量体积；A为全部淹没网格单元的面积；$\Delta V_{s溢}$为溢洪道的排沙量体积。

4.4.3 "三大件"结构

"三大件"结构的淤地坝是指具有坝体、放水建筑物和溢洪道的淤地坝，此种结构的淤地坝多为流域内的骨干坝，其作用是"上拦下保"，即拦截上游洪水，保护中小型淤地坝安全运行，提高小流域沟道坝系工程防洪标准。此种淤地坝安全性高，但工程投资大，数量一般占流域内总淤地坝数量的比例最小。"坝体+放水建筑物+溢洪道"配置组成的"三大件"结构齐全的淤地坝示意图见图4-18。

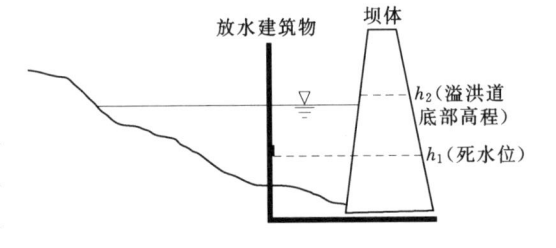

图4-18 "三大件"淤地坝示意图

坝控流域内因降雨产生径流泥沙时，当坝上游洪水位低于放水建筑物的底孔高程h_1时，其来水来沙被全拦全蓄；当洪水位介于放水建筑物的底孔高程和溢洪道的底部高程时，其来水经由放水建筑物排至下游，而泥沙沉积坝内；当洪水位高于溢洪道的底部高程

4.4 淤地坝子模型

时，其来水经由放水建筑物和溢洪道一起排至下游，来沙则仅经由溢洪道排至下游。

因此，对于淤地坝节点网格单元：

如果 $h<h_1$：

$$Q=0; \quad G_s=0$$

如果 $h_1 \leqslant h \leqslant h_2$：

$$Q=Q_{放}; \quad G_s=0$$

如果 $h>h_2$：

$$Q=Q_{放}+Q_{溢}; \quad G_s=G_{s溢}$$

式中：Q 为淤地坝节点网格单元的径流流量；G_s 为淤地坝节点网格单元的输沙率；$G_{s溢}$ 为溢洪道的输沙率；$Q_{放}$ 为放水建筑物的流量；$Q_{溢}$ 为溢洪道的流量；h 为洪水水位；h_1 为放水建筑物底孔高程（死水位）；h_2 为溢洪道底部高程。

对于坝上游洪水位以下的淹没单元：

如果 $h \leqslant h_2$：

$$\Delta h = \frac{\Delta V_s}{A}$$

如果 $h>h_2$：

$$\Delta h = \frac{\Delta V_s - \Delta V_{s溢}}{A}$$

式中：Δh 为坝上游洪水淹没网格单元的淤积厚度；ΔV_s 为坝控流域的输沙量体积；A 为全部淹没网格单元的面积；$\Delta V_{s溢}$ 为溢洪道的排沙量体积。

第5章 小流域侵蚀产沙特征示踪研究

5.1 流域泥沙来源示踪研究技术原理

采用^{137}Cs示踪法研究沟道降雨产沙来源,在当研究区某一土壤剖面^{137}Cs的浓度低于或高于研究的^{137}Cs背景值,则表明该土壤剖面所在位置有侵蚀和沉积发生,根据^{137}Cs的流失量或沉积量来定性分析或定量估算该处的土壤流失量或沉积量。因此,本研究选取典型流域和该流域典型淤地坝,通过测量坝控流域内坡面土壤剖面和坝地淤积层土壤剖面中的^{137}Cs浓度,来推测、分析和计算坝地淤积的泥沙来源和侵蚀量。

5.1.1 典型淤地坝的选取

为消除来水来沙条件不一致而导致的淤积信息资料复杂化,本次典型淤地坝的选取遵循以下原则:

(1) 考虑工作量大小和^{137}Cs示踪研究的需要,所选择的典型坝所在小流域面积不能太大,又要有代表性,尽可能包含各种地貌类型、土地利用类型,并有该小流域或附近以往常规的研究资料。

(2) 选择的典型淤地坝应位于支沟的沟头,没有区间入流,也没有任何泄洪措施,这样所研究淤积层上的泥沙来源就是降雨径流冲刷的该坝控流域内坡耕地、牧荒坡及沟谷、陡崖等不同土地利用类型的土壤。

(3) 选取有一定淤积年限的淤地坝,以避免由于淤积年限太短,淤积层少,在统计分析时样本容量太少的现象,而影响其代表性、典型性。

(4) 选取已经水毁的坝(部分拉裂或者全部垮掉)。黄土高原地区的淤地坝大都经过长时间的淤积,其淤积厚度较厚(最厚可达数十米),剖面开挖、土样采集的工作量相当大,为此选取水毁垮掉的坝,在其垮掉或者拉裂的断面上进行剖面的分析和调查取样工作,以减少工作量。

根据以上选坝原则,通过对研究区实验流域淤地坝系的勘察,确定本研究的对象为马家沟试验流域张家畔九沟坝、韭园沟试验流域关地沟3号和4号坝以及石畔峁坝。

张家畔九沟坝位于九沟沟头,修建于20世纪70年代末期,坝体已被冲毁,在坝地内形成了一个陷坑,坝地淤积泥沙来源的周边坡面简单,坡地土地利用类型包括坡耕地、灌木林地、草地及牧荒地,见图5-1。

通过对韭园沟内王茂沟流域淤地坝的全面调查和分析,选取王茂沟流域关地沟4号坝(位于沟头,1959年建,1987年冲毁,2006年修复加高)、3号坝(4号坝下游,1959年建,1987年冲毁,2005修复加高)作为研究对象(见图5-2和图5-3)。图5-4为在石畔峁坝调研现场所拍摄到的淤地坝的淤积层图。

5.1 流域泥沙来源示踪研究技术原理

图 5-1 张家畔九沟典型淤地坝泥沙淤积层样品提取

图 5-2 关地沟 4 号坝现状图

图 5-3 关地沟 3 号坝现状图

图 5-4　石畔峁淤地坝现场淤积层图

5.1.2　坡地及淤积层土样选取及其干容重测定

坡地土壤样品的选取以土地利用类型为划分依据，将坝地淤泥来源的坡地按坡向划分，每一坡向的坡面根据地貌部位分为三部分即峁顶、峁坡和沟坡，然后针对每一地貌部分的土地利用类型分别取 3 个重复样，每一重复样取 0～10cm、10～20cm、20～30cm、30～40cm 的土壤样品各 1 袋（约 500g）并做好标记。

在采集坝地土壤样品时，由于落淤在坝地下游的淤积物主要以黄土、胶泥、沙土为多，一场暴雨洪水中的淤积物有泥也有沙，因此，在挖取剖面分层量取淤积层厚度以及采取土样时应将相邻的泥和沙划为一层，而且每一层应该遵循淤泥在上、沙在下的原则。对于只有一层淤泥而沙层有多层的情况，则将泥层和紧靠该泥层的那层沙认为是同一层。样品的采集采用地形剖面法，土样为各分层土样，即按照以上选坝原则与淤积层的划分标准，将坝体的水毁残留断面挖成之字形台阶状，以便于土样采取和层高测量。

为准确的求取淤积泥沙量，需要测定淤积泥沙的干容重。干容重测定采用环刀法。在采样时，必须考虑到沙粒沉积的先后顺序，并且保证每个淤积层上的所有深度土样都被采集到，在用环刀垂直剖面取土样时，沿深度方向逐步取土，沿横向方向取样 3 次，取 3 次的平均值作为该断面该层的干容重。

5.1.3　淤地坝淤积信息观测与分析

利用 GPS 对观测流域分水岭线和坝控坝地与周围坡脚交汇线进行定位绘制，同时根据收集到的典型淤地坝的资料，在 1∶10000 地形图上，沿着分水岭绘出每座坝的控制范围，根据绘制的土地利用状况面积图，量出每座坝控制面积内各种土地利用类型的面积，求出库容曲线。根据建立的库容曲线方程，利用实地测到的每个淤积层的淤积厚度值，内插求出每个淤积层对应的泥沙淤积量。

本研究中对张家畔九沟淤地坝淤积层共提取了50层的土样。首先根据50层土样厚度和淤积信息以及收集到的当地近40年的降雨过程资料，初步分析淤积信息与侵蚀性降雨的响应关系。

受树木年轮水文学基本原理与交叉定年的启示，淤地坝坝地每一层淤积泥沙量是与一次侵蚀性降雨相对应的。对于黄土高原地区，流域的产沙量绝大多数是由年内几场大暴雨形成的（李占斌，1996、1997、2001），而且一般都是洪峰和沙峰同步，较大的流量对应较大的沙量，因此在淤地坝中反映的是降雨量较大的次降雨对应的淤积泥沙量也大。这样就可以根据坝地层淤积量与相应年相应站的降雨资料来反演其淤积过程，分析其淤积过程。

为了保证降雨时间序列和淤积层时间序列的一致性，在对应过程中，根据大雨对大沙的原则，先将淤积量大的淤积层和降雨指标（包括最大30min降雨强度、次降雨量、次平均降雨强度、降雨侵蚀力等各项指标）均较大的降雨场次相对应，作为淤积剖面与降雨进行对应的控制降雨场次，如果这两个控制沙层之间的淤积层个数较少，则在这两场大降雨之间按照淤积层的个数，将其中所有场次的降雨按所选定的四个指标，按照大小进行筛选，筛选出和这两场降雨所对应淤积层之间所夹的淤积层个数相等的降雨场数，按时间先后顺序与淤积的先后顺序将筛选出的降雨和淤积层数一一对应，并剔除明显不产流不产沙的降雨场次。如果两个控制淤积层之间还包含有较多的淤积沙层，则再在两个控制淤积沙层之间寻找较大的淤积沙层，将该淤积层所对应的大指标的场降雨相对应，然后将这场较大降雨作为淤积剖面与降雨场次对应的次控制降雨场次，将这一段分为两段进行对应，按照第一种情况一一进行对应。依此类推，用同样的方法对整个淤积剖面上所有淤积层次与次降雨的关系进行一一对应。对应过程示意图如图5-5所示，先在淤积系列中找出泥沙淤积量较大的淤积层A、B、C作为控制性淤积层，以其所对应的较大次降雨A、B、C作为控制性降雨，再在AB之间寻找和三层淤积量对应的较大的三场降雨，则A、B段之间的对应完成；而AC之间由于淤积层相对较多；为了保证对应的准确性，选取淤积量较多的D层作为次控制性淤积层，与其对应的次降雨D作为次控制性降雨，在AD和CD之间分别按照AB段方法进行依次对应。

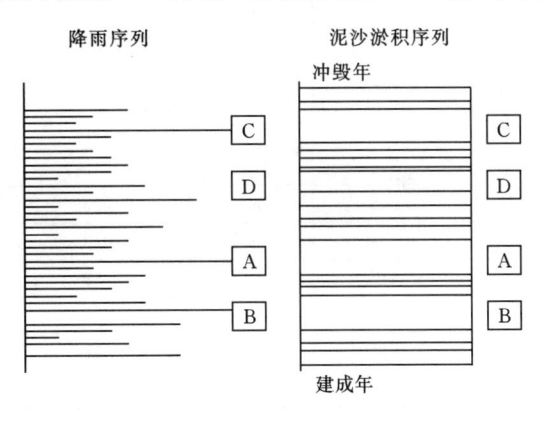

图5-5 泥沙淤积量与降雨对应示意图
（图中左侧线段长短代表侵蚀性降雨综合性指标的大小，右侧矩形面积大小代表淤积泥沙量的大小）

5.1.4 典型坝淤积信息与侵蚀性降雨响应关系

根据淤地坝淤积信息和降雨资料响应关系思路，对石畔峁坝的淤积信息和降雨资料进行逐一对应。

对每个淤积层的泥沙淤积量和次降雨特性[包括最大 30min 降雨强度、次降雨量、次平均降雨强度、最大 30min 降雨强度和次降雨量的乘积（降雨侵蚀力）各项指标]进行回归分析得知，泥沙淤积量和四个指标中降雨侵蚀力、最大 30min 降雨强度、场降雨量的相关性较好（见图 5-6 和图 5-7）。据此建立每场降雨的最大 30min 降雨强度和相应淤积层淤积泥沙量的对应关系函数方程、降雨侵蚀力和泥沙淤积量的对应关系函数方程，并根据建立的函数方程，预测了石畔峁坝各淤积层的泥沙淤积量（图 5-8）。

表 5-1 石畔峁坝淤积层与降雨的对应结果

淤积年份	最大 30min 降雨强度 I_{30} (mm/min)	降雨总量 P (mm)	平均降雨强度 I (mm/min)	降雨侵蚀力 PI_{30} (mm²/min)	淤积泥沙量 (t)	淤积层厚度 (m)	淤积层数
1972	0.218	84.9	0.048	18.537	236.742	0.21	1
1973	0.627	41.5	0.048	26.022	814.286	0.82	2
1973	0.458	29.2	0.167	13.383	129.518	0.13	3
1974	0.331	29.2	0.105	9.606	210.834	0.22	4
1974	0.455	77.1	0.232	35.059	438.824	0.52	5
1975	0.400	18.6	0.067	7.440	107.910	0.1	6
1976	0.333	18.4	0.096	6.133	51.225	0.06	7
1976	0.284	14.6	0.061	4.152	51.492	0.06	8
1976	0.396	18.7	0.129	7.400	63.511	0.07	9
1977	0.342	25.2	0.059	8.610	24.819	0.03	10
1977	0.197	56.8	0.051	11.171	101.106	0.12	11
1977	0.610	82.2	0.087	50.142	518.000	0.45	12
1977	0.534	27.2	0.245	14.526	319.569	0.4	13
1977	0.298	18.7	0.023	5.569	111.074	0.14	14
1978	0.554	15.6	0.013	8.636	184.101	0.23	15
1978	0.347	98.2	0.132	34.043	116.637	0.14	16
1978	0.714	40.6	0.217	29.000	471.559	0.67	17
1978	0.444	42.7	0.097	18.948	436.437	0.63	18
1978	0.335	51.2	0.098	17.152	180.954	0.25	19
1979	0.447	31.3	0.079	13.998	185.710	0.24	20
1979	0.328	18.3	0.039	6.007	80.213	0.11	21

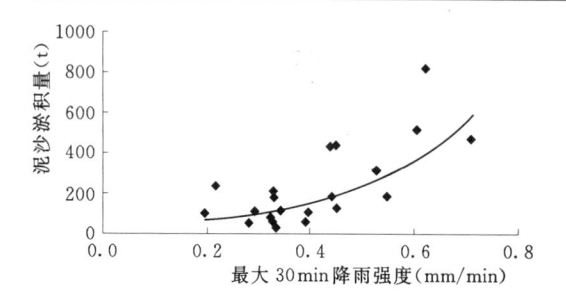

图 5-6 石畔峁坝淤积泥沙量与最大 30min 降雨强度关系

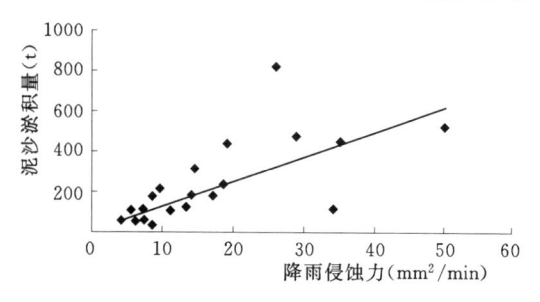

图 5-7 石畔峁坝淤积泥沙量与降雨侵蚀力关系

5.1 流域泥沙来源示踪研究技术原理

拟合的淤积泥沙量与最大 30min 降雨强度的相关方程为：

$$y = 27.288 e^{4.3127x} \quad (r = 0.652) \tag{5-1}$$

式中：y 为淤积泥沙量，t；x 为 30min 最大雨强，mm^2/min。

拟合的淤积泥沙量与降雨侵蚀力的相关方程为：

$$y = 12.83 x^{0.9849} \quad (r = 0.758) \tag{5-2}$$

式中：y 为淤积泥沙量，t；x 为降雨侵蚀力，mm^2/min。

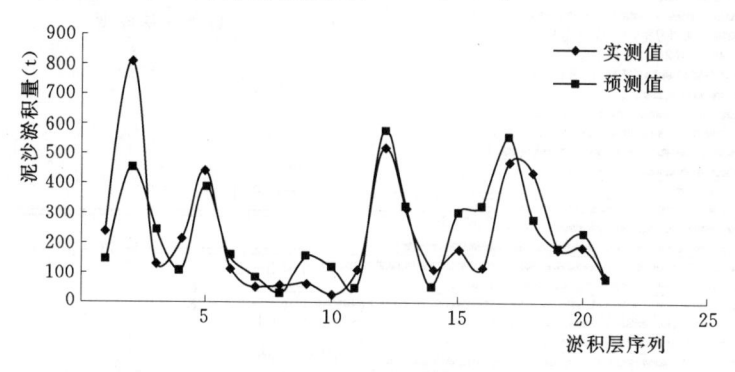

图 5-8 石畔峁坝泥沙淤积实测值和预测值的比较

5.1.5 淤积信息的剖面分布规律

通过对坝地淤积层地分析，揭示了王茂沟流域关地沟 3 号、4 号淤地坝坝地沉积旋回各层淤积物的颗粒级配特征及 ^{137}Cs 分布规律（见图 5-9 和图 5-10）。通过分析试验得出：3 号、4 号淤地坝坝地淤积物的粒径主要分布在 0.005～0.1mm 之间，而且 3 号、4 号淤地坝的淤积物中土壤颗粒的级配不良，淤积物颗粒组成沿坝地剖面深度没有明显的变化；3 号、4 号淤地坝坝地沉积旋回层淤积物中 ^{137}Cs 含量在坝地淤积层剖面中有着极其相似的分布规律，说明了 ^{137}Cs 技术记录特定环境历史事件的可行性。

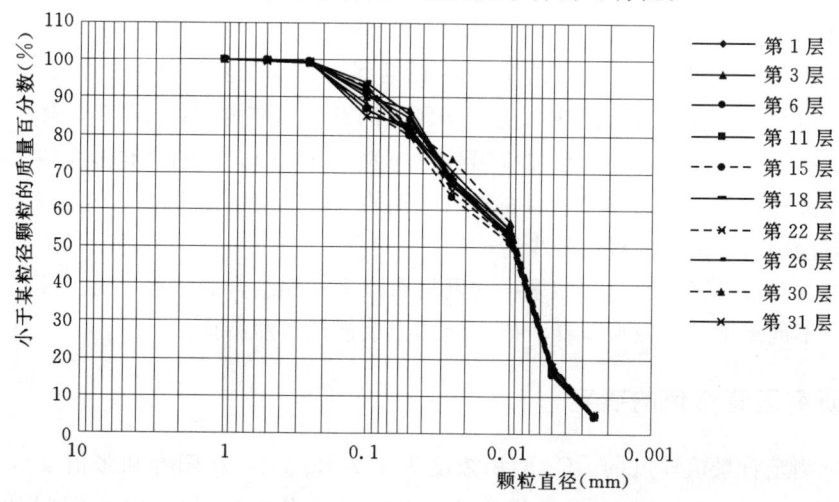

图 5-9 关地沟 3 号坝粒配曲线

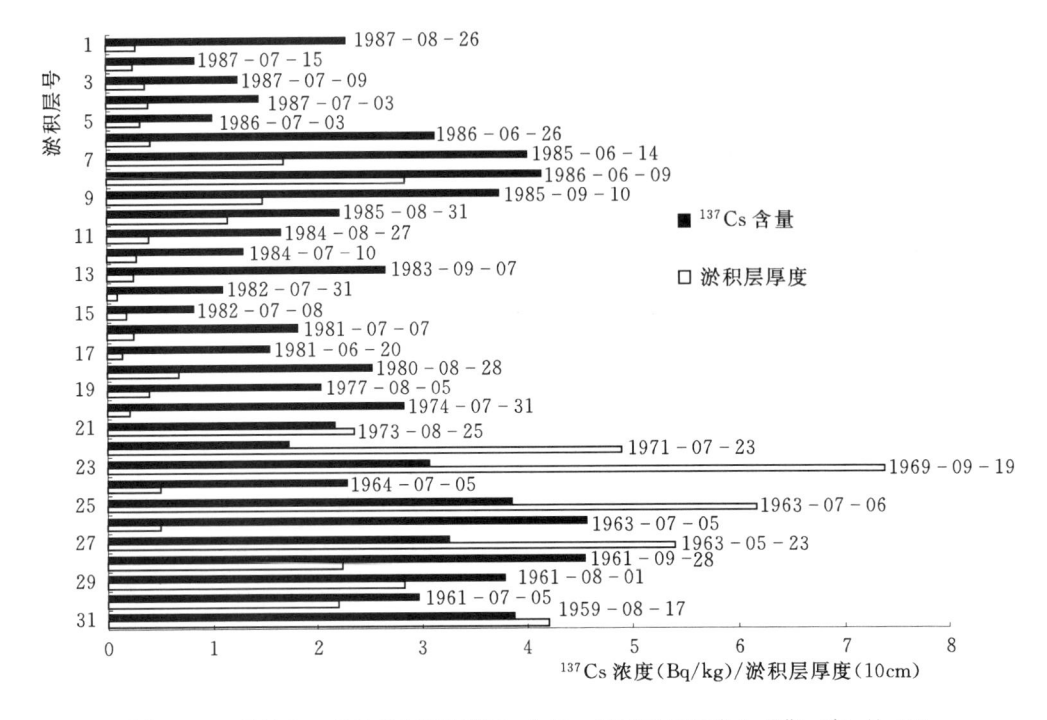

图 5-10　关地沟 3 号坝各沉积层^{137}Cs 含量、厚度及沉积发生日期（年-月-日）

5.2　流域侵蚀产沙特征示踪分析

在研究小流域不同地貌部位、不同土地利用方式的土壤侵蚀和沉积空间分布特征时，传统方法难以提供较为全面、准确和完善的科学信息。径流小区虽被广泛应用，但其研究结果难以推广到更大的流域空间尺度；河流泥沙及水文法虽可准确测定流域侵蚀量，但难以确定流域内各地貌单元对流域产沙量的贡献大小。而^{137}Cs 示踪方法可以通过测定流域内不同地貌部位、不同土地利用方式下^{137}Cs 的含量，进而推算出其相应的土壤侵蚀和沉积速率，从而解决传统方法所无法解决的问题。因此，多年来^{137}Cs 示踪技术在土壤侵蚀研究方面发挥了重要作用，也是目前应用最广泛的技术。但以往的研究多应用于坡面的侵蚀速率及侵蚀空间分布特征方面，而在较大面积的流域，使用该方法研究流域内不同地貌部位与流域侵蚀产沙关系的报道较少。

利用核素示踪技术，通过典型采样和网格布点采样相结合的方法，对王茂沟流域不同地貌部位、不同土地利用类型采样，研究流域土壤侵蚀产沙特征。

5.2.1　研究区背景值的确定

经分析测定背景值样点的^{137}Cs 面积浓度为 1528Bq/m^2。汪阳春和张信宝（1991）在绥德采样得出该地区的^{137}Cs 背景值为 1739Bq/m^2，考虑到^{137}Cs 在此期间的衰变量，1528Bq/m^{2}与目前的实际背景值是非常接近的，可以作为研究区的背景值。

5.2.2 流域不同地貌部位侵蚀产沙来源示踪分析

5.2.2.1 坡地土壤侵蚀的分异特征

坡地是构成黄土高原丘陵沟壑区地貌的基本单元之一，是研究黄土高原水土流失规律、反映黄土高原土壤侵蚀强度的主要形态学参数。坡地土壤侵蚀直接导致土壤肥力的流失、土地生产力的下降，流失的泥沙进入黄河河道后又因泥沙沉积造成河床抬高、泄洪不畅，直接威胁到黄河中下游堤防和广大人民群众生命财产的安全。黄土丘陵沟壑区坡地面积广，坡地侵蚀是整个黄土丘陵沟壑区土壤侵蚀的重要方式之一，也是该地区侵蚀泥沙的主要源地。坡地将土壤侵蚀的各种内外营力（如水力、重力和风力）的能量进行了再分配，使土壤侵蚀的方式和程度发生了空间分异。所以，研究坡地的土壤侵蚀对进一步探讨该流域坡地土壤侵蚀状况和规律，研究小流域土壤侵蚀空间分布特征均有重要意义。

影响坡地土壤侵蚀强度的因素很多，但主要的、基本的因素是地形条件。地形是构成自然环境的基本要素，它既是影响水土流失的重要因素，其本身又是侵蚀在不断发展过程中塑造出的产物。因此，地形和土壤侵蚀强度之间存在着相互促进相互影响的复杂关系。通过研究地形因素对水土流失的影响，不但在理论上可以揭示坡地土壤侵蚀发生、发展过程及其形成机制，而且在实践上可为有效地进行坡地水土流失的治理和水土保持措施的优化配置提供科学依据。

以前对规则径流小区上水土流失与地形的关系研究较多，但黄土高原地形变化多样，规则的直形坡很少，绝大多数坡面是不规则的，坡长不一样，坡度也不均匀，用已有的短坡长坡面水土流失与坡度、坡长的统计模型不宜直接用于评价野外自然坡面的土壤流失程度，另外坡向与土壤侵蚀的关系的研究也很少。

地形因素与水土保持措施布置的关系，是坡地土壤侵蚀规律试验研究的一个主要内容，多年来一直受到许多学者的重视。为探索黄土丘陵沟壑区坡面土壤侵蚀规律，并对影响土壤侵蚀的地形因子进行定量评价，基于王茂沟流域的五条自然坡面，结合 ^{137}Cs 示踪模型，对地形因素与土壤侵蚀强度的关系进行研究，阐明流域坡面土壤侵蚀强度的空间分异情况。本研究着重分析地形因素中坡长、坡度和坡向这三个因子对坡面土壤侵蚀强度的影响。

5.2.2.2 坡面土壤侵蚀强度随坡长的变化特征

坡长对水土流失的影响由于涉及降雨在坡面的再分配，即受到沿坡面上下各部位发生的径流量不相等的影响，因而使得这一问题变得更为复杂。

根据五条坡面各坡位的 ^{137}Cs 含量，计算了各坡面、从坡顶到坡底各坡位的 ^{137}Cs 流失量、土壤侵蚀强度，详见表 5-2。

表 5-2　　　　　不同坡位 ^{137}Cs 流失量与土壤侵蚀强度

坡面编号	样点距坡顶距离（m）	地面平均坡度	^{137}Cs 流失量（Bq/m²）	土壤侵蚀强度 [t/(km²·a)]
南坡	4	25	1359	11776
	24		707	3396
	44		992	5687
	64		547	2433
	84		1065	6471

续表

坡面编号	样点距坡顶距离（m）	地面平均坡度	^{137}Cs 流失量（Bq/m²）	土壤侵蚀强度 [t/（km²·a）]
北坡	1	29	1108	7104
	11		1178	8135
	21		1031	6451
	28		808	4114
东坡	4	11	1368	12781
	14		1307	10799
	24		1252	9496
	34		1378	13192
	44		1295	10490
西坡	4	16	1384	13465
	14		1346	11979
	24		1366	12711
	34		1360	12460
	44		1315	11025
短坡	10	17	445	6683
	20		968	2506
	30		1212	1288
	40		686	4362

五条坡面^{137}Cs流失量、土壤侵蚀强度沿坡面随坡长增加均呈波动变化趋势（图5-11），这种情况是径流侵蚀和犁耕作用共同作用的结果。短坡长坡面在10m左右侵蚀强烈；坡中部侵蚀较弱，这可能是径流泥沙渐趋饱和，径流侵蚀力减弱的缘故；坡底部侵蚀又开始增强，可能是径流汇集、径流侵蚀力开始增强的原因。长坡坡面^{137}Cs流失量、侵蚀强度波动性变化更为明显[图5-11（a）]，这与许多学者的研究相符（汪阳春，1991；武春龙，1997；李勇，2000；王晓燕，2003）。波动性一方面可能与犁耕侵蚀作用有关，另一方面可能与径流侵蚀力的波动有关，再一方面也可能与降雨类型有关。

总的看来，坡面上部和下部侵蚀量较大，中部次之。分析认为，造成坡面上坡位土壤侵蚀这种空间差异的原因是：在水蚀情况下，在一定坡长范围内，随着从上坡到下坡径流水深的逐渐增加，径流侵蚀能力呈波动式增加趋势，国内外一些学者的研究结论也都说明了这种趋势的存在（Zingg，1940；牟金泽，1980；华绍祖，1982；陈永宗，1988；武春龙，1997）。尤其是陈永宗（陈永宗，1988）等研究认为，对于较大降雨，如$I_{30} \geqslant$ 0.25mm的降雨，一般在小于100m的坡长上，径流量、侵蚀量均较大，因而坡面下部侵蚀程度较重。坡上部侵蚀强度最大，可能是上部来水的作用造成的。因此，重视坡面上方来水量对加剧坡面侵蚀的作用，采取人为截断坡面或者缩短坡长等方法，对于防治并减轻坡面水土流失程度有积极意义。

5.2.2.3 坡面土壤侵蚀随坡度的变化特征

坡度是坡面土壤侵蚀中影响最大的地形因素。关于坡度与坡面土壤侵蚀的关系，国内外作了大量研究，表明在土壤侵蚀临界坡度内，侵蚀量随坡度的增加而增加。在研究坡度

5.2 流域侵蚀产沙特征示踪分析

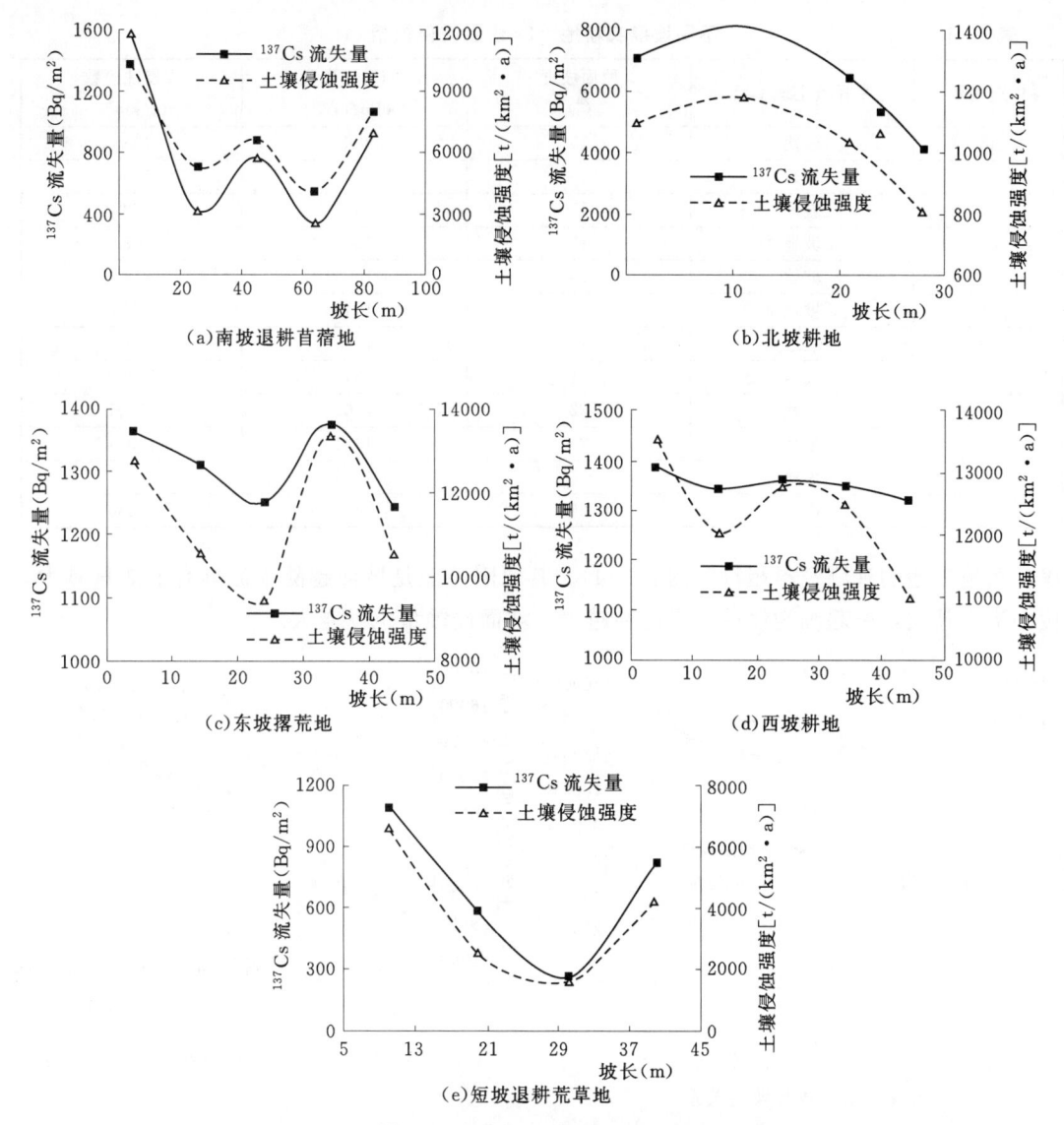

图 5-11 ^{137}Cs 流失量与土壤侵蚀强度沿坡长分布图

与土壤侵蚀关系方面，^{137}Cs 示踪技术也发挥了很大作用，比如，张信宝等（张信宝，1988）在研究黄土高原羊道沟时发现，在农耕地中，^{137}Cs 流失量为 20°坡＞10°坡＞0°坡；汪阳春等（1991）认为黄土高原峁坡坡面侵蚀，^{137}Cs 随坡度的变化比较复杂，由上而下，有的呈逐渐减少的趋势，有的呈逐渐减少后突然增加的趋势，说明坡面 ^{137}Cs 流失量与坡度关系密切。

据研究，王茂沟小流域坡地土壤 ^{137}Cs 流失量随着坡度增大（表 5-3），土壤 ^{137}Cs 流失量增大，土壤侵蚀模数随之增大（图 5-12）。

在 15°～26°范围内，利用 SPSS 对土壤侵蚀模数和坡度关系回归分析可知土壤侵蚀模数与坡度呈指数相关（图 5-13），$R^2=0.9236$，校验 $F=105.042$，土壤侵蚀模数与坡度的指数相关关系极显著。这与赵纯勇（1994）、刘善建（1953）等的研究及四川遂宁、宜

表 5-3　　　　　　　　　　不同坡度农耕地 ^{137}Cs 含量与侵蚀量

样点编号	采样点土地单元	地面坡度(°)	^{137}Cs 流失量(Bq/m^2)	年侵蚀模数(t/km^2)
15	坡地	15	905	4635
24	坡地	16	974	5256
8	坡地	17	1002	5527
42	坡地	17	1046	5983
12	坡地	18	1065	6186
18	坡地	19	1246	8762
29	坡地	19	1285	9515
33	坡地	21	1349	11093
26	坡地	22	1368	11651
5	坡地	23	1381	12074
37	坡地	25	1403	12909
45	坡地	26	1432	14230

汉、岳池三地的观测资料相符（图 5-14）。其原因可能是坡面越陡水流具有的能量越大，侵蚀潜力越大，引起细沟侵蚀的可能性越大，坡面侵蚀量也就越大。

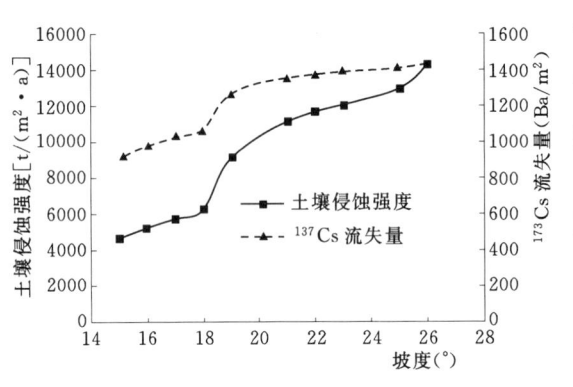

图 5-12　坡耕地土壤 ^{137}Cs 流失量、土壤侵蚀模数与坡度关系

图 5-13　坡耕地土壤侵蚀模数与坡度的关系

$y = 1005.1 e^{0.1064x}$
$R^2 = 0.9236$

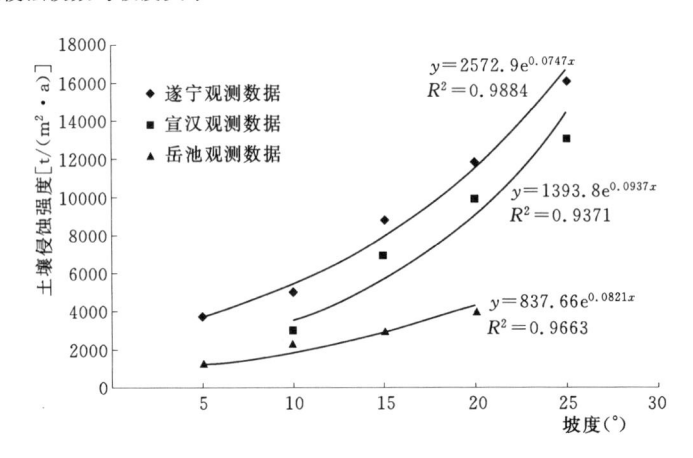

$y = 2572.9 e^{0.0747x}$
$R^2 = 0.9884$

$y = 1393.8 e^{0.0937x}$
$R^2 = 0.9371$

$y = 837.66 e^{0.0821x}$
$R^2 = 0.9663$

图 5-14　四川遂宁、宣汉、岳池土壤侵蚀模数与坡度关系

地形因素中，坡度通常是影响侵蚀的最重要的因子，前面分析了坡度与土壤侵蚀量的定量关系式，但土壤侵蚀强度往往是由坡度、坡长的协同作用决定的。根据上述研究，土壤侵蚀与坡度呈指数相关，而随坡长呈波动变化，由此可见，坡度对土壤侵蚀的影响程度远远大于坡长，这一研究结果与郑粉莉（2000）、周维芝（1996）的研究结果相符。

5.2.2.4 坡向与土壤侵蚀的关系

在黄土高原地区，不仅不同地貌部位侵蚀量、侵蚀方式有差别，就是同一丘陵因为所处坡向不同，其土壤侵蚀的差异也很显著。在土壤侵蚀研究中，坡向不同的坡面土壤侵蚀特征研究非常有限。坡向对侵蚀的影响，首先表现在阳坡与阴坡的水分及热量条件不同，同时也和降雨时的风向有关。在黄土高原丘陵沟壑区，地面高差不大，显然不会形成地形雨，降雨量也不会随高度而变化，但由于各坡向下垫面热力状况不同，蒸发量在东、西、南、北坡具有明显差异，因而影响到土壤水分变化及植被盖度，并进而影响到侵蚀状况的差异。在黄土高原地区，水分是植被生长的制约条件，只要水分条件达到了植被生长发育的需求，植被生长就很茂盛。调查表明，虽然阳坡的光热条件比阴坡好，但其水分条件不如阴坡，故阴坡的植被普遍比阳坡好。据绥德水保站测定（李孝地，1988），阴坡农地有机质含量、全氮量、团粒结构均比阳坡高，土层比阳坡农地厚5~10cm。阳坡由于侵蚀程度较重，营养元素含量少，粗粒径土壤较多。因此，研究坡向和土壤侵蚀强度关系有助于该区域坡面各坡向土地资源的合理开发利用和水土保持治理措施的合理配置。

在研究了王茂沟某丘陵四个坡向、坡位的土壤剖面中^{137}Cs含量的情况下，对其各自的土壤侵蚀强度进行了计算，采样点概况及土壤侵蚀强度见表5-4。

表5-4　　　　　　　　不同坡向坡面平均^{137}Cs流失量与土壤侵蚀量

坡　向	采样点土地单元	地面平均坡度 （°）	^{137}Cs流失量 （Bq/m^2）	土壤侵蚀模数 [t/(km^2·a)]
南坡	退耕苜蓿地	25	1008	5953
北坡	坡耕地	29	1056	6450
东坡	撂荒地	11	1320	11162
西坡	坡耕地	16	1354	12364

根据各坡向坡面上土壤采样点^{137}Cs流失量的算术平均值，可以大致得出各坡向坡面^{137}Cs流失量的多少（表5-4），按大小依次是西坡＞东坡＞北坡＞南坡，流失百分比分别是91％、88％、71％、67％。各坡向坡面土壤侵蚀强度的算术平均与^{137}Cs流失量算术平均值一致。东、西坡土壤侵蚀强度远大于北坡和南坡，北坡平均^{137}Cs流失量也比南坡多5％，平均侵蚀速率比南坡多8.5％，这种差异与黄土高原丘陵沟壑区的其他研究刚好相反。分析认为，这可能与坡面所处的位置有关。首先，丘陵峁顶面积较大，汇流面积也大，峁顶汇流后沿东西坡面分流而下，造成东、西坡向坡面上方来水量较大，这在很大程度上也造成了坡面侵蚀强度的增加，因而^{137}Cs流失率高、土壤侵蚀强度大，可见坡面上方来水对坡面土壤侵蚀影响巨大；再加上东坡又为坡度较小的撂荒地，所以东坡的^{137}Cs流失率和土壤侵蚀强度略低于西坡的坡耕地。其次南北坡向坡面上部有坎，和峁顶有隔断，故南北坡向坡面没有上方来水，所以虽然南北坡面坡度较大，但^{137}Cs流失率、土壤

侵蚀强度均显著低于东西坡面；再者，虽然南坡的光热条件比北坡好，但水分条件不如北坡，另外南坡为退耕还草多年的苜蓿地，故而北坡^{137}Cs流失率和土壤侵蚀强度略高于南坡的农耕地，这也说明植被对减轻土壤侵蚀的明显作用和退耕还草的重要性、迫切性。

因此，应将峁顶平整为梯田或退耕还草，可增加对降雨的截留量和提高土壤的入渗率，从而相应地减少了峁顶的产流量，减少因峁顶汇流加剧峁坡的土壤侵蚀；对坡面农耕地因尽快退耕还草，减少坡面土壤侵蚀，促进生态环境的修复与重建。

5.2.2.5 小流域峁顶土壤侵蚀分异特征

黄土高原黄土丘陵沟壑区丘陵顶部的主要地貌形态为圆状峁顶，峁顶部分为荒草覆盖，部分被开垦为农地，部分为农地退耕。通过对几处峁顶土壤剖面中^{137}Cs流失量的分析发现，开垦为农地的峁顶，其^{137}Cs流失量明显高于开垦为农地已退耕多年的峁顶，其土壤侵蚀模数为后者1.54倍；开垦为农地已退耕多年的峁顶，其^{137}Cs流失量又明显高于荒草覆盖的峁顶，其土壤侵蚀模数为后者1.5倍（图5-15）。说明峁顶草地被开垦为农耕地后，侵蚀量会成倍增加，因此，从流域综合治理的要求出发，必须将现有的峁顶全部退耕还林还草或平整为梯田。

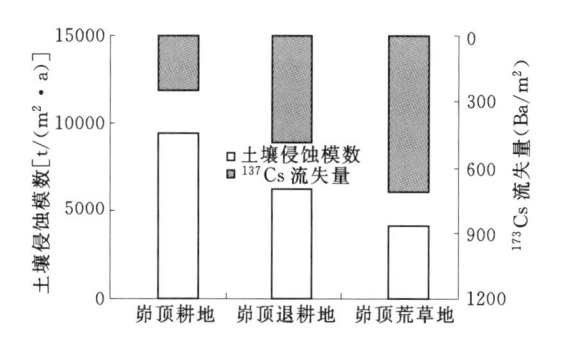

图5-15 峁顶耕地、退耕荒地及荒草地^{137}Cs含量与侵蚀量的比较

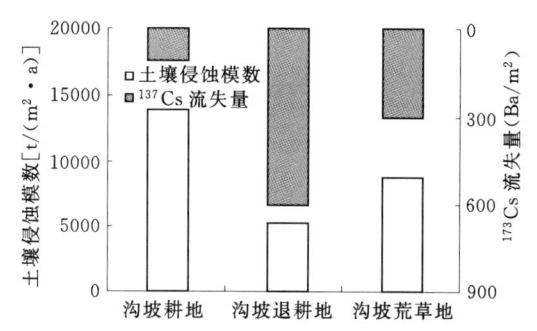

图5-16 沟坡耕地、退耕荒地及荒草地^{137}Cs含量与侵蚀量的比较

5.2.2.6 小流域沟坡土壤侵蚀分异特征

沟坡也是黄土高原丘陵沟壑区主要地貌形态之一，自古以来沟坡土地就有耕种的历史，广种薄收，时而耕垦，时而荒芜。同峁顶一样，沟坡大部分为荒草地，坡度较缓的部分被开垦为农地，还有部分为退耕农地。通过对多处沟坡土壤剖面中^{137}Cs含量的分析，发现开垦为农地现在还在耕种的沟坡，其^{137}Cs流失量明显高于开垦为农地、现已退耕的沟坡，其土壤侵蚀模数为后者近1.6倍；开垦为农地现已退耕的沟坡，其^{137}Cs流失量明显高于荒草覆盖的沟坡，其土壤侵蚀模数为后者近1.7倍多（图5-16）。这说明沟坡开垦为农耕地后，土壤侵蚀量会急剧增加，因此，从流域综合治理的要求出发，必须将现有的沟坡全部退耕还林还草。

5.2.3 流域不同土地利用类型侵蚀产沙来源示踪分析

土壤侵蚀是土地利用/土地覆盖变化引起的主要环境效应之一（于兴修，2004），是自然和人为因素叠加的结果，不合理的土地利用对流域土壤侵蚀具有放大效应（柳长顺，

2001；邹亚荣，2002）。在相同类型的土地上采用的土地利用方式不同，土壤侵蚀形式、强度也不同，有的差异还很大。

不同土地利用方式与土壤侵蚀强度有密切关系。庄作权（1995）用 ^{137}Cs 方法研究台湾德基水库流域土壤侵蚀时发现，不同类型土地的侵蚀强度大小是崩塌地＞林地＞果园土壤；张信宝等（1992）用 ^{137}Cs 方法在研究蒋家沟小流域泥沙来源时发现，裸坡地土壤侵蚀强度＞农耕地＞荒草地＞林地；Ritchie 等（1978）在研究 Mississipi 北部流域中 ^{137}Cs 分布特征时发现，林地的 ^{137}Cs 流失量＜荒地＜牧草地＜耕地＜沟谷地，在研究同地区三个不同覆盖类型的小流域土壤侵蚀时，提出 ^{137}Cs 的流失量是：裸地＞农耕地＞草地＞林地。

利用多元素复合示踪技术，通过对流域不同土地利用类型采样，研究不同土地利用方式与土壤侵蚀的关系。土样分析结果见表 5-5。

表 5-5　　　　　不同土地利用类型 ^{137}Cs 流失量与侵蚀模数

土地利用类型	坡耕地	草地	林地
样点数	35	8	10
平均 ^{137}Cs 含量（Bq/m²）	297	578	311
平均 ^{137}Cs 流失量（Bq/m²）	1151	918	1185
平均 ^{137}Cs 流失率（%）	76.94	61.36	79.21
平均侵蚀模数 [t/(km²·a)]	8487	2948	4870
侵蚀等级	极强度侵蚀	中度侵蚀	中度侵蚀

从表 5-5 可以看出，王茂沟小流域不同土地利用方式与土壤中 ^{137}Cs 流失量密切相关，对侵蚀影响巨大。坡耕地的 ^{137}Cs 流失率很高，平均达 76.94%，草地流失率也很高，平均达 61.36%，陡坡林地更高达 79.21%。各类用地按照侵蚀模数的大小，依次是坡耕地＞林地＞草地。按照侵蚀程度划分，坡耕地应属极强度侵蚀；林地、草地属于中度侵蚀。

5.3　小流域侵蚀产沙来源示踪

5.3.1　流域侵蚀产沙来源

参照 Murray（1990、1992）、张信宝（1988）、文安邦（1998、2000）和李少龙（1995）等的研究方法，当流域内不同源地产出的泥沙的 ^{137}Cs 含量存在差异时，根据流域沉积泥沙的 ^{137}Cs 含量和不同源地来沙的 ^{137}Cs 含量的对比，可以计算出两种不同源地的相对来沙量，一般采用以下配比公式计算：

$$f_m C_m + f_g C_g = C_d \tag{5-3}$$

$$f_m + f_g = 1 \tag{5-4}$$

式中：f_m 是源地 A 的相对来沙量，%；f_g 是源地 B 的相对来沙量，%；C_m 是源地 A 产出的 ^{137}Cs 含量，Bq/kg；C_g 是源地 B 产出泥沙的 ^{137}Cs 含量，Bq/kg；C_d 是流域输出泥沙的 ^{137}Cs 含量，Bq/kg。

由于野外采样时间和淤地坝沉积时间有一定差异，在计算淤地坝相对产沙量时根据侵蚀产沙观测资料对坡面和沉积泥沙^{137}Cs的衰变量进行了校正。并根据配比式（5-3）和式（5-4），计算得出关地沟3号坝坝控小流域沉积泥沙的70%来自于沟间地，沟谷地的相对产沙比只占30%；关地沟4号坝坝控小流域沉积泥沙的66%来自于沟间地，沟谷地的相对产沙比只占34%，这与张信宝等（1989）在黄土丘陵区其他流域的研究结论相差较大。造成这种不同的主要原因可能是：关地沟3号、4号坝控流域面积较小，只有0.046km²、0.397km²；特别是3号坝小流域沟道较窄，最宽处29m，最窄处仅有18.2m，沟谷地侵蚀发育不充分，特别是淤地坝的建设抬高了侵蚀基准面，缩短了沟坡坡长，减弱了重力侵蚀，控制了沟蚀发展，促使沟谷地下部趋于稳定，沟谷地产沙量大大降低，造成坡面侵蚀量所占比例较大，这也说明淤地坝减轻沟蚀的巨大作用。再者，本研究区淤地坝沉积泥沙放射性同位素^{137}Cs的含量明显较高，是其他小流域的2倍左右（见表5-6），也说明了其泥沙主要来源于坡面，而不太可能来源于沟坡和沟道，因为后者基本不含^{137}Cs。

表5-6 黄土高原小流域沟间地和沟谷地相对产沙量^{137}Cs法研究成果比较

流域名称	陕西子长赵家沟	陕西榆林马家沟	陕西绥德关地沟3号坝控流域	陕西绥德关地沟4号坝控流域
流域面积（km²）	2.03	0.84	0.046	0.397
沟间地产沙^{137}Cs平均含量（Bq/kg）	5.83	3.47	3.59	3.59
沟谷地产沙^{137}Cs平均含量（Bq/kg）	0.02	0.02	0	0
淤地坝泥沙沉积年限	1973～1977年	1993年	1959～1987年	1959～1987年
淤地坝泥沙平均^{137}Cs含量（Bq/kg）	1.36	1.15	2.52	2.37
沟间地相对来沙量（%）	26	33	70	66
沟谷地相对来沙量（%）	74	67	30	34

关地沟坝控小流域泥沙来源的研究表明，在黄土丘陵区，坡沟侵蚀产沙比是一个比较复杂的问题，虽然许多研究表明沟谷地是泥沙的主要来源区，但是对微小流域而言，情况可能不尽如此，这说明流域面积大小、流域沟道发育状况、沟道治理情况等都对流域侵蚀泥沙来源都有重要影响。

5.3.2 典型降雨事件下流域主要侵蚀产沙来源变化

根据关地沟4号坝坝地各沉积层的发生日期，结合流域降雨资料，分别选取相同次降雨（侵蚀力）情况下的典型降雨分析流域侵蚀产沙状况，见表5-7。

表5-7 关地沟4号坝坝控流域典型次降雨

降雨时间（年-月-日）	雨量（mm）	历时（时：分）	降雨侵蚀力（mm²/min）
1963-07-05	64.8	11：41	5.99
1980-08-18	34.1	3：30	5.51
1967-07-05	19.9	0：25	15.84
1977-07-05	81.6	6：40	16.65

5.3 小流域侵蚀产沙来源示踪

根据不同土地利用方式下降雨侵蚀力与平均侵蚀模数的统计关系分析得到 4 场降雨下的平均侵蚀模数（表 5-8）。可以看出，无论在何种降雨条件下，坡耕地平均侵蚀强度远远高于其他土地利用类型，平均土壤侵蚀强度随降雨侵蚀力的增大而增大。当降雨侵蚀力从 5.51mm^2/min 增加到 16.65mm^2/min 时，坡耕地、陡崖、荒坡平均土壤侵蚀强度分别增加 6 倍、4 倍和 5 倍，说明坡耕地土壤侵蚀的严重性。

根据不同降雨事件下不同土地利用类型的土壤侵蚀强度，结合流域土地利用状况，计算得到流域坡耕地、荒坡、陡崖等的侵蚀产沙总量（表 5-9），并以此作为流域坡面侵蚀产沙量。可以看出，在相同次降雨侵蚀力的情况下，各种类型土地利用中坡耕地所产生的侵蚀量最大，这与坡耕地面积较大有很大关系，坡耕地侵蚀产沙量随着降雨侵蚀力的增大而增多；此外，在相似的降雨侵蚀力的情况下，1963 年和 1967 年的侵蚀产沙量分别为 1980 年和 1977 年产沙量的 3.8 倍和 1.3 倍。相对于坡耕地来说，陡崖和荒坡由于面积较小，产生的泥沙量比坡耕地小，在相同的次降雨侵蚀力的情况下，陡崖在 1963 年的侵蚀产沙量为 1980 年产沙量的 2 倍；而在 1967 年和 1977 年的侵蚀产沙量则相差无几，这主要是因为陡崖 1963 的面积为 1980 年面积的 2 倍，而 1967 年面积和 1977 年面积相差不多造成的。从总量上来说，1963 年 3 种土地利用所产生的总侵蚀量为 1980 年的 3 倍左右，在大暴雨的情况下，1977 年 3 种土地利用的侵蚀产沙总量比 1967 年减小 416t。

表 5-8　关地沟 4 号坝坝控不同土地利用下典型降雨的平均侵蚀强度

土地利用方式	降雨侵蚀力与平均侵蚀强度统计关系	降雨时间（年-月-日）	降雨侵蚀力（mm^2/min）	侵蚀强度（t/km^2）
坡耕地	$Y=1052.9e^{0.177x}$	1963-07-05	5.99	3040
		1980-08-18	5.51	2792
		1967-07-05	15.84	17378
		1977-07-05	16.65	20057
陡　崖	$Y=1015.2.23e^{0.1655x}$	1963-07-05	5.99	2736
		1980-08-18	5.51	2527
		1967-07-05	15.84	13966
		1977-07-05	16.65	15969
荒　坡	$Y=1152.4.2.23e^{0.1514x}$	1963-07-05	5.99	2856
		1980-08-18	5.51	2655
		1967-07-05	15.84	12700
		1977-07-05	16.65	14358

表 5-9　关地沟 4 号坝坝控流域各土地利用类型典型降雨的侵蚀产沙量

时间（年-月-日）	降雨侵蚀力（mm^2/min）	坡耕地（t）	陡崖（t）	荒坡（t）	总和（t）
1963-07-05	5.99	320	103	216	536
1980-08-18	5.51	106	51	34	140
1967-07-05	15.84	1353	443	322	1675
1977-07-05	16.65	987	456	273	1260

5.3.3 降雨侵蚀产沙与淤积泥沙对比分析

由于表 5-9 表示的仅为不同土地利用状况的侵蚀产沙状况，而这与流域总侵蚀产沙量还有很大差别。这一方面是因为从坡面到沟道到流域的泥沙输移问题，另一方面是流域其他土地利用也有可能产生较大的侵蚀量，调查发现道路侵蚀也是关地沟流域的一个主要侵蚀产沙源，因此，结合查阅的相关资料，将流域在 4 场典型降雨下的侵蚀产沙总和进行修正，并以流域坡耕地与荒坡所产生的侵蚀量变化作为流域的坡面侵蚀产沙量，与所测得的对应降雨场次的淤积泥沙总量相对比，其差值再加上陡崖所产生的侵蚀量作为流域的沟道侵蚀产沙量（表 5-10）。

表 5-10　　　　　　　　4 场典型降雨下流域沟道侵蚀产沙量

时间（年-月-日）	1963-07-05	1980-08-18	1967-07-05	1977-07-05
降雨侵蚀力（mm^2/min）	5.99	5.51	15.84	16.65
流域治理度（%）	12	57	44	68
沟道侵蚀产沙量（t）	2940	2404	6201	4097
沟道侵蚀减小量（t）	536		2104	

从表 5-10 可以看出，在不同降雨侵蚀力的情况下，流域沟道侵蚀产沙量也有所不同，其随着降雨侵蚀力的增大而增加；在相同次降雨侵蚀力的情况下，流域沟道侵蚀产沙量与流域的治理状况相关，治理程度越高，在相同的降雨条件下所产生的侵蚀量越小。在降雨侵蚀力较小的情况下，流域从 1963 年到 1980 年沟道侵蚀产沙量减少了 536t，而这 536t 的泥沙也包括由于陡崖治理面积变化而带来的侵蚀量变化，因此，排除陡崖面积变化而带来的侵蚀量变化，关地沟 4 号坝坝控流域的沟道侵蚀泥沙量从 1963 年到 1980 年减小了 484t，同理，可计算出流域在较大次降雨侵蚀力的情况下，沟道侵蚀产沙量从 1967 年到 1977 年减小了 2117t。

以相同次暴雨情况下两场降雨淤地坝淤积泥沙的平均值作为淤地坝总拦沙量，计算流域沟道侵蚀减小量占流域拦沙量的比例，则在较小降雨侵蚀力情况下，流域沟道减蚀量为 18%，在较大降雨侵蚀力情况下为 21%。从这两个数字可以看出，淤地坝减轻流域沟道侵蚀的作用不容忽视。绥德水保站采用坝地面积乘沟谷地产沙模数的办法得到榆林沟、韭园沟的坝地减蚀量占拦沙量的 3.1%～6.4%。西峰水保站刘勇等采用坝库修建前该部位侵蚀量的多少来计算南小河沟的坝库减蚀量为 80.02 万 t，减蚀效益达 16.2%。

淤地坝建成以后，坝内淤积，抬高了侵蚀基准面，在一定范围内可以防止沟道下切和沟岸崩塌、扩张。据西峰水保站在南小河沟小流域的观测资料，该流域泥沙主要来自沟床下切、红土泻溜和崩塌、滑塌，其侵蚀量占全流域产沙量的 25.5% 和 60% 左右。南小河沟流域在治理前沟谷侵蚀剧烈，从沟底纵剖面看，只有下游 2km 处已切到基岩 20 多 m，中上游的沟谷比降都在 10‰ 以上，沟谷侵蚀十分活跃。据调查，特大暴雨期间沟谷下切可达数米，其产沙量占沟谷总沙量的 66.5%。20 世纪 50 年代开始在支毛沟修谷坊和小坝，干沟中修水库和淤地坝 3 座，在塬面、坡面上修梯田、造林、种草。经过泥沙的淤积，使沟道侵蚀基准面抬高，沟道纵比降趋于平缓，从1.13%～1.50%减缓到0.05%～0.10%，从而制止了沟底下切，稳定了两岸沟坡，减轻了沟蚀。

5.4 流域侵蚀产沙特征演变

黄土丘陵沟壑区，经过长期的水蚀、风蚀及冻融剥蚀，地貌形态演变的复杂多样，坡度、坡向、地形及沟状各异，形成了不同的立地条件，造成水、肥、光、温等资源在坡面上分布不同的特点；另外，随着近年来"陡坡耕地退耕还林（还草），重建秀美山川"项目的启动，黄土区的土地利用方式势必受到影响，水资源再分配状况和水土流失特征也将产生深刻变化，进而造成流域侵蚀模数的变化。土壤侵蚀模数是流域坝系工程可行性研究中十分重要的基础性指标，对流域坝系工程的规模、投资及效益影响很大。关于流域水土流失特征和侵蚀模数演变，研究方法主要集中在以下5个方面：

（1）通过流域长期定位观测资料，对比分析流域侵蚀特征变化。
（2）利用遥感影像对比不同时期的土壤侵蚀面积变化，研究土壤侵蚀的时空演变。
（3）通过野外对坝库泥沙的实测和利用 ^{137}Cs、^{210}Pb 技术分析，在黄土丘陵沟壑区小流域上研究土地利用变化对土壤侵蚀的影响。
（4）在GIS和RS支持下，采用通用土壤流失方程（USLE），模拟黄土丘陵区土地利用对土壤侵蚀的影响。
（5）运用元胞自动机结合人工神经网络方法，以遥感和GIS为依托，对土壤侵蚀进行动态模拟和预测。

本研究将采用流域定位观测资料、土壤流失方程计算机模拟以及 ^{137}Cs、^{210}Pb 技术分析方法，对比分析韭园沟流域在不同时期、不同土地利用方式下的土壤侵蚀模数变化情况。

5.4.1 基于流域定位实测资料的流域侵蚀产沙演变

根据韭园沟流域历年沟口实测径流、输沙量和坝系淤积量观测资料推求流域产流产沙和坝系拦洪拦沙量。由表5-11可知，流域坝系建设阶段（1954～1963年）拦洪、拦沙量为15.5%、33.8%；坝系形成阶段（1964～1977年）拦洪、拦沙效益为22%、33.8%；坝系相对稳定发展阶段拦洪、拦沙效益为30.6%、99.3%。

表5-11　　　　　　　　　韭园沟流域坝系拦洪拦沙表

时段年份	年降雨量（mm）	产洪降雨（mm）	年产流（万m³）	径流量（万m³）	年产沙（万t）	年输沙（万t）	径流减少 万m³	径流减少 %	输沙减少 万t	输沙减少 %
1954～1963	528.5	211.9	339.5	286.6	78.4	51.9	52.4	15.5	26.5	33.8
1964～1977	406.2	215.4	462.0	360.5	155.1	116.2	101.5	22.0	38.9	33.8
1978～1983	465.1	118.1	371.0	244.7	69.6	6.3	126.3	34.0	63.3	90.9
1984～1994	448.2	156.2	290.6	201.6	59.5	0.4	89.0	30.6	59.1	99.3

根据韭园沟流域沟口径流观测，1953～1998年淤地坝拦沙量为2970.09万t，年平均拦沙66.0万t，每公顷坝地可拦沙11.32万t，拦沙模数为9415t/(km²·a)。多年平均输

沙模数由治理前的 1.8 万 t/km² 降至 2060t/km²，下降了 88.6%。

5.4.2 基于黄土高原土壤流失方程的流域侵蚀产沙模数计算

5.4.2.1 计算机模型的系统结构

LPSLE（图 5-17）共有 7 个功能模块，分别是：

(1) 降雨侵蚀力因子计算与分析模块。
(2) 土壤可侵蚀因子计算与分析模块。
(3) 坡度和坡长因子计算与分析模块。
(4) 水土保持因子计算与分析模块。
(5) 土壤流失量计算模块。
(6) 地图功能模块。
(7) 数据库维护管理模块。

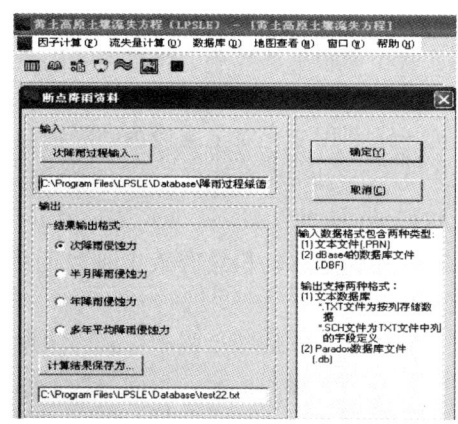

图 5-17 计算机模型

5.4.2.2 因子计算模块

因子计算模块是根据黄土高原土壤流失方程 LPSLE 的结构形式设计的，包括降雨侵蚀力因子、土壤可蚀性因子、坡长坡度因子、生物措施因子、工程措施因子以及耕作措施因子 6 个子模块，每个子模块又包含因子值的不同获取方式。

1. 降雨侵蚀力因子模块

降雨侵蚀力因子模块（图 5-18）包含三个内容：降雨侵蚀力因子计算、数据库获取、降雨侵蚀力等值线内插。在降雨侵蚀力因子计算中，根据三种不同的降雨数据进行了三种计算方法，分别是降雨过程资料、日降雨资料和年降雨资料。

(1) 利用降雨过程资料计算。

利用降雨过程资料计算得到次降雨侵蚀力。各次累加可以得到半月降雨侵蚀力、年降雨侵蚀力以及多年平均降雨侵蚀力，通过选择不同的输出，得到不同的保存结果。还可以通过系统已有数据进行计算。

降雨过程输入数据格式包含两种类型：一种是文本文件；另一种是 dBase4 的数据库文件。结果输出支持两种格式：一种是本数据库；另一种是 Paradox 数据库文件。

5.4 流域侵蚀产沙特征演变

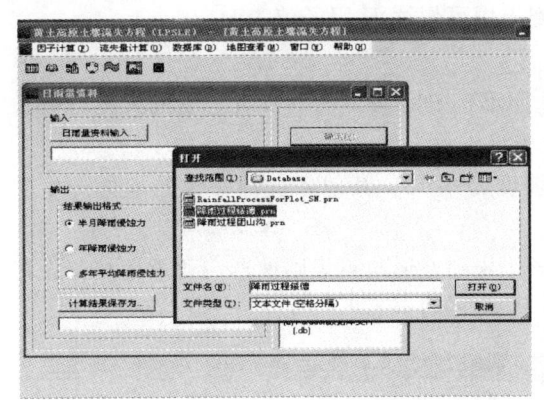

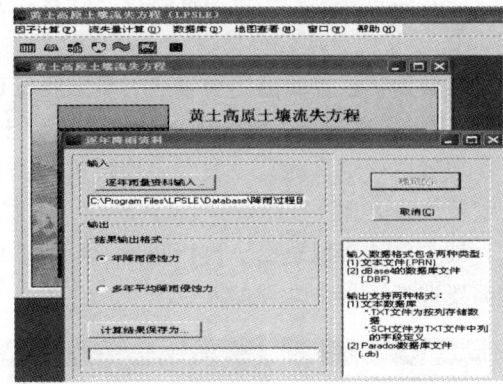

图 5-18 降雨侵蚀力模块

（2）利用日降雨资料计算。

利用日降雨资料计算可以直接得到本月降雨侵蚀力，通过累加可以进一步得到年降雨侵蚀力和多年平均降雨侵蚀力。

2. 土壤可蚀性因子模块

计算机模型提供两种土壤可蚀性 K 因子值的获得方法：

（1）访问 K 因子数据库，直接获取主要土壤类型的 K 因子值。其中访问的数据库包含小区实测资料计算的土壤可侵蚀因子库与公式计算的土壤可侵蚀因子库。小区实测资料计算的土壤可侵蚀因子库是根据分布在黄土高原各水土保持实验站观测的径流小区降雨和泥沙资料计算得到的；公式计算的土壤可蚀性因子库是通过对土壤土类分析，利用诺曼图法计算而来的，在计算的过程中，需要输入典型小流域的相关变量（图 5-19）：土壤粒径百分含量、土壤结构等级、土壤渗透等级等。

图 5-19 土壤可侵蚀因子模块

(2) 通过提供的土壤属性特征，计算得到土壤可侵蚀 K 因子值。

3. 坡长、坡度因子模块

坡长因子在美国通用土壤流失量方程（USLE）中定义为某一坡面土壤流失量与坡长为 22.13m，其他条件都一致的坡面产生的土壤流失量之比。

坡度因子定义为某一坡度土壤流失量与坡度为 5.13，其他条件都一致的坡面产生的土壤流失量之比。

坡长、坡度因子模块包括两种不同的坡形，规则坡形与不规则坡形，要求用户首先根据需要选择。具体计算过程见图 5-20。

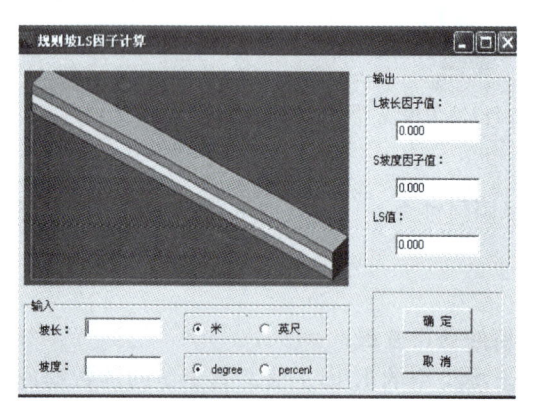

图 5-20 坡长坡度模块

4. 生物措施因子模块

生物措施因子 B 是只有植被覆盖条件下的土地土壤流失量与同等条件下清耕休闲地的土壤流失量之比，一般介于 0~1 之间。

生物措施 B 因子值有两种方法可以获得：一是根据不同的类型计算；二是直接访问生物措施 B 因子数据库，获取对应的多年平均 B 因子值。计算 B 因子值时，首先选择土地利用方式，模型提供了黄土高原农耕地、林地、草地等主要土地利用类型。

旱作农耕地：当土地利用方式为旱作农耕地时，计算 B 因子需要选择作物类型、准备苗床日期、播种日期、收割日期以及作物所在气候区、作物产量等 7 个参数（图 5-21）。各种

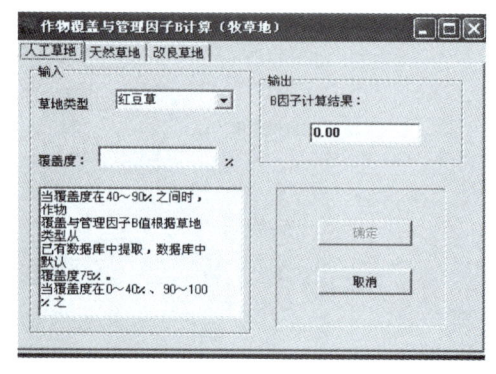

图 5-21 农耕地措施模块

5.4 流域侵蚀产沙特征演变

农作物所在气候区是为了计算各农作物降雨侵蚀力的百分比，双击气候类型区后面的输入框即可选择降雨侵蚀力 R 因子数据库中的气候区。

草地：草地包括人工草地、天然草地和改良草地。如果土地利用方式为草地，首先要选择草地类型。人工草地要求输入草地类型与覆盖度，可在下拉菜单中选择。覆盖度在 40%～90%的范围内时，B 因子根据已有数据库提取出来，数据库内覆盖度默认为 75%。否则 B 因子根据公式：$B=\exp[-0.0418\times(v-5)]$ 计算得到，其中 v 表示植被覆盖度。天然草地有两种情况：选择覆盖度和不选择覆盖度。如果选择覆盖度参数参与运算，要求输入地面覆盖度与冠层覆盖度（图 5-22）。

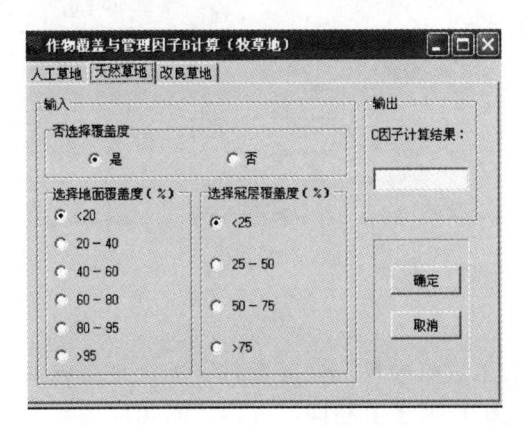

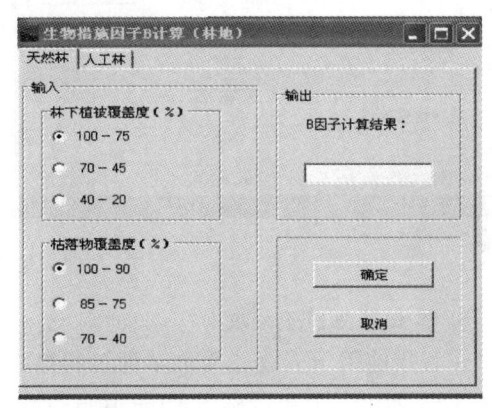

图 5-22 草地计算模块

林地：林地包括天然林和人工林。首先要选择林地类型。天然林要输入林下植被覆盖度以及枯落物覆盖度。人工林要选择林地类型：幼林、成林和灌木林。如果是成林和灌木林，还要选择具体的类型（图 5-23）。

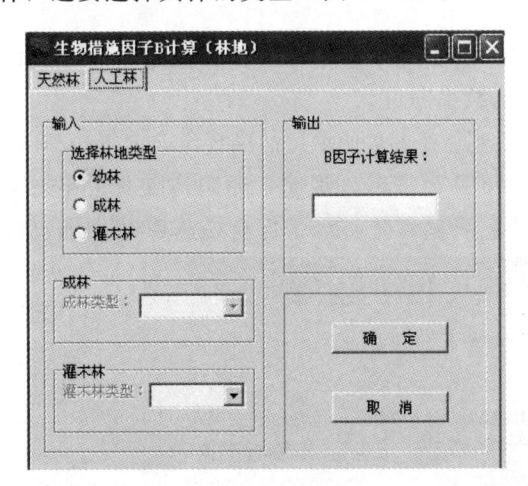

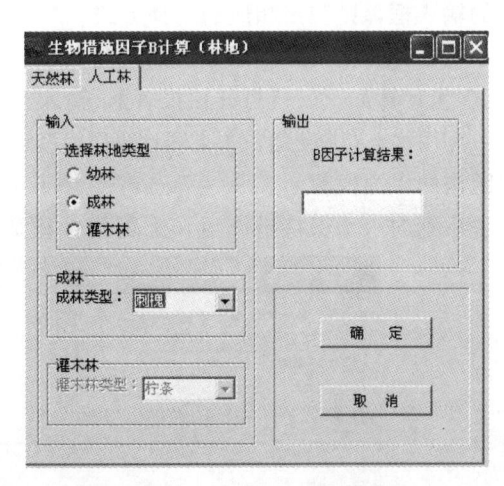

图 5-23 林地计算模块

5. 耕作措施因子模块

耕作措施因子是指采取某种耕作措施的土壤流失量与同等条件下顺坡耕作或平作情况

下土壤流失量之比。平作是指保持地面平整，无沟无垄的耕作方法。

耕作措施 T 因子值直接访问相应的数据库获得（图 5-24）。

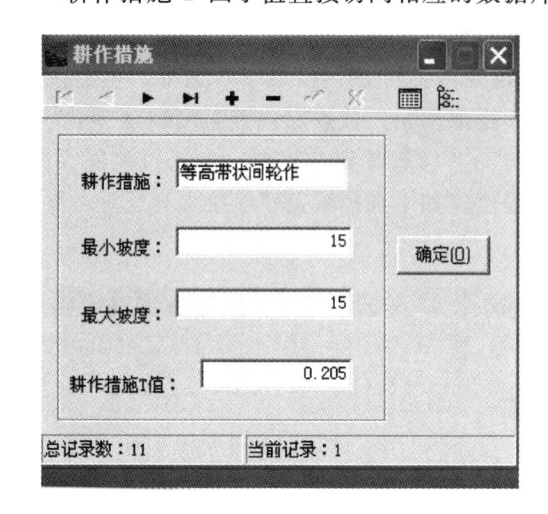

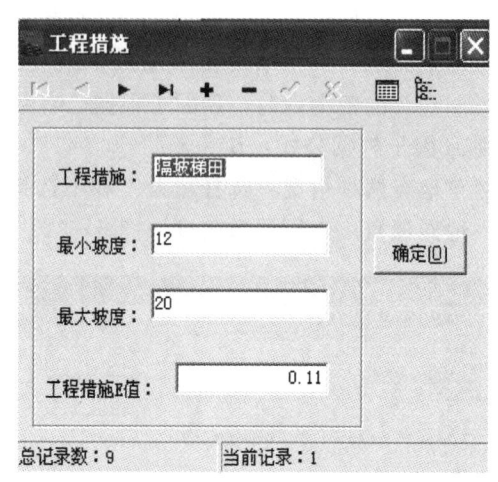

图 5-24 耕作措施因子模块

6. 工程措施因子模块

工程措施因子 E 是指采取某种工程措施的土壤流失量与同等条件下无工程措施的土壤流失量之比。工程措施 E 因子值与耕作措施 T 因子值相同，直接访问相应的数据库获得。

5.4.2.3 韭园沟流域土壤侵蚀模数确定

首先新建一个韭园沟流域土壤流失量表，在土壤流失量中列出各个侵蚀因子框，每个侵蚀因子的获取一般有两种方法：因子计算和直接从因子数据库里获取。双击每个因子下面的输入框，则弹出相应的选择方式。

为了计算精确，可以导入所要研究的区域土壤流失量数据库，其方法是点击主菜单【流失量计算】——【打开预报表】，输入相应的数据即可。

利用黄土高原土壤流失方程计算机模型计算得到绥德县的土壤侵蚀模数为 1994.38 t/km²，韭园沟的侵蚀模数为 2190.47t/km²（图 5-25 和图 5-26）。说明，韭园沟随着近年来采取一系列的水土保持措施后，土壤侵蚀模数已经明显下降，水土保持措施对减少水土流

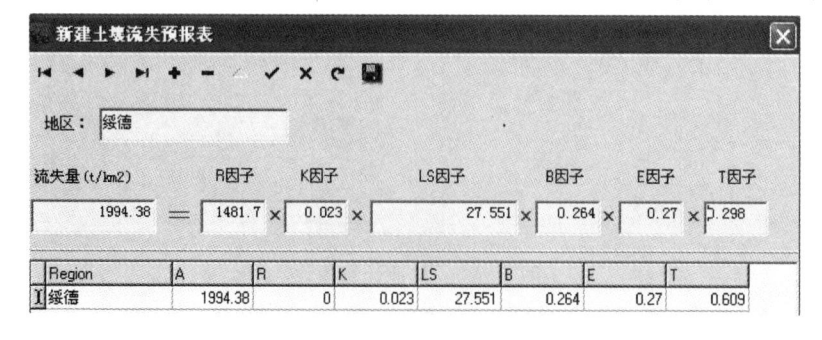

图 5-25 绥德侵蚀模数计算结果

5.4 流域侵蚀产沙特征演变

失、改善当地的生态环境产生了深刻影响。

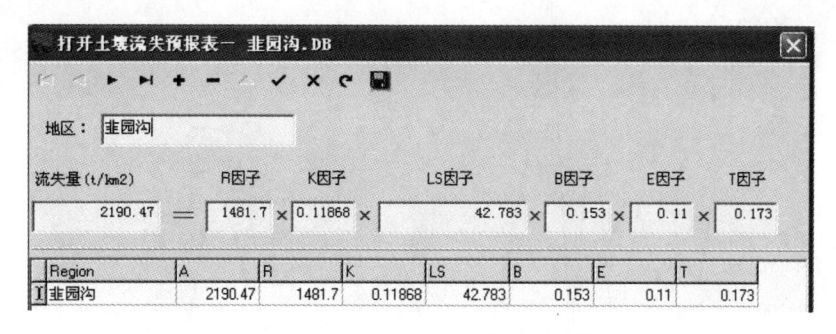

图 5-26　韭园沟侵蚀模数计算结果

5.4.3　基于淤地坝淤积信息的淤地坝坝控流域侵蚀产沙演变

由于淤地坝建成后，流失的泥沙量很少，可以把淤地坝的沉积泥沙量近似地作为流域产沙量，并根据淤地坝拦蓄泥沙的时间，可以大致推算出小流域这一时期内的沉积速率。在关地沟 4 号淤地坝建坝历史调查研究的基础上，利用某些年代散落蓄积在土壤沉积物中 ^{137}Cs 含量的异常值作为时间标志，借助于 ^{137}Cs 计年技术，便可以更为准确地估算出小流域在不同时间段的沉积速率（表 5-12）。

表 5-12　　　　关地沟 4 号坝控制流域不同时期沉积速率的比较

流域名称	流域面积（km²）	沉积厚度（m）	坝地泥沙沉积速率（cm/a）	沉积年限
4 号坝	0.397	6.434	22.18	1959～1987 年
		2.774	55.48	1959～1963 年
		2.355	15.7	1964～1978 年
		1.305	14.5	1979～1987 年

从表 5-12 可以看出，关地沟小流域在淤地坝建成后开始拦蓄泥沙的最初 5 年（1959～1963 年），坝地泥沙沉积速率很大，为流域 29 年（1959～1987 年）平均值的 1.98～2.50 倍，其后呈逐渐减少趋势，但是不同流域面积之间存在一定差异。

关地沟 4 号坝建成后也未设溢洪道，流失的泥沙量很少，因此，也可把淤地坝的沉积泥沙量近似地作为流域侵蚀产沙量。根据淤地坝内各泥沙沉积旋回层的面积、厚度推算出各次洪水过程的侵蚀产沙量，关地沟 4 号淤地坝坝控流域次洪水侵蚀产沙模数变化见图 5-27。可以看出，坝控流域次降雨侵蚀产沙模数 1959～1987 年期间有显著的下降趋势，但在 1984～1986 年同样也有增加，这一方面可能是因为 1984～1986 年降雨的影响；另一方面有可能是 20 世纪 80 年代初实行联产承包责任制后，当地农民在流域内陡坡开荒种地导致的水土流失量增加。

根据各沉积层的沉积发生日期和次洪水侵蚀产沙量，可以更为准确地估算出该流域不同运行阶段的侵蚀产沙强度。由于关地沟 4 号坝在 1987 年发生了水毁，加上此后受耕作的影响，淤积层次受到扰动，无法采用核素示踪法准确的判定淤积层所对应的年代，但

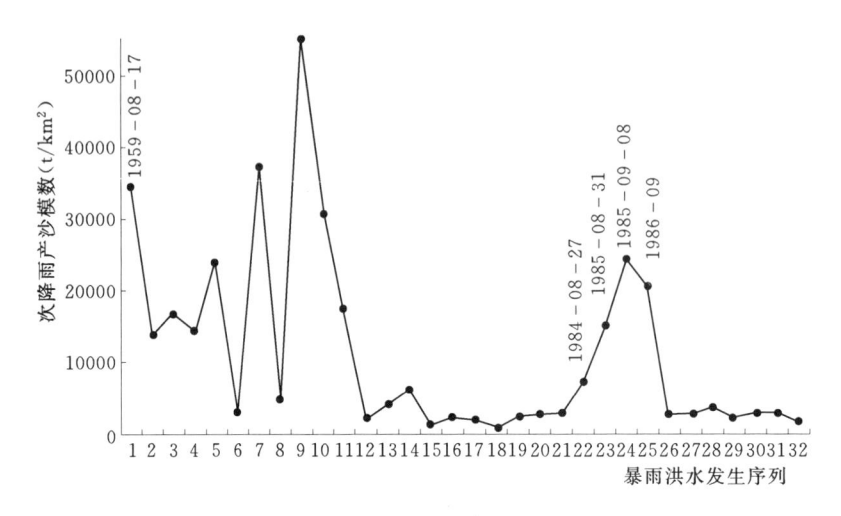

图 5-27　关地沟 4 号坝坝控流域次降雨侵蚀产沙模数变化过程

是，仍然可以根据总的淤积层的厚度计算出 1987～2002 年的泥沙淤积量，进而得到此段时间的年均侵蚀模数为 2880t/km²（表 5-13）。

表 5-13　　关地沟 4 号坝坝控流域不同时期侵蚀产沙强度的比较

流域名称	流域面积（km²）	淤地坝运行时期	沉积年限	沉积厚度（m）	流域土壤侵蚀强度[t/(km²·a)]
4 号坝	0.397	全期	1959～1987 年	6.434	12703
		初建期	1959～1963 年	2.774	18339
		发展期	1964～1978 年	2.355	10741
		稳定期（1）	1979～1987 年	1.305	10044
		稳定期（2）	1987～2002 年	0.551	2880

由表 5-13 可知，关地沟 4 号坝控制流域自 1959 年开始拦蓄泥沙至 1987 年垮坝，年均侵蚀模数为 12703t/km²，而自垮坝后 1987～2002 年年均土壤侵蚀模数降为 2880 t/km²。关地沟 4 号淤地坝在初建期（1959～1963 年）、发展期（1964～1978 年）和稳定期 1（1979～1987 年）、稳定期 2（1987～2002 年）的年均侵蚀模数分别为 17838t/km²、10741t/km²、10044t/km² 和 2880 t/km²。在淤地坝建设初期、发展、稳定过程中，初期阶段的沉积层普遍较厚，表明流域侵蚀强烈，泥沙沉积量很大，其后，呈明显下降趋势。关地沟 4 号淤地坝坝控流域的侵蚀产沙强度和 3 号淤地坝坝控流域有同样的趋势和相同的减蚀原因。

5.4.4　流域土壤侵蚀模数确定方法比较

韭园沟流域是黄丘第一副区一条有代表性的典型小流域，地貌形态表现为梁峁起伏，沟壑纵横，山高坡陡，地形破碎，土地类型复杂多样，是一条多沙粗沙集中来源小流域。通过 50 多年的水土保持综合治理，先后经历了启蒙阶段（1953～1957 年）、发展阶段（1963～1965 年）和恢复提高阶段（1979～1990 年），韭园沟流域现被列为黄河水土保持

5.4 流域侵蚀产沙特征演变

生态工程示范区，土地利用结构得到有效调整，流域侵蚀产沙模数大幅度下降。

根据流域定位观测资料法、土壤流失方程计算机模拟法及淤积信息法分别得到的韭园沟流域年均土壤侵蚀模数为 2060t/（km²·a）（1984~1994 年）、2190t/（km²·a）（1984~1997 年）和 2880t/（km²·a）（1987~2002 年）（表 5-14）。流域定位观测资料法、土壤流失方程计算机模拟法得到的结果相对相差无几，而通过关地沟 4 号坝淤积信息得到的年均土壤侵蚀模数稍大，这主要是因为关地沟 4 号坝位于流域沟道的沟头部位，是侵蚀发育比较活跃的部分，在相同的时期内土壤侵蚀量较大。说明，采用淤积信息法能够较为准确地反映流域在坝库工程运行期间的实际土壤侵蚀模数状况，尤其是在无实测资料、有建成时间较长的坝库工程的小流域，具有较好的应用效果。

表 5-14　　韭园沟流域土壤侵蚀模数变化

方　法	观测资料法	模型计算法	淤积信息法
空间范围	韭园沟流域	韭园沟流域	关地沟 4 号坝控制流域
时间尺度	1984~1994 年	1984~1997 年	1987~2002 年
侵蚀模数 t/（km²·a）	2060	2190	2880

第6章　流域坡沟系统重力侵蚀模拟与调控

重力侵蚀是土壤侵蚀的主要组成部分，又是黄河中游区形成和维持高含沙水流的重要来源。在黄土区土壤侵蚀分类体系（朱显谟，1956；唐克丽，2004）所列的主要侵蚀类型中，坡面侵蚀研究进展较大。与此对比明显的是，重力侵蚀作为主要侵蚀类型，其研究一直处于滞后状态。理论研究方面，重力侵蚀的微观及宏观力学机理尚不明晰，计算模型的构建刚刚起步；试验及观测方面，至今仍未形成重力侵蚀系统观测和试验研究体系。而另一方面，黄河中游区水土流失治理及水保工作的快速推进对土壤侵蚀研究提出了迫切要求。因此对重力侵蚀的研究无论理论上还是应用上都具有很高的研究价值（许炯心，2004、2006；陈浩，2000；Hessel，2003）。

黄土高原有大小沟壑27万多条，沟壑纵横，支离破碎，沟壑密度3~5km/km^2，沟壑面积占土地总面积的20%~40%，是世界上水土流失最严重的地区之一，其支离破碎的地貌主要是由沟蚀造成的，沟蚀的发展使沟壑面积日益扩大，耕地面积日趋缩小。黄土高原的各类沟壑中以沟头前进、沟底下切、沟岸扩张三种形式的沟蚀危害最为严重（Govers，1988；韩鹏，2003；金鑫，2008；张光辉，2002）。沟蚀加剧了面蚀的发展，造成了更多的陡峭临空面，加剧了重力侵蚀（Nachtergaele，2001；Williams，1977；Zhou，2006）。根据黄河水利委员会西峰、天水、绥德3个水保站在典型小流域调查，这些地区重力侵蚀面积和侵蚀量均占很大比例，重力侵蚀十分严重（Williams，1977；Linda，1995；刘秉正，1993；Gabet，2002）。据王茂沟小流域1964年观测，沟谷坡滑塌有99处，崩塌有35处，总土方为26806.8m^3。黄土丘陵沟壑区第一副区的绥德韭园沟，重力侵蚀面积占总流失面积的12.9%，重力侵蚀量占总流失量的20.2%。在黄土塬区和丘陵区，沟头前进多以土体崩塌形式进行，沟岸扩张是崩塌与滑坡共同作用的结果。

淤地坝系作为治理水土流失的主要工程措施，在蓄水拦沙、防洪保收等方面起到了重要作用，有机统一了当地致富和治河的关系，同时又为治河部门所关注。打坝淤地、蓄水拦沙是流域水土保持综合治理的一项重要措施，目前国内外有关淤地坝的研究主要集中在坝系相对稳定和生态环境效应等方面，而对淤地坝减缓坡沟系统重力侵蚀特别是滑坡侵蚀方面的研究则少有人提及（Du，2010；焦菊英，2003；Nachtergaele，2001；郑宝明，2003）。淤地坝通过抬高沟底侵蚀基准面，提高了沟坡的稳定性，减少了沟坡重力滑坡侵蚀发生的可能性（于国强，2010）。本研究通过数值模拟方法，对随坝地逐渐淤高，坡沟系统和小流域的稳定性、滑塌概率以及滑坡侵蚀的破坏部位、机理等方面进行研究，对植被根系减缓坡沟系统和小流域重力侵蚀发生程度的机理进行探讨，以期为坡沟系统和小流域水土保持工程措施的配置及生物措施的开展提供有益的参考，并为评价坡沟系统和小流域的稳定性提供一定可靠的依据。

6.1 重力侵蚀数值分析原理

6.1.1 滑坡稳定分析中的极限平衡方法

目前应用于边坡稳定分析的方法主要有基于极限平衡的传统方法和有限差分法（黄正荣，2006）。极限平衡法（如瑞典圆弧法、Bishop 法、Janbu 法等，见表 6-1）是边坡稳定分析中最常用的方法，它通过分析坡体在临近破坏的状况下，土体外力与内部强度所提供抗力之间的平衡，计算土体在自身和外荷作用下的土坡稳定性的程度。传统的边坡稳定性分析方法中，为了便于分析计算的进行，做了许多假设（赵尚毅，2002），如假设一个滑动面、不考虑土体内部的应力—应变关系等。因此，传统分析方法不能得到滑体内的应力、变形分布状况，也不能求得岩土体本身的变形对边坡变形及稳定性的影响。在边坡稳定分析中引入有限差分法始于 20 世纪 70 年代（Zienkiewicz，1975），有限差分法克服了传统分析法的不足，不仅满足力的平衡条件，而且还考虑了土体应力—变形关系，能够得到边坡在荷载作用下的应力、变形分布，模拟出边坡的实际滑移面（赵尚毅，2002）。正因为有限差分法的这些优点，近年来它已广泛应用于边坡稳定性分析。

表 6-1　　　　　　　　　　　　滑坡稳定分析中的极限平衡方法

分析方法	特　点
普通条分发 （Fellenius，1927）	仅适用于圆弧形滑裂面，满足力矩平衡条件，但不满足水平或垂直力平衡条件
比肖普改进法 （Bishop，1955）	仅适用于圆弧形滑裂面，满足力矩平衡条件，满足垂直力平衡条件，但不满足水平力平衡条件
力平衡法（如 Lowe and Karafiath，1960；美国工程兵团，1970）	适用于任意型滑裂面，满足力矩平衡条件，满足水平或垂直力平衡条件
摩根斯特—普林斯法 （Morgenstern and price，1965）	适用于任意型滑裂面，满足所有平衡条件并考虑土条两侧力的方向变化
斯番瑟法 （Spence，1967）	适用于任意型滑裂面，满足所有平衡条件，假定土条两侧的力平衡
边坡稳定性图 （Janbu，1968；Duncan etal.，1987）	使用方便、快速；对许多用途而言，准确度可满足要求
剪布通用土条法 （Janbu，1968）	适用于任意型滑裂面，满足所有平衡条件并考虑土条两侧力的位置变化，但计算中较其他方法易出现数值溢出现象

6.1.2 有限差分强度系数折减法基本原理

强度折减法中边坡稳定的安全系数定义为：使边坡刚好达到临界破坏状态时，对岩土体的抗剪强度进行折减的程度，即定义安全系数为岩土体的实际抗剪强度与临界破坏时的折减后剪切强度的比值。强度折减法的要点是利用式（6-1）和式（6-2）调整岩土体的强度指标 C 和 ϕ，其中 F_{trial} 为折减系数，然后对边坡进行数值分析，通过不断地增加折减系数，反复分析，直至其达到临界破坏，此时的折减系数即为安全系数 FOS（Dawson，1999），亦即

$$C_F = C/F_{trial} \tag{6-1}$$

$$\phi_F = \tan^{-1}(\tan\phi/F_{trial}) \tag{6-2}$$

式中：C_F 为折减后的黏接力；ϕ_F 为折减后的摩擦角。

然后作为新的资料参数输入，再进行试算，利用相应的稳定判断准则，程序可以自动根据弹塑性计算结果得到破坏滑动面，确定相应的 ω 值为坡体的最小稳定安全系数，此时坡体达到极限状态，发生剪切破坏，同时又可得到坡体的破坏滑动面。有关研究（赵尚毅，2002）表明，有限差分强度折减法的安全系数在本质上与传统方法是一致的。郑颖人、赵尚毅（2002）等通过多种比较计算说明有限差分折减系数法用于分析土坡稳定问题是可行的，但必须合理地选用屈服条件以及严格地控制有限差分法的计算精度。

在 FLAC^{3D} 中，假设模型所有非空区域都采用 Mohr-Coulomb 模型，可以采用命令 Solve fos 来实现强度折减法求解安全系数。该安全系数求解过程采用"二分法"搜索技术（Itasca Consulting Group，2005），以缩短求解时间。具体过程如下：首先，确定折减系数 F_{trial} 所属区间的上下限值，区间的初始下限值为能保证模拟计算收敛的任意折减系数值，初始上限值为计算不收敛的任意折减系数值。然后，取上下限值确定的区间中点进行模拟计算，如果计算收敛，则用该值取代初始下限值；如果不收敛，则用该值取代初始上限值。如此反复进行，直到折减系数所属区间新的上下限值之差小于某一值 0.01，计算终止，从而得到安全系数。

6.1.3 崩塌滑坡的蒙特卡洛概率计算

对于土质边坡，根据其土体结构、破坏机理和受力状况，可以建立坡体地质条件和环境因素的状态函数：$Z = g(X_1, X_2, \cdots, X_m,)$ 式中 $X_1, X_2, \cdots, X_m$ 为 m 个具有一定分布、独立统计的随机变量，假定它们的统计量已知。如果把状态函数定义为安全系数，且随机的从诸随机变量 X_i 的全体中抽取同分布的变量 $X_1', X_2', \cdots, X_m'$，则由上述状态函数可求得安全系数的一个随机样本（Liu，2000；Nearing，1997）。如此重复，直到达到预期精度的充分次数 N，则可得到 N 个相对独立的安全系数 $Z_1, Z_2, \cdots, Z_n$。安全系数所表征的极限状态为 $Z=1$，可构造一个随机变量 Y：$Y=1$，当 $Z \leqslant 1$；$Y=0$，当 $Z > 1$。设在 N 次随机抽样的试验中，出现 $Y=1$ 即 $Z \leqslant 1$ 的次数为 M，则坡体破坏的概率为

$$p_f = \frac{M}{N} \tag{6-3}$$

式（6-3）即为直接蒙特卡洛法计算破坏概率的公式。显然当 N 足够大时，由安全系数的统计样本 $Z_1, Z_2, \cdots, Z_n$ 可比较精确地近似安全系数的分布函数 $G(z)$，并估计其分布参数，其均值和标准差分别为

$$\mu_z = \frac{1}{n}\sum_{i=1}^{n} z_i \tag{6-4}$$

$$\sigma_z = \left[\frac{1}{n-1}\sum_{i=1}^{n}(z_i - \mu_i)^2\right]^{\frac{1}{2}} \tag{6-5}$$

进而可根据 $G(z)$ 拟合的理论分布，通过积分方法求得破坏概率。当 N 取值为 20

万次，滑坡崩塌采用 Geo-slope 软件计算，选用 Spencer 法。

6.1.4　FLAC³ᴰ 数值模拟原理

FLAC³ᴰ（Fast Lagrangian Analysis of Continua in 3 Dimensions）是由美国 Itasca Consulting Group Inc 开发的三维显式有限差分法程序，率先将此方法应用于岩土体的工程力学计算中，并于 1986 年开发出应用软件，它可以模拟岩土或其他材料的三维力学行为。FLAC³ᴰ 将计算区域划分为若干六面体单元，每个单元在给定的边界条件下遵循指定的线性或非线性本构关系，如果单元应力使得材料屈服或产生塑性流动，则单元网格可以随着材料的变形而变形，这就是拉格朗日算法。FLAC³ᴰ 采用了显式有限差分格式来求解场的控制微分方程，并应用了混合离散单元模型，可以准确地模拟材料的屈服、塑性流动、软化直至大变形，尤其在材料的弹塑性分析、大变形分析以及模拟施工过程等领域具有其独到的优点。FLAC³ᴰ 的求解采用如下 3 种计算方法（Dawson，1999；Itasca Consulting Group，2005；Mellah，2001）：

（1）离散模型方法，连续介质被离散为若干互相连接的六面体单元，作用力均集中在节点上。

（2）有限差分方法，变量关于空间和时间的一阶导数均用有限差分来近似。

（3）动态松弛方法，应用质点运动方程求解，通过阻尼使系统运动衰减至平衡状态。

在 FLAC³ᴰ 中采用了混合离散方法，区域被划分为常应变六面体单元的集合体，而在计算过程中，程序内部又将每个六面体分为以角点为常应变四面体的集合体，变量均在四面体上进行计算，六面体单元的应力、应变取值为其内四面体的体积加权平均。如一四面体，第 n 面表示与节点 n 相对的面，设其内任一点的速率分量为 V_i，可由高斯公式得

$$\int_V v_{i,j} \mathrm{d}V = \int_S v_i n_j \mathrm{d}S \tag{6-6}$$

式中：V 为四面体的体积；S 为四面体的外表面；n_j 为外表面的单位法向向量分量。对于常应变单元，v_i 为线性分布，n_j 在每个面上为常量，由式（6-6）可得

$$v_{i,j} = -\frac{1}{3V} \sum_{i=1}^{4} v_i^l n_j^{(l)} S^{(l)} \tag{6-7}$$

式中：上标 l 表示节点 l 的变量；(l) 表示面 l 的变量。

另外，FISH 是 FLAC³ᴰ 中具有强大的内嵌程序语言，使得用户可以定义新的变量或函数，以适应实际工程的特殊需要。利用 FISH，用户可以自己设计 FLAC³ᴰ 内部没有的特殊单元形态；可以在数值试验中进行伺服控制；可以指定特殊的边界条件，自动进行参数分析；可以获得计算过程中节点、单元参数，如坐标、位移、速度、材料参数、应力、应变、不平衡力等。

6.1.5　坡沟系统作用力

6.1.5.1　沟道水流冲刷力

黄土坡底下形成的沟道是雨季主要的行洪通道。由于其坡降一般较大，洪峰较为集中，因此水流对坡底将形成强烈的侧向淘刷。

黄土沟坡颗粒粒径在 0.05～0.005mm 之间的粉粒占 65%左右，而粒径小于 0.001mm 的黏性颗粒约占 6%，因此，物理特性可按具有一定黏结力的黏土考虑。若将重力、拖曳力、上举力、黏结力统一考虑，得出新淤黏土的起动切应力公式为

$$\tau_c = 66.8 \times 10^2 \times d + \frac{3.67 \times 10^{-6}}{d} \tag{6-8}$$

式中：τ_c 为起动切应力，N/m²；d 为粒径，m。

在给定的 Δt 时间内，洪水持续对沟坡进行侧向冲刷，冲刷导致的横向后退速度与水流切应力 τ 及上述的土体起动切应力 τ_c 有关，同时还与土体本身的理化性质有关。Osman 等根据室内模型试验得到的土体单位时间侧向冲刷距离：

$$\Delta B = \frac{C_l(\tau - \tau_c)e^{-1.3\tau_c}}{\gamma_s} \tag{6-9}$$

式中：ΔB 为土体单位时间受水流侧向冲刷而后退的距离，m；τ 为水流切应力，N/m²；τ_c 为土体起动切应力，N/m²；C_l 为与土体理化特性有关的系数，根据 Osman 的试验资料，可取 $C_l = 3.64 \times 10^{-4}$。

坡底由于水流侧向冲刷而后退 ΔB 后，沟坡将相应产生直立高度，其转折点之上的沟坡高度为

$$H_1 = H - \Delta B \tan i \tag{6-10}$$

式中：H_1 为直立面转折点上的沟坡高度，m；H 为沟坡高度，m；i 为沟坡自然坡角度；ΔB 同前。

当沟坡发生垮塌时，破坏面与水平面的夹角为

$$\beta = 0.5 \times \left(\tan^{-1}\left\{ \left[\frac{H}{H_1}\right](1-k^2)\tan(i) \right\} + \phi \right) \tag{6-11}$$

式中：k 为黄土坡面中较大垂直节理或裂隙深度与沟坡高度 H 的比值，可根据地质调查确定，无资料时可取 0.3；ϕ 为摩擦角；β 为垮塌面与水平面的夹角；其余符号同上。

6.1.5.2 下滑力

降雨期间，沟坡的下滑力主要由坡面垂直节理中水压力、沟坡土体重力、入渗雨水重力等在破坏面上的分力组成。

1. 垂直裂缝中的水压力

由于黄土普遍具有较为发育的垂直节理，在各种力作用下，黄土沟坡，特别坡度较陡的沟坡部分常沿某一垂直节理产生具有一定深度的裂隙。在降雨期间裂隙中充满雨水，对深度较大的裂隙中的水压力，是不可忽略的，将构成沟坡下滑力的一部分。

该水压力在沿破坏面的分力为

$$T = \frac{1}{2}\gamma H_t^2 \tag{6-12}$$

式中：γ 为入渗雨水容重，kN/m³；H_t 为裂隙深度，m；T 为入渗雨水压力，kN/m。

2. 沟坡抗滑力的确定

由概化沟坡的几何关系可知，沟坡土体的重力可表示为

$$W_t = \frac{\gamma_{um}}{2}\left[\frac{H^2 - H_t^2}{\tan\beta} - \frac{H_1^2}{\tan i}\right] \tag{6-13}$$

式中：W_t 为可能失稳的土体重力，kN/m；γ_{um} 为相应于某一土体含水量 ω 时的土体容重，kN/m³；其余符号意义同前。

3. 沟坡下滑力

下滑力由上述裂隙中水压力和土体重力沿失稳破坏面的分力组成，可由下式表达：

$$F_D = W_t \sin\beta + T\cos\beta \tag{6-14}$$

式中：F_D 为沟坡下滑力，kN/m；其余符号意义同前。

6.1.5.3 沟坡抗滑力

抗滑力的确定较为复杂。由于黄土高原地区的降雨一般都集中在汛期的几个月时间里有限的几场暴雨中，同时由于地下水埋层较深，因此，大部分时间沟坡土体均处于非饱和状态。

非饱和土体的本构关系与强度特征与饱和土有较大不同。主要是非饱和土不仅要满足土体本身的应力应变关系，同时还受到土体含水量的较大影响。在含水量较低时，由于负空隙水压力的存在，形成基质吸力，从效果上看，相当于增加了附加黏聚力，增强了土体的抗剪强度。但随着降雨入渗，土体的含水量增大，则附加黏聚力急剧降低，从而导致抗剪强度的减小，当抗剪强度不足以抵抗下滑力时，就可能发生沟坡的滑动破坏。

采用简化的处理方法，将非饱和土抗剪强度中的黏聚力分为饱和黏聚力与附加黏聚力，并通过试验得到不同土体的附加黏聚力随含水量的变化关系。对于同一土体，其内摩擦角可以按常数考虑。非饱和土抗剪强度可近似写为

$$\tau = c + \sigma\tan\varphi = c' + \tau' + \sigma\tan\varphi \tag{6-15}$$

式中：τ 为非饱和土的抗剪强度，kPa；c' 为相应于饱和土体的黏聚力，kPa；τ' 为附加黏聚力；其余符号意义同前。

对于不同地区的黄土，其附加黏聚力随含水量变化的系数及指数有一定变化，应根据相关试验拟合确定。

确定黄土抗剪强度参数随含水量变化的关系后，即可由其几何关系，确定沟坡滑动面上所受的抗滑力，如下式所示：

$$F_R = cL + N\tan\phi = \frac{(H-H_t)c}{\sin\beta} + W_t\cos\beta\tan\phi \tag{6-16}$$

式中：F_R 为滑动面上的抗滑力，kN/m；N 为作用在滑动面上的法向力，kN/m；c 由式 (6-15) 确定，其余符号意义同前。

6.1.6 Rosenblueth 矩估计方法的基本原理

安全系数是边坡稳定性评价最常见、最重要的指标，它建立在确定性概念之上（祝玉学，1993）。其最大的缺点是没有考虑岩土体中实际存在的不确定性和相关性，如材料参数（摩擦系数、黏聚力、容重）的变异性、相关性；孔隙水压力及外荷载的波动性；计算模型的不确定性等。为克服上述缺点，建立在不确定性概念之上的概率分析方法被引入边坡稳定性评价之中，成为一种崭新的分析工具。概率方法与定值方法互为补充、相互印证，使得边坡的稳定性评价更科学、更精确。

Rosenblueth 方法又称统计矩的点估计方法，是由罗森布鲁斯（Rosenblueth）于 1975 年提出的一种矩估计的近似方法。其基本思想是：当各种状态变量的概率分布为未知时，只要利用其均值和方差（通常由点估计给出），就可以求得状态函数的 1 阶矩（均值）、2 阶中心矩（方差）及 3 阶与 4 阶中心矩，进而可求得可靠指标、破坏概率。

由于 Rosenblueth 法原理简单、应用方便，对于边坡及流域稳定性评价，是非常实用的方法。

对于边坡稳定性问题，根据岩土体结构、破坏机理和受力状况，可以建立如下的状态函数：

$$Z = F(x_1, x_2, \cdots, x_n) \tag{6-17}$$

式中：x_1，x_2，$\cdots$，x_n 分别为容重、黏聚力、摩擦系数、孔隙水压力、荷载强度、降雨强度等随机变量，它们具有一定的分布（大多服从正态分布或对数正态分布）。下面以安全系数为状态函数，即

$$Z = F(x_1, x_2, \cdots, x_n) = \frac{R(x_1, x_2, \cdots, x_n)}{S(x_1, x_2, \cdots, x_n)} \tag{6-18}$$

式中：$R(x_1, x_2, \cdots, x_n)$ 为抗滑力或者抗滑力矩；$S(x_1, x_2, \cdots, x_n)$ 为下滑力或者下滑力矩。

在状态变量 $x_i (i=1, 2, \cdots, n)$ 的分布函数未知的情况下，无须考虑其变化形态，只在区间 $(x_{\min}, x_{\max})$ 上分别对称地择其 2 个取值点，通常取均值 u_{xi} 正负一个标准差 σ_{xi}，即

$$\left. \begin{array}{l} x_{i1} = u_{xi} + \sigma_{xi} \\ x_{i2} = u_{xi} - \sigma_{xi} \end{array} \right\} \tag{6-19}$$

对于 n 个状态变量，可有 $2n$ 个取值点，取值点的所有可能组合则有 2^n 个。在 2^n 个组合下，可根据状态方程，求得 2^n 个状态函数 Z，即 2^n 个安全系数。

如果 n 个状态变量相互独立，每一组合出现概率相等，则 Z 的均值估计为

$$u_Z = \frac{1}{2^n} \sum_{j=1}^{2^n} Z_j \tag{6-20}$$

如果 n 个状态变量相关，且每一组合出现的概率不相等，则其概率值 P_j 的大小取决于变量间相关系数：

$$P_j = \frac{1}{2^n} [1 + e_1 e_2 \rho_{12} + e_2 e_3 \rho_{23} + \cdots + e_{n-1} e_n \rho_{(n-1)n}] \tag{6-21}$$

式中：e_i $(i=1, 2, \cdots, n)$ 取值分别是：当 x_i 取 x_{i1} 时 $e_i = 1$，当 x_i 取 x_{i2} 时 $e_i = -1$；$\rho_{(i-1)i}$ 为状态变量 x_{i-1} 与 x_i 之间的相关系数。所以，Z 的均值估计式为

$$u_Z = \sum_{j=1}^{2^n} P_j Z_j \tag{6-22}$$

6.1 重力侵蚀数值分析原理

根据中心矩与原点矩的估计,可以导出安全系数的概率分布的4阶矩表达式,由此可估计出其概率分布的空间形态和位置。

(1) 1阶矩 M_1。随机变量 Z 的1阶矩,也称均值,定义为

$$M_1 = E(Z) = u_Z = \int_{-\infty}^{\infty} z f(z) \mathrm{d}z$$

其点估计为

$$M_1 = E(Z) = u_Z = \sum_{j=1}^{2^n} P_j Z_j \tag{6-23}$$

(2) 2阶中心矩 M_2。随机变量 Z 的2阶中心矩为 Z 的方差 σ_Z^2,其定义为

$$M_2 = E(Z - u_Z)^2 = \int_{-\infty}^{\infty} (z - u_Z)^2 f(z) \mathrm{d}z$$

其点估计为

$$M_2 = E(Z - u_Z)^2 = \sigma_Z^2 = \sum_{j=1}^{2^n} P_j Z_j^2 - u_Z^2 \tag{6-24}$$

(3) 3阶中心矩 M_3。随机变量 Z 的3阶中心矩为

$$M_3 = E(Z - u_Z)^3 = E(Z^3) - 3u_Z E(Z^2) - 2u_Z^3$$

其点估计为

$$M_3 = \sum_{j=1}^{2^n} P_j Z_j^3 - 3u_Z \sum_{j=1}^{2^n} P_j Z_j^2 + 2u_Z^3 \tag{6-25}$$

(4) 4阶中心矩 M_4。随机变量 Z 的4阶中心矩为

$$M_4 = E(Z - u_Z)^4$$

其点估计为

$$M_4 = \sum_{i=1}^{2^n} P_j Z_j^4 - 4u_Z M_3 - 6u_Z^2 M_2 - 4u_Z^4 \tag{6-26}$$

根据上述公式,求得状态函数 Z 的1阶矩 M_1、2阶矩 M_2、3阶矩 M_3 和4阶矩 M_4。由此可得到以下反映 Z 分布形态的统计参数。

(1) 均值 u。$u = M_1$,Z 的平均取值。

(2) 变异系数 δ。$\delta = \sqrt{M_2}/M_1$,反映 Z 的离散程度。

(3) 偏态系数 $\alpha_1 = M_3/M_2^{3/2}$,反映 Z 分布的对称性和偏倚方向。$\alpha_1 = 0$,对称,$\alpha_1 < 0$,负偏态;$\alpha_1 > 0$ 正偏态。

(4) 峰度系数 α_2。$\alpha_2 = M_4/M_2^2$,反映 Z 分布的突起程度。以正态分布为标准(峰度系数3),$\alpha_2 > 3$,比正态分布高而尖;$\alpha_2 < 3$,比正态分布平坦。

求出状态函数的 u_Z 和 σ_Z^2,如果状态函数服从正态分布或对数正态分布,可计算出破坏概率为

$$P_f = 1 - \Phi(\beta) \tag{6-27}$$

其中
$$\Phi(\beta) = \frac{1}{\sqrt{2\pi}} \int_{-\infty}^{\beta} e^{-\frac{x^2}{2}} dx$$

6.2 坡沟系统重力侵蚀数值模拟研究

淤地坝通过抬高沟底侵蚀基准面，提高了沟坡的稳定性，减少了沟坡重力滑坡侵蚀发生的可能性。据王茂沟小流域1964年观测，沟谷坡滑塌有99处，土方为21295.8m³；崩塌有35处，土方为5494.5m³，泻溜有1处，土方为16.5m³。到1986年以后，由于沟道打坝抬高了侵蚀基准面，稳定了沟壁，加之沟谷大多种植了林草，据实地观测没有上述情况出现，沟壁的扩张得到制止。在黄土塬区和丘陵区，沟头前进多以土体崩塌形式进行，沟岸扩张是崩塌与滑坡共同作用的结果。淤地坝建成以后坝内淤积抬高了侵蚀基准面，可以防治沟道下切和沟岸坍塌，减少沟道侵蚀的作用。建坝后泥沙淤平了沟谷，土壤侵蚀严重的沟谷，从此终止了土壤侵蚀（郑宝明，2003；高佩玲，2005；刘家宏，2006）。然而由于重力侵蚀的发生具有很大的随机性，其产沙量较难测定，因此，为了研究淤地坝淤积对流域坡沟系统重力侵蚀的影响，为坡沟系统重力滑坡侵蚀的定量研究提供了理论参考，采用数值模拟的方法对坡沟系统的稳定性、滑塌概率、滑塌量随着坝地的逐渐淤高的变化进行了研究。

6.2.1 研究区概况

韭园沟是无定河中游左岸的一条支沟，沟口距绥德县城5km，位于东经110°16′，北纬37°33′。流域面积70.7km²，主沟长18km，沟底平均比降为1.2%，沟长大于300m的支沟有430条，沟壑密度为5.43km/km²。海拔820～1180m，地形地貌主要由梁、峁以及分割梁峁的沟谷组成。沟间地占总面积的56.6%，坡度多在10°～35°之间；沟谷地占总面积的43.4%，谷坡陡峻，一般坡度在35°以上。地层构造表层主要是马兰黄土，厚度20～30m，梁峁峁顶均有分布；中间为离石黄土，厚度50～100m，多出露于谷坡上；底层主要是三叠纪砂页岩，岩层基本接近水平，多出露于干沟、支沟的下游沟床及其两侧。

该流域属北温带干旱大陆性气候，年平均气温10.2℃，无霜期170d。多年平均降水量508mm，降水的年际变化极不均匀，降水最多的1964年为753mm，降水最少的1965年为231.1mm。降雨的年内分配极不均匀，汛期6～9月降水量占年降水总量的72.6%，且多以暴雨形式出现，一次暴雨产沙量往往为全年产沙量的60%以上，土壤侵蚀以水蚀及重力侵蚀为主，治理前多年平均侵蚀模数为18120t/(km²·a)，属剧烈侵蚀区，在黄土丘陵沟壑区具有一定的代表性（高鹏，2003；崔灵周，2006；Bagnold，1966）。

6.2.2 坡沟系统概化模型及有限差分计算模型

通过对韭园沟基本坡沟地貌特征的勘测分析，坡面坡度大致在20°左右，沟坡坡度大致在40°～60°之间分布频率较大，将韭园坡沟系统进行概化，建立坡沟系统三维概化模型［图6-2（a）］。计算模型除坡面设为自由边界外，模型底部（z=0）设为固定约束边界，

6.2 坡沟系统重力侵蚀数值模拟研究

模型四周设为单向边界该模型。坡面坡度为19°、沟坡坡度为45°。概化模型土层从上到下分别为马兰黄土（Q_3^{eol}），该土层厚度25m；离石黄土（Q_2^{eol}），该土层厚度50m，x方向长为120m，y方向长为80m，z方向高75m，该模型有限差分网格共有节点4641个，单元3840个。图6-2（b）为沟底侵蚀基准面抬升至30m时的坡沟系统三维概化模型，此模型网格共有节点8721个，单元7360个，其他参数和设置与初始状态一致。

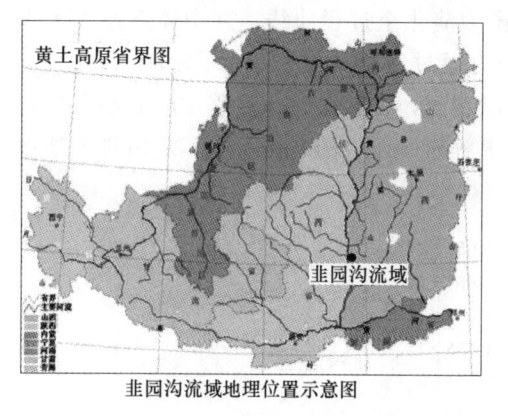

图6-1 研究区地理位置图

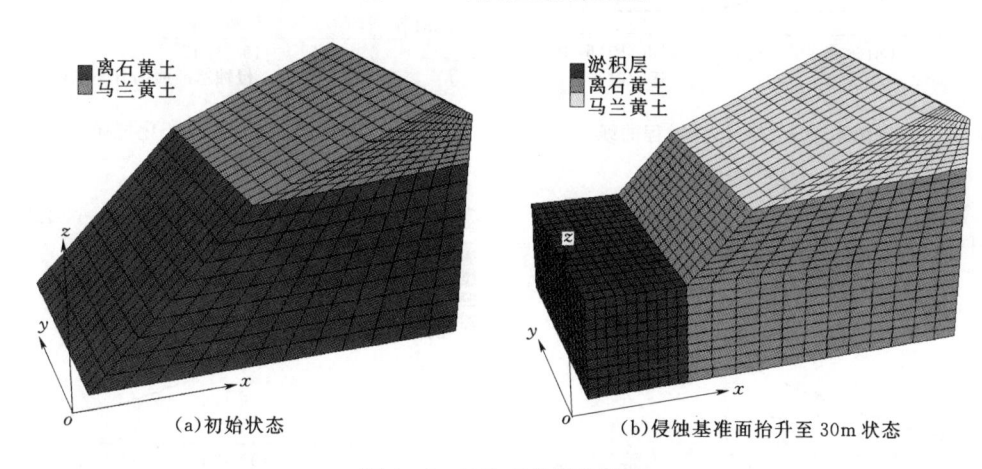

图6-2 坡沟系统概化模型

6.2.3 土体物理力学指标

根据边坡工程经验、现场资料分析、现场及室内岩土物理力学试验，坡沟系统模型各土层材料物理力学参数的具体特征取值见表6-2（于国强，2009、2010；郑书彦，2002）。

表6-2 概化模型的计算参数

土层类型	体积模量 K（MPa）	剪切模量 G（MPa）	黏聚力 c（kPa）	内摩擦角 α（°）	密度 ρ（kg/m³）
马兰黄土（峁坡）	417	149	23	21.9	1.56
离石黄土（沟坡）	588	226	37	26.5	1.78

6.2.4 数值计算过程

计算时，按下述步骤进行：首先，选择弹性本构模型，按前述约束条件，在只考虑重力作用的情况下，进行弹性求解，计算至平衡后对位移场和速度场清零，生成初始应力场；最后进行本构模型为 Mohr-Coulomb 模型的弹塑性求解，直至系统达到平衡。图 6-3 为数值计算过程中弹塑性求解阶段的系统不平衡力演化全过程曲线。其中体系最大不平衡力，是指每一个计算循环（计算时步）中，外力通过网格节点传递分配到体系各节点时，所有节点的外力与内力之差中的最大值。可以看到，在本次计算过程中间时步上出现了一次不平衡力突变，这是由于采用了弹性模型求解初始应力的方法所致，之后进入塑性求解阶段（陈育民，2008）。

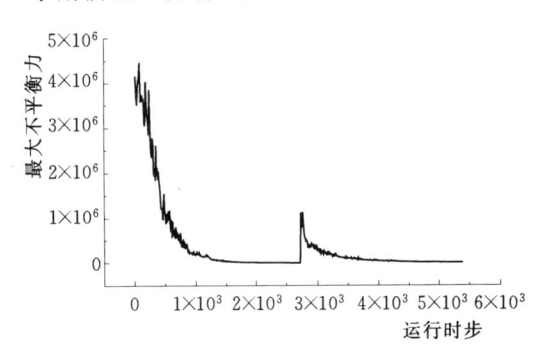

图 6-3　系统不平衡力演化全过程曲线

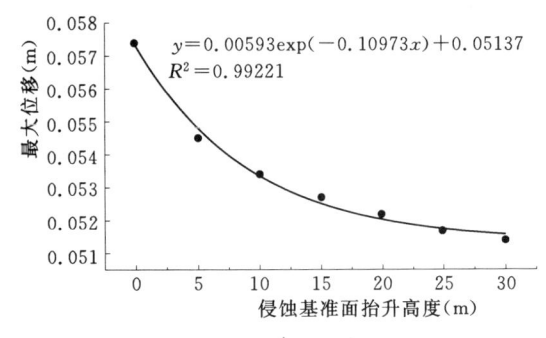

图 6-4　最大位移变化规律

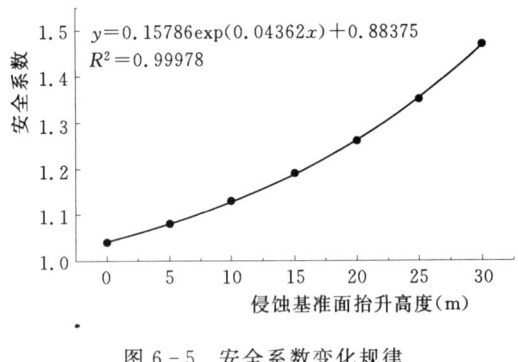

图 6-5　安全系数变化规律

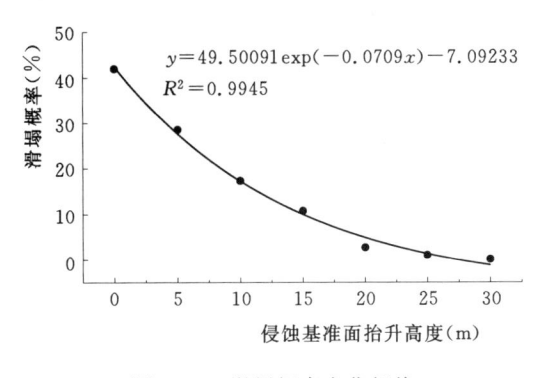

图 6-6　滑塌概率变化规律

6.2.5 坡沟系统稳定性变化特征

通过 FLAC^{3D} 和蒙特卡洛概率算法，对侵蚀基准面从 0 m 逐渐抬升至 30 m 进行模拟计算，得到了坡沟系统随侵蚀基准面逐渐抬升，最大位移、安全系数及滑塌概率的散点拟合图如图 6-4～图 6-6 所示。可以看出，随侵蚀基准面逐渐抬升，最大位移、滑塌概率逐渐降低，安全系数逐渐增大。侵蚀基准面抬升至 30m 时，最大位移降低了 0.6cm，降幅 10.5%，滑塌概率降幅 42%，安全系数增加 0.43，增加幅度为 41.3%，坡沟系统更加稳定。各参数变化均满足指数函数分布规律，拟合方程相关系数 R^2 均达到 0.99 以上，说明方程拟合精度较高。各指标拟合方程见表6-6，其结果可用于坡沟系统重力侵蚀的定性分析与定量计算。

表6-3表明，淤地坝所在沟道两侧的坡沟稳定性随着淤地坝坝内淤积物淤积厚度的增大呈现显著的指数函数关系，即随着侵蚀基准面的抬升，淤积厚度的增大，坡沟系统的稳定性增大，相应的滑塌量减小。坡沟系统的重力侵蚀滑塌概率随着淤地坝坝内淤积厚度的增大也呈现出明显的递减关系，即随着淤积厚度的增大，坡沟系统的重力侵蚀滑塌概率呈现显著的减小趋势。由此可知，随着淤积厚度的增大，坡沟系统的稳定性逐渐增大，重力侵蚀量或侵蚀潜力呈现明显的递减趋势，可见，淤地坝工程对坡沟系统的重力侵蚀具有较强的调控作用。

表6-3　随坝地淤高坡沟系统的最大位移、安全系数和滑塌概率变化规律

指　标	相　关　方　程	相关系数 R^2
最大位移（m）	$y=0.00593\exp(-0.10973x)+0.05137$	0.992
安全系数	$y=0.15786\exp(0.04362x)+0.88375$	0.999
滑塌概率（%）	$y=49.50091\exp(-0.0709x)-7.09233$	0.994

淤地坝减缓重力侵蚀的作用是在沟道建坝以后开始的，其减蚀量一般与沟壑密度、沟道比降以及沟谷侵蚀模数等因素有关。沟道里修建了淤地坝以后，随着坝前泥沙的淤积，侵蚀基准面抬高，沟坡得以稳定，沟道的重力侵蚀可以得到控制，而且淤积程度不同，重力侵蚀的控制程度不同，随着淤积厚度的增大，在保证坝体自身安全的前提条件下，坝内的淤积厚度越大，对重力侵蚀发生的控制越为有利。

6.2.6　坡沟系统位移场分布模拟

图6-7～图6-9分别为坡沟系统整体位移云图、铅垂方向位移云图和水平位移云图。无论是在初始状态还是在基准面抬升的状态下，从整体位移云图来看，位移最大的部分均集中在梁峁顶和梁峁坡上部；铅垂方向位移云图与整体位移云图相似，数值相近，且最大铅垂位移也出现在梁峁顶和梁峁坡上部，这表明整个坡沟系统上部位移是以"沉降"模式

(a) 初始状态　　　　　　　　　　(b) 侵蚀基准面抬升至30m状态

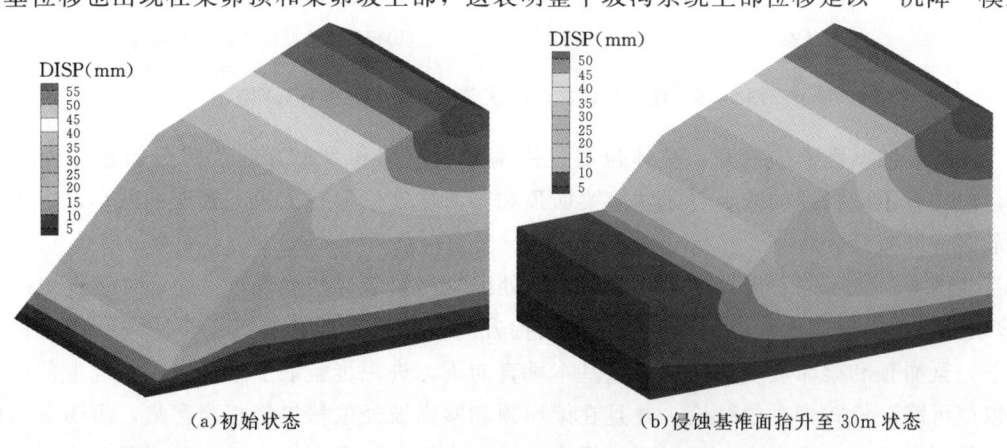

图6-7　坡沟系统在两种状态时整体位移云图

为主。而最大水平位移则出现在沟坡中下部，并以此为中心，水平位移呈"圆弧"或"同心圆"状逐渐减小向四周扩散，这表明，相对其他位置，沟坡处以水平方向变形为主，会朝沟底方向滑动，水平方向的位移相对较小，整个坡沟系统上部是以"沉降"模式为主，下部以"剪切"模式为主。

(a)初始状态　　　　　　　　　　(b)侵蚀基准面抬升至30m状态

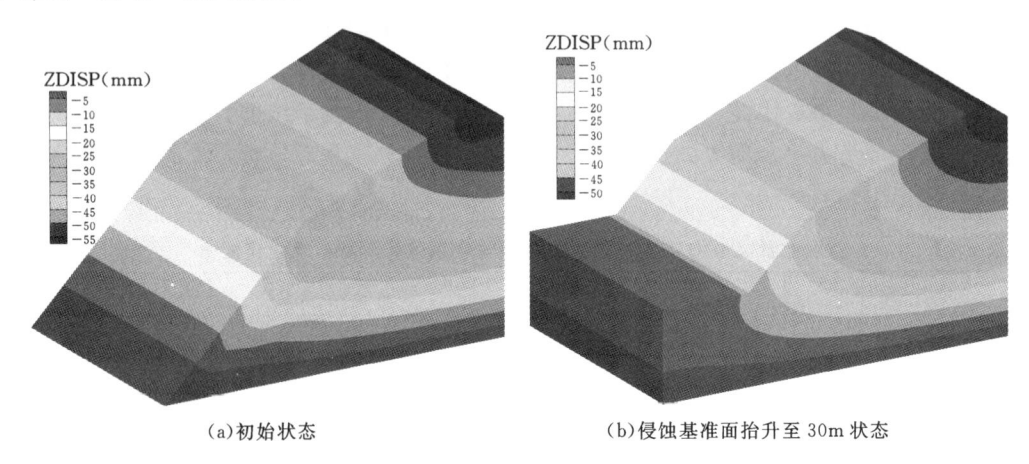

图6-8　坡沟系统在两种状态时铅垂方向位移云图

(a)初始状态　　　　　　　　　　(b)侵蚀基准面抬升至30m状态

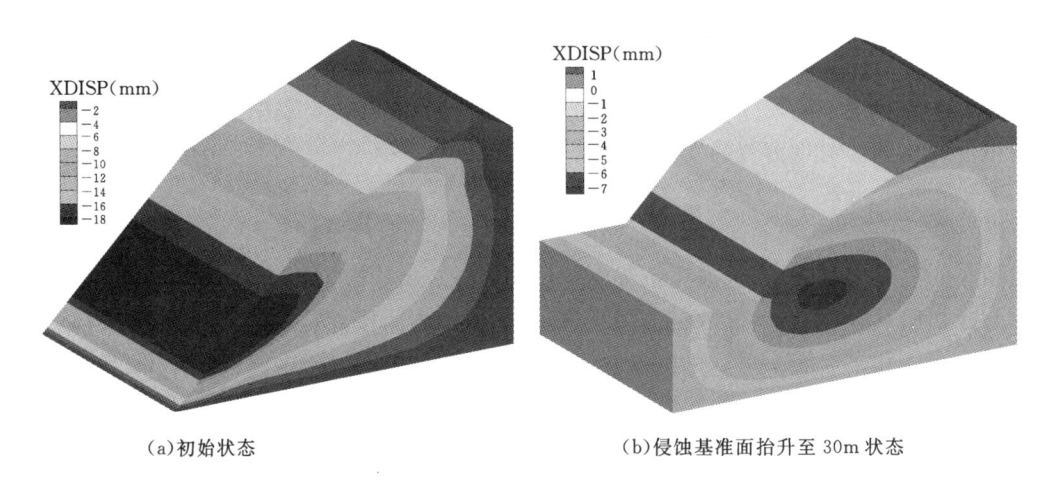

图6-9　坡沟系统在两种状态时水平方向位移云图

随着侵蚀基准面的抬升，整体位移、铅垂方向位移和水平方向位移分布规律保持不变，但均有不同程度的减小，尤其使梁峁顶和梁峁坡处位移有了较大幅度的减小，重力侵蚀危害程度减缓。

从图6-10可以看出，初始状态时沟坡处的位移矢量有些呈现水平运动，表现出一些"剪切"趋势，但幅度较小，当侵蚀基准面抬升时，水平运动趋势进一步减弱。在两种情况下，梁峁顶和梁峁坡上部位移矢量基本垂直向下，进一步验证了整个坡沟系统上部位移是以"沉降"模式为主的结论；并且在梁峁顶和梁峁坡处位移矢量相当密集，表明重力侵蚀比较严重的地方多发生在梁峁顶和梁峁坡处。当侵蚀基准面抬升时，梁峁顶和梁峁坡处位移矢量相对稀疏，位移明显减小。表明沟头溯源区是坡沟系统侵蚀最强烈的部位，随着

6.2 坡沟系统重力侵蚀数值模拟研究

侵蚀基准面的抬升,该区位移减少十分显著,坡沟系统逐渐稳定、重力侵蚀发生程度得以减缓。在配置坡面水土保持工程措施和生物措施的时候要有针对性地进行重点防护,以使坡沟系统土壤侵蚀降低到最低限度。

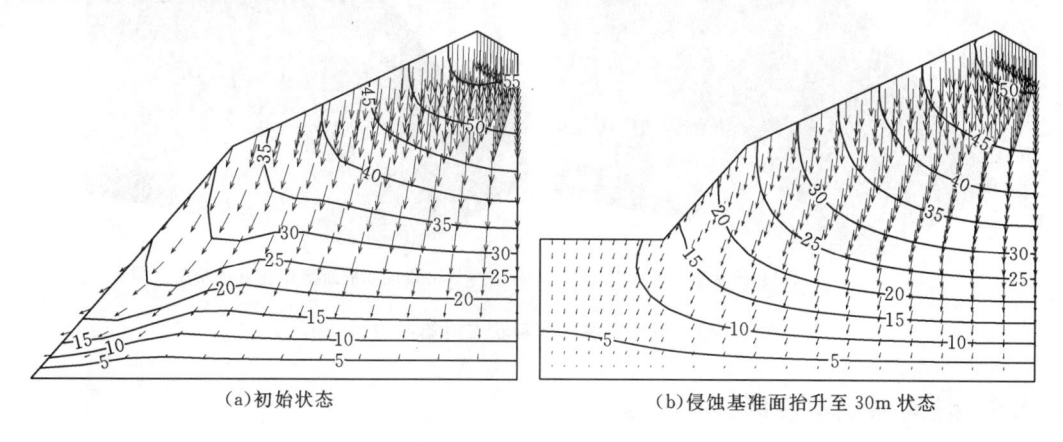

(a)初始状态

(b)侵蚀基准面抬升至30m状态

图 6-10 坡沟系统在两种状态时位移矢量图

6.2.7 坡沟系统应力场分布模拟

图 6-11 和图 6-12 分别为坡沟系统第一主应力和第三主应力云图(FLAC^{3D}中以拉应力为正,压应力为负,故以绝对值的大小判定第一主应力和第三主应力)。从边坡主应力云图来看,未出现明显的拉应力区,基本上以压应力为主。若发生破坏,则以"压—剪"破坏模式为主。最大主应力(压应力)等值线平滑且相互平行,基本顺坡面方向一直延伸,很少出现突变,但在坡底区域产生应力集中效应,这对坡沟稳定性不利,表明边坡深部土体主要受铅垂方向的压应力作用,体现为受压屈服。侵蚀基准面抬升时,虽然主应力变化不大,但最大受压屈服区体积已明显减少,水面比降减少,水流搬运泥沙的能力减弱,河流发生堆积,表明凹形边坡能够有效降低坡沟系统的应力集中,减缓重力侵蚀的发生程度。

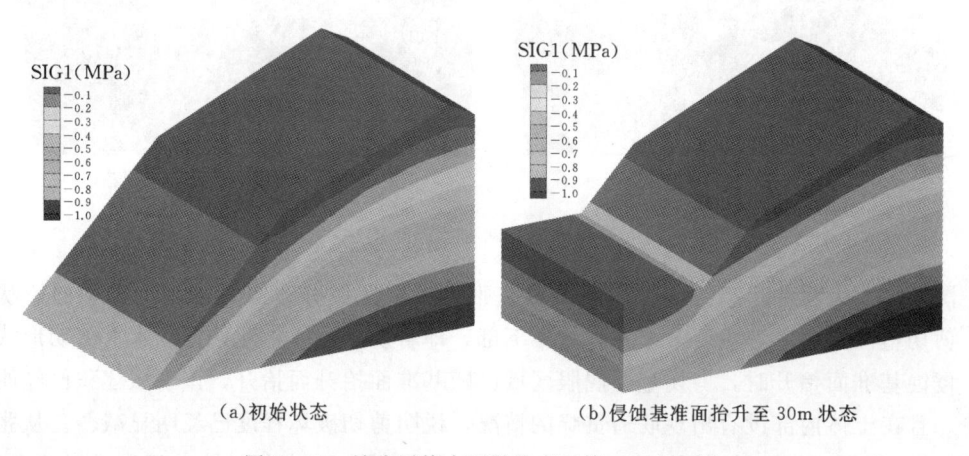

(a)初始状态

(b)侵蚀基准面抬升至30m状态

图 6-11 坡沟系统在两种状态时第一应力云图

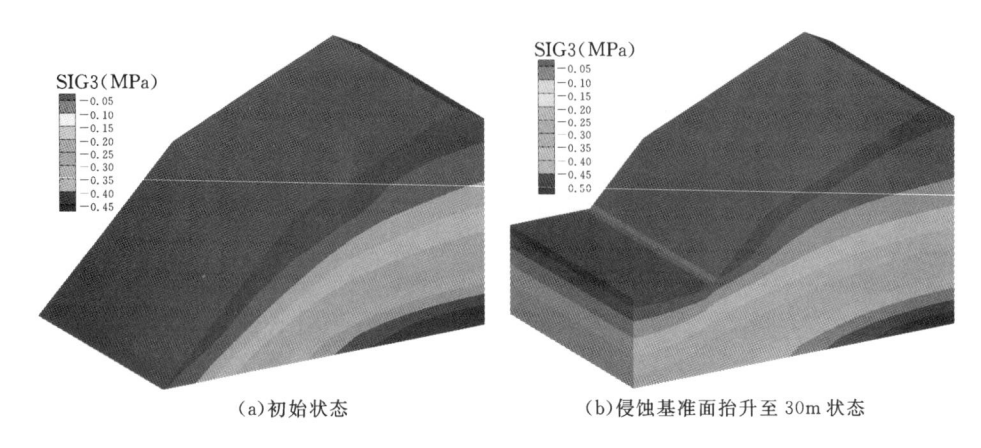

(a)初始状态　　　　　　　　　(b)侵蚀基准面抬升至 30m 状态

图 6-12　坡沟系统在两种状态时第三应力云图

6.2.8　坡沟系统塑性区分布模拟

图 6-13 为坡沟系统两种状态时单元塑性状态指示图，在计算循环里面，每个循环中，每个单元（zone）都依据屈服准则处于不同的状态，shear 和 tension 分别表示模型因受剪切和受张拉而处于塑性状态。在此塑性指示图中只获得平衡状态下现在的（now）剪切屈服区域（shear-n）和现在的张拉屈服区域（tension-n），而没有获取 shear-p、tension-p 两种过去（past）的状态，就是只关注正处于塑性状态的区域，只有处于 now 状态的单元才会对模型起破坏作用。

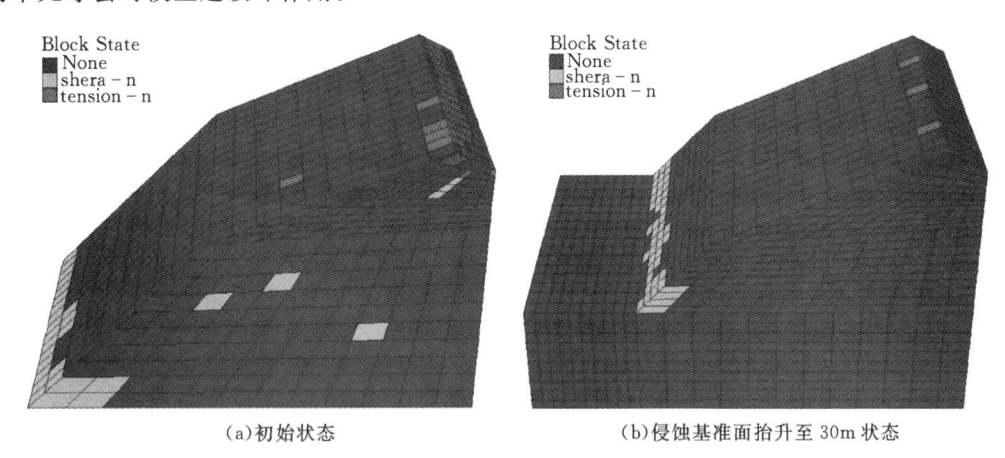

(a)初始状态　　　　　　　　　(b)侵蚀基准面抬升至 30m 状态

图 6-13　坡沟系统在两种状态时塑性状态分布

图 6-13 为两种状态的剪切屈服区域和张拉屈服区域分布图。可以看出，初始状态时，剪切塑性屈服区域主要分布在沟坡中下部，即若发生破坏，此处会以水平剪切形式体现；侵蚀基准面抬升时，剪切塑性屈服区域已随基准面抬升而抬升，该区域体积已经明显减少，且在土体内部没有出现联通贯穿的情况，说明剪切破坏程度已经明显减弱。从张拉屈服区域的分布来看，初始状态时，张拉塑性屈服区域主要分布在梁峁顶和梁峁坡上部，分布面积较大，已连成片，说明梁峁顶和梁峁坡上部发生张拉破坏的可能性较大，破坏程

度较为严重；侵蚀基准面抬升时，张拉塑性屈服区域仅在梁峁顶零星出现，未连成片，说明张拉破坏程度已经大幅度减弱，边坡发生张拉破坏的可能性很小，即使发生，也仅是局部区域，不会对边坡整体稳定性造成重大影响，这也同时验证了上面几节中位移场、应力场的分布规律。

从塑性区分布来看，它们均处于边坡坡面的浅层区域，并未出现塑性区贯穿坡体的情况，这表明边坡内部土体处于正常状态。需要强调的是，计算结果显示的是以 Mohr-Coulomb 屈服准则为依据的塑性区分布情况，该屈服准则认为材料进入屈服即破坏，事实上土体材料进入屈服并不意味着破坏，它在一定程度上还可以在硬化状态下继续工作，因而边坡实际的稳定性状态要比计算结果显示的要好一些（陈育民，2008）。

6.3 小流域重力侵蚀数值模拟研究

6.3.1 复杂地形的 FLAC³ᴰ 建模方法

FLAC³ᴰ 的计算公式源于有限差分方法，但其计算结果与有限差分方法的计算结果（对于常应变四面体）相同，而且，它与现行的数值方法相比有着明显的优点：FLAC³ᴰ 计算中使用了"混合离散化"（mixed discretization）技术，更为精确和有效地模拟计算材料的塑性破坏和塑性流动。这种处理办法在力学上比常规有限差分的数值积分更为合理。全部使用动力运动方程，即使在模拟静态问题时也是如此。因此，它可以较好地模拟系统的力学不平衡到平衡的全过程。求解中采用"显式"差分方法，这种方法不需要存储较大的刚度矩阵，既节约了计算机的内存空间，又减少了运算时间，因而提高了解决问题的速度。FLAC³ᴰ 软件为用户提供了 12 种初始单元模型（primitive mesh），这些初始单元模型对于建立规整的三维工程地质体模型具有快速、方便的功效；同时具备内嵌程序语言 FISH，可以通过该语言编写的命令来调整、构建特殊的计算模型，使之更符合工程实际。

尽管 FLAC³ᴰ 软件为用户提供了 12 种初始单元模型，但由于其在建立计算模型时仍然采用键入数据、命令行文件方式，尤其在建立复杂地形的模型时造成了一定的困难。为此本研究将地理信息系统与可视化 Surfer 软件相结合，依靠 FLAC³ᴰ 内置的 FISH 语言在初始单元模型基础上编写了前处理程序，实现了对复杂多层地形建模的二次开发。

首先采用地理信息系统 ArcGIS 9.2 将研究区小流域 DEM 提取出三维数据信息，在 Surfer 软件读取三维数据，利用克里格差值拟合方法生成地层界面和边坡坡面并离散化；然后输出地层界面和边坡坡面的网格数据，该数据信息为存储了差值后规格网格点高程信息的 grd 文件。然后利用 FLAC³ᴰ 内嵌 FISH 语言程序提取该 grd 文件的高程信息，使之转换为符合 FLAC³ᴰ 要求的表格（table）数据；接着以这些表格数据为基础，固定单元在 x、y 方向的尺寸大小，以两个楔形体为一组构成一个四棱柱，在这两个方向上循环生成一系列四棱柱体，最终组合成边坡三维网格。在地形比较陡峭的情况下，只是增加了单元数，可以将三棱柱和四棱柱结合起来，用四个顶点的相差容许度来判断是否生成四棱柱。如果地形扭曲较大，则拆分成两个三棱柱，便可完成对多个地层（材料）模型的构建，效果良好。该处理办法较好地克服了 FLAC³ᴰ 建立较复杂计算模型的困难，成功地实现了建模过程。由 Surfer 软件绘制的小流域地形地貌图（图 6-14）和由 FLAC^{3D} 生成的小流域概化模型图（图 6-15）对比表明，建立的三维模型可以真实地表现小流域地形、地貌，仿真效果良好，使模拟计算的精确度、可靠度得以大大提高。

6.3.2 小流域概化模型及有限差分计算模型

图 6-14 为采用 Surfer 软件绘制的小流域地形地貌图，图 6-15 为 FLAC^{3D} 软件建立的小流域概化模型。计算模型除坡面设为自由边界外，模型底部（$z=0$）设为固定约束边界，模型四周设为单向边界。概化模型土层从上到下分别为马兰黄土（Q_3^{eol}）和离石黄土（Q_2^{eol}），其土层平均厚度分别为 50m 和 150m，x 方向长为 580m，y 方向长为 760m，z 方向 290m。坡面坡度主要在 $10°\sim35°$ 之间，该模型有限差分网格共有节点 50895 个，单元 88064 个，每个单元长为 9m。

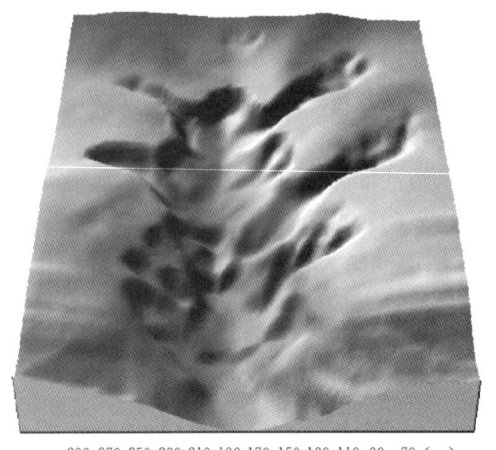

图 6-14 小流域地形地貌图

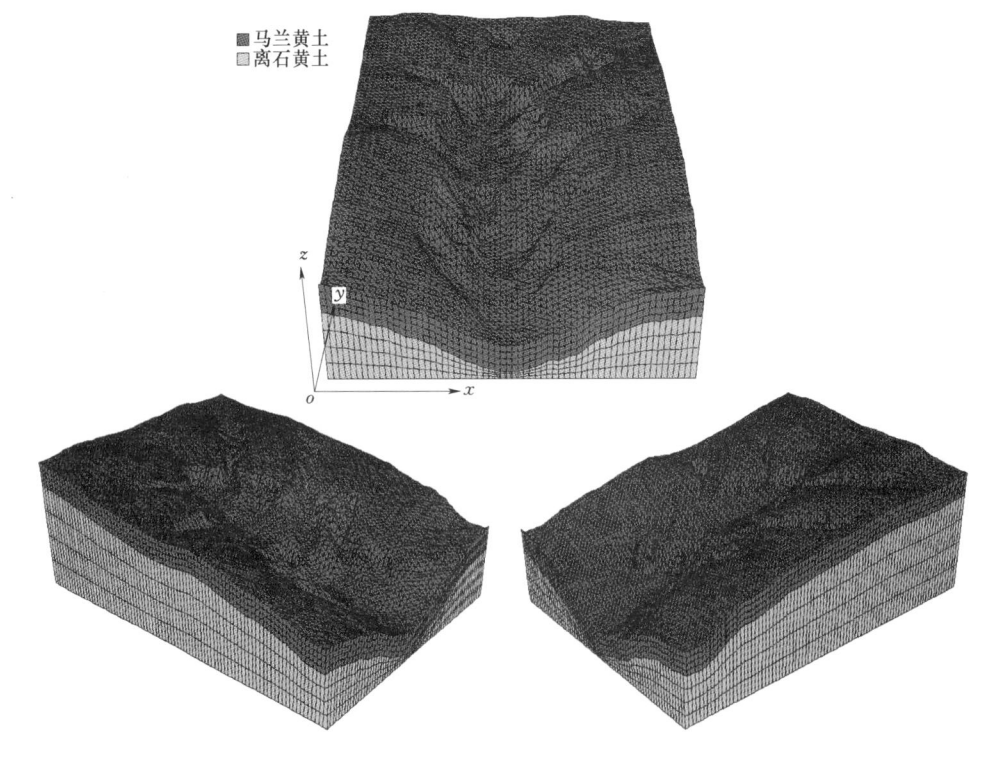

图 6-15 小流域概化模型

6.3.3 小流域重力侵蚀发育情况

模型在重力加载下运行12000步时,最大不平衡力和平衡率均低于系统默认值,运算停止系统达到平衡状态。分别在梁峁顶和梁峁坡上部、下部及沟坡中部各典型位置选取多个监测点(图6-16中只列出代表性的4点),观察其位移变化规律以监测流域重力侵蚀发育情况。从图6-16各位置监测点位移曲线可以看出,各点的位移变化规律相同,随着运算时步的继续,位移先增大至最高点,然后缓慢降低至某一值后基本维持不变。根据位移曲线变化规律,将位移从开始至最高点阶段定义为发育期,从最高点降至稳定值阶段定义为成熟期,从稳定值至平衡阶段定义为稳定期,从而将流域重力侵蚀划分为发育期、成熟期和稳定期3个阶段。针对流域模型不同空间部位侵蚀强度及其与所处发育时段的关系规律,在小流域水土流失综合治理的实际工作中,可确定重点治理区域,为小流域侵蚀产沙的预报,流域各部位侵蚀强度、发育阶段动态变化特征的研究提供一定的依据,推动流域侵蚀产沙时空规律研究的深入发展。

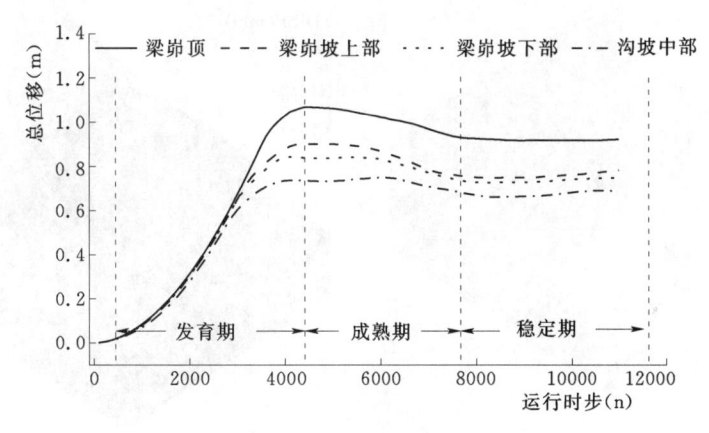

图6-16 小流域监测点位移曲线

6.3.4 小流域位移场分布模拟

系统达到平衡时,FLAC^{3D}自动计算出处于平衡状态时模型各个方向位移的大小及其分布规律,如图6-17~图6-20所示。图6-17为小流域整体位移云图,图6-18~图6-20依次为铅垂方向、水平方向和纵向方向位移云图。从总体位移云图来看,位移最大的部分均集中在梁峁顶和梁峁坡上部;铅垂方向位移云图与总体位移云图相似,数值相近,且最大铅垂位移也出现在梁峁顶和梁峁坡上部,这表明小流域上部位移是以"沉降"模式为主,而最大水平位移基本呈现对称状态出现在沟坡中下部的凹陷地带,并以此为中心,水平位移呈"同心圆"状逐渐减小向四周扩散。而流域其他部位的水平位移很小,基本为零,这表明相对其他位置,沟坡处以水平方向变形突出,会朝沟底方向滑动,但水平方向的位移相对较小;纵向位移主要在梁峁顶和梁峁坡处较大,在坡坡沟底处位移基本为零,说明整个流域上部仍是以"沉降"模式为主,流域下部沟坡处以"剪切"模式为主。

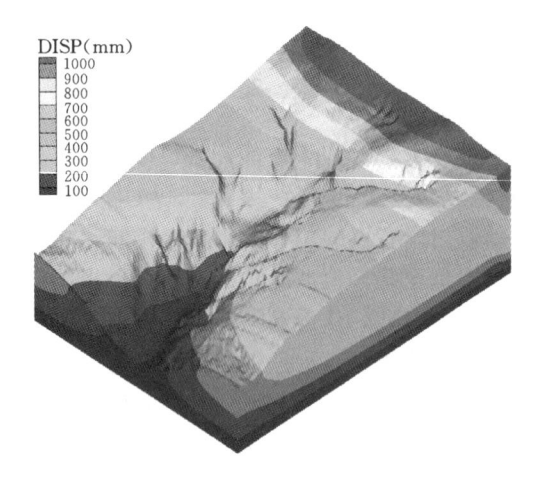

图 6-17　小流域整体位移云图 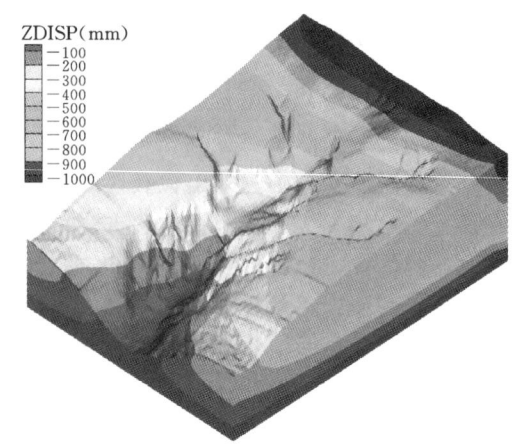　　　　　图 6-18　小流域铅垂方向位移云图

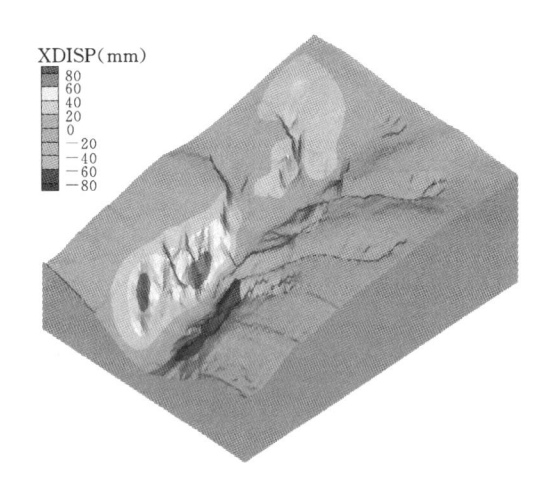

图 6-19　小流域水平方向位移云图 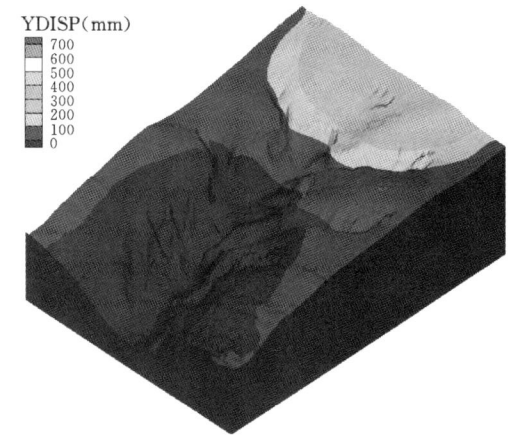　　　图 6-20　小流域纵向方向位移云图

小流域坡面切片示意图如图 6-21 所示，分别沿 X 轴 Y 轴方向在 $X=110m$、265m、450m 和 $Y=223m$、432m、585m 以及斜面方向 $Y=$（170m，490m）、（305m，740m）切出 8 个典型剖面。由于篇幅有限图 6-22 仅列出 $X=245m$、$Y=180m$ 与 $Y=$（305m，740m）的位移等值线矢量（云）图，其他剖面情况与其规律相同。从位移矢量图可以看出，整个流域的位移矢量基本为垂直向下，验证了整个坡沟系统是以"沉降"模式为主的结论；并且在梁峁顶和梁峁坡处位移矢量相当密集，这表明重力侵蚀比较严重的地方多发生在梁峁顶和梁峁坡处，沟坡处的位移矢量有些呈现水平运动，表现出一些"剪切"的趋势，但幅度较小。各位移等值线形态表现为在边坡中上部呈半封闭状，都与坡面相交，且等值线拐点与坡面的距离较远；在下部则表现为与边坡底部近乎平行，在近坡面处突然上翘。这表明该流域不可能发生从其中上部剪出的浅层圆弧形破坏，而是发生从坡趾剪出的深层圆弧形破坏。依此可以确定沟头溯源区是小流域侵蚀最强烈的部位，流域上部成为整个流域主要侵蚀部位，在配置坡面水土保持工程措施和生物措施的时候要有针对性的进行重点防护，使小流域的土壤侵蚀降低到最低限度。

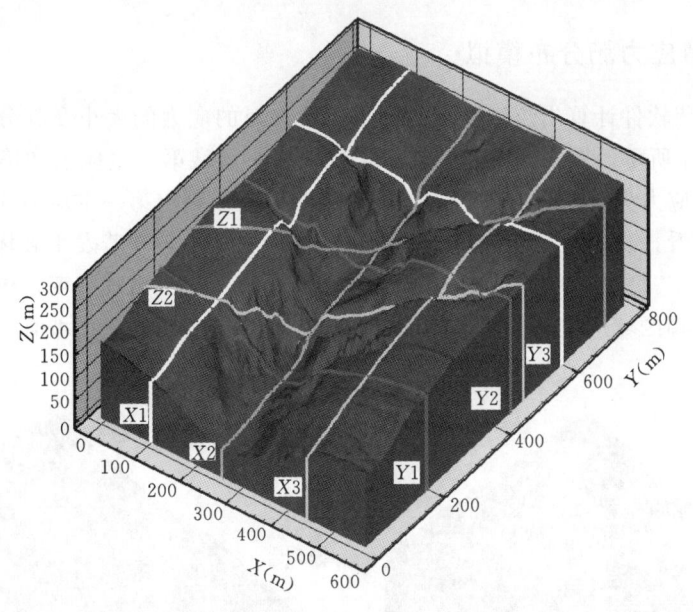

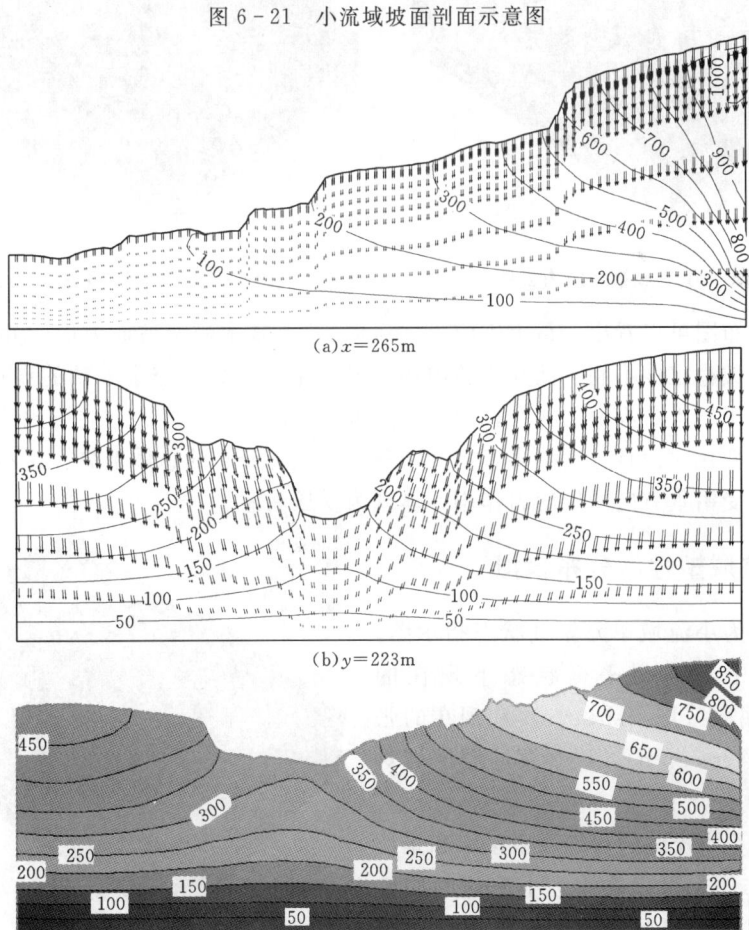

6.3 小流域重力侵蚀数值模拟研究

图 6-21 小流域坡面剖面示意图

(a) $x=265m$

(b) $y=223m$

(c) $y=(305m, 740m)$

图 6-22 小流域各剖面位移矢量及等值线图

6.3.5 小流域应力场分布模拟

采用 FLAC^{3D} 软件计算出流域模型达到平衡状态时的应力的大小及其分布规律，如图 6-23 和图 6-24 所示。图 6-23 和图 6-24 分别为小流域第一主应力和第三主应力云图（FLAC^{3D} 中以拉应力为正，压应力为负，故以绝对值大小判定第一主应力和第三主应力）。从流域应力云图看，未出现拉应力区，基本上以压应力为主，即若发生破坏，是以"压—剪"破坏模式为主。主应力等值线平滑，几乎相互平行，很少出现突变，仅在岩土体分界面附近区域和坡脚区域产生不甚明显的应力集中效应，这表明凹形边坡有效降低了边坡的应力集中程度。

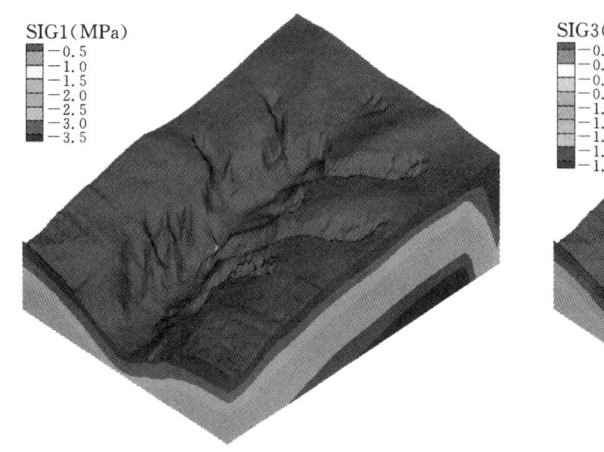

图 6-23　小流域第一应力云图

图 6-24　小流域第三应力云图

从应力分布图可以看出，最大主应力（压应力），基本顺着坡面方向，并一直延伸到坡脚，这对边坡稳定性不利。而往边坡内部，最大主应力方向与水平轴的夹角逐步变大，直至铅直；由于岩土分界面的存在，使得其附近区域的最大主应力方向要比其他区域最大主应力方向的变化大而且迅速得多，但并未影响主应力分布的总体走势。这些都表明边坡深部土体主要受铅垂方向的压应力作用，体现为受压屈服。

6.3.6 小流域塑性区分布模拟

图 6-25 为小流域单元塑性状态指示图。在图 6-25 中只获得平衡状态下现在的（now）剪切屈服区域（shear-n）和现在的张拉屈服区域（tension-n），以观察屈服区域对流域的破坏程度。

图 6-25 为小流域的剪切屈服区域和张拉屈服区域分布图。可以看出，小流域的屈服区域中，剪切塑性屈服区域和张拉塑性屈服区域分布规律与坡沟系统类似，但分布明显

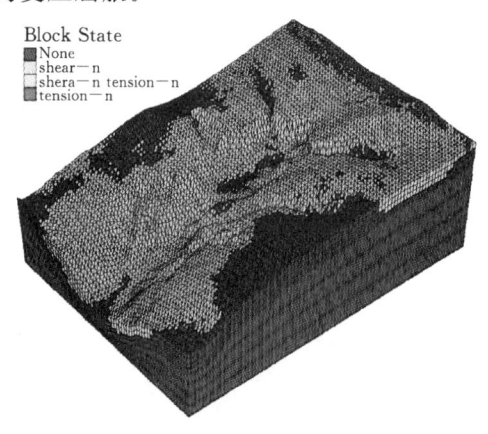

图 6-25　小流域塑性状态分布

多于坡沟系统。张拉塑性屈服区域主要分布在梁峁顶和梁峁坡上部，且分布面积较大，已连成片，说明梁峁顶和梁峁坡上部发生张拉破坏的可能性较大，破坏程度较为严重；剪切塑性屈服区域分布范围较广，多分布于沟面和沟坡大部分区域，这些区域很容易发生水平剪切变形，且破坏程度较为严重。通过 FISH 语言编程，对模型塑性屈服区域体积进行计算，结果见表 6-4。可以看出，流域内塑性区多以剪切塑性区为主，占全部屈服区体积的 99.5%，张拉塑性屈服区仅占 0.5%，说明流域主要以剪切破坏的塑性屈服模式为主。

表 6-4　　　　　　　　　　小流域塑性区体积

塑性状态	剪切塑性屈服区	张拉塑性屈服区	合　计
体积（m³）	1.52×10^7	7.34×10^4	1.53×10^7

从塑性区分布来看，它们均处于边坡坡面的浅层区域，在整个小流域中只有部分位置出现塑性区贯穿坡体的情况，这表明流域内部土体处于正常状态。但土体浅层区域的破坏也不容忽视，一旦出现塑性区贯穿坡体的情况，则会有发生浅层滑动的趋势。仍需要强调，计算结果显示的是以 Mohr-Coulomb 屈服准则为依据的塑性区分布情况，该屈服准则认为材料进入屈服即破坏，事实上土体材料进入屈服并不意味着破坏，它在一定程度上还可以在硬化状态下继续工作，因而边坡实际的稳定性状态要比计算结果显示得要好一些。

6.3.7　Rosenblueth 矩估计方法计算

6.3.7.1　土体物理力学指标及差异性

岩土体强度参数的选取以边坡工程经验、现场资料分析、现场及室内岩土物理力学试验为依据。在本研究中马兰黄土抗剪强度参数 c 和 ϕ 变异性显著，为随机变量，其均值参照相关研究经验，进行了折减和取整，方差保持不变；其他参数变异性很小，做常量处理，岩土体物理力学参数具体取值见表 6-5。

表 6-5　　　　　　　小流域地质参数及其差异性

土层类型	体积模量 K（MPa）	剪切模量 G（MPa）	黏聚力 c（kPa） 均值	黏聚力 c（kPa） 标准差	内摩擦角 ϕ（°） 均值	内摩擦角 ϕ（°） 标准差	密度 ρ（kg/m³）
马兰黄土	417	149	23	13.23	21.9	7.12	1.56
离石黄土	588	226	37	—	26.5	—	1.78

6.3.7.2　计算结果

在本研究中流域的安全系数（状态函数）F 除为常量外，还是随机变量 c 和 ϕ 的函数，即

$$Z = F(x_1, x_2) = F(c, \phi) \tag{6-28}$$

因为 c、ϕ 是正态随机变量，而状态函数 $Z = F(c, \phi)$ 是 c、ϕ 的隐函数，所以 F 也是随机变量，其实质是抗滑力（矩）与下滑力（矩）的比值（R/S）。由迭代计算便得到流域的安全系数。由于所考虑随机变量仅为 c、ϕ 两个变量，所以可以得到 F 的 4 个函数为

$$F_{S1(++)} = F(\mu_C + \sigma_C, \mu_\phi + \sigma_\phi), \quad F_{S2(+-)} = F(\mu_C + \sigma_C, \mu_\phi - \sigma_\phi)$$

$$F_{S3(-+)} = F(\mu_C - \sigma_C, \mu_\phi + \sigma_\phi), \quad F_{S4(--)} = F(\mu_C - \sigma_C, \mu_\phi - \sigma_\phi)$$

在 FLAC³ᴰ 中采用强度折减法求得上述 4 种组合情况下的安全系数：

$$F_{S1(++)}=1.23, \quad F_{S2(+-)}=1.12, \quad F_{S3(-+)}=1.09, \quad F_{S4(--)}=0.86$$

根据上述计算结果，假定土体抗剪强度参数相互独立，即相关系数 $\rho=0$，采用 Rosenblueth 法计算得到的计算结果汇总于表 6-6。

表 6-6 安全储备统计参数

相关系数 ρ	安全系数值 FOS	安全系数平均值 $\overline{FOS}$	安全储备标准差 σ_{M_s}	可靠度指标 β	破坏概率 p_f
0	1.12	1.075	0.135	0.557	71.12%

由 Rosenblueth 法求得的边坡均值安全系数（为 1.075）与采用状态变量均值计算出来的安全系数（为 1.12）非常接近，证明本次采用强度折减法与 Rosenblueth 法耦合进行三维空间流域总体可靠度计算成功，结果是可信的（罗文强，2003）。从可靠度计算结果可以看出，流域重力侵蚀处于高破坏概率范畴之内，这也与位移场和应力场分析结论一致，说明该流域处于不可接受的风险水平，重力侵蚀程度剧烈且发生概率较高，需采取适当的工程措施以提高其稳定性。可靠度分析表明该流域风险较高，与数值分析结论（流域稳定性状态较好）有一定差异，但并不矛盾，这是由于两种方法考虑问题的角度不同，关注的重点不同造成的。这同时也说明采用单一指标评判边坡稳定性有失偏颇，有可能造成错误的工程判断。

6.4 淤地坝对小流域重力侵蚀的调控作用

6.4.1 淤地坝小流域有限差分计算模型

前面章节中探讨了淤地坝抬高对坡沟系统稳定性的影响，并且对坡沟系统和小流域重力侵蚀位移场、应力场和塑性区域分布规律展开了研究。在此基础上，本节研究淤地坝建设对小流域重力侵蚀的影响。在建立小流域模型的基础上，依然采用复杂地形的 FLAC³ᴰ 建模方法，建立带有淤地坝的小流域有限差分模型。

图 6-26 为采用 Surfer 软件绘制的带有淤地坝的小流域地形地貌图，图 6-27 为带有淤地坝的小流域概化模型。计算模型除坡面设为自由边界外，模型底部（$z=0$）设为固定约束边界，模型四周设为单向边界。概化模型土层从上到下分别为马兰黄土（Q_3^{eol}）和离石黄土（Q_2^{eol}），其土层平均厚度分别为 50m 和 150m，x 方向长 580m，y 方向长 760m，z 方向 290m。该模型有限差分网格共有节点 50895 个，单元 88064 个，每个单元长 9m。为使模型具有可比性，该模型的土体分类、物理参数、节点数、单元数、单元及模型的尺寸、边界条件均一致，淤地坝坝长坝宽皆为 80m，坝高设为 35m，其中淤地坝坝前设为单向边界。

6.4.2 淤地坝对位移场分布调控作用

图 6-28~图 6-31 为带有淤地坝小流域各方向位移云图。图 6-28 为小流域整体位移云图，图 6-29~图 6-31 依次为铅垂方向、水平方向和纵向方向位移云图。带有淤地

6.4 淤地坝对小流域重力侵蚀的调控作用

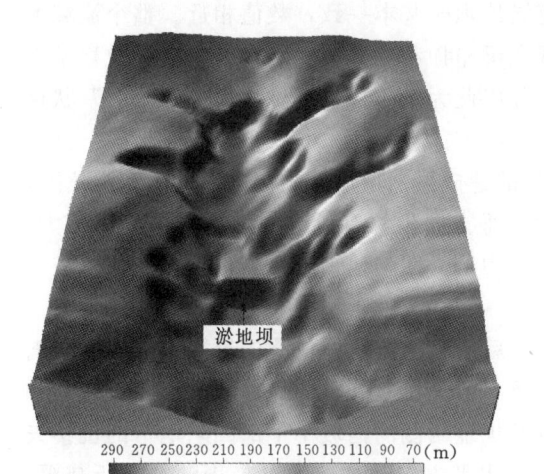

图 6-26 带有淤地坝的小流域地形地貌图

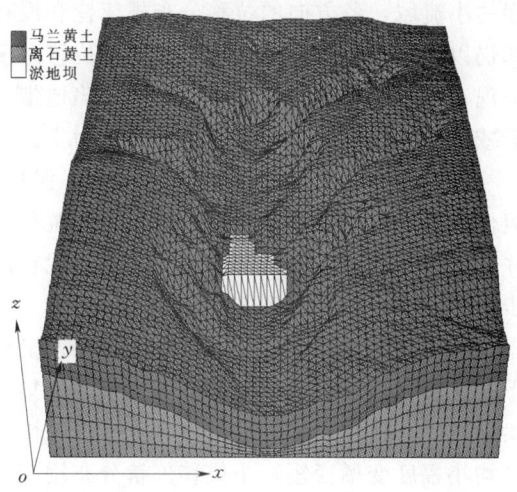

图 6-27 带有淤地坝的小流域概化模型

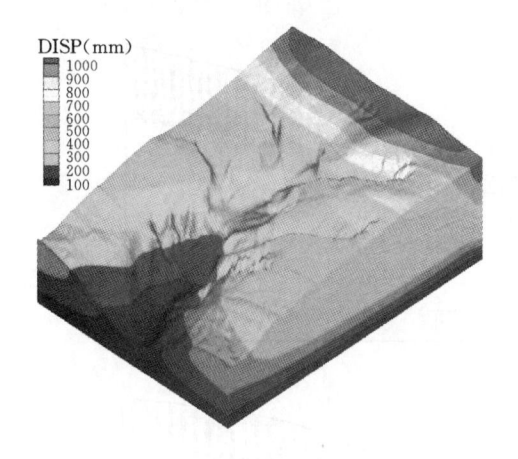

图 6-28 淤地坝小流域整体位移云图

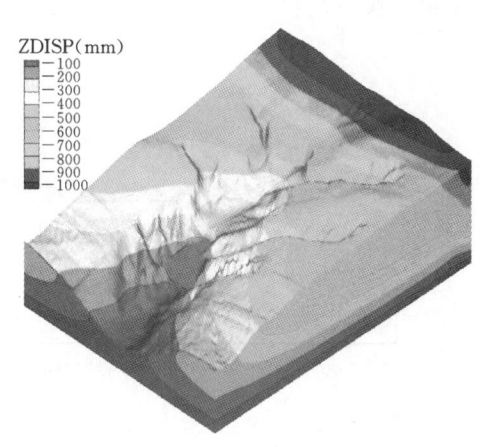

图 6-29 淤地坝小流域铅垂方向位移云图

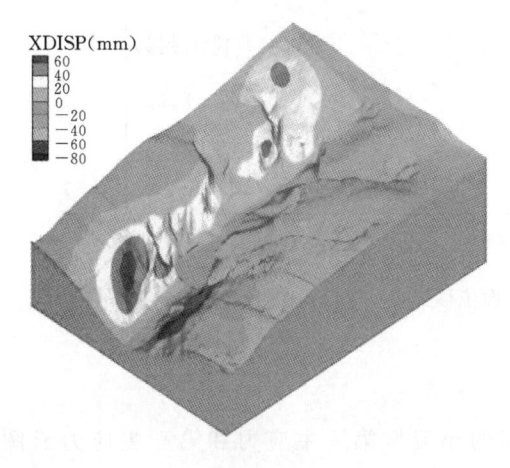

图 6-30 淤地坝小流域水平方向位移云图

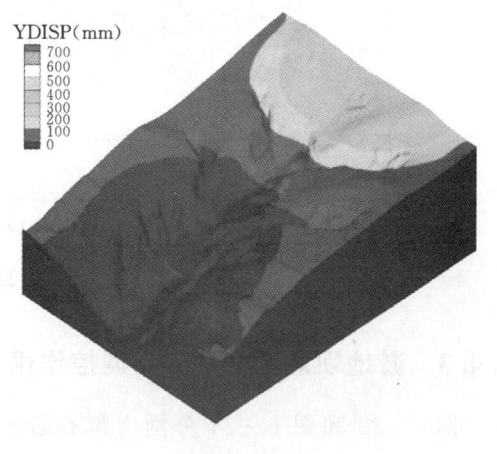

图 6-31 淤地坝小流域纵向方向位移云图

129

坝的小流域，各方向的位移分布规律皆和没有淤地坝时基本一致，数值相近。整个流域上部仍以"沉降"模式为主，最大铅垂位移出现在梁峁顶和梁峁坡上部，最大水平位移基本呈现对称状态出现在沟坡中下部的凹陷地带，并以此为中心，水平位移呈"同心圆"状逐渐减小向四周扩散，以"剪切"模式为主。

对照图 6-17～图 6-19 可以看出，淤地坝的建成虽然增加了顺沟口方向的河道比降，但仍然可以使坝地上下游附近区域整体位移和铅垂方向位移有所减小，小位移范围增大；并且减少了水平方向的河道比降，使出现在沟坡中下部凹陷地带的两侧最大水平位移进一步减小，减小幅度达到 25%。

从位移矢量图 6-32 可以看出，加入淤地坝后，整个流域的位移矢量规律依然垂直向下，在梁峁顶和梁峁坡处位移矢量相当密集，重力侵蚀比较严重的地方多发生在梁峁顶和梁峁坡处。建坝后，坝址区域、上下游区域以及坝址两侧的沟坡中下部凹陷地带的位移矢量均小幅度变稀变短，小位移矢量分布增多，且水平方向的"剪切"趋势已经有所减缓，说明淤地坝建设可以使得流域内，坝址上下游以及左右两侧的重力侵蚀得到一定程度的缓解，但幅度较小。

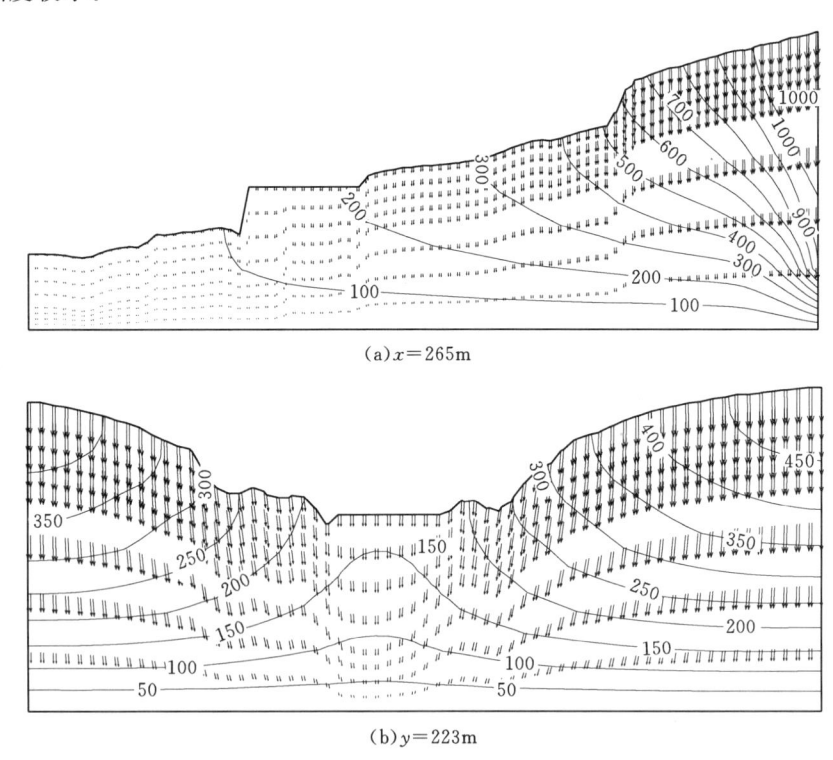

(a) $x=265\text{m}$

(b) $y=223\text{m}$

图 6-32 淤地坝流域各剖面位移矢量及等值线图

6.4.3 淤地坝对应力场分布调控作用

图 6-33 和图 6-34 分别为带有淤地坝的小流域第一主应力和第三主应力云图（FLAC^{3D} 中以拉应力为正，压应力为负，故以绝对值的大小判定第一主应力和第三主应

力）。

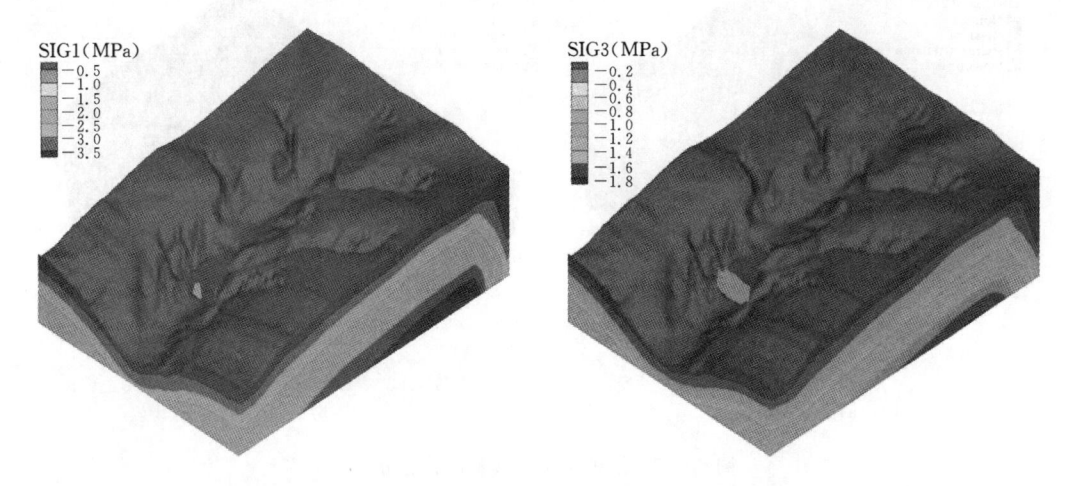

图 6-33 淤地坝小流域第一应力云图　　图 6-34 淤地坝小流域第三应力云图

从应力云图来看，建有淤地坝后，流域应力分布规律不变，数值基本一致。流域未出现拉应力区，基本上以压应力为主，主应力等值线平滑，仅在岩土体分界面附近区域和坡脚区域产生不甚明显的应力集中效应，边坡深部土体主要受铅垂方向的压应力作用，体现为受压屈服。由于淤地坝建成后，流域内河道比降发生改变，使得凹形边坡有所增加，坝址处主应力、最大受压屈服区体积有所减少，降低了边坡的应力集中程度，可以在一定程度上减缓重力侵蚀的发生。

6.4.4 淤地坝对塑性区分布调控作用

图 6-35 为有无淤地坝的小流域剪切屈服区域和张拉屈服区域分布图。可以看出，带有淤地坝小流域的屈服区域中，剪切塑性屈服区域和张拉塑性屈服区域分布规律与流域类似。张拉塑性屈服区域主要分布在梁峁顶和梁峁坡上部，且分布面积较大，梁峁顶和梁峁坡上部发生张拉破坏的可能性较大，破坏程度较为严重；剪切屈服区域分布范围较广，多分布于坡面和沟坡大部分区域，这些区域很容易发生水平剪切变形，且破坏程度较为严重。从塑性区分布来看，均处于边坡坡面的浅层区域，在整个小流域中只有部分位置出现塑性区贯穿坡体的情况，流域内部土体处于正常状态。由于淤地坝建成后，淤地坝将原来贯穿坡面的浅层剪切塑性屈服区域打断，并且使得坝址两侧沟坡中下部凹陷地带的剪切塑性屈服区域体积减小，坝址处以及淤地坝附近上下游区域已不在屈服区范围，不会对流域产生破坏作用，从而减缓了该剪切区域对流域的破坏程度。

采用FISH语言对模型塑性屈服区域体积进行计算，结果见表 6-7。可以看出淤地坝建成后，张拉塑性屈服区和剪切塑性屈服区的体积都有一定程度的减小，张拉屈服区减小 11.2%，剪切屈服区减小 14.7%，流域内塑性区多以剪切塑性区为主，占全部屈服区体积的 99.5%，流域的重力侵蚀塑性屈服模式依然以剪切破坏形式为主。

综合以上分析可知，带有单个淤地坝小流域的位移场、应力场、塑性屈服区分布规律均与未建淤地坝时的分布规律一致。淤地坝的建成虽然增加了河道比降，但也增加了流域

(a) 淤地坝小流域   (b) 原始小流域

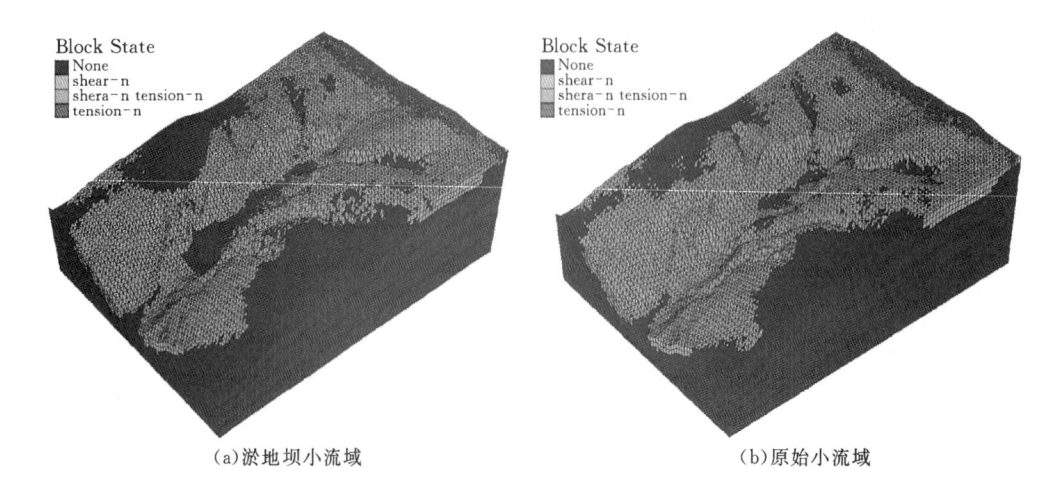

图 6-35　淤地坝小流域塑性状态分布

表 6-7　　　　　　　有无淤地坝的小流域塑性区体积

塑性状态	塑性屈服区体积（m³）	
	原始小流域	淤地坝小流域
剪切塑性屈服区	1.52×10^7	1.35×10^7
张拉塑性屈服区	7.34×10^4	6.26×10^4
合计	1.53×10^7	1.36×10^7

的凹形边坡，使得最大受压屈服区的体积进一步减少，降低了边坡的应力集中程度，从而减少了坝址处、坝址区域附近上下游以及坝体两侧的沟坡中下部凹陷地带的位移，增加了小位移的稀疏程度及分布区域；并且淤地坝将原来贯穿坡面的浅层剪切塑性屈服区域打断，坝址两侧沟坡中下部凹陷地带的剪切塑性屈服区域体积减小，减缓了剪切区域对流域的破坏程度；这些规律都反映出淤地坝的建设在一定程度上减缓了流域重力侵蚀的破坏。需要指出的是，单个淤地坝对于减缓流域重力侵蚀的能力是有限的，仅在坝址处以及坝址附近发挥作用，不会影响整个流域的重力侵蚀分布规律，流域的塑性屈服模式依然以剪切破坏形式为主，如果在流域关键位置进行科学、合理的坝系规划，则会进一步减缓流域重力侵蚀的破坏程度。

第 7 章 流域坝系工程优化模拟

近年来，以小流域为单元的淤地坝建设在整个黄土高原地区迅速展开，随着建设区域的扩展，黄土高原地区的淤地坝建设也进入了一个新阶段。经过多年的实践，坝系工程的建设方案、工程布局、布坝密度等都遇到了新的问题，在当前开展大规模坝系工程建设的情况下，黄土高原流域坝系的优化布局显得尤为重要。

7.1 坝系规划方法研究进展

20 世纪 60 年代，人们受天然聚湫对洪水泥沙全拦全蓄、不满不溢现象的启发，提出了淤地坝相对稳定的概念，认识到当坝体达到一定高度、坝地面积与坝控流域面积的比例达到一定数值之后，淤地坝对洪水泥沙将能长期控制而不致影响坝地作物生长，洪水泥沙在坝内被消化利用，达到产水产沙与用水用沙的相对平衡。

20 世纪 80 年代以来，随着系统工程理论和方法用于坝系优化规划，坝地面积和流域控制面积之比作为坝系相对稳定的主要控制参数，人们从坝地作物允许淹没深度和淤积深度两个方面综合考虑，确定适宜的坝地面积和流域控制面积比，为相对稳定坝系的建设规模提供相应的控制指标。但对该比值的含义、特性及其在坡面和沟道水土保持措施之间的影响缺乏全面认识，需要从小流域坡面治理和沟道坝系建设综合的角度，从静态和动态的角度，从小流域和区域的角度加以深化研究。

在坝系规划布设方面，目前所采用的数学方法基本上可以分为两类：一是综合平衡法（也称为经验法）；二是系统工程法。综合平衡法主要是基于人们对小流域产水产沙状况的认识，结合小流域的沟道特征，从防止沟道侵蚀，合理用水用沙，开发利用水沙资源，发展农业生产的角度，提出若干坝库工程的布设方案，从防洪安全、发展生产等方面，分析坝系建设的投资和效益，从中选择综合效益较好的方案作为规划方案。由此可见，综合平衡法实际上是基于经验基础上的有限几组规划方案的对比选优。就淤地坝工程而言，坝高、坝地面积、工程量等因素之间存在着非线性的关系，假设坝高增加一倍，库容、坝地面积和工程量的增加并不是成倍的，它们之间不存在固定的比例关系。由此可见，坝系优化规划方法是一个非线性规划问题，应该采用非线性规划方法来解决。

国内在坝系规划中引入非线性规划方法的研究始于 20 世纪 80 年代，取得了一定的成效，它较经验规划法有较大的优越性，可以在一定程度上排除人为因素的干扰，针对较为复杂的模型，得到基本符合实际的优化求解。但目前来看，非线性规划方法也存在着一定的局限性：一是变量不宜过多；二是研究对象不同，数学模型亦不同，这就增加了研究和推广的难度。坝系规划所涉及的可变因素很多，如布局问题、规模问题、建设时序问题等。就决策变量而言，最初的坝系优化规划，通常以拦泥坝高为决策变量。

随着坝系优化规划研究的深入,考虑到坝系的防洪问题,为兼顾生产效益和防洪效益,提出了以拦泥坝高和滞洪坝高为决策变量的双优化法。为同时解决坝系布局、建坝规模和建设时序问题,有关研究以拦泥坝高和建坝年为决策变量,考虑到淤地坝总坝高主要取决于拦泥坝高,因此以拦泥坝高优化近似反映总坝高优化,用建坝年反映建坝顺序,进行坝系的优化规划。上述方法从不同的角度对于坝系的优化规划问题加以研究,但有一个共同问题,就是为了问题的简化,将坝系中各坝视为"闷葫芦"坝,忽视了工程之间的水沙联系。我们知道,坝系与单坝最大的区别就是水沙能否在工程之间进行调配与利用,因此上述对问题的简化,某种程度上忽视了坝系的本质。完善坝系优化规划研究,必须将放水建筑物纳入研究范畴,尤其是考虑溢洪道的投资和功能。因为溢洪道就其投资而言约占总投资的 1/3,在坝系调水调沙方面发挥着主导作用。

综上所述,就计算方法而言,非线性规划尚不十分成熟,尤其是在决策变量较多的情况下。因此,在坝系优化规划中,如果将不同规模淤地坝以及溢洪道一并纳入数学模型加以研究,势必使模型十分复杂难以求解。为解决这一问题,应当重点考虑在坝系农业生产、防洪安全、调水调沙方面发挥主要作用的骨干坝和大中型淤地坝,从而将复杂问题简单化,保证主体工程优化规划的精度。同时为了克服非线性规划在坝系中小型淤地坝研究方面的局限性,有必要尝试其他系统方法。20 世纪 90 年代,系统动力学的原理被运用在水土保持综合治理规划中,并具有解决多变量多目标规划问题的特点。系统动力学的原理通过流量方程将复杂的系统问题联系在一起,也满足非线性关系的要求。鉴于此,有必要探讨用系统动力学原理进行坝系优化规划研究,与非线性规划法相互印证,丰富和完善坝系优化规划研究。

7.2 韭园沟坝系建设情况

将陕西绥德县韭园沟流域作为研究对象,先后从相对稳定系数的研究出发,对坝系相对稳定实现途径进行研究,建立了坝系相对稳定动态仿真(SD)模型以及非线性规划模型。分别采用 30 年、50 年、100 年、200 年、300 年和 500 年一遇设计洪水频率对韭园沟流域进行了优化计算,取得了韭园沟流域坝系相对稳定优化规划布局、规模、建规时序的规划结果;在优化规划的基础上,按照不同防洪标准,利用防洪标准模型对韭园沟流域坝系投资、效益、溃坝损失进行综合分析,确定了相对稳定坝系的防洪标准。

韭园沟流域是无定河的一条支沟,属黄土丘陵沟壑区。流域面积 70.7km,主沟长 18km,沟道比降 1.2%,沟壑密度 5.3km/km,流域海拔高度 820~1180m,梁峁起伏、沟壑纵横、地形破碎,属黄土丘陵沟壑第一副区。黄土覆盖厚度 50~150m,大多数沟底基岩出露,沟间地面积占总面积的 56.6%,沟谷地占 43.4%。地面坡度组成为:6~25 面积占总面积的 26%、26~35 面积占总面积的 40%、大于 35 面积占总面积的 22%。由于植被稀疏、地面坡度大,水土流失十分严重,土壤侵蚀模数在 14000~18000t/(km²·a)。

按流域面积 (F) 分:$0.1 \leqslant F < 0.5$km 的沟道有 200 条,沟道平均比降 8%;$0.5 \leqslant F < 1.0$km 的沟道有 21 条,沟道平均比降 4.3%;$1.0 \leqslant F < 5.0$km 的沟道有 20 条,沟道平均比降 3.2%;$5.0 \leqslant F < 10.0$km 的沟道有 2 条,沟道平均比降 2.2%;$F \geqslant$

10.0km 的沟道有 2 条，沟道平均比降 2.0%。沟道比降随流域面积增大而减少。除干沟外，其余沟谷多呈 V 形，沟谷宽度 60~200m。流域内水土保持治理以治沟打坝为主，从长远来看 20 世纪 50 年代就开始建设淤地坝，截止 1997 年，全流域共有坝库 268 座，大中型淤地坝 10 座（加高改建后将变为骨干坝），小淤地坝 253 座，平均布坝密度 3.79 座/km，总库容错 2947.5 万 m，拦泥库容 2200.7m，可淤地 314.1hm，已淤地 262.5hm，平均坝地拦泥 7.01 万 hm^2。坝系运用 30 多年来，取得了显著的拦泥、缓洪和增产效益。但由于坝系布局不合理，设计标准低，在 1961 年、1964 年、1977 年的几次大暴雨中，完全被毁或部分被毁的坝有 304 座次。20 世纪 80 年代开始在流域内修建了治沟骨干工程后再没有发生过毁坝现象。

7.3 坝系优化非线性规划研究

7.3.1 建模方法

非线性规划研究的重点是治沟骨干工程的布局、规模以及建坝顺序的规划方案（优化），是在仿真优化规划，初步确定了坝系宏观规划布局及生产坝建设规模的基础上展开。它主要依赖优化仿真规划的几个规划指标，即坝系骨干坝初步规划布局方案，生产坝的布局及规模等。

7.3.1.1 坝系优化规划的主要内容

1. 拦泥、滞洪坝高的双优化

20 世纪 90 年代初提出的将拦泥坝高与滞洪坝高同时进行优化（双优化）的方法，是拦泥坝高优化的自然发展，优化结果的完整性及可行性大为增加，使坝系优化规划研究又前进了一步。

滞洪坝高位于拦泥坝高的上面。滞洪库容不变时，所需的工程费随拦泥坝高的变化而变化。双优化的数学模型能够描述这种变化关系，使拦泥坝高与滞洪坝高同时达到最佳值，从而也就得到了最佳的总坝高。

仅作拦泥坝高的单优化时，每个坝址上只有拦泥坝高一个变量，双优化时就有拦泥坝高与滞洪坝高两个变量，变量数增加了一倍。做双优化，要考虑径流问题，径流的分配又与各坝的溢洪道尺寸有关。为了使问题不过于复杂，双优化中把各坝都看作没有任何泄洪设备的"闷葫芦"，完全拦蓄各自汇流面积上产生的洪水。这种处理办法使优化得出的滞洪坝高偏大，造成资金的浪费。

双优化是通过多轮计算完成的，步骤与单优化相似。第一轮计算后，如果某坝址上的拦泥坝高和滞洪坝高都很小，说明坝址条件不好，不适宜建坝，应予以淘汰；如果拦泥坝高较小而滞洪坝高较大，说明该坝址适于建水库；其他情况则说明该坝址适于建骨干坝或生产坝。当然还要综合考虑坝系的分布、生产和社会需要等条件，确定坝址的取舍，然后再进行第二轮计算，依此类推，直至所有坝的规划都较为理想为止。

2. 建设顺序和间隔时间的优化

淤地坝系中包含许多坝，受投资的限制，一般不可能同时建设，往往是一座坝的拦泥库容快淤满时就在其上游或下游的坝址上再建第二座坝。从第一座坝开始建设到最后一座坝建成，需要一定的间隔时间，这就提出了建设顺序及间隔时间问题。为了以更科学的方法研究上述建设顺序及间隔时间问题，双优化之后又出现了建设顺序及间隔时间的优化规划。优化规划中把各坝坝址及坝高等都作为已知的数据（由双优化确定），各坝建坝时间作为待优化的变量，坝系的经济效益最大作为目标函数，建立数学模型。根据优化之后的各坝建坝时间，就可以确定坝系的建设顺序及间隔时间。

7.3.1.2 坝系优化规划流程

坝系具有生态、社会、经济三方面的效益。在绝大多数情况下这三方面的效益是协调一致的。例如坝系拦蓄泥沙多，坝地面积大，经济、社会和生态效益也必然都好。同时，生态和社会效益多数难以用数值表示，所以坝系优化规划多以经济效益最大为目标，并认为坝系经济效益达最大时，生态和社会效益也达到较好水平。

本研究对韭园沟流域坝系优化规划分两步进行：拦泥、滞洪库容、溢洪道综合优化和建筑顺序的优化。优化过程通过多次反复计算完成。

7.3.1.3 坝系优化规划中溢洪道的问题

包含溢洪道的坝系优化是一个困难问题，虽然多年前已有各种初步的尝试，始终未能得到较为满意的优化方法和结果。

考虑溢洪道的坝系优化，是在原有拦泥、滞洪库容双优化的基础上再深入一步，增加了溢洪道的内容，从而使坝系优化工作更能反映实际情况，优化结果更能符合实际需要。因此，优化的原则及方法应该具有继承性，与原先的双优化保持一致。也就是说，仍然采用经济效益最大为目标函数，非线性规划方法为手段，通过优化得到最佳的拦泥、滞洪库容和溢洪道最大流量。至于溢洪道的具体布置、各部尺寸等问题，留待设计阶段去解决。下面是建立溢洪道回归方程的形式。

1. 半理论公式

溢洪道最大流量与工程费之间的关系目前还没有公认的形式。从目前得到的数量不多的资料来看，这种关系不是线性的。

溢洪道工程量（或工程费）主要由开挖量和衬砌量两部分组成。开挖工程量的大小取决于断面的大小，亦即溢洪道宽、深的乘积；衬砌工程量的大小取决于湿周的大小，即宽度和两倍深度之和。溢洪道内的水面线是一条降水曲线，水深随流程而减小，所以溢洪道的实际深度也往往随流程而变。为了计算方便，可取临界水深 h_k 作为其平均衬砌高度。

经上述分析后，溢洪道工程量（费）的回归方程的形式可写为如下形式：

$$W_y = [\alpha B h_k + \beta(B + 2h_k)]L \tag{7-1}$$

式中：W_y 为溢洪道工程量（或工程费）；B 为溢洪道进口宽顶堰宽度，即溢洪道宽度，m；h_k 为溢洪道临界水深，m；α、β 为回归系数；L 为溢洪道长度，m。若将 L 移项到方程的左边，就得到单位长度的溢洪道工程量（费）。

溢洪道宽度可按下式计算：

$$Q = MBH''^{\frac{3}{2}}$$

或

$$B = \frac{Q}{MH''^{\frac{3}{2}}} \tag{7-2}$$

式中：M 为溢洪道进口宽顶堰的综合流量系数；H'' 为宽顶堰的全水头，如果溢洪道进口高度与拦泥面齐平，可近似取泥面以上的滞洪坝高，m；Q 为溢洪道最大流量，m³/s。

溢洪道临界水深按下式计算：

$$h_k = \sqrt[3]{\frac{1.1q^2}{g}} \tag{7-3}$$

式中：q 为溢洪道中单宽流量，即 Q/B，m³/(s·m)；g 为重力加速度，m/s²。

将计算宽度 B、临界水深 h_k 的公式代入工程费公式，化简即得

$$W_y = \left[\xi \frac{Q}{H''^{0.5}} + \zeta \frac{Q}{H''^{1.5}} + \sigma H''\right] L \tag{7-4}$$

或者写成单位长度工程量的形式：

$$\frac{W_y}{L} = \xi \frac{Q}{H''^{0.5}} + \zeta \frac{Q}{H''^{1.5}} + \sigma H'' \tag{7-5}$$

式中：ξ、ζ、σ 为综合系数，可通过回归分析求出。

由以上公式可以看出，溢洪道工程量是最大流量及作用水头的复杂函数。

按照以上公式的形式，在现有溢洪道资料的基础上，求得溢洪道单位长度工程量回归方程为

$$\frac{W_y}{L} = 0.54694 \frac{Q}{\sqrt{H''}} - 0.41533 \frac{Q}{H''^{1.5}} + 0.36668 H'' \tag{7-6}$$

式中：$\frac{W_y}{L}$ 为单位长度溢洪道的工程量。

2. 纯经验公式

根据现有溢洪道的资料，试用多种不同形式的方程进行回归，发现只有幂函数的形式比较符合实际资料，具体公式为

$$\frac{W_y}{L} = 2.4224 Q^{0.4316} \tag{7-7}$$

式中符号与前文相同。这个公式与半理论公式相比，符合实际资料的程度（相关系数、误差等）大体相当，但计算比较简单，所以在优化程序中采用。

7.3.1.4 坝系调洪计算的步骤

按照《水土保持治沟骨干工程暂行技术规范》（SD175—86）推荐，上游有坝泄洪时，下游坝的溢洪道流量按下式计算：

$$Q = (q_P + q_u)\left(1 - \frac{V''}{W_P + W_u}\right) \tag{7-8}$$

式中：q_P 为区间面积上频率为 P 的洪峰流量，m³/s；W_P 为区间面积上频率为 P 的洪水总量，万 m³；q_u 为相邻上游坝溢洪道最大流量，m³/s；W_u 为在计算坝溢洪道流量达到最大值之前，相邻上游坝溢洪道下泄洪水总量，万 m³；V'' 为计算坝滞洪库容，是优化规划的决策变量之一，万 m³。

式（7-8）中，q_P、W_P 是按水文条件确定的常数，V'' 是决策变量，所以计算溢洪道流量的关键在于计算 q_u 及 W_u。为此，必须完成以下 4 步工作：

（1）辨认哪些坝是相邻的上游坝，位于上游而不相邻的坝则不考虑。

(2) 计算相邻上游坝通过溢洪道下泄的流量 q_u。按理说应考虑不同支流的上游坝下泄流量的汇流时间，按时间叠加求和。但为计算简便，在相邻上游各坝中选溢洪道流量的最大值作为 q_u。

(3) 计算本坝溢洪道从泄流开始到最大流量时的时段。

(4) 求出该时段内各个相邻上游坝的泄流量，并求和，作为 W_u。

7.3.1.5 相邻上游坝的识别

在以上 4 步中，最关键的问题是相邻上游坝的识别。计算坝的上游可能有多条支流，也就可能有多个相邻上游坝。位于上游的坝可能更多。能把相邻的上游坝挑选出来，下一步的计算就不难了。此外，相邻上游坝的识别在建坝顺序的优化中也要用到。

1. 标识符与序号

一座坝的标识符用英文字母表示，用来标识坝址所在的沟道。最上游的支流（或流段）用一个字母表示，较下游的支流（或流段）用两个字母表示，更下游的支流或流段都用两个字母中间再加一个"~"符号表示。标识符编制的原则是：下游坝址的标识符必须包含所有上游坝的标识符（见图 7-1）。

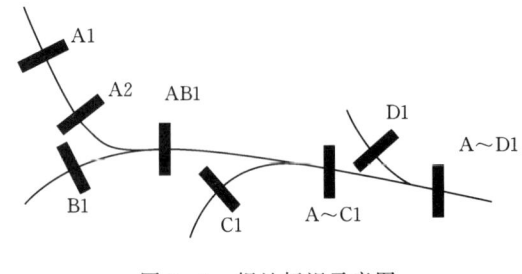

图 7-1 坝址标识示意图

一座坝的序号用数字表示，用来标识同一条支流中自上游向下游坝址排列的序号。

关于标识符及序号的编制及上下游关系的判断详述如下：

每座坝有一个标识符及序号，标识符由 1~3 个字符组成，序号由数字组成。例如 A2 坝的标识符是 A，序号是 2，A~C1 坝的标识符是 A~C，序号是 1。

标识符完全相同的坝必然处于同一支流或流段中，如 A1 及 A2 坝在同一支流中。

标识符相同、序号相连的坝必然是相邻的上下游坝，如 A1 和 A2 是相邻的上下游坝。

标识符既不相同又不包容的坝，不存在上下游关系。如 A1（或 A2）与 B1、C1、D1 等坝的标识符互不相同，也不包容，不存在上下游关系。

标识符包容的坝有上下游关系，但是否相邻，尚待近一步判断。如 AB 包容 A 或 B，则 A1、A2、B1 是 AB1 坝的上游坝。但 A1 不是 AB1 的相邻上游坝，B1、A2 则是 AB1 的相邻上游坝。

符号"~"代表左右两个字母之间的所有字母。如"A~D"中的"~"代表"BC"两个字母，而"A~C"中的"~"则代表"B"一个字母。所以标识符最多三个字符，两侧字符是字母，中间字符是"~"。

2. 计算标记

计算从上游向下游进行。计算最上游坝时，q_u 及 W_u 均为零。计算第二座坝时，上游相邻坝就是最上游坝。第二座坝计算结束后，第一座坝的计算标记就被设置为"y"。计算第三座坝时，发现第一座坝的计算标记为"y"，就会不再作为上游坝考虑。计算开始前，所有坝的计算标记均设为"n"。

7.3.1.6 溢洪道泄洪流量计算

溢洪道工程费的计算是总工程费计算的一部分，它的核心是各坝溢洪道最大流量的计算。在计算各坝溢洪道最大流量时，必须考虑上游坝的下泄流量及一定时段内的下泄总水量，然后采用高切林公式计算本坝溢洪道的最大流量。此后就可由流量与工程费之间的回归方程计算溢洪道工程费。

7.3.1.7 关于坝系优化规划中决策变量的考虑

坝系优化规划中需要优化的变量有三个：拦泥库容、滞洪库容、溢洪道最大流量。但是滞洪库容和溢洪道最大流量通过高切林公式相联系，存在函数关系。当其中一个取得某一数值时，另一个的数值也就随之确定了。所以在这两个变量之中只能有一个是独立的决策变量。为了与原有的双优化保持一致，决策变量仍然采用拦泥库容和滞洪库容。

本次效益仅考虑坝地种植业的收入，其他收入（例如拦泥效益、蓄水效益等）对优化结果影响不大，为简化计算将它们忽略不计。

泄水工程是各坝都必须的，大家都忽略不计，不会影响各坝的相对优劣，也就是不会影响优化的结果。所以，为简化计算，工程费中不考虑泄水工程的费用。

7.3.1.8 建坝顺序优化模型

假设经过优化规划后，已得到各坝的最佳坝址、库容（坝高）、溢洪道最大流量，那么如何实施建设才最好？一般来说有两种办法：①全面铺开，各坝同时施工建成；②按一定的时间顺序依次建设预定的坝。不言而喻，第①种办法不能充分地利用资金，因而经济效益不好。第②种办法虽然较好，但先建哪座坝，后建哪座坝，两坝建设的间隔时间多长等，都需要科学地确定，这就是建筑顺序和间隔时间的优化问题。

建筑时间优化的主要思路是：尽快把泥沙变为坝地，使其产生经济效益。泥沙的运动与水流相似，上游坝的拦截会使下游坝的入库量减小。所以都必须考虑上游坝对下游坝的影响问题。其中淤地坝淤积期是关键参数之一，计算中需要考虑淤地坝的自然淤积期与实际淤积期。

1. 自然淤积期的计算

当计算坝的上游没有任何拦蓄泥沙的坝时，坝址以上面积产生的全部泥沙都流入计算坝的库容，这种情况下拦泥库容的淤满时间叫做自然淤积期。计算公式为

$$t=\frac{\gamma V'}{kMA} \tag{7-9}$$

式中：t 为自然淤积期，年；V' 为拦泥库容，万 m^3；γ 为淤泥干容重，t/m^3；M 为多年平均侵蚀模数，$t/(km^2 \cdot a)$；A 为计算坝坝址以上流域面积，km^2；k 为泥沙拦蓄系数，由实测资料确定。本研究中取 $k=0.9$。

2. 实际淤积期的计算

如果计算坝的上游有其他正在拦蓄泥沙的坝，入库泥沙量必然减小，拦泥库容的淤积期相应延长，延长了的淤积期叫实际淤积期。显然实际淤积期永远大于或等于自然淤积期。当上游没有拦蓄泥沙的坝时实际淤积期与自然淤积期相等，否则实际淤积期大于自然淤积期。

7.3.2 坝系优化非线性规划模型

7.3.2.1 目标函数

由于优化规划应用软件是按极小化目标函数编写的,所以本次优化的目标函数采用"工程费—收益"的形式。当目标函数达极小值时,说明工程费极小而收益极大,相应的决策变量(各坝拦泥、滞洪库容)的取值就是最佳的。目标函数如下:

$$f(x_i) = \sum_{i=1}^{n}\left\{ d_b\alpha_i x_i^{\beta_i} + d_{yt}\delta_i\left[(q_{Pi}+q_{ui})\left(1-\frac{x_{n+i}}{W_{Pi}+W_{ui}}\right)\right]^{\varepsilon_i} L_{yi} + d_{yq}(B_i+2h_{ki})L_{yi}\right\}$$
$$-\sum_{i=1}^{n} T_s B p \phi_i x_i^{\varphi_i,o} \tag{7-10}$$

式中:n 为坝系中坝址的个数,本坝系中 $n=21$;x_i 为决策变量,标识第 i 号坝址的拦泥库容,万 m^3,$i=1,2,\cdots,n$;x_{n+i} 为决策变量,表示第 i 号坝址的滞洪库容,万 m^3,$i=1,2,\cdots,n$;d_b、d_{yt}、d_{yq} 分别为坝体土方单价、溢洪道土方单价、溢洪道衬砌单价,元/m^3;α_i、β_i 为第 i 号坝根据库容求坝体工程量的系数及指数;δ_i、ε_i 为第 i 号坝根据溢洪道流量求溢洪道土方量的系数及指数;ϕ_i、φ_i 为第 i 号坝根据拦泥库容求坝地面积的系数及指数;q_{Pi} 为第 i 号坝区间面积上频率为 P 的洪峰流量,m^3/s;W_{Pi} 为第 i 号坝区间面积上频率为 P 的洪水总量,万 m^3;q_{ui} 为第 i 号坝相邻上游坝溢洪道最大流量之和,m^3/s;W_{ui} 为第 i 号坝在计算坝溢洪道流量达到最大值之前,相邻上游坝溢洪道下泄洪水总量,万 m^3;L_{yi} 为第 i 号坝的溢洪道长度,m;B_i、h_{ki} 为第 i 号坝的溢洪道宽度及临界水深,m;T_s 为坝系计算期,取 $T_s=50$ 年;B 为坝地单位面积产值,$B=500$ 元/亩;p 为坝地保守率,取 $p=0.8$。

7.3.2.2 约束条件

(1) 非负约束:各坝的库容不可能为负值。

$$x_i \geqslant 0, \quad i=1,2,\cdots,2n$$

式中:n 为坝址数。

每个坝址上的骨干坝有拦泥及滞洪库容,所以上式中 i 的最大值为 $2n$。

(2) 地形约束:地形限制了坝高的增长,最大坝高相应的库容就是地形限制的最大库容,各坝实际库容都应小于这个最大值。

$$V_i - x_i - x_{n+i} \geqslant 0, \quad i=1,2,\cdots,n$$

V_i 为第 i 号坝址处的地形允许最大库容。

(3) 坝地面积约束:拦蓄泥沙本身就是生态效益之一,坝地面积又是经济效益的主要来源。为了满足一定的生态、经济效益,往往对坝地的最小面积加以约束。坝地约束中要求的最小面积以多大为好,可从以下几个方面来考虑:

1) 坝系相对稳定只有坝地面积与相应的流域面积之比达到一定值时,才可能实现坝系的相对稳定。根据优化仿真规划结果,当 f/s 达到 11~12 时,是最佳淤地比,考虑到该流域的特点,在非线性规划中仍然承认这一结论,即相对稳定系数为 1/12。按流域面积 70km² 计算,要求坝地面积达到 585 万 m²,由骨干坝和生产坝淤地面两部分构成。根据仿真优化规划结果,生产坝坝地面积在 472 万 m²,因此要求骨干坝面积不少于 113

万 m²。

2）泥沙淤积厚度 坝地上每年都有泥沙的淤积，淤积的泥沙有利于作物的生长，但过厚则可能淹没农作物。一般以每年淤积泥沙不超过 0.2m 为宜。所以要求最小坝地面积为 377 万 m² [取流域侵蚀模数 14000t/(km²·a)]。

3）蓄水深度 如果不设溢洪道，洪水期间坝地上的蓄水深度可能过大，使农作物受淹。在陕西北部的洪水期间，坝地上多种植高秆作物，所以坝地上的蓄水深度以不超过 0.7m、浸泡时间不超过 3d 为宜。因为保收率为 0.8，所以应能保证 5 年一遇的洪水积水深度不超过 0.7m，据此计算坝地面积应为 237hm²。如果坝系普遍设置溢洪道，且溢洪道进口高度与坝地面齐平，蓄水深度一般可以得到保障，不必再考虑这一要求。

4）其他 除了上述 3 个方面对坝地面积的大小有要求外，其他方面也可能对坝地面积有一定要求。例如，要求坝地农作物产量达某一数量等。对本研究不存在其他方面的要求。

综合考虑上述各方面的要求，以及流域中众多的生产坝也有相当的坝地面积，所以把骨干坝最小的坝地面积确定为 120hm²，可满足各方面的要求。那么坝系总的坝地面积就必须不小于这个最小值。

$$\sum_{i=1}^{n} \kappa_i x_i^{\lambda_i} - A_s \geqslant 0$$

式中：A_s 为最小允许坝地面积；κ_i、λ_i 为计算坝地面积的系数及指数。

(4) 滞洪库容约束：不设溢洪道时，滞洪库容必须不小于防洪频率下的洪水总量，即

$$x_i' \geqslant W_{Pi}, \quad i=1, 2, \cdots, n$$

式中：x_i' 为第 i 号坝的滞洪库容；W_{Pi} 为第 i 号坝频率为 P 的洪水总量。

设置溢洪道时，防洪频率下的洪水总量就作为已知参数，用来计算溢洪道最大流量，计算出的溢洪道流量及相应的滞洪库容自然满足防洪要求，因而约束条件也可省略。

(5) 淤积时间约束：为了避免拦泥库容过大，淤积期过长，可以设置淤积期约束。本研究优化中这个限制是 30 年。

$$A_i M x_i / \gamma - 30 \geqslant 0$$

式中：A_i 为坝址以上流域面积（控制面积），如果上游无坝，面积上产生的全部泥沙就会淤积在库容内；M 为侵蚀模数，t/(km²·a)；γ 为泥沙干容重，取 $\gamma=1.3$t/m³。

7.3.3 建坝顺序优化模型

由于建筑顺序及间隔时间问题与时间的关系极为密切，所以不能忽略货币的时间价值。本研究以坝系开始建设的年份为基准年，把各年的收益及费用都换算成基准年的限值，建立数学模型，即采用动态经济分析的方法建立数学模型。

动态经济分析需要有一个经济计算期。对于坝系建筑顺序问题而言，认为 50 年的经济计算期已经足够，50 年以后发生的费用换算成坝系开始建设年的现值已十分微小，对优化结果的影响可以忽略不计，贴现率取 0.04。

7.3.3.1 决策变量

建筑顺序及间隔时间优化中采用各坝的建坝时间为决策变量 x_i。得到最佳的建坝时

间后，坝系的最佳建筑顺序及相隔时间也就得到了。

7.3.3.2 约束条件

（1）非负约束：由于基准年选在坝系开始建设的那一年，所以各坝的建坝时间不可能是负值。

$$x_i \geqslant 0$$

（2）淤满时间约束：坝系中任何一座坝的拦泥库容的淤满时间都不得大于经济计算期结束的年份，也就是全坝系必须在经济计算期内淤满。这个约束条件的目的是保证坝系在经济计算期内就能发挥正常的经济效益，使优化规划得到正确的结果。

$$T_s - x_i + T_{sji} \geqslant 0$$

式中：T_s 为坝系的经济计算期，年；T_{sji} 为第 i 号坝的实际淤积期，年。

（3）特殊约束：为满足特殊要求而加的约束条件。例如为满足防洪而指定某座坝必须在某年建成等。本研究还没有特殊的约束条件。

7.3.3.3 目标函数

以总费用与总收益的现值之差作为目标函数：

$$f(x_i) = \sum_{i=1}^{n} \frac{C_i}{(1+q)^{x_i-1}} - Bp \sum_{i=1}^{n} A_i \left\{ \frac{1}{\ln(1+q)} \left[\frac{1}{(1+q)^{x_i+t_i'}} - \frac{1}{(1+q)^{T_s}} \right] \right.$$
$$\left. + \frac{1}{t_i'^{2\beta_i}} \int_{x_i}^{x_i+t_i'} \frac{(j-x_i)^{2\beta_i}}{(1+q)^j} \mathrm{d}j \right\} \tag{7-11}$$

式中：x_i 为决策变量，即第 i 号坝的建坝时间，年；$f(x_i)$ 为目标函数，元；C_i 为第 i 号坝的总工程费用，元；q 为贴现率；B 为单位坝地面积上的净产值，元/hm²；p 为坝地保收率；A_i 为第 i 号坝的坝地面积，hm²；T_s 为经济计算期，年；t_i' 为第 i 号坝的实际淤积期，年；β_i 为第 i 号坝坝地面积～库容回归方程（$S=\alpha V^\beta$）中的指数；j 为从基准年开始计算的年数，年。

上式中除了建坝时间 x_i 之外，实际淤积期 t_i'、坝地面积 S_i 也会随着建坝时间 x_i 的变化而变化，要根据 x_i 的取值进行计算，最后代入目标函数中。

7.3.4 非线性优化规划结果

坝址的优化是坝系优化的第一步。只有在布局合理、各个坝址均优良的坝址上才有可能建设一个高效率的坝系。

经过现场勘察，在韭园沟流域内共初选了 21 座坝址进行优化。首先采用 100 年一遇洪水对韭园沟流域进行了坝系优化规划，第一轮优化结果见表 7-1。

表 7-1　　　　　　　　韭园沟坝系第一轮优化结果

序　号	坝　名	区间面积（km²）	优化拦泥库容（万 m³）
1	雏家沟 1 号	3.05	92.72
2	吴家沟 2 号	0.78	0.00
3	折家沟 1 号	1.55	13.29
4	范家山	1.44	4.01

7.3 坝系优化非线性规划研究

续表

序 号	坝 名	区间面积（km²）	优化拦泥库容（万 m³）
5	龙王庙	4.63	241.87
6	何家沟3号	1.61	192.63
7	王茂沟2号	2.97	0.00
8	王茂沟1号	2.89	0.00
9	西堰沟村前	3.87	33.85
10	龙王庙大坝	3.25	0.00
11	马连沟2号	2.67	4.05
12	蒲家圪大坝	6.16	690.62
13	林磑村前坝	5.51	601.73
14	马家沟2号	1.67	229.723
15	下桥沟3号	1.33	5.65
16	二郎岔1号	4.10	0.00
17	三角坪老坝	3.50	0.00
18	三角坪新坝	3.57	66.17
19	马连沟大坝	6.58	0.00
20	刘家坪新坝	3.08	70.53
21	韭园沟大坝	5.62	251.88

由表7-1可见，有7座坝的拦泥库容接近为零，说明该7座坝的经济效益不好。但是考虑到骨干坝的合理布局，决定淘汰三座坝，即吴家沟2号、范家山、下桥沟3号。对剩余的18座坝再进行下一轮的优化。优化结果列于表7-2和表7-3。

表7-2 韭园沟流域坝系规划结果

序号	坝 名	控制面积（km²）	拦泥库容（万 m³） $P=10\%$ 滞洪库容（万 m³）	总库容（万 m³）	坝地面积（万 m²）	换算坝高（m）	洪水总量（万 m³）	溢洪道流量
1	雒家沟1号	3.05	33.37	6.87	40.24			6.87	
2	二郎岔1号	4.88	16.59	16.33	32.92			16.33	
3	折家沟1号	1.55	25.15	3.49	28.64			3.49	
4	龙王庙	6.08	49.01	13.7	62.71			13.7	
5	何家沟3号	1.61	26.98	3.62	30.6			3.62	
6	三角坪老坝	3.5	116.1	7.87	123.97			7.87	
7	王茂沟2号	2.97	48.69	6.7	55.39			6.7	
8	王茂沟1号	2.89	81.22	6.53	87.75			6.53	
9	三角坪新坝	3.57	49.35	8.06	57.41			8.06	
10	西堰沟村前	3.87	58.69	8.73	67.42			8.73	

续表

序号	坝 名	控制面积 (km²)	P=10%						
			拦泥库容 (万 m³)	滞洪库容 (万 m³)	总库容 (万 m³)	坝地面积 (万 m²)	换算坝高 (m)	洪水总量 (万 m³)	溢洪道流量
11	龙王庙大坝	3.25	6.52	7.33	13.85			7.33	
12	马连沟大坝	2.67	48.21	6.01	54.22			6.01	
13	马连沟2号	6.58	30.31	14.83	45.14			14.83	
14	蒲家坬大坝	6.16	103.67	13.9	117.57			13.9	
15	林砭村前坝	5.51	29.47	12.41	41.88			12.41	
16	刘家坪新坝	3.08	92.07	6.94	99.01			6.94	
17	马家沟2号	1.67	24.4	3.77	28.17			3.77	
18	韭园沟大坝	6.35	129.62	14.32	143.94			14.32	
	合计	69.24	969.42						

序号	坝 名	控制面积 (km²)	P=5%						
			拦泥库容 (万 m³)	滞洪库容 (万 m³)	总库容 (万 m³)	坝地面积 (万 m²)	换算坝高 (m)	洪水总量 (万 m³)	溢洪道流量
1	雒家沟1号	3.05	33.37	10.21	43.58			10.21	
2	二郎岔1号	4.88	16.59	10.99	27.58			10.99	
3	折家沟1号	1.55	25.15	5.19	30.34			5.19	
4	龙王庙	6.08	49.01	20.35	69.36			20.35	
5	何家沟3号	1.61	26.98	5.38	32.36			5.38	
6	三角坪老坝	3.5	116.1	11.71	127.81			11.71	
7	王茂沟2号	2.97	48.69	9.96	58.65			9.96	
8	王茂沟1号	2.89	81.22	9.69	90.91			9.69	
9	三角坪新坝	3.57	49.35	11.97	61.32			11.97	
10	西堰沟村前	3.87	58.69	12.96	71.65			12.96	
11	龙王庙大坝	3.25	6.52	10.89	17.41			10.89	
12	马连沟大坝	2.67	48.21	8.93	57.14			8.93	
13	马连沟2号	6.58	30.31	22.02	52.33			22.02	
14	蒲家坬大坝	6.16	103.67	20.64	124.31			20.64	
15	林砭村前坝	5.51	29.47	18.44	47.91			18.44	
16	刘家坪新坝	3.08	92.07	10.31	102.38			10.31	
17	马家沟2号	1.67	24.4	5.6	30			5.6	
18	韭园沟大坝	6.35	129.62	21.27	150.89			21.27	
	合计	69.24	969.42						

序号	坝 名	控制面积 (km²)	P=3.3%						
			拦泥库容 (万 m³)	滞洪库容 (万 m³)	总库容 (万 m³)	坝地面积 (万 m²)	换算坝高 (m)	洪水总量 (万 m³)	溢洪道流量
1	雒家沟1号	3.05	33.37	12.86	46.23			12.86	
2	二郎岔1号	4.88	16.59	16.33	32.92			16.33	
3	折家沟1号	1.55	25.15	6.53	31.68			6.53	
4	龙王庙	6.08	49.01	25.63	74.64			25.63	

7.3 坝系优化非线性规划研究

续表

序号	坝 名	控制面积 (km²)	P=3.3%						
			拦泥库容 (万 m³)	滞洪库容 (万 m³)	总库容 (万 m³)	坝地面积 (万 m²)	换算坝高 (m)	洪水总量 (万 m³)	溢洪道流量
5	何家沟3号	1.61	26.98	6.77	33.75			6.77	
6	三角坪老坝	3.5	116.1	14.75	130.85			14.75	
7	王茂沟2号	2.97	48.69	12.54	61.23			12.54	
8	王茂沟1号	2.89	81.22	12.21	93.43			12.21	
9	三角坪新坝	3.57	49.35	15.07	64.42			15.07	
10	西堰沟村前	3.87	58.69	16.33	75.02			16.33	
11	龙王庙大坝	3.25	6.52	13.72	20.24			13.72	
12	马连沟大坝	2.67	48.21	11.25	59.46			11.25	
13	马连沟2号	6.58	30.31	27.74	58.05			27.74	
14	蒲家圳大坝	6.16	103.67	26	129.67			26	
15	林碱村前坝	5.51	29.47	23.22	52.69			23.22	
16	刘家坪新坝	3.08	92.07	12.98	105.05			12.98	
17	马家沟2号	1.67	24.4	7.05	31.45			7.05	
18	韭园沟大坝	6.35	129.62	26.79	156.41			26.79	
	合计	69.24	969.42						

序号	坝 名	控制面积 (km²)	P=2%						
			拦泥库容 (万 m³)	滞洪库容 (万 m³)	总库容 (万 m³)	坝地面积 (万 m²)	换算坝高 (m)	洪水总量 (万 m³)	溢洪道流量
1	雒家沟1号	3.05	33.37	14.56	47.93			14.56	
2	二郎岔1号	4.88	16.59	23.28	39.87			23.28	
3	折家沟1号	1.55	25.15	7.4	32.55			7.4	
4	龙王庙	6.08	49.01	29.01	78.02			29.01	
5	何家沟3号	1.61	26.98	7.67	34.65			7.67	
6	三角坪老坝	3.5	116.1	16.7	132.8			16.7	
7	王茂沟2号	2.97	48.69	14.19	62.88			14.19	
8	王茂沟1号	2.89	81.22	13.82	95.04			13.82	
9	三角坪新坝	3.57	49.35	17.06	66.41			17.06	
10	西堰沟村前	3.87	58.69	18.48	77.17			18.48	
11	龙王庙大坝	3.25	6.52	15.53	22.05			15.53	
12	马连沟大坝	2.67	48.21	12.73	60.94			12.73	
13	马连沟2号	6.58	30.31	31.4	61.71			31.4	
14	蒲家圳大坝	6.16	103.67	29.43	133.1			29.43	
15	林碱村前坝	5.51	29.47	26.28	55.75			26.28	
16	刘家坪新坝	3.08	92.07	14.7	106.77			14.7	
17	马家沟2号	1.67	24.4	7.98	32.38			7.98	
18	韭园沟大坝	6.35	129.62	30.33	159.95			30.33	
	合计	69.24	969.42						

续表

序号	坝 名	控制面积 (km²)	P=1%						
			拦泥库容 (万 m³)	滞洪库容 (万 m³)	总库容 (万 m³)	坝地面积 (万 m²)	换算坝高 (m)	洪水总量 (万 m³)	溢洪道流量
1	雒家沟1号	3.05	33.37	17.62	50.99	5.07	19.23	17.62	
2	二郎岔1号	4.88	16.59	20.08	36.67	2.29	22.16	28.18	40.00
3	折家沟1号	1.55	25.15	8.95	34.1	4.33	15.95	8.95	
4	龙王庙	6.08	49.01	35.11	84.12			35.11	
5	何家沟3号	1.61	26.98	9.28	36.26	4.51	17.14	9.28	
6	三角坪老坝	3.5	116.1	11.89	127.99	6.44	24.43	20.22	30.00
7	王茂沟2号	2.97	48.69	12.62	61.31	7.24	32.77	17.17	25.00
8	王茂沟1号	2.89	81.22	16.73	97.95			16.73	
9	三角坪新坝	3.57	49.35	20.65	70	1.16	22.11	20.65	
10	西堰沟村前	3.87	58.69	22.37	81.06			22.37	
11	龙王庙大坝	3.25	6.52	18.8	25.32	13.9	32.17	18.8	
12	马连沟大坝	2.67	48.21	15.41	63.62			15.41	
13	马连沟2号	6.58	30.31	38	68.31	4.32	14.08	38	
14	蒲家㳆大坝	6.16	103.67	14.38	118.05	12.72	31.92	35.62	102.00
15	林碥村前坝	5.51	29.47	31.81	61.28	6.7	17.93	31.81	
16	刘家坪新坝	3.08	92.07	17.79	109.86			17.79	
17	马家沟2号	1.67	24.4	9.66	34.06	12.46	22.28	9.66	
18	韭园沟大坝	6.35	129.62	31.16	160.78	17	28.31	36.71	30.00
	合计	69.24	969.42	352.31	1321.73	98.14			227

序号	坝 名	控制面积 (km²)	P=0.5%						
			拦泥库容 (万 m³)	滞洪库容 (万 m³)	总库容 (万 m³)	坝地面积 (万 m²)	换算坝高 (m)	洪水总量 (万 m³)	溢洪道流量
1	雒家沟1号	3.05	33.37	20.75	54.12			20.75	
2	二郎岔1号	4.88	16.59	20.08	36.67			33.18	110.00
3	折家沟1号	1.55	25.15	10.54	35.69			10.54	
4	龙王庙	6.08	49.01	41.35	90.36			41.35	
5	何家沟3号	1.61	26.98	10.93	37.91			10.93	
6	三角坪老坝	3.5	116.1	11.89	127.99			23.8	99.00
7	王茂沟2号	2.97	48.69	12.62	61.31			20.23	70.00
8	王茂沟1号	2.89	81.22	16.73	97.95			19.69	30.00
9	三角坪新坝	3.57	49.35	20.65	70			24.32	33.00
10	西堰沟村前	3.87	58.69	26.34	85.03			26.34	
11	龙王庙大坝	3.25	6.52	22.14	28.66			22.14	
12	马连沟大坝	2.67	48.21	18.14	66.35			18.14	
13	马连沟2号	6.58	30.31	44.75	75.06			44.75	
14	蒲家㳆大坝	6.16	103.67	14.38	118.05			41.95	210.00
15	林碥村前坝	5.51	29.47	37.46	66.93			37.46	
16	刘家坪新坝	3.08	92.07	17.79	109.86			20.95	40.00
17	马家沟2号	1.67	24.4	11.37	35.77			11.37	
18	韭园沟大坝	6.35	129.62	31.16	160.78			43.23	90.00
	合计	69.24	969.42						

7.3 坝系优化非线性规划研究

续表

序号	坝 名	控制面积 (km²)	拦泥库容 (万 m³)	滞洪库容 (万 m³)	总库容 (万 m³)	坝地面积 (万 m²)	换算坝高 (m)	洪水总量 (万 m³)	溢洪道流量
					$P=0.33\%$				
1	雒家沟1号	3.05	33.37	23.06	56.43			23.06	
2	二郎岔1号	4.88	16.59	20.08	36.67			36.87	150.00
3	折家沟1号	1.55	25.15	11.71	36.86			11.71	
4	龙王庙	6.08	49.01	45.95	94.96			45.95	
5	何家沟3号	1.61	26.98	10.93	37.91			12.15	30.00
6	三角坪老坝	3.5	116.1	11.89	127.99			26.45	110.00
7	王茂沟2号	2.97	48.69	12.62	61.31			22.48	90.00
8	王茂沟1号	2.89	81.22	16.73	97.95			21.89	50.00
9	三角坪新坝	3.57	49.35	20.65	70			27.02	55.00
10	西堰沟村前	3.87	58.69	29.27	87.96			29.27	
11	龙王庙大坝	3.25	6.52	24.6	31.12			24.6	
12	马连沟大坝	2.67	48.21	18.14	66.35			20.16	40.00
13	马连沟2号	6.58	30.31	49.73	80.04			49.73	
14	蒲家坬大坝	6.16	103.67	14.38	118.05			46.61	230.00
15	林硷村前坝	5.51	29.47	41.63	71.1			41.63	
16	刘家坪新坝	3.08	92.07	17.79	109.86			23.28	67.00
17	马家沟2号	1.67	24.4	12.64	37.04			12.64	
18	韭园沟大坝	6.35	129.62	31.16	160.78			48.06	140.00
	合计	69.24	969.42						
					$P=0.2\%$				
1	雒家沟1号	3.05	33.37	26.59	59.96			26.59	
2	二郎岔1号	4.88	16.59	20.08	36.67			42.52	170.00
3	折家沟1号	1.55	25.15	13.51	38.66			13.51	
4	龙王庙	6.08	49.01	52.98	101.99			52.98	
5	何家沟3号	1.61	26.98	10.93	37.91			14.01	50.00
6	三角坪老坝	3.5	116.1	11.89	127.99			30.5	130.00
7	王茂沟2号	2.97	48.69	12.62	61.31			25.92	110.00
8	王茂沟1号	2.89	81.22	16.73	97.95			25.24	79.00
9	三角坪新坝	3.57	49.35	20.65	70			31.16	68.00
10	西堰沟村前	3.87	58.69	33.76	92.45			33.76	
11	龙王庙大坝	3.25	6.52	28.37	34.89			28.37	
12	马连沟大坝	2.67	48.21	18.14	66.35			23.25	53.00
13	马连沟2号	6.58	30.31	57.35	87.66			57.35	
14	蒲家坬大坝	6.16	103.67	14.38	118.05			53.75	248.00
15	林硷村前坝	5.51	29.47	48.01	77.48			48.01	
16	刘家坪新坝	3.08	92.07	17.79	109.86			26.84	78.00
17	马家沟2号	1.67	24.4	14.57	38.97			14.57	
18	韭园沟大坝	6.35	129.62	31.16	160.78			55.39	166.00
	合计	69.24	969.42						

表 7-3　　韭园沟骨干坝系拦泥、滞洪、溢洪道最大流量优化结果（P=1%）

坝名	控制面积（km²）	拦泥库容（万 m³）	滞洪库容（万 m³）	溢洪道流量（m³/s）	坝地面积（万 m²）	总库容（万 m³）	限制拦泥库容（万 m³）	换算总坝高（m）	洪水总量（万 m³）
雏家沟 1 号	3.05	33.37	15.58	0.00	5.07	48.94	111.98	19.23	12.62
二郎岔 1 号	7.93	16.59	20.08	3.81	2.29	36.67	37.85	22.16	20.46
折家沟 1 号	1.55	25.15	7.82	0.00	4.33	32.97	271.40	15.95	6.29
龙王庙	6.08	49.01	26.96	0.00	6.28	75.97	155.50	33.97	25.65
何家沟 3 号	1.61	26.98	5.83	10.62	4.51	32.81	438.19	17.14	6.52
王茂沟 2 号	2.97	48.69	11.89	4.86	6.44	60.58	273.93	24.43	12.29
王茂沟 1 号	5.87	81.22	12.62	4.80	7.24	93.83	142.44	32.77	11.96
西堰沟村前	3.87	58.69	17.50	0.00	7.47	76.19	92.97	18.06	16.13
龙王庙大坝	3.25	6.52	14.52	0.00	1.16	21.04	40.87	22.11	13.49
马连沟 2 号	6.58	30.31	15.02	0.00	3.06	45.33	35.20	25.71	10.99
蒲家坬大坝	6.16	103.67	25.90	1.21	13.90	129.58	151.34	32.17	26.04
林碥村前坝	11.67	29.47	23.56	0.00	4.75	53.02	38.23	19.15	23.18
马家沟 2 号	1.67	24.40	7.36	0.00	4.32	31.76	146.39	14.08	6.80
三角坪老坝	17.16	116.10	14.38	30.92	12.72	130.48	119.37	31.92	14.53
三角坪新坝	26.60	49.35	17.01	42.25	6.70	66.37	53.19	17.93	14.86
马连沟大坝	40.30	48.21	27.50	76.21	6.81	75.71	213.70	21.56	27.83
刘家坪新坝	61.62	92.07	11.25	98.89	12.46	103.32	138.96	22.28	12.74
韭园沟大坝	70.24	129.62	31.16	121.57	17.00	160.78	132.69	28.31	29.48

7.3.5　建坝顺序优化计算及结果

本次建坝顺序的优化采用 50 年的经济计算期。约束条件除了非负约束外，主要就是淤满年（建坝年加实际淤积期）必须小于 50。其他内容如前文所述。优化结果见表 7-4。

表 7-4　　韭园沟坝系建坝顺序优化结果

编号	坝名	拦泥库容（万 m³）	建坝年（年）	自然淤积期（年）	实际淤积期（年）	淤满年（年）
1	雏家沟 1 号	33.37	5.00	19.52	19.52	24.52
2	二郎岔 1 号	16.59	3.00	3.73	5.27	8.27
3	折家沟 1 号	25.15	8.00	28.96	28.96	36.96
4	龙王庙	49.01	6.00	14.38	14.38	20.38
5	何家沟 3 号	26.98	10.00	29.96	29.96	39.96
6	王茂沟 2 号	48.69	0.00	29.22	29.22	29.22
7	王茂沟 1 号	81.22	21.00	24.69	28.97	49.97

续表

编号	坝名	拦泥库容（万 m³）	建坝年（年）	自然淤积期（年）	实际淤积期（年）	淤满年（年）
8	西堰沟村前	58.69	0.00	27.04	27.04	27.04
9	龙王庙大坝	6.53	9.00	3.58	3.58	12.58
10	马连沟2号	30.31	8.00	8.22	8.22	16.22
11	蒲家疙大坝	103.67	0.00	29.99	29.99	29.99
12	林磴村前坝	29.47	9.00	4.50	9.55	18.55
13	马家沟2号	24.40	1.00	26.04	26.04	27.04
14	三角坪老坝	116.10	8.00	12.07	21.23	29.23
15	三角坪新坝	49.35	0.00	3.31	3.75	3.75
16	马连沟大坝	48.21	2.00	2.13	4.08	6.08
17	刘家坪新坝	92.07	5.00	2.66	3.57	8.57
18	韭园沟大坝	129.62	2.00	3.29	5.63	7.63

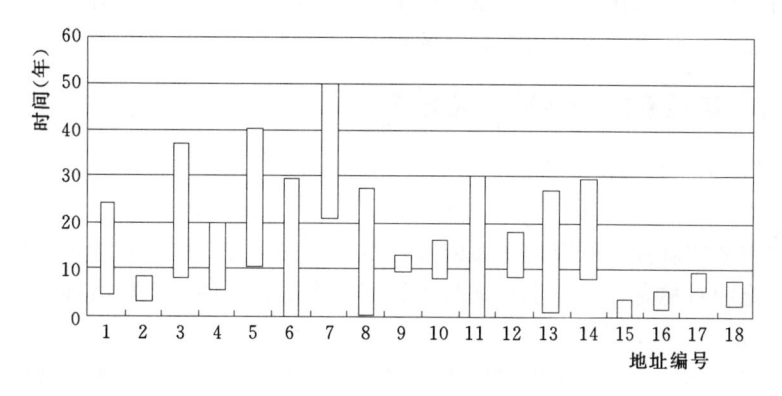

图 7-2 建坝时间及淤积期示意图

图 7-2 中纵坐标为时间，以年计，横坐标为上表中的坝址编号，图中竖条下端的竖坐标表示建坝年，上端竖坐标表示淤满年，竖条长度表示实际淤积期。

7.4 坝系防洪标准研究

7.4.1 关于坝系防洪标准问题

新中国成立以来，黄河中游地区已建成十几万座淤地坝，这些工程对发展这一地区农业生产，控制入黄泥沙发挥了重要的作用。但是相应的淤地坝被洪水冲毁事件也时有发生，陕北1977年7月5～6日及8月4～5日发生暴雨，绥德县韭园沟冲毁库坝243座，占库坝总数的73%，冲毁淤地面积51.5hm²，占总淤地面积的27%；1973年陕西延川县大雨冲毁淤地坝3300座；1978年7月陕西米脂县一次暴雨20min内降雨41.5mm，冲毁淤地坝61座。每次垮坝，不仅淹没农田，毁坏作物，而且修补工程费时费力，都造成很大的经济损失。为此有人怀疑淤地坝拦泥是"零存整取",淤地坝建设因此而陷于进退两难的地步。

黄河中游的一些支沟上,由于地震和地下水的原因,沟坡发生大体积滑坡和滑塌,堵塞沟道,形成天然的坝库群,群众称之为"聚湫"。有的聚湫已形成几百年以上,长期拦蓄洪水泥沙,并无人工排水措施,在已种植的坝地上,作物年年保收,可以说已进入了相对稳定的阶段。这一独特的自然现象给我们以启示,充分说明在某种条件下,通过整个系统的综合作用,确保坝系的防洪保收,实现坝系的有序发展和可持续利用是完全可能的。

20世纪80年代以来,水土保持工作人员通过研究,提出了在淤地坝间、坝系内建设控制面积3～5km² 的水土保持治沟骨干工程,上拦下保,提高标准,使淤地坝的防洪问题基本得以解决。这样既保证了生产坝的安全生产,又有效地拦蓄了入黄泥沙。

淤地坝单坝设计标准一般参照四五等水利工程进行设计(校核标准为200～500年一遇洪水);但是,坝系防洪标准研究尚处于空白领域,现在主要还是以单坝单独设计单独防洪,并没有按系统来考虑,这样的设计结果是否经济安全不得而知。作为系统,坝系防洪标准到底有多高,如何寻求安全经济的坝系防洪标准,仍然是生产中面对的问题。

本研究将韭园沟流域作为研究对象,从单坝设计防洪标准入手,对坝系防洪标准进行研究,以期通过分析计算,寻求较为合理的相对稳定坝系防洪标准。

7.4.2 相对稳定坝系防洪标准研究方法

7.4.2.1 相对稳定坝系防洪分析

1. 相对稳定坝系防洪标准研究的内容

相对稳定坝系防洪标准研究的主要内容,是确定安全经济的相对稳定坝系的综合防洪标准,以及确定相对稳定坝系防洪标准与承担坝系防洪任务的单坝防洪标准的关系。

2. 坝系防洪的主体

坝系是由若干单坝构成,可以将这些坝按作用分为两类:承担防洪任务的骨干坝和不承担防洪任务的生产坝。也有一些坝系中布设有一些小水库等水利工程,但就防洪而言与骨干坝相同,可将其归入骨干坝之列。坝系防洪的主体是骨干坝,这些坝的防洪标准构成了坝系的防洪标准。

3. 单坝防洪标准与坝系防洪标准的关系

单坝防洪标准的确定一般只考虑其自身控制范围内的水沙情况,如果单坝实际出现的洪水重现期不超过坝的设计标准,则是安全的。但坝系则不然,要考虑到整个系统内部的相互联系、调度等问题。不难理解,单坝的设计标准不等于坝系的防洪标准,反之坝系的防洪标准也不代表单坝的防洪标准。单坝防洪标准最佳,不能说明坝系的防洪标准最佳。

不难理解,当单坝的防洪标准均取相同时,对坝系防洪能力而言,是一种较为经济、合理的方案。

4. 从单坝防洪能力演变过程看坝系防洪标准

对以拦泥、淤地兼顾防洪任务为主要目的的骨干坝而言,拦泥库容占着相当大的比重,往往远大于防洪库容所占的比重。以韭园沟流域优化规划结果来看,雒家沟1号坝100年一遇设计标准下总库容48.95万m³,其中防洪库容15.58万m³,占31.8%,拦泥库容 33.37 万 m³，占 68.2%。从工程建设到拦泥库容淤满（也可以理解为该坝区间相对平衡）需要长达 20 年的时间。在建坝初期，其拦泥库容实际上发挥着防洪库容的作用，其防洪能力由建坝初期的几万年一遇，逐步减小到最终的 100 年一遇，是一个逐年递减的过程，坝系的防洪能力演变过程也遵循这一规律。相对稳定坝系防洪标准研究的目的，是将相对稳定坝系作为目标，在坝系建设初期即考虑到这一变化因素，对工程规模作出科学合理的规划制订设计依据。

5. 防洪标准研究的两个约束条件

通过以上分析，对防洪标准研究做以下两个约束：

(1) 坝系处于相对稳定状态下，每一座承担防洪任务的大中型淤地坝承担其防洪能力范围内的洪水，坝系是完好的，不允许出现垮坝。

(2) 所有大中型淤地坝在研究阶段取同一设计标准，这样可以将坝系的防洪标准研究问题简单化。但在此不排除对坝系中个别规模较大淤地坝适当提高设计标准的可能。

7.4.2.2 研究步骤

相对稳定坝系防洪标准研究步骤如下：

(1) 将韭园沟流域作为研究实体，将坝系优化规划布局数学模型，作为防洪标准研究的前提条件，将优化规划所确定的布局和规模作为已知量。

(2) 建立韭园沟流域的洪水重现期～投资、投资～效益、洪水重现期～垮坝损失关系。

(3) 建立防洪标准研究数学模型，通过计算分析韭园沟流域最佳防洪能力，确定韭园沟流域的最优防洪标准。

(4) 选择如韭园沟流域这样的坝系多个，要求流域面积各不相同，并可分等级（如：25km² 下、25～50km²、50～100km²、100～150km²、150～200km² 等），求出各坝系的最优防洪标准。

(5) 将不同等级流域防洪标准进行综合，最终制定出适合水土保持治沟骨干工程坝系采用的防洪标准。

7.4.3 模型设计

相对稳定坝系防洪标准研究，是在坝系处于相对稳定条件下，将坝系视为一个整体，研究不同的设计频率下坝系的最小投资费用，从中选择费用较小者所对应的洪水设计频率作为坝系的最优防洪标准。投资费用主要包括建设费、溃坝可能带来的损失、坝系的运行费和一次性建设投资所带来的利率支出等。

7.4.3.1 坝系建设投资费用

此部分投资是相对稳定坝系的建设投资，根据韭园沟相对稳定坝系优化规划结果，其投资费用见表 7-5。

表 7-5　　　　　　　　不同设计频率优化坝系的建设投资

频率（%）	$P=10$	$P=5$	$P=3.3$	$P=2$	$P=1$	$P=0.5$	$P=0.33$	$P=0.2$
建设投资（万元）	393.5	414.1	433.8	447.6	456.6	516.4	558.9	612.9

7.4.3.2 洪水损失

坝系在生产运行过程中，遇到超越坝系设计标准的洪水，由于坝体拦洪能力或泄洪能力不足，将发生漫顶溢流，冲刷坝体，造成垮坝，使整个系统崩溃，同时也将造成坝和坝地的水毁损失。

坝系的洪水水毁损失对韭园沟流域而言，包括三个部分，即坝体自身水毁损失、坝地损失和坝区间内生产坝的损失。

1. 坝体决口损失

坝体决口损失，采用苏联O.E.叶热斯基公式计算。

决口宽度 $b = k_P L$

决口深度 $h_m = (0.8 \sim 1.0)h$

式中：L 为坝顶长度，m；k_P 为各种洪水频率下的决口系数，与坝顶长和洪水频率相关，见图7-3；h 为坝高，m。

根据上式，计算不同洪水标准下垮坝损失结果见表7-6。

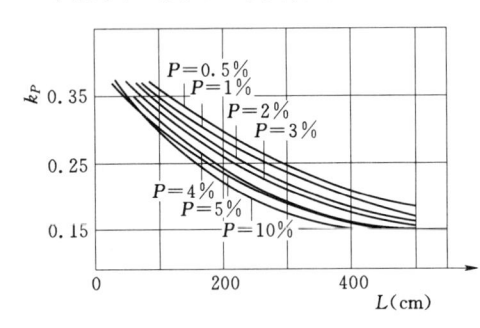

图7-3 各洪水频率下的决口系数

2. 下游生产坝损失

由于生产坝设计标准低于骨干坝的设计标准，一般仅为10~20年一遇，因此当坝系中骨干坝发生水毁时，生产坝的水毁在所难免，因此这部分损失应计入在内。生产坝坝体损失计算方法与前述相同，计算结果见表7-6。

3. 坝地水毁损失

坝地损失包括坝地面积损失和淤积泥沙损失。下游淹没程度和损失程度可根据溃坝流量 Q_{nP} 计算，其近似公式如下：

$$Q_{nP} = k_i L_i H^{3/2} \tag{7-12}$$

式中：$k_i = 0.9 k_P^{0.75}$，是考虑溃坝时决口可能的宽度与坝长之比和出溢条件的系数；L_i 为在极限水位时上游水面线与坝坡的结合长度，m，可近似取为坝坡长；H 为溃坝前上、下游水位差，m，近似取坝高。

韭园沟流域于1977年100年一遇洪水，洪水冲毁243座坝，占总坝数333座的73%，冲毁坝地51.5hm²，占坝地191.2hm²的27%，冲走土方420万m³，占韭园沟流域23年总拦沙量的41.9%。

通过溃坝计算，并与实测调查资料对比分析，得到不同洪水频率坝地损失见表7-6。

表7-6　　　　　　　　不同洪水频率洪水损失计算表

频率（%）项目	$P=10$	$P=5$	$P=3.3$	$P=2.0$	$P=1$	$P=0.5$	$P=0.33$	$P=0.2$
坝体损失（万元）	224.3	236.1	247.3	255.2	260.3	294.3	318.6	349.3
坝与坝地损失（万元）	357.7	377.6	397.5	417.3	437.2	457.1	477.0	496.9
合计（万元）	582.0	613.4	644.8	672.5	697.5	751.4	795.6	846.2

7.4 坝系防洪标准研究

7.4.3.3 坝系防洪标准研究模型

当坝系投资费用最小时所对应的洪水频率,应该认为是相对稳定坝系的适宜设计标准,用数学表达式表示为:

$$C_p = (G+\delta)S + yP \tag{7-13}$$

式中:C_p 为不同设计频率洪水下的最小投资费用,包括溃坝的直接经济损失和修复附加投资;G 为投资经济效益标准系数,G 取 0.06,为现行贷款利率;δ 为日常维修费用系数,即运行费用系数,取 $\delta=0.05$;S 为各种频率下的建坝总投资,万元;y 为各种频率下溃坝后带来的经济损失绝对值,包括坝体损失、坝地种植损失和泥沙流失损失;P 为不同设计频率。

不同洪水频率下的坝系投资推算结果见表 7-7,将其点绘在图 7-4 上。

表 7-7　　　　　　　不同设计频率坝系投资情况

项目\频率(%)	$P=10$	$P=5$	$P=3.3$	$P=2.0$	$P=1$	$P=0.5$	$P=0.33$	$P=0.2$
建设投资(含运行费)(万元)	43.3	45.6	47.7	49.2	50.2	56.8	61.5	67.4
水毁损失(折算到年)(万元)	58.2	30.7	21.3	13.5	7.0	3.5	2.6	1.7
合计(万元)	101.5	76.3	69.0	62.7	57.2	60.3	64.1	69.1

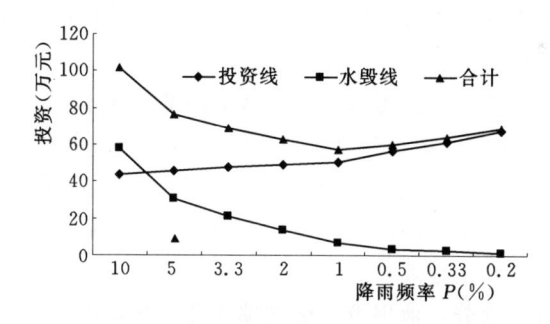

图 7-4　韭园沟坝系防洪标准计算图

从图 7-4 结果来看,当频率为 1% 时,其坝系投资费用较低,研究认为该结果即为韭园沟流域相对稳定坝系的最佳防洪标准;当设计频率为 0.5% 时,坝系投资费用也较低,从偏于安全角度考虑也可采用该标准。

第8章 淤地坝规划与规模布局新技术

淤地坝是黄土高原地区人民群众在长期同水土流失斗争实践中创造的一种行之有效的既能拦截泥沙、保持水土，又能淤地造田、增产粮食的水土保持工程措施，已有几百年的发展历史。新中国成立后，一方面，在总结天然聚湫和在水土流失严重的地区进行筑坝试验的基础上，淤地坝的建设得到了快速发展，从局部到大面积，从小型到大中型，从蓄水拦沙到淤地生产，从单坝建设到坝系建设，至20世纪90年代末，黄河流域共有大、中、小型淤地坝10余万座，在拦泥、滞洪、造地、增产及综合利用等方面产生了显著效益。另一方面，在已建设的淤地坝中有相当数量的中小型淤地坝是20世纪70年代前群众性建坝高潮中建设起来的，在规划、设计、建设和管理过程中仍存在许多问题。如在规划布局方面，部分坝系缺乏全局观念，没有统一规划，同时缺乏坝系规划设计的理论基础。在设计标准方面，部分中小型淤地坝设计标准低，库容小，未留溢洪道或溢洪道过水断面小，致使洪水漫顶垮坝。在建坝施工方面，有的夯压不实，坝体干容重低，特别是不按技术规范操作，标准低，施工质量差。在坝系管理方面，淤地坝虽是山区农民的"保命田"、"金饭碗"，然而"重新修、轻管护"的思想仍然根深蒂固，同时缺乏维修管理制度和管理养护办法，大多数坝只修不管，或者管护流于形式，使得淤地坝在改善当地群众生活水平的作用并未得到有效的发挥。

为配合国家西部大开发战略的实施，大力推进西部地区水土保持与生态环境建设，汪恕诚部长在2003年全国水利厅局长会议上将"淤地坝"列为水利"三大亮点"工程之一，指出："大力推广淤地坝建设，将退耕还林、水土流失治理、生态建设结合起来，以解决老百姓的长远生计，实现可持续发展为目标。"因此，如何科学合理地规划、设计和建设淤地坝，保证其安全运行和工程效益的发挥，避免和解决过去淤地坝建设中存在的诸如部分坝系工程布局不合理、部分淤地坝设计标准偏低和设施不配套、重建轻管和综合效益偏低等问题，本章将对新时期黄土高原淤地坝规划设计中的若干技术问题进行探讨。

8.1 淤地坝规划建设中的技术问题

8.1.1 淤地坝坝系的相对稳定

坝系是指以沟道小流域为单元，以拦泥、生产等为目的，大、中、小淤地坝相结合的工程体系。经过黄土高原淤地坝建设的多年实践，人们逐步认识到，要使淤地坝系充分发挥其作用和效益，坝系达到相对稳定是至关重要的，坝系相对稳定或相对平衡已成为治沟骨干工程和淤地坝系规划设计的理论依据。淤地坝的拦沙减蚀机理主要表现在：

（1）抬高侵蚀基准面，减弱重力侵蚀，控制沟蚀发展。

8.1 淤地坝规划建设中的技术问题

(2) 拦蓄洪水泥沙，减轻下游沟道冲刷。

(3) 形成坝地后，使产汇流条件发生变化，削减了洪水和减少了产沙。

(4) 增加坝地，促进陡坡退耕还林还草，减少坡面侵蚀。而坝系相对稳定，是指以小流域为单元，当坝地面积与控制流域面积达到一定比例、沟坡相对高度和坡度达到一定数值，在一定频率洪水泥沙条件下，能够保证坝系安全和农作物的正常生长，泥沙基本不出沟，有合适的水工建筑物，能够合理利用水资源，盐碱危害小，建立良好的维修和管护体制，达到可持续发展。

随着淤地坝建设的发展，黄土高原不少小流域沟道已形成坝系，其中一些已基本达到相对稳定。20 世纪 60 年代初，人们受天然聚湫对洪水泥沙全拦全蓄、不满不溢现象的启发，提出了淤地坝相对平衡的概念，并从 80 年代开始对典型流域坝系进行分析，并对坝系相对稳定的条件、标准等进行了研究，取得了较好研究成果（柏跃勤、常茂德，2002；陈彰岑等，1998；方学敏、曾茂林，1996；曾茂林，1999）。目前，淤地坝相对稳定条件多采用坝地面积与坝控制流域面积之比作为衡量指标，该指标反映了坝地对洪水泥沙的控制作用，随着坝地面积的增加，坡地面积的减少，流域的产水产沙能力逐渐减弱，而调节水量和拦截泥沙的能力逐步增强，当坝地面积所占比例增加到一定程度，就能够对洪水泥沙进行有效的控制，用公式表述如下：

$$I = 0.01 \frac{A}{F} \quad (8-1)$$

式中：I 为坝地面积与坝控制流域面积之比；A 为坝地面积，hm^2；F 为坝控制流域面积，km^2。

在一定频率的洪水条件下坝地淹水深度为允许深度 d 时的坝地面积与坝控制流域面积之比，称之为相对稳定的临界值 I_C，由 $d = W_P/A$ 可得

$$I_C = 0.01 \frac{W_P}{dF} \quad (8-2)$$

式中：W_P 为频率为 P 的洪水总量，万 m^3；d 为坝地允许淹水深度，m。

因此，当 $I \geqslant I_C$ 时坝系达到相对稳定，当 $I < I_C$ 时坝系未达到相对稳定。目前的基本认识是基于大量典型小流域调查资料的分析，即当坝地面积与坝控制流域面积之比达到 1/25~1/20 时，坝系基本可以达到相对稳定。

由于影响淤地坝坝系达到相对稳定的因素很多，包括降雨、洪水泥沙、地形地貌、地质土壤、侵蚀类型、治理程度和措施分布、坝地管理水平、作物种类、排水规模等，问题十分复杂。当前，在进行大区域的淤地坝坝系建设潜力分析时，主要是按侵蚀分区（剧烈、极强度、强度、中度、轻度）调查典型中小流域的坝系布设状况、淤积状况、运行状况、骨干坝与中小型淤地坝的配坝比等基本情况，分析确定各侵蚀分区中可建骨干坝控制面积占流域面积的比例；利用典型小流域坝系规划成果，分析确定不同侵蚀强度分区中骨干坝布坝密度、骨干坝与中小型淤地坝的配坝比例。

近年来，淤地坝相对稳定的研究引起了越来越多学者的重视，但与淤地坝工程建设取得了较大发展相比，科研工作相对滞后。已有的研究大多集中于资料分析，缺乏系统的和理论的深入研究，坝系相对稳定或相对平衡理论尚未建立起来。因此，作为淤地坝系规划

设计的重要指标之一，迫切需要对相对稳定标准和定量方法、相对稳定的前提条件、达到相对稳定的年限、不同类型区坝系相对稳定临界值的确定、坝系相对稳定的适用范围等方面从理论和实践上进行试验示范研究和科学论证，以便在确定建坝密度、最佳拦沙库容、滞洪坝高、优化规划和建坝顺序等方面提供理论依据。

8.1.2 淤地坝洪水设计标准和不达标淤地坝的处理标准

淤地坝、治沟骨干工程和小型水利水电工程设计标准的现行规范规定分别见表8-1、表8-2和表8-3。从3个表中可以看出，治沟骨干工程等级划分及设计标准与小型水利水电工程设计标准一致。与治沟骨干工程相比，淤地坝的设计标准并不低。从标准上看，除总库容50万～100万 m³ 的淤地坝设计标准高于同样总库容治沟骨干工程需进一步研究外，基本上是合理的。

表8-1 淤地坝类型划分及设计标准

总库容（万 m³）		1～10	10～50	50～100	100～500
淤地坝类型		小型	中型	大（二）型	大（一）型
洪水重现期（年）	设计	10～20	20～30	30～50	30～50
	校核	30	50	50～100	100～300
设计淤积年限（年）		5	5～10	10～20	20～30

表8-2 治沟骨干工程等级划分及设计标准

总库容（万 m³）		50～100	100～500
工程等级		五	四
洪水重现期（年）	设计	20～30	30～50
	校核	200～300	300～500
设计淤积年限（年）		10～20	20～30

表8-3 小型水利水电工程设计标准

总库容（万 m³）		10～100	100～1000	1000～10000
工程等级		小型	中型	大（二）型
洪水重现期（年）	设计	20～30	30～50	50～100
	校核	200～300	300～1000	1000～2000

但根据有关调查资料，目前已建成的淤地坝和治沟骨干工程中，有相当数量达不到规范要求的标准。分析原因主要有：

（1）规范标准颁布实施前修建的部分工程在设计施工时就没有达到现在规范要求的标准。

（2）即使在设计施工时达到了规范的要求，由于淤地坝和治沟骨干工程是以拦沙为主，经过几年或十几年的淤积达到设计淤积高程后，还会继续淤高，原设计的滞洪库容减少，也就达不到规范的要求。有相当多淤地坝的坝地已与坝顶淤平，溢洪道的规模又很小或者没有溢洪道，其防洪标准很低。

如何分析和解决这一问题，面临两方面的约束：一方面如果对全部已建成使用的淤地坝和治沟骨干工程按设计标准复核并要求完全达标的话，投资大难以实现；另一方面如果对全部已建成使用、防洪不达标的淤地坝和治沟骨干工程不予处理的话，将面临很大的垮坝或局部破坏的风险。因此，根据淤地坝的工作特性、综合考虑投资与风险、基本符合现行规范，建议按下述原则处理：

(1) 复核时对总库容的理解，不采用设计时淤沙库容加滞洪库容，而采用实际剩余库容。

(2) 对于实际剩余库容小于 50 万 m^3 的治沟骨干工程降级按一般淤地坝对待。

(3) 一般淤地坝的防洪校核标准不得低于 20 年一遇洪水。

例如，某治沟骨干工程（简称骨干坝），设计淤沙库容 50 万 m^3，按 20 年一遇洪水设计，200 年一遇洪水校核。只设竖井排水洞而不设溢洪道，由于竖井的泄量很小（目前通常只有 2~3m^3/s），这就需要较大的滞洪库容。200 年一遇校核洪水按水文资料推算需滞洪库容 45 万 m^3。总库容按设计淤沙库容 50 万 m^3 加滞洪库容 45 万 m^3 为 95 万 m^3。按此要求设计坝高，满足规范要求。

从该骨干坝建成到设计淤沙库容 50 万 m^3 淤满以前，因为实际的滞洪库容大于校核洪水所需的 45 万 m^3，工程的实际校核洪水标准大于 200 年一遇洪水；该骨干坝淤积到设计淤地高程时，工程的实际校核标准等于 200 年一遇洪水；该骨干坝在设计淤地高程以上继续淤积，工程的实际校核标准逐年降低，直到坝地与坝顶齐平，防洪能力完全丧失。

按上述建议进行复核，当该骨干坝淤积到设计淤地高程时，工程的实际库容为 45 万 m^3，按一般淤地坝考虑，校核标准为 50 年一遇洪水，在一段时间内仍满足规范要求，可不立即进行处理。当其防洪标准低于 30 年一遇洪水时应进行处理，低于 20 年一遇洪水时必须进行处理。处理方式可因地制宜，或增设溢洪道，或加高坝体，或改建竖井进水口增加泄洪能力，或对坝面进行过水保护，或同时采用多项措施。

8.1.3 淤地坝淤满再用还是随淤随用

淤地坝是以拦沙和淤地为主要目的的工程。淤地过程少则几年多则十几年。目前绝大多数淤地坝都是淤满再用，前期作为小水库。如果有解决人畜饮水问题的地方，这样做是有益的。但由于淤积很快，作为水源并不稳定。对于大多数没有供水任务的淤地坝，前期作为小水库无效蒸发很大，特别是黄河流域水资源已非常紧缺，需要避免水资源的任何浪费。

淤地坝随淤随用可以增加土地的使用效益。以上面提到的淤地坝为例，计划淤地 10 年，淤地 55.52hm^2。如果随淤随用，前 9 年累计利用淤地约 25hm^2，平均每年可用地 2.8hm^2，经济效益是可观的。过去不采用随淤随用的原因有两个：一是竖井排水洞的底部高程较高，前几年不能排干积水；二是由于竖井排水洞的泄量小，一般按 3d 排完一次设计洪水的洪量，农作物受淹 3d 会影响收成。但解决这两个问题并不难，第一个问题可用在坝底埋一直径 20cm 左右的排水管，随淤随加高，直加到竖井排水洞的底部高程即可。农用的波纹管成本较低，可推广使用。坝底排水管的作用主要是排除汛后的积水，只要入冬封冻前排完即可，所以直径不需要太大。第二个问题可在坝地淤积到竖井排水洞的底部高程之前改种青饲料用于牛羊舍养，同时加大竖井的排洪能力，对于上面提到的淤地坝，如果竖井的排洪能力提高到 $8m^3/s$，排完一次设计洪水洪量的时间不到1d，这样种农作物就没有问题。

8.2 新时期淤地坝建设指导思想

黄土高原是世界上水土流失最严重的地区，严重的水土流失威胁着黄河下游的防洪安全，造成生态环境恶化，制约经济社会的可持续发展。同时，黄河流域地处干旱半干旱地区，随着工农业生产的发展，黄河水资源供需矛盾日益突出，缺水日益严重。如何从各个环节挖掘节水潜力，建立节水型社会已是一项十分紧迫的任务。因此，新时期大规模建设淤地坝，必须坚持"生态效益、经济效益和社会效益相统一"的原则，以流域为系统，充分体现全局观点，兼顾当地和下游地区利益，科学有效地发挥拦沙、保水和淤地等综合功能，以促进当地农业增产、农民增收、农村经济发展，巩固退耕还林成果，改善生态环境，有效减少入黄泥沙，为确保黄河安澜和全面建设小康社会做出贡献。

因此，为科学合理地规划、设计和建设淤地坝，保证其安全运行和工程效益发挥，提出黄土高原建设生态、节水、安全和可持续发展淤地坝的规划技术思想。

1. 生态——生态良好

淤地坝建设既应着眼于减少水土流失和拦沙造地形成稳产高产田，又要与黄土高原生态建设密切结合，促进坡地退耕还林还草。根据当地气候、地形、土壤和水资源等条件，因地制宜地进行林草建设。充分发挥生态自我修复能力，使生态形态达到同类气候地形土壤条件下的良好水平。在坝地的利用方面，合理使用化肥和农药，尽可能多使用天然肥料和生物治虫，化肥、农药的土壤残留和随水排除的部分应达到国家标准。对生态系统恢复过程中出现的一些不利变化，如一些地方出现野兔大量繁殖造成树苗大量损坏等问题，应在科学论证的基础上采取适当的人工干预措施。在淤地坝建设过程中严格遵守水土保持等相关规范标准。

2. 节水——节约和高效利用水资源

针对黄土高原的实际情况和全流域水土资源合理高效利用的需求，淤地坝建设必须考虑完备的排水设施，做到拦沙排水，除有解决人畜饮水任务的淤地坝外，每年汛后必须排尽积水，减少无效蒸发。新淤成的坝地，必须形成有效的排水系统，防止盐碱化和沼泽化。在坝地上进行农牧业生产，尽可能采用旱作方式，若进行灌溉，应大力推广节水灌溉措施。以坝系控制的流域为单元计算，当地水资源利用系数应控制在合适的范围内。

3. 安全——确保防洪

确保坝系防洪安全是淤地坝水沙资源可持续利用的前提。统一规划，按规范设计，根据坝系控制流域的具体情况，在保证防洪安全的前提下，确定坝系布局以及淤地坝的结构形式。对现存防洪能力严重不足的淤地坝，通过坝系建设提高防洪标准，确保防洪和生产安全。

4. 可持续发展——管理良好、滚动发展、农民增收

编制经过科学论证、布局完善合理的淤地坝建设规划，促进退耕还林还草规划和当地经济社会发展规划的有效实施。淤地坝应是设计科学合理、成本有效控制、施工质量好、速度快。淤地坝的坝地使用效益较高，为一般坡地的6～10倍。建立合理的资金筹集和投入机制，国家、地方、农户的投入比例适当。用户参与管理机制明确，淤地坝（包括配套设施）和坝地产权、使用权明晰，管理体制健全。从淤地坝的收益中有部分用于管护。完全由国家投入的骨干坝形成的坝地、其收益的一部分应用于维修和滚动建设新的淤地坝。淤地坝的完好率大于95%，坝地利用率大于95%。农户通过高效使用坝地，调整与优化种植结构和养殖结构，发展农副产品加工，收入逐年增长。解决建设区内人畜饮水问题。

8.3 淤地坝规模布局技术研究

以延安市为例，通过收集和整理该地区不同流域淤地坝建设概况，从侵蚀控制和减沙控制两个层面初步分析了其建坝规模，并对其建坝潜力作了分析。

延安市地处东经$107°40'1''\sim110°31'$，北纬$35°31'\sim37°30'$，东西宽约198km，南北长约212km。全区共辖1区12县，总面积36712km²，其中水土流失面积28773km²，多年平均输入黄河泥沙达2158亿t，是黄河中游水土流失最严重的地区之一。延安市系华北陆台的鄂尔多斯地台的一部分，属中生代沉积岩系，岩层自东向西由老而新，多为西北走向。地貌北部以黄土丘陵沟壑区为主，沟壑密度在46km/km²以上；南部以高原沟壑区为主，沟壑密度为24km/km²，全区平均土壤侵蚀模数为9800t/(km²·a)。降水量在390～700mm之间，年内分布不均，由南向北递减，6～9月降水量约占全年降水总量的75%；年平均气温7.8～10.6℃，无霜期150～209d，蒸发量1400～1700mm。全区植被较差，而且分布又极不均匀。延安市以南的黄龙山、崂山及桥山、子午岭等分布的落叶阔叶林，森林覆盖率达50%左右，是延安市现存且保存较好的地带性植被。延安市以北没有连片的落叶阔叶林，只有少部分的杨林、白桦林、杜梨林及山杏林，大面积荒山为草本灌丛。

8.3.1 建坝规模潜力分析

侵蚀控制建坝潜力分析是在对延安市不同侵蚀分区、不同侵蚀强度区典型小流域坝系配坝比和布坝密度调查分析的基础上，提出相应各区的配坝比和布坝密度，并依此进行延安市侵蚀控制建坝潜力分析。

8.3.1.1 分析方法

通过综合调查延安全市建有淤地坝的小流域，掌握各个小流域的坝系布设状况、淤积状况、运行状况、骨干坝与中小型坝的配坝比等基本情况。在延安全市13个县区中选择了20条不同类型、不同侵蚀强度区的典型坝系，分析确定不同侵蚀强度区的建坝密度、骨干坝与中小型坝的比例，各典型小流域淤地坝调查资料及相应的分析结果见表8-4。从表8-4中可以看出，剧烈侵蚀区的骨干坝布坝密度3.94～4.20km²/座，骨干及中小型淤地坝配坝比约为1:3:8；极强度侵蚀区的骨干坝布坝密度在4.86～5.31km²/座，骨

干及中小型淤地坝配坝比约为1:2:6;强度侵蚀丘陵区的骨干坝布坝密度在6.43～7.32km²/座,骨干及中小型淤地坝配坝比约为1:2:3;强度侵蚀高原区的骨干坝布坝密度在10.03～13.30km²/座,骨干及中小型淤地坝配坝比约为1:2:4;中轻度侵蚀丘陵区的骨干坝布坝密度在12.97～15.30km²/座,骨干及中小型淤地坝配坝比约为1:2:3,中轻度侵蚀高原区的骨干坝布坝密度在15.80～22.15km²/座,骨干及中小型淤地坝配坝比约为1:2:2。

表8-4　　　　延安市典型小流域淤地坝布坝密度及坝系配置比调查

类型区		流域名称	县(区)	流域面积	侵蚀模数 [t/(km²·a)]	骨干坝(座)	骨干坝密度 (km²/座)	中型坝(座)	小型坝(座)	采用值 骨:中:小	采用值 布坝密度 (km²/座)
剧烈侵蚀区	丘陵区	沟岔	子长	63.1	16000	16	3.94	52	117	1:3:8	4.02
		官庄	延川	83.0	15000	21	3.95	67	166		
		疤家河	安塞	25.2	15000	6	4.20	17	51		
		卧狼沟	吴旗	44.0	16000	11	4.00	28	95		
极强侵蚀区	丘陵区	张家河	子长	53.7	14600	11	4.88	23	63	1:2:6	5.02
		周湾	吴旗	48.6	12000	10	4.86	21	60		
		蒿岔峪	延川	37.2	10000	7	5.31	15	40		
强度侵蚀区	丘陵区	郑东	延长	36.6	7000	5	7.32	9	17	1:2:3	6.73
		杨砭沟	志丹	45.0	8000	7	6.43	15	22		
		武装沟	宝塔	51.6	8000	8	6.45	15	23		
	高原区	范窑科	宜川	30.1	7000	3	10.03	6	13	1:2:4	11.69
		吉子现	富县	58.7	7000	5	11.74	11	19		
		雨岔	甘泉	53.2	6000	4	13.30	7	16		
中轻度侵蚀区	丘陵区	寨子沟	甘泉	38.9	4500	3	12.97	7	9	1:2:3	14.86
		英旺	宜川	32.6	4500	2	16.30	4	5		
		丁庄	宝塔	61.2	5000	4	15.30	8	14		
	高原区	枣子沟	洛川	47.4	3000	3	15.80	5	6	1:2:2	17.84
		大东沟	黄陵	44.3	3000	2	22.15	4	5		
		圪台	黄龙	63.9	2500	4	15.98	8	9		
		任台	富县	52.3	2500	3	17.43	5	7		

根据不同类型侵蚀区可建骨干坝控制面积、各单坝技术指标及骨干坝与中小型坝的配置比例,由下式计算得出骨干坝与中小型坝的建设潜力数量。

$$N = \sum_{i=1\sim5}\Big[\sum_{j=1\sim2}\Big(\sum_{k=1\sim3}d_i a_j r_k\Big)\Big] \quad (8-3)$$

式中:N 为可建淤地坝潜力数量,座;d_i 为布坝密度,km²/座,不同的侵蚀强度级取值各异(i 为侵蚀强度分区,其中,1 为轻度侵蚀区,2 为中度侵蚀区,3 为强度侵蚀区,4 为极强度侵蚀区,5 为剧烈侵蚀区);a_j 为不同侵蚀类型区面积(j 为不同侵蚀类型区,1

为丘陵区，2为高原区）；r_k为坝系配置比例（r为坝系配置比例，1为骨干坝，2为中型坝，3为小型坝）。

8.3.1.2 可建淤地坝数量确定

延安市总土地面积 36712km²，其中水土流失面积 28773km²，平均土壤侵蚀模数 9800t/(km²·a)，沟壑密度 4.87km/km²，理论上水土流失区均可作为建坝区域，其中丘陵区面积 20724km²，是延安市淤地坝建设重点区，高原沟壑区面积 8049km²，侵蚀强度较轻，淤地坝数量不宜过多。根据不同侵蚀类型、不同侵蚀强度区的骨干坝布坝密度和可建坝面积，采用式（8-3）计算可建淤地坝的数量，同时按照不同类型区骨干坝与中小型坝的配置比例可以计算出骨干坝、中、小型淤地坝的数量。

根据上述原则，计算出延安市可建淤地坝总数为 40377 座，其中骨干坝 4460 座，中型坝 10449 座，小型坝 25468 座。按类型区划分，黄土高原丘陵沟壑区可建坝 37661 座，其中骨干坝 3975 座，中型坝 9512 座，小型坝 24173 座；高原沟壑区可建坝数量较少，总数为 2716 座，其中骨干坝 485 座，中型坝 937 座，小型坝 1295 座。延安市不同侵蚀类型、不同侵蚀强度区可建骨干坝、中型坝和小型坝的数量见表 8-5。由建坝潜力分析结果可知，延安市水土流失区可修建淤地坝为 40377 座。根据延安市水利水保局的统计资料，到目前为止，延安市已建淤地坝 11998 座，因此，延安市实际还可修建淤地坝数量为 28379 座。

表 8-5　　　　　　　　延安市不同侵蚀强度区淤地坝建设数量

侵蚀分区	侵蚀强度	骨干坝（座）	中型坝（座）	小型坝（座）	小计
丘陵沟壑区	中轻度	86	172	259	517
	强度	821	1560	2545	4926
	极强度	1583	3325	9340	14248
	剧烈	1485	4455	12029	17970
高原沟壑区	中轻度	65	130	259	454
	强度	405	769	931	2105
	极强度	8	17	49	74
	剧烈	7	21	56	83
合计		4460	10449	25468	40377

8.3.2 减沙需求的建坝规模分析

根据延安市水土保持生态环境建设总体规划目标要求提出的减沙目标：到2020年，减少入黄泥沙量约占延安市年侵蚀入黄泥沙总量的65%。依据土壤侵蚀量与输沙量的关系，估算实现减沙目标所需要的淤地坝建设规模。

8.3.2.1 分区减蚀量的确定

据多年平均侵蚀模数和侵蚀面积计算出多年平均土壤侵蚀量。延安市水土流失面积 28773km²，平均侵蚀模数 9800t/(km²·a)，多年平均侵蚀总量 2184 亿 t，其中黄土丘陵沟壑区面积 20724km²，多年平均土壤侵蚀总量 2155 亿 t，多年平均土壤侵蚀模数 12300

t/(km²·a);黄土高原沟壑区面积 8049km²,多年平均土壤侵蚀总量 0.29 亿 t,侵蚀模数较小。

根据延安市多年平均入黄泥沙量占多年平均侵蚀量推算得出延安市泥沙输移比为 0.91,要实现减少入黄泥沙 1.67 亿 t,需减少侵蚀量为 1.83 亿 t。为实现这个要求,按照延安市不同水土流失区的土壤侵蚀特点和建坝条件,确定不同侵蚀强度区域的减蚀率如下:中轻度侵蚀区减蚀率为 15%;强度侵蚀区减蚀率为 35%;极强度侵蚀区减蚀率为 75%;剧烈侵蚀区减蚀率为 80%。由此可以计算出不同侵蚀强度区的规划减沙量,见表 8-6。

表 8-6　　　　　　延安市不同侵蚀强度区规划年减蚀量分配

类型区		轻度侵蚀	中度侵蚀	强度侵蚀	极强度侵蚀	剧烈侵蚀
年侵蚀量 (万 t)	丘陵	112.88	313.18	4147.70	10555.30	10342.46
	高原	757.73	1504.16	568.89	55.01	47.94
	合计	870.61	1817.34	4716.59	10610.31	10390.40
年减蚀量 (万 t)	丘陵	16.93	46.98	1451.70	7916.48	8273.97
	高原	113.66	225.62	199.11	41.26	38.35
	合计	130.59	272.60	1650.81	7957.73	8312.32

根据不同侵蚀强度及其相应的侵蚀面积,可分别计算出不同侵蚀区所需减少的侵蚀量,由此得出黄土丘陵沟壑区年需减少入黄泥沙 1.61 亿 t,需减少侵蚀泥沙 1.77 亿 t;黄土高原沟壑区年均需减少入黄泥沙约为 0.06 亿 t,需减少侵蚀泥沙 0.07 亿 t。

8.3.2.2 拦泥库容的确定

根据典型小流域淤地坝建设现状调查和长期实践经验,延安市黄土丘陵沟壑区骨干淤地坝单坝拦泥库容在 5863 万 m³,中型淤地坝单坝拦泥库容在 2527 万 m³,小型淤地坝单坝拦泥库容约为 4 万 m³;黄土高原沟壑区骨干淤地坝单坝拦泥库容在 4853 万 m³,中型淤地坝单坝拦泥库容在 2022 万 m³,小型淤地坝单坝拦泥库容约为 3 万 m³。延安市骨干、中小型淤地坝库容、拦沙库容的调查值和实际采用值见表 8-7。

表 8-7　　　　　　延安市已建典型淤地坝主要技术指标

类　型		县区	水系	总库容(万 m³)		拦泥库容(万 m³)	
				实际值	采用值	实际值	采用值
丘陵区	骨干	延川	清涧河	104.0	100.0	63.0	60.0
		吴旗	北洛河	98.0		58.8	
		宝塔	延河	98.0		62.4	
	中型	子长	清涧河	44.0	40.0	26.5	27.0
		子长	无定河	39.0		27.0	
		宝塔	延河	36.0		25.0	
	小型	吴旗	北洛河	7.0	8.0	4.0	4.0
		延长	延河	8.0		4.0	

8.3 淤地坝规模布局技术研究

续表

类型		县区	水系	总库容（万 m³）		拦泥库容（万 m³）	
				实际值	采用值	实际值	采用值
高原区	骨干	洛川	北洛河	87.0	95.0	52.7	50.0
		富县	北洛河	97.0		48.4	
	中型	宜川	仕望河	38.0	35.0	22.0	20.0
		富县	北洛河	34.9		20.4	
		甘泉	北洛河	9.0		3.5	
	小型	富县	北洛河	8.0	9.0	3.2	3.0

8.3.2.3 减沙需求建坝数量确定

根据表 8-4 中计算得出的坝系配置比和布坝密度以及表 8-5 中计算得出的骨干坝、中型坝和小型坝的拦沙库容，再根据淤地坝设计拦沙年限（30 年）内可拦沙量总量，可得出不同类型、不同侵蚀强度区所需配置的坝系数量，具体计算结果见表 8-8。从表 8-8 中可以看出，如果要达到减沙目标，延安市共需新建骨干坝 2847 座，其中丘陵区需要新建骨干坝 2705 座，高原区需要新建骨干坝 142 座；延安市共需新建淤地坝 27705 座，其中骨干坝 2847 座，中型坝 6804 座，小型坝 18054 座。

表 8-8　　　　　延安市不同类型区淤地坝建设规模统计　　　　　座

侵蚀分区		轻度侵蚀	中度侵蚀	强度侵蚀	极强度侵蚀	剧烈侵蚀	合计
丘陵区	骨干	3	9	266	13245	1103	2705
	中型	6	17	532	2648	3311	6514
	小型	10	26	7975	7942	8830	17605
	合计	19	52	1595	11914	13244	26824
高原区	骨干	27	54	45	9	7	142
	中型	55	108	89	18	20	290
	小型	55	109	181	52	52	449
	合计	137	271	315	79	79	881
总计		156	323	1910	11993	13323	27705

8.3.3 延安市拟建淤地坝规模确定

综合以上分析结果可知，从控制侵蚀角度出发，延安市目前还可修建淤地坝 28379 座；从减沙需求来看，需建淤地坝 27705 座。在考虑不同侵蚀强度分区中地形地貌、人口分布特点、建坝条件、现状、骨干坝中小型坝合理布局及病险淤地坝改建和加固等因素的基础上，结合当地农村产业结构调整、退耕还林还草和农业可持续发展的要求以及延安市的减沙需求，确定延安市拟建淤地坝总规模为 27705 座，其中骨干坝 2847 座，中型坝 6804 座，小型坝 18054 座。

第9章　淤地坝快速施工技术

黄土高原沟道由于缺少砂料、石材，淤地坝建设多以黄土为筑坝材料（涵洞、卧管采用块石砌筑或用钢筋混凝土预制管）。目前，黄土高原地区淤地坝施工常采用两种方式：碾压施工和水坠施工，即由此形成的碾压坝和水坠坝。碾压坝是通过采用机械对坝体黄土层进行碾压夯实来筑坝，其需要大型机械来完成，工期短但造价高。水坠坝是采用水力冲填方法修筑的坝。它是在坝址附近选择高于拟建坝的料场，用机械抽水到料场，冲击土料，经过水的湿化、崩解、流动作用，形成泥浆，经人工引导，均匀分层填成均质坝或经水力分选的非均质坝。坝体随泥浆的脱水固结和泥浆自重积压，强度不断增加。水坠坝与碾压土坝比较，省去装、运、卸、压四道工序，节省劳力，降低造价，工效较高。经工程分析，采用水坠、碾压施工，两者的上坝土方单位造价比为1：2.5。因此，目前对于经济欠发达的黄土高原地区，淤地坝建设多采用水坠法施工筑坝。

水坠法筑淤地坝，以其工效高、投资少、成本低、施工简单、施工场地要求低、便于群众掌握和应用等诸多优点，在我国淤地坝建设中被广泛采用。但是，水坠法筑坝也存在一个明显的弱点，即在较高的冲填速度下，坝体不能迅速脱水固结，很容易造成滑坡、鼓肚等工程事故，如果降低冲填速度，势必会影响施工进度，增加工程投资，更重要的是对于稍高一些的骨干淤地坝工程，当度汛坝高较高时，很难保证坝体安全度汛。在黄土高原地区，对于中、重粉质壤土，当无较好的排水措施时，坝体上升速度一般均不超过0.2m/d，因此筑坝需跨年度完成，工期较长。因此，对于水坠淤地坝工程，快速施工技术的挖掘和创造，成为目前黄土高原地区淤地坝建设需突破的关键。

目前，实现水坠淤地坝快速施工的主要途径是设置坝体排水设施，提高坝体排水速率。根据水坠法筑坝材料的特点，坝体排水可分为两类：一类是表面排水，适用于透水性较大的砂壤土和含黏量较少的粉质壤土，多采用埋管自流排水、虹吸排水、机械排水等方法；另一类是深层排水，主要用于透水性较差的中、重粉质壤土，深层排水技术运用包括空心沙井、实心沙井和沙沟以及聚乙烯微孔波纹管排水技术等。对于重粉质壤土，由于其黏粒含量较高，这些排水技术仍明显不足，实际用来修筑的水坠淤地坝仍然很少。

针对目前以中、重质壤土和高黏粒性壤土为筑坝材料的水坠坝坝体排水技术单一、不成熟、不完善，为提高筑坝过程中坝体排水速度，加快施工进度，增加坝体稳定性和安全性，本研究提出淤地坝坝体排水技术系统，即土工布作反滤、砂砾石作排水体的坝基排水，土工布袋装砂井作坝体垂直排水和多孔波纹排水管作为坝体水平排水的排水系统。该坝体排水技术系统使淤地坝排水自成整体，切实可行地提高排水速度。

9.1 水坠坝坝体排水系统技术优点

水坠坝坝体排水系统主要目的是加快冲填泥浆脱水固结速度，增强坝体稳定性，从而提高施工速度，其中具体要解决的技术问题包含以下 3 个方面。

9.1.1 适用性

水坠坝新型坝体排水系统技术包括三部分，每一部分自成系统，且各部分相互连接构成整体排水。土工布作反滤、砂砾石作排水体的坝基排水，铺设幅度覆盖整个坝基，在土工布作反滤下的沙砾石，渗水和排水效果极佳，保证整个坝体上部来水快速从坝基排出。每一泥浆填充面（水坠坝包含两个泥浆填充面，中间有虚埂相连）布设相当数量的土工布袋装砂井，以及多孔波纹排水管水平排水，使该技术系统排水有效范围大，真正达到坝体均匀排水。因此，该技术不仅适用黄土区以轻、中质壤土为筑坝材料的水坠坝施工，同样适用于重质和高黏粒性壤土为筑坝材料的水坠施工。

9.1.2 可行性

水坠坝新型坝体排水系统技术操作简单、易行。坝基排水技术的施行，不存在施工难度；垂直排水系统技术在施行过程中，袋装砂井分别紧靠于坝体填充面四周的虚埂上，并作了固定，在需要加高时，人力可随时操作；水平的波纹管排水系统，由于只需与砂井相衔接，施工容易、可行。因此，该新型坝体排水系统技术的执行是可行的。

9.1.3 功效性

水坠坝新型坝体排水坝体排水技术由坝基排水、坝体纵向排水和坝体多个横向排水共同作用形成整体排水系统。技术施行依托的材料，反滤性和透水性强；排水工程布设密度适当，排水的有效范围大，可使水坠坝体均匀排水、彻底排水，加快了施工进度，增强了坝体施工的稳定性和安全性。

9.2 水坠坝坝体排水系统技术内容

水坠坝新型排水系统技术是以西安塞宋家沟所筑淤地坝为依托，在其实际施工过程中试验实施的。

9.2.1 技术系统实施背景

宋家沟淤地坝属骨干工程，坝控面积为 5.6km^2，设计坝高 26.5m，坝顶长 108.0m，总库容 81 万 m^3。坝址处地形相对狭窄，两岸均有丰富的黄土。大部分坝基处基岩出露，局部覆盖有 1m 左右厚砂砾石。坝址区地质构造见图 9-1。由于坝体土料主要为重粉质壤土和重壤土，脱水固结速度慢，为增强坝体稳定性和加快施工进度，使坝体尽快脱水固结,结合坝基地质条件,试用和发明了一套完整的排水系统技术,见图9-2坝体横断面图。

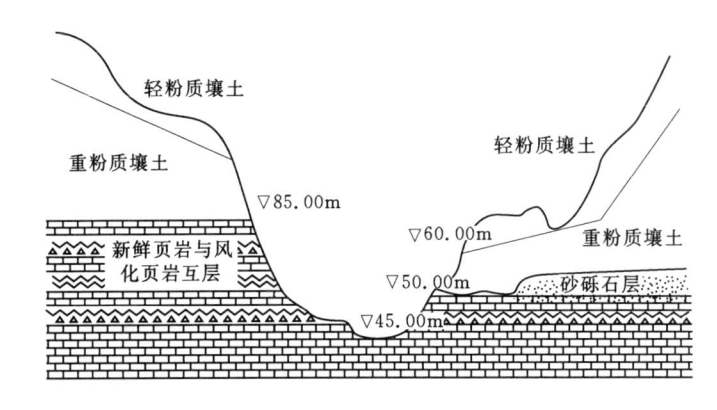

图9-1 坝址区地质构造示意

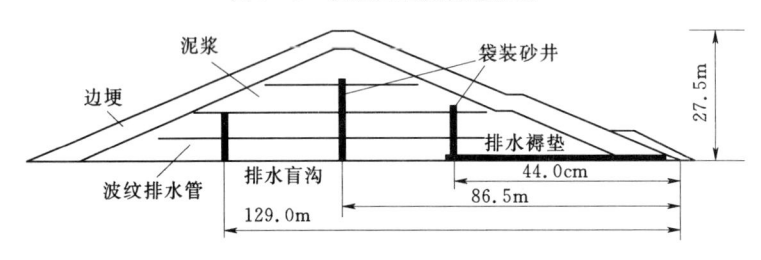

图9-2 坝体横断面及排水系统布置示意

宋家沟淤地坝两岸土料场拥有丰富的土料,分上、下两层,上层厚度2~3m,下层厚度大于10m。土的物理指标见表9-1。《水土保持治沟骨干工程技术规范》(SL289—2003)要求水坠法筑淤地坝的土料(黄土、类黄土)应满足:黏粒含量3%~20%;塑性指数小于10;崩解速度小于10min;渗透系数大于$1×10^{-6}$cm/s。

表9-1 土料指标

指标	土层		说 明
	上层土料	下层土料	
比重	2.71~2.74	2.71~2.73	
黏粒含量(%)	13.0~14.5	20.0~22.0	
粉粒含量(%)	65.0~66.5	30.0~60.0	
砂粒含量(%)	20.0~21.0	19.0~50.0	
液限(%)	27.0~28.4	26.0~27.8	落锥深度17mm
塑限(%)	14.8~16.5	14.0~15.0	
塑性指数(%)	11.8~13.4	11.5~12.8	
崩解速度(min)	4.5	21.0	
渗透系数(cm/s)	10⁻⁵	10⁻⁵	
土的分类10*	CLY	CLY	低液限黏土(黄土)

* 《土工试验规程》(SL237—1999)分类法。

9.2 水坠坝坝体排水系统技术内容

从表 9-1 可以看出：

（1）上层土料属典型黄土，除塑性指数稍大于 SL289—2003 的要求以外，其余指标均满足。

（2）下层土料也属黄土，但黏粒含量、塑性指数和崩解速度均超过 SL289—2003 要求。

（3）上、下两层土料按三角法分类，则上层土料属轻粉质壤土，下层土料属重粉质壤土和重壤土。轻、中粉质壤土是适宜的水坠坝土料，而重粉质壤土用作水坠坝土料则会给施工带来较大的困难。

（4）从水坠技术要求和经济性来看，坝体两端较近部位的轻粉质壤土土料储量远远不够，若使用较远料场的土料，则运距加大而很不经济，因此，选择使用坝体两端岸坡上以重壤土和重粉质壤土为主的土料，这就需发明和使用新的坝体排水技术，来提高坝体水坠的速度。

9.2.2 技术方案

水坠坝新型排水系统技术包括 3 个部分：坝基排水褥垫与排水盲沟，坝体垂直排水砂井和坝体水平排水波纹管。

淤地坝坝基一般为新鲜、完整的基岩，透水性差，故在下游坝基设置排水褥垫，并与坝脚贴坡式反滤体相连。排水褥垫厚 50cm，与坝基同宽（该坝坝基宽约 15m），由砂砾石填筑，粒径为 5～100mm，级配不连续，其上覆盖土工布反滤。坝脚贴坡式反滤体厚 50cm，垂直高度 4.0m，与坝体之间铺设土工布以防土粒被携带而出。

坝体内设置垂直和水平排水。垂直排水为 ϕ500mm 土工布袋装砂井，共 6 根，充填砂砾石粒径为 5～50mm，根部通过排水盲沟与排水褥垫相连。排水盲沟与排水褥垫结构形式相同，50cm 厚，100cm 宽。水平排水采用 ϕ75mm 多孔 PE 波纹管（波纹深度 4mm，波纹螺距 6mm，管壁上有 1mm×4mm 的长方形微形孔口，沿波纹管周围相间交错排列 4 排），与砂井相连，每 5.0m 高布设一层，具体根据坝体高度设计布设层数，本试验多孔 PE 波纹管共设 3 层。

土工布选择 350g 无纺布，幅宽 2.0m，厚宽 2.4～3mm，断裂强力 9.5～12.0kN/m，CBR 顶破强力 1.5～2.0kN，撕破强力 0.24～0.30kN，垂直渗透系数为 10^{-2}～10^{-3}cm/s，等效孔径 O_{90} 为 0.07～0.10mm。

9.2.3 技术实施

排水褥垫与排水盲沟铺设前，先将坝基基岩清理干净，再铺设 50cm 厚、粒径为 5～100mm、冲洗干净的砂砾石，简单压实即可。其上覆盖土工布，土工布两侧埋入 20cm×20cm 的深基槽内，回填黏土压实。

垂直排水砂井沿坝体横断面方向布置 2 排，既可排除砂井周围冲填体内的水分，又兼作波纹排水管向坝外的排水通道。以防倾倒，施工时砂井均斜靠在岸坡或虚坝上。土工布袋预先缝制好，直径 500mm，2.0m 长 1 段，根据泥浆上升高度，逐段加高。

水平排水采用 ϕ75mm 多孔 PE 波纹管，外裹土工布以防淤堵，排水垂直有效距离按

图(a) (b) (c)

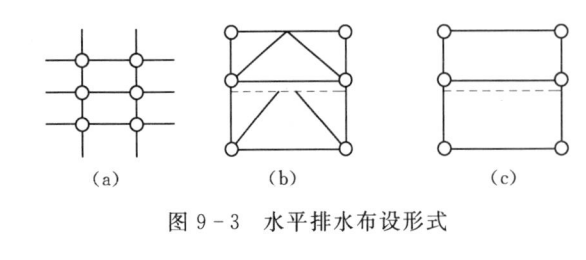

图 9-3 水平排水布设形式

5m 计。波纹管与砂井相接,设计时采用网格状布置见图 9-3(a)。施工中砂井紧贴岸坡布置,同时为增加排水能力,第一层水平排水按图 9-3(b)布设(水坠时采用两畦轮流冲填,图中虚线为中间虚埂),布设时要预留变形量。由于泥浆推力较大,第二、第三层水平排水如图 9-3(c)形式布设。

水坠坝新型排水系统具体布设见图 9-4。

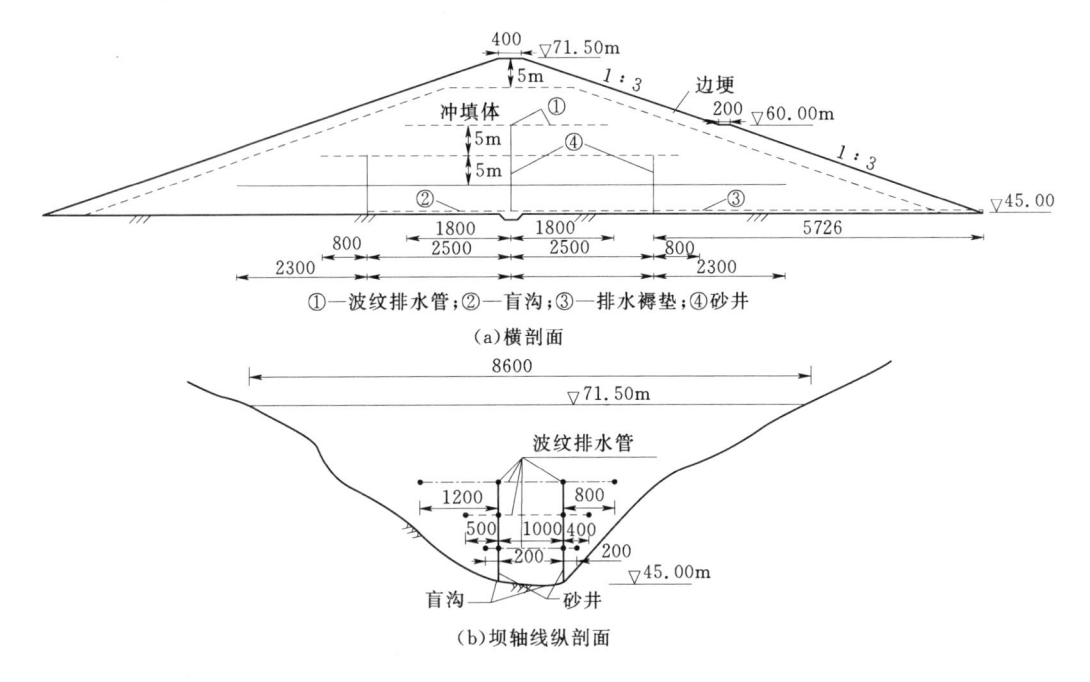

①—波纹排水管;②—盲沟;③—排水褥垫;④—砂井

(a)横剖面

(b)坝轴线纵剖面

图 9-4 水坠坝新型坝体排水系统布置示意图(尺寸单位:cm)

9.3 水坠坝坝体排水系统技术应用效果

就黄土高原地区水坠坝坝体排水技术自 20 世纪 80 年代以来开始被探索,但以前的技术或者只是针对沙壤、轻和中质壤土的筑坝材料来试验,或者所试验技术只是某一单项,不仅技术本身存在缺陷,在施工过程中容易失效而出现问题和酿成事故,而且相对整个坝体排水其所起功效甚微,特别对于重质壤土和高黏粒性壤土,成熟的排水技术更是匮乏。本技术以黄土高原地区重质壤土为筑坝材料的水坠坝施工为依托,创造性提出和试验了新型坝体排水技术系统:土工布作反滤砂砾石作排水体的坝基排水、土工布袋装砂井作坝体垂直排水和多孔波纹排水管作为坝体水平排水的排水系统。该坝体排水系统的主要目的是加快冲填泥浆脱水固结速度,增强坝体稳定性,从而提高施工速度,从技术系统实施的过程和结果看,效果显著。

9.3.1 表面观察

一般情况下，对于未设排水措施的水坠坝来讲，泥浆进入坝体停止流动后，其脱水固结过程可分为两个阶段。首先是土粒沉淀，自由水析出并向低处汇聚，表层积水被蒸发或需人工排除，然后进入渗流固结阶段。因此，在每日停止泥浆冲填后，常常在坝面可见有表面积水。宋家沟坝由于设置了坝体排水系统，在整个施工期中，经观察发现，停止泥浆冲填后泥浆表面有较稀的泥浆（土料黏粒含量较高，自由水难以析出，因此表面是较稀的泥浆而不是较清的水）向砂井和波纹管处流动汇聚并迅速排出，无表面积水现象，与此同时，下游坝脚褥垫层中有大量清水排出。这种现象表明，其一，选用的土工布性能合适，起到了反滤作用；其二，坝体排水系统发挥了应有的排水作用。经调查，与该工程周边类似工程规模和坝基条件、相同土料、同一季节施工的水坠坝相比，该工程泥浆脱水、排水速度要快3～5倍。

9.3.2 施工速度

宋家沟坝泥浆冲填方量12万 m^3，冲填土料中利用上层土料约占1/3，下层土料约占2/3。坝体泥浆设计施工高度22.5m，实际冲填高度22.5～23.0m。泥浆冲填分为两个阶段，2003年9月中旬至10月底为第一阶段，入冬后停工，历时1个半月，实际冲填时间20d，总冲填高度15.0m，冬季停工期间，泥浆面沉降20～30cm；2004年4月中旬至5月中旬为第二阶段，历时1个月，实际冲填时间15d，总冲填高度8.0m。表9-2为该工程的冲填速度。

从表9-2可以看出，该工程由于设置了适当的坝体排水系统，尽管冲填土料黏粒含量比规范中给出的数值要大，但施工速度明显加快。需要说明的是，第2阶段坝体泥浆冲填过程中，在连续冲填了5d（工作时间10h）、每日泥浆上升高度均在70～80cm、泥浆面达到19～20m时，继续按此速度冲填了1d，发现上下游边埂各有约5～10 m^2 出现了鼓肚变形，最大变形10～20cm，遂立即停止冲填3d。之后改为24h冲填50cm，停歇1d，原鼓肚变形未再继续扩大，采用此种方案使泥浆面顺利冲填到设计高度。

根据宋家沟水坠坝实际冲填情况来看，在设置了合理的坝体排水系统的情况下，水坠坝冲填速度可以超过规范规定，对以重粉质壤土为主的土料，按旬平均冲填速度0.5m/d、两日最大升高1.0m控制是可行的。

表9-2　　　　　　　　宋家沟水坠坝冲填速度

指　标	规范允许值 上层土料	规范允许值 下层土料	宋家沟
土料黏粒含量（%）	10～15	15～20	13.0～14.5（上层土料）；20.0～22.0（下层土料）
旬平均冲填速度（m/d）	0.15～0.20	0.10～0.15	1.0（第一年），0.8（第二年）
两日最大升高（m）	<0.6	<0.4	2.2（第一年），1.8（第二年）
月最大升高（m）	<5.5	<4.0	10.0（第一年），8.0（第二年）

9.3.3 经济性比较

宋家沟水坠坝坝体排水系统（包括水平波纹管排水、垂直袋装砂井排水、排水盲沟及排水褥垫等）总造价为1.5万元，据测算，工程施工进度提前3个月以上，经济效益明显。

9.3.4 推广前景

黄土高原地区沟壑整治工程是未来水土保持与水利建设工作的重点，淤地坝作为水利"三大亮点工程"之一，其坝系布置和建设成为控制水土流失、调节水资源利用、调整产业结构和发展农村经济的重要途径。而筑坝成本相对很低的水坠施工（相对于碾压施工）本是该地区淤地坝建设主要方式，在实施本发明的新型坝体排水系统后，不仅缩短工期约一半，节约了成本，而且坝体快速排水，增强了其稳定性，更是使筑坝过程避开汛期，减轻本地及下游防汛压力。技术系统实施简单易行、成本低，在以后的淤地坝建设中，具有很高的应用前景。

9.4 淤地坝坝体排水中的新材料应用

建坝新材料——螺旋PVC管的使用。在淤地坝设计及水坠施工时，将PVC排水管和放水卧管联合排水技术配套使用，即在坝体最底部埋设孔径20cm的PVC排水管，排水管距卧管底孔的高差为10m，这样解决了淤地坝早期的排水问题及洪水过后放水卧管无法排泄积水的问题。

第10章 淤地坝放水建筑物结构优化技术

10.1 淤地坝放水建筑物型式

淤地坝放水建筑物的传统方式有两种：卧管＋涵洞＋消力池、竖井＋涵洞＋消力井。

10.1.1 卧管式放水工程

卧管是一种分段放水的启闭设备，一般采用方形砌石或圆形钢筋混凝土结构。它砌筑在靠近涵洞附近的山坡上，上端高出最高蓄水位，管上每隔0.3~0.6m（垂直距离）设一放水孔，平时用孔盖（或混凝土塞）封闭，用水时，随水面下降逐级打开。卧管下端用消力池与涵洞连接。孔盖打开后，库水就由孔口流入管内，经过消力池由涵洞排出库外。为防止放水时卧管发生真空，其上端设有通气孔。卧管纵坡一般以1:2~1:3为宜，坡度太陡，则水流过急且管身易向下滑动；坡度太缓，浪费材料。卧管与涵洞接头处需做消力池，以减小卧管水流冲击力，并将急流变成平顺的水流，然后由涵洞放出，见图10-1。

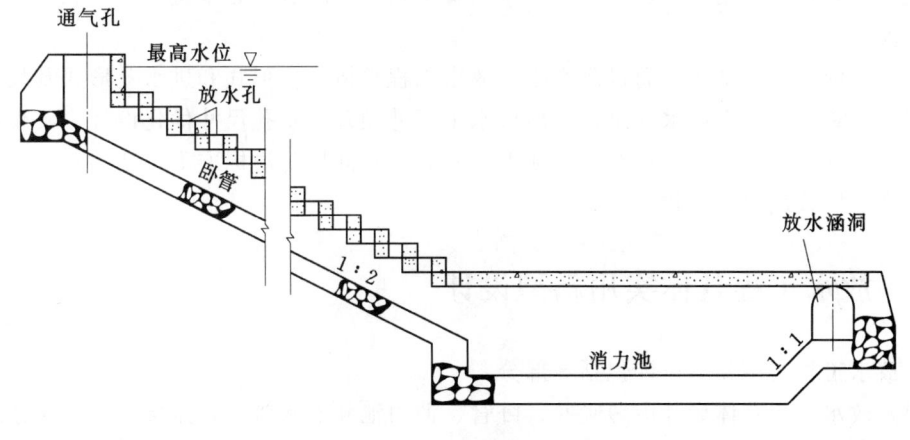

图10-1 卧管放水工程

10.1.2 竖井式放水工程

竖井常用圆形砌石结构，底部设消力井，井深0.5~1.0m，井壁每隔0.5m设一对放水孔，相互交错排列，孔口顶留门槽已插入闸板。竖井下部与输水涵洞连接，见图10-2。

淤地坝工程中的放水工程，由于规模小，结构相对简单，一直缺少对其合理结构型式和经济断面尺寸的研究，通常采用偏于安全保守的结构型式和断面尺寸。

本研究通过对放水工程进行较为系统的水力试验分析和研究，对放水工程结构型式进行了重新设计和优化，在同样建设标准上，最安全且最大限度发挥放水工程的泄洪能力。

竖井只有底座与坝体坡处原状土质或石质基础相连，因此其整体高度受到限制。当竖井深度达到坝底深处时，虽然可排低水位积水，但底座土体可能由于浸水沉陷而使竖井损坏，特别在坝体所蓄洪水水位较高时，人力无法启闭闸板。当竖井深度较低时，竖井稳定且较易启闭闸板，但竖井排水口以下坝内积水无法排到下游。另外，竖井放水工程中的消力井较小，且洪水垂直泄入易形成跌水，容易摧毁底座。因此竖井放水工程只适宜用于小型淤地坝。

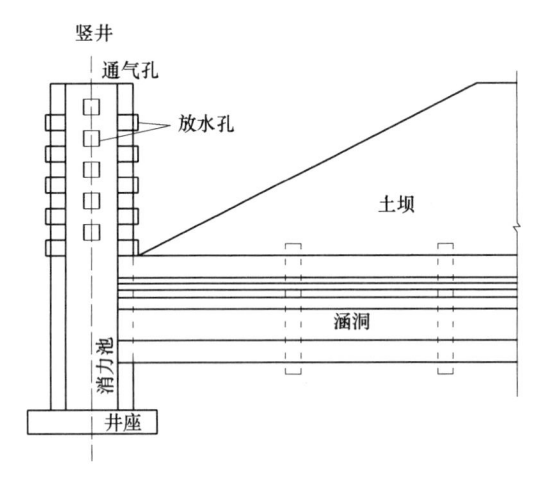

图 10-2 传统竖井式放水建筑物

卧管排水设施设置在坝坡坚实的原状土质或石质基础上，其根据山坡地形，纵坡一般以 1:2～1:3 设计，可避免不均匀沉陷而折裂。卧管深度可至坝底随意深处，根据开启不同高度的放水孔随时排泄洪水，且开启简单快捷。卧管可适用于大、中、小型坝及骨干坝，但随着卧管垂直高度增大，工程造价必然加大。

本研究依托模型试验，通过改变卧管放水工程整体结构形式和进水孔形式及尺寸，试验观测和计算新条件下放水效果，提出放水工程外型及放水孔尺寸优化设计，实现卧管和竖井放水工程的共同优点，摈弃各自缺点；同时，在同样防洪标准下，使放水工程增大泄洪量，避免损毁放水建筑物。

10.2 放水工程具体实用新型设计

本放水工程实用新型设计包括 3 部分：

（1）放水工程整体设计由短竖井、卧管、消力池和放水管（输水涵洞）4 部分组成放水工程新型式（见图 10-3）。卧管通气口以上建成短竖井，竖井顶部通气。短竖井可根据实际需要，可设计一层或多层放水孔。

（2）短竖井四壁两对放水孔底部高程一致，且孔口为长方形（传统竖井放水口孔口为方形，四壁两对放水孔垂直方向交错布设，见图 10-4），见图 10-5。

（3）卧管进水孔为喇叭形进水口，即保持孔径不变，孔口为半径为 3.5cm 的圆形边（传统卧管进水孔孔口为锐缘边，见图 10-6 和图 10-7），见图 10-8 和图 10-9。

10.2 放水工程具体实用新型设计

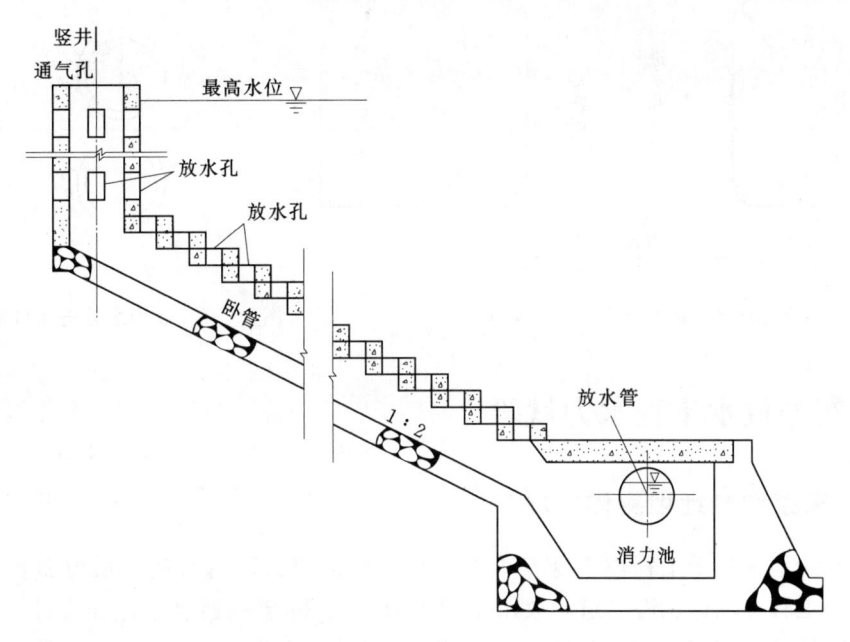

图 10-3 淤地坝放水工程实用新型

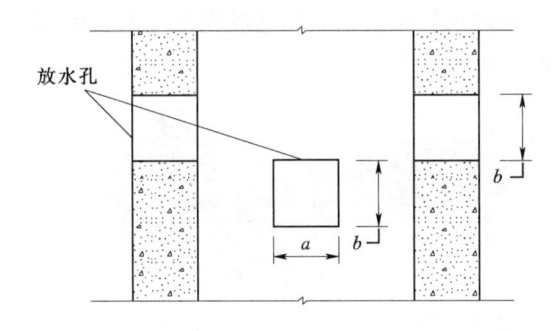

图 10-4 传统竖井放水孔外型设计
（放水孔口径尺寸 $b=a$）

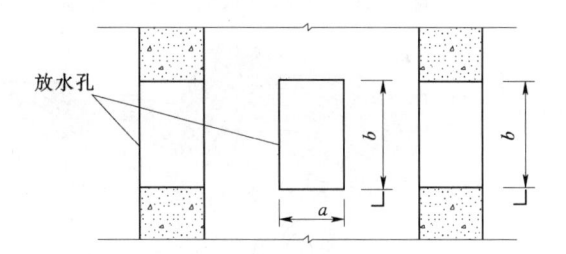

图 10-5 实用新型竖井放水孔外型设计
［放水孔口径尺寸 $b=(1.5\sim2)a$］

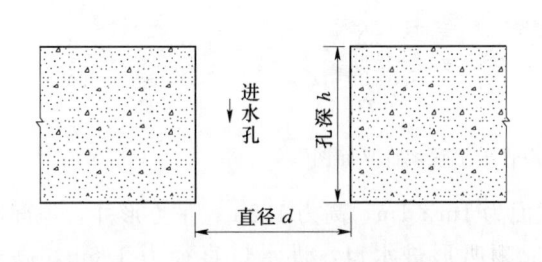

图 10-6 传统卧管进水口剖面图图

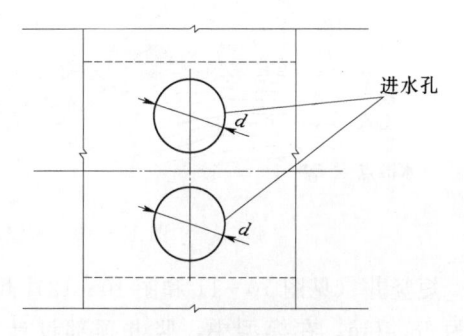

图 10-7 传统卧管进水口横断面图

173

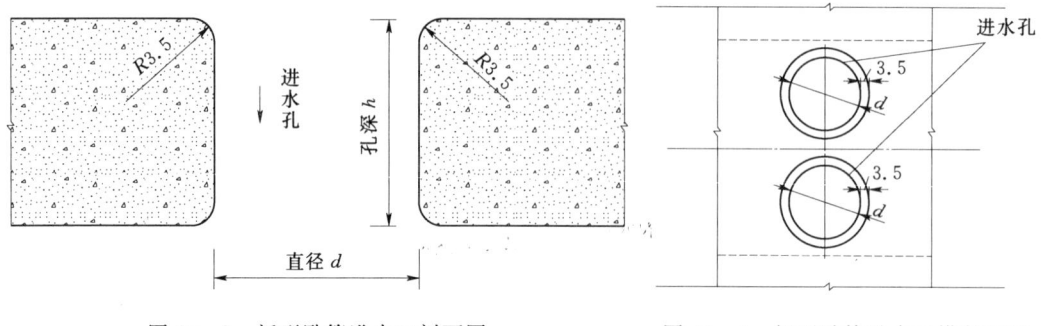

图 10-8 新型卧管进水口剖面图　　图 10-9 新型卧管进水口横断面图

10.3 新型放水工程水力试验

10.3.1 宋家沟淤地坝实体概况

宋家沟淤地坝骨干工程位于延安市安塞县沿河湾镇云坪村对面，坝控面积 5.6km²。整个淤地坝工程又坝体、溢洪道和放水工程组成。按 20 年一遇洪水标准设计，200 年一遇洪水标准校核。坝高 26.5m，坝顶长 86.2m，设计总库容为 81.0 万 m³（其中拦泥库容为 56.0 万 m³），设计淤积年限 15 年，总共可以淤地 105.0 亩。

根据地形和地质条件，宋家沟淤地坝放水工程建筑物布设在左岸红胶泥土基上，由短竖井、卧管、消力池和放水管（输水涵洞）4 部分组成，见图 10-10。

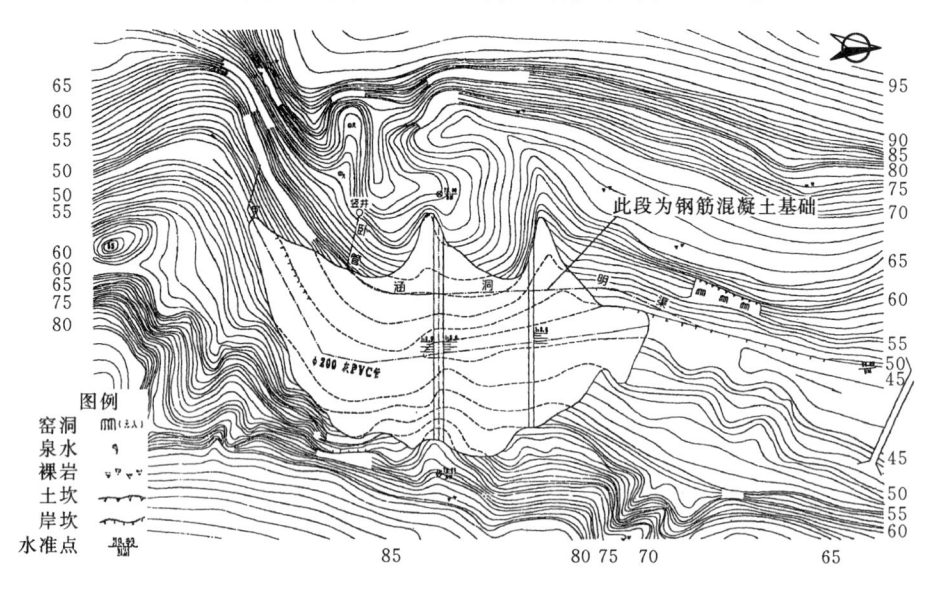

图 10-10 宋家沟骨干工程坝址平面图

短竖井（见图 10-11 和图 10-12）截面为 1m×1m，高为 1.5m，呈方形井，顶部高程为 68.40m。在模型中，竖井顶部设计成喇叭形进水口，进水口直径为 1.6m，高度 0.3m。竖井方形井壁两侧各有一对 0.3m×0.3m 的放水孔。两对放水孔的底部高程不同，

10.3 新型放水工程水力试验

分别为 67.2m 和 67.5m，竖井下部接卧管。

20 年一遇洪水水位为 69.80m，即竖井堰上水头为 1.4m。

根据地形条件，卧管（见图 10-11 和图 10-12）底坡采用 1：2，断面底宽 1m，卧管顶部沿山坡布置 40 个台阶，每层台阶高 0.3m，设有两个放水孔孔径 0.3m，整个卧管采用浆砌石砌筑。

消力池布置在卧管底部，容积尺寸：2.5m×1.5m×2.1m（长×宽×高），池壁一侧接放水管，见图 10-11～图 10-13。

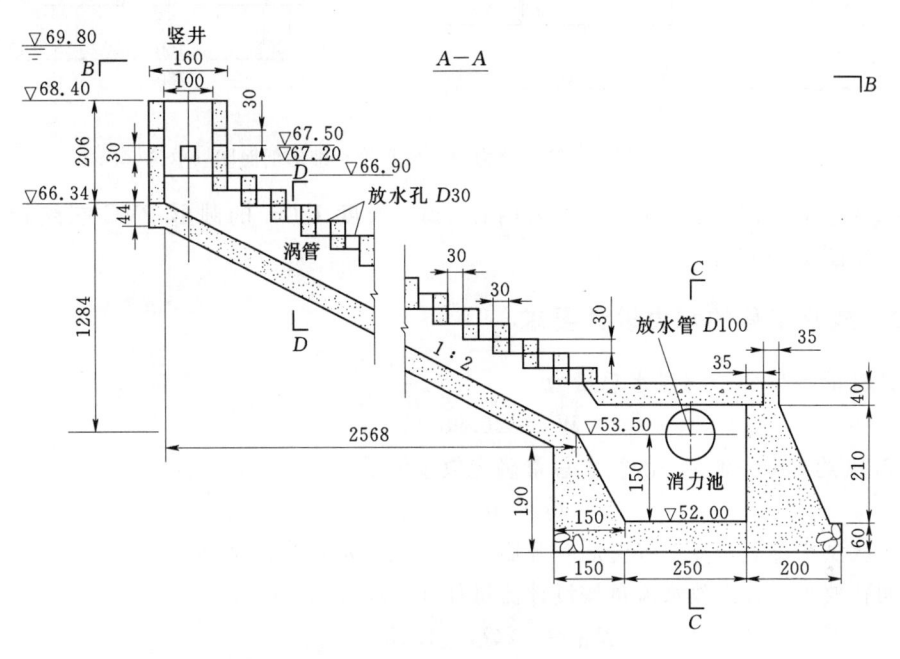

图 10-11　放水工程（竖井、卧管、消力池和放水管）剖面图
（单位：高程为 m，尺寸为 cm）

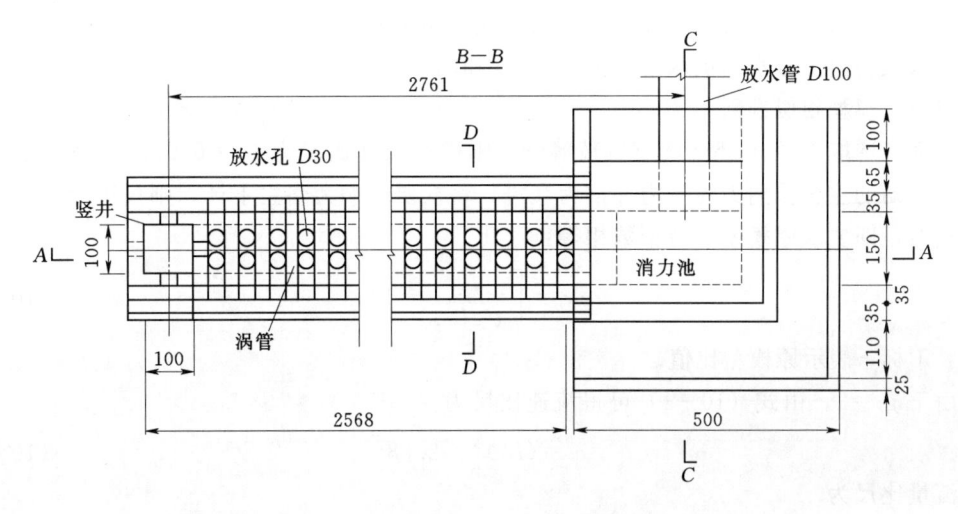

图 10-12　放水工程（竖井、卧管、消力池和放水管）平面图（单位：cm）

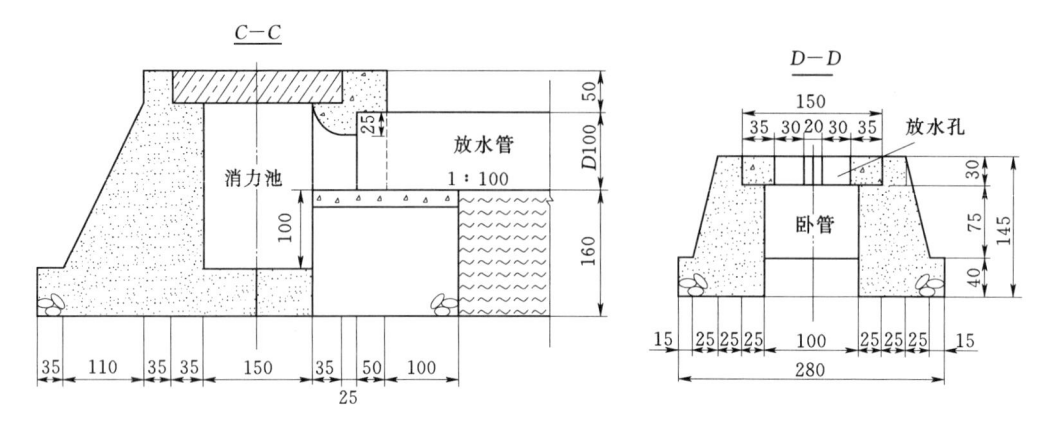

图 10-13　放水工程（卧管、消力池、放水管）细部剖面图（单位：cm）

放水管进口底部高程 53.00m，为内径 1m，长度 100m 的圆形 PVC 螺纹管，坡度 1：100，见图 10-11。

10.3.2 放水工程的水力设计要求

设计流量：20 年一遇洪水总量为

$$W_{20} = 26.98 \text{（万 m}^3\text{）}$$

按 3d（约 80h）泄完一次洪水总量确定放水流量：

$$Q_{设} = 0.94 \text{（m}^3/\text{s）}$$

在每次洪水过后，要求卧管同时开启三层六孔放水，当淤地面高程至 67.20m 时，开启竖井四孔放水。各次放水流量按设计流量加大 20% 确定：

$$Q_{卧管} = 1.2 Q_{设} = 1.13 \text{（m}^3/\text{s）}$$

10.3.3 模型及试验方案设计

模型全部采用有机玻璃制模，使用三角堰测量流量。竖井放水试验由 1 号水箱供水，卧管放水试验由 2 号水箱供水，见图 10-14 和图 10-15。

10.3.3.1 模型相似准则

放水管选取直径 0.15m 的有机玻璃管，则模型长度比尺为 $L_r = 6.67$。考虑原型与模型水流运动的主要作用力为重力并都为紊流，将次要影响力略去不计，则按重力相似准则设计模型，即要求原模型弗劳德数相等：

$$Fr_r = \left[\frac{v}{\sqrt{gL}}\right]_r = 1 \tag{10-1}$$

式中：下标 r 表示原模型比值。

由于 $g_r = 1$，由式（10-1）可得流速比尺为

$$v_r = (L_r)^{\frac{1}{2}} = 2.58 \tag{10-2}$$

流量比尺为

$$Q_r = A_r v_r = (L_r)^{\frac{5}{2}} = 114.76$$

10.3 新型放水工程水力试验

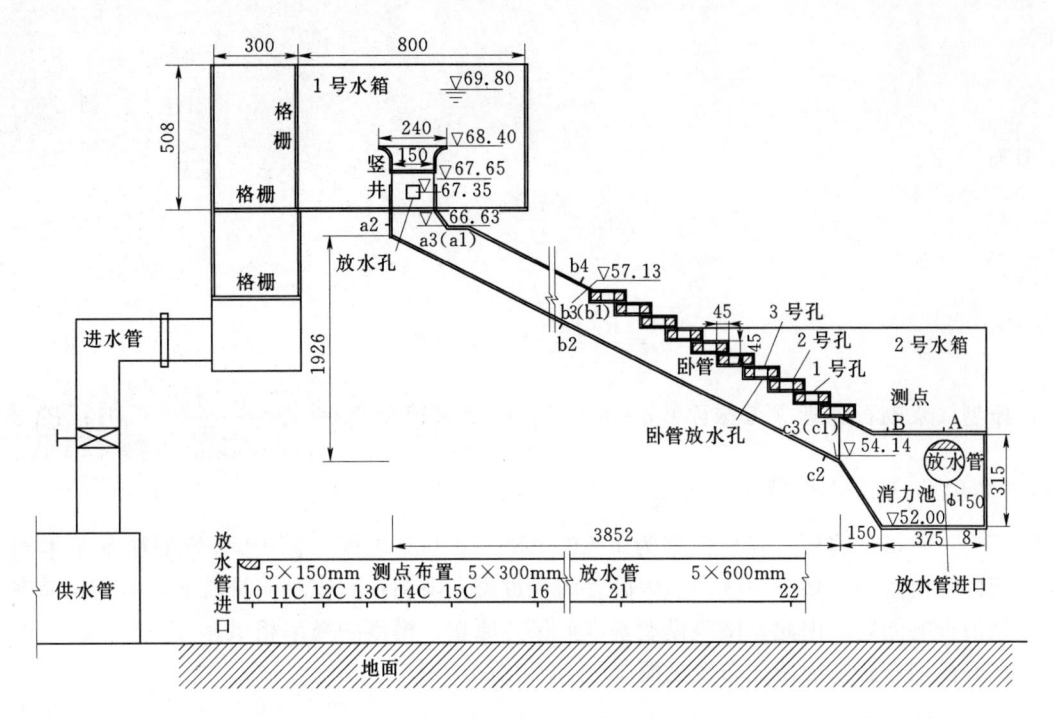

图 10-14 淤地坝放水工程水力试验模型纵剖面图（单位：高程为 m，尺寸为 mm）

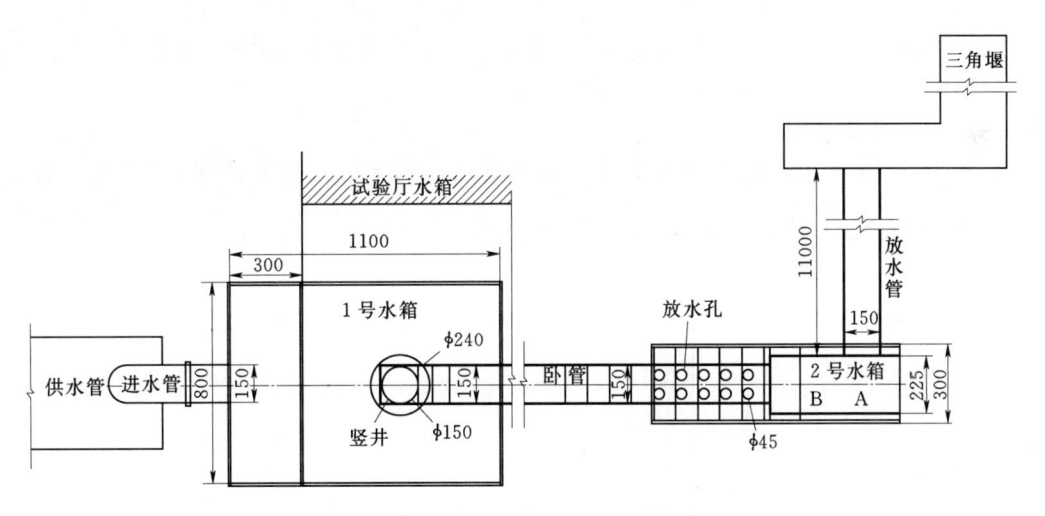

图 10-15 淤地坝放水工程水力试验模型平面图（单位：mm）

时间比尺为

$$T_r = \frac{L_r}{v_r} = 2.58$$

根据谢才公式 $v = C\sqrt{RJ}$，以及曼宁公式 $C = \frac{1}{n}R^{\frac{1}{6}}$（式中 R 为水力半径，J 为水力坡度），得

$$v = \frac{1}{n}R^{\frac{2}{3}}J^{\frac{1}{2}} \tag{10-3}$$

即

$$n = \frac{R^{\frac{2}{3}} J^{\frac{1}{2}}}{v} \tag{10-4}$$

又因为

$$J_r = \frac{(h_f)_r}{L_r} = 1 \tag{10-5}$$

所以

$$n_r = \frac{R_r^{\frac{2}{3}} J_r^{\frac{1}{2}}}{v_r} = L_r^{\frac{1}{6}} = 1.37 \tag{10-6}$$

原型：浆砌石卧管（无抹面）$n=0.015$，则要求模型糙率 $n_m = \frac{0.015}{1.37} = 0.01$；PVC 管 $n=0.013$，则要求模型 $n_m = \frac{0.013}{1.37} = 0.009$。

模型：有机玻璃板（管）糙率为 $n=0.0085 \sim 0.009$ 之间，同 PVC 管的糙率基本相似，而卧管模型糙率略小一些，但因卧管的通过流量限制在明流小流量以下，不存在糙率对流量的影响问题。因此，试验模型基本上保持原型、模型的糙率相似。

试验模型布置及测压孔布置见图 10-14 和图 10-15。

10.3.4 流量系数方法

由于淤地坝一般为非淹没出流，故淤地坝放水工程的流量系数计算，按照进水口淹没及非淹没两种流态不同，其计算方法有所不同。

10.3.4.1 进水口淹没

如图 10-16 所示，进水口淹没及管道为满流，则上游入口处总水头为 $H_1 = H + \frac{\alpha_1 v_1^2}{2g}$，$H$ 为管道出口中心与上游进口处水面的高差。

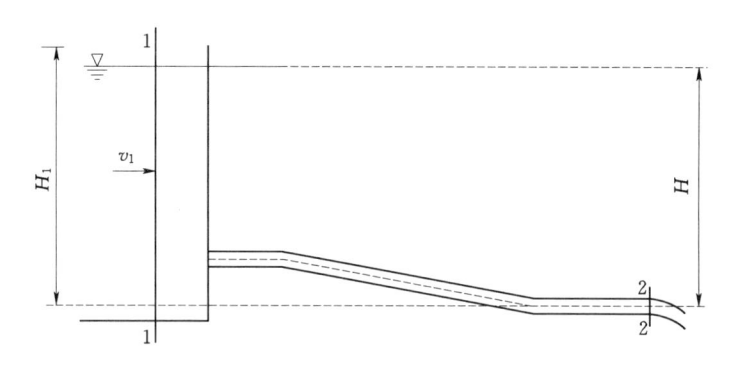

图 10-16 有压管道大气自由出流简图

根据恒定流的能量守恒原理 1—1 和 2—2 两断面能量相等得

$$H_1 = \frac{\alpha_2 v_2^2}{2g} + h_f \tag{10-7}$$

由水头损失公式：

$$h_f = \left[\lambda \frac{l}{d} + \Sigma \zeta\right] \frac{v_2^2}{2g} \tag{10-8}$$

式中：λ 为沿程阻力损失系数；l 为管道管长；d 为管道直径；$\Sigma \zeta$ 为局部阻力系数。

可得

$$H_1 = \frac{\alpha_2 v_2^2}{2g} + \left[\lambda \frac{l}{d} + \Sigma \zeta\right] \frac{v_2^2}{2g} \tag{10-9}$$

行进流速水头很小，可以忽略不计，$\frac{\alpha_1 v_1^2}{2g} \approx 0$，则 $H_1 = H$，所以

$$v_2 = \frac{1}{\sqrt{\alpha_2 + \lambda \frac{l}{d} + \Sigma \zeta}} \sqrt{2gH} \tag{10-10}$$

而

$$Q = v_2 \varepsilon A = \frac{\varepsilon A}{\sqrt{\alpha_2 + \lambda \frac{l}{d} + \Sigma \zeta}} \sqrt{2gH} = \varphi \varepsilon A \sqrt{2gH} = \mu A \sqrt{2gH} \tag{10-11}$$

$$\varphi = \sqrt{\alpha_2 + \lambda \frac{l}{d} + \Sigma \zeta}$$

式中：φ 为流速系数；ε 为收缩系数；$\mu = \varphi \varepsilon$ 为流量系数；A 为放水管出口断面面积。

所以

$$\mu = \frac{Q}{A \sqrt{2gH}} \tag{10-12}$$

当进出口水位 H 逐级降低，到达一临界水位 H_e 时，进口仍呈淹没流（图 10-17），但水面出现波动；当 $H < H_e$ 时，产生串通带气漩涡。临界水位的流量系数仍用式（10-11）、式（10-12）计算。

孔口出流不产生串通带气漩涡的临界水头 H_e，可以用 П. Г. 基谢列夫经验公式进行估算：

$$\frac{H_e}{d} = K \left(\frac{v}{\sqrt{gd}}\right)^{0.55} \tag{10-13}$$

式中：d 为放水孔直径；K 为计算系数，$K \approx 0.5$；v 为孔口收缩断面流速，$v = \frac{4Q}{\varepsilon \pi d^2}$；$\varepsilon$ 为收缩系数（$\varepsilon = 1.0$ 喇叭形孔口，$\varepsilon = 0.64$ 锐缘口）；Q 为放水孔流量。

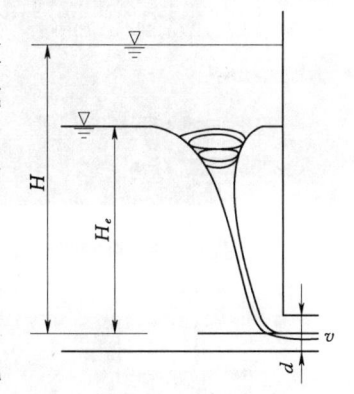

图 10-17 孔口淹没出流

10.3.4.2 进水口非淹没

进水口非淹没出流（图 10-18）的流量 Q 和流量系数 m 分别用式（10-14）、式（10-15）计算。

则堰流的流量 Q 为

$$Q = mb \sqrt{2g} H^{\frac{3}{2}} \tag{10-14}$$

所以

$$m = \frac{Q}{b\sqrt{2g}H^{\frac{3}{2}}} \quad (10-15)$$

式中：m 为流量系数；b 为堰顶周长。

10.3.5 水力试验结果与分析

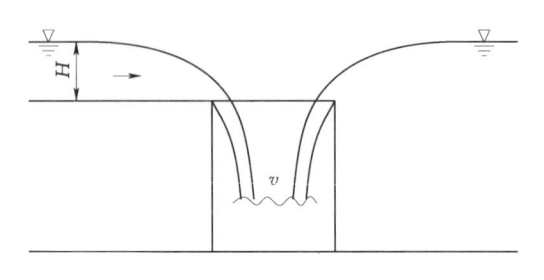

图 10-18 进水口非淹没出流

由于在淤地坝的整个运行过程中坝内泥土淤积表面是随着时间的推进而逐渐上升的，则淤地坝放水建筑物最先使用的是卧管下部放水孔。当坝内被泥土淤满时，卧管段将全部掩埋于淤泥下，此时竖井和竖井底两层侧孔就用来排除沟道常流水，保持坝内不积水。所以竖井和卧管将不会同时使用。这样整个模型试验仅需要分别进行竖井和卧管的水力特性试验，而并不需要进行两者的混合运行试验。

本研究依托模型试验，分别对竖井顶部进水和卧管进水的不同方案进行了试验，试验、观测和计算了不同条件下水流流态和泄流量，见图 10-19～图 10-24。

图 10-19 卧管明流流态

图 10-20 卧管明满流过度流态

图 10-21 卧管满流流态

图 10-22 放水管明流流态

10.3 新型放水工程水力试验

图10-23 放水管明满流过渡流态

图10-24 放水管管流流态

10.3.5.1 水流流态

1. 竖井顶部过水

在放水管1%的坡度下,当水位69.62m（竖井堰上水头1.22m）时,流量4.9m³/s。模型水流流态经历了3种不同的流态,即明流（图10-19）、明满流过渡（图10-20）、满流（管流）流态（图10-21）。只有当堰上水头$H<0.31$m、$Q<1.27$m³/s时,卧管和放水管内维持稳定明流流态,卧管和消力池结合部为弱水跃;否则将出现强水跃过渡和有压流流态,这种有害流态将危害浆砌石放水结构的安全。

因此,竖井堰上水头必须保证在0.3m（水位68.70m）以下运行。为了防止水位超过68.70m,可以将井口高程抬高或不过流仅作为通气孔用途。

2. 卧管进水

进行了卧管底部三阶六孔同时进水的试验。卧管和放水管内均为明流流态。消力池顶盖压力为零。当放水的三层台阶中最上面一层台阶的水深小于0.16m时,最上面一层台阶的放水孔将产生串通式漏斗漩涡,将影响泄洪流量,如图10-22~图10-25所示。

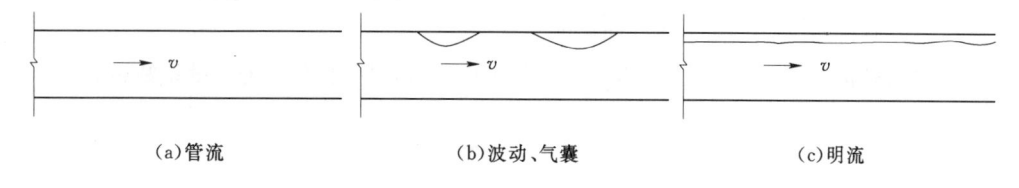

(a) 管流　　　　　(b) 波动、气囊　　　　　(c) 明流

图10-25 放水管段水流流态

关于顶部三层六孔放水,是否会因位置高、流速大,对下部消力池产生很大的压力和不良的流态,这可以用同一流量下竖井顶部进水试验的下部效果代替。

10.3.5.2 泄流量和流量系数

1. 竖井顶部进水

竖井顶部喇叭形进水口,自由流时流量系数为0.35,当进水口和卧管为满流流态时,流量系数随放水阶台数目增加而减小。

若竖井顶部侧边4个矩形放水孔同时进水,放水孔上下交错分布,孔口原尺寸为0.3m×0.3m,试验最大流量为0.77m³/s,不满足设计泄量要求。后将其尺寸优化为

0.3m×0.5m，布置在同一高程，则在最高水位 69.09m（略小于堰顶高程）下竖井放水孔泄量为 1.16m³/s，满足了设计要求。

2. 卧管进水

试验表明，卧管三阶六孔同时进水泄流量仅为 0.98m³/s，不满足设计要求。将卧管进水孔边缘圆化（边缘半径为 3.5cm），管径保持 30cm 不变，从而有效增大了流量系数，流量增至 1.14m³/s，满足了设计要求。

10.3.5.3 放水孔流量系数与 H/d 关系研究

卧管放水孔上水头一般不高（$H/d<10$），属于大孔口出流，流量系数 μ 值不同于小孔口出流（$H/d>10$），随着 H/d 值大小而变化。

试验中将放水孔直角边缘进行圆化（$R=3.5$cm），圆化后出口的水流收缩发生了变化。流动形态会影响水股的收缩，收缩系数也雷诺数 Re 值有关，但卧管孔口出流 Re 数很大，致使收缩系数 ε 值不再随 Re 数而变化。对于大孔口全收缩出流 ε 值只与出口形状、H/d 有关。孔口边缘圆化后的 ε 值与 H/d 关系见图 10-26。

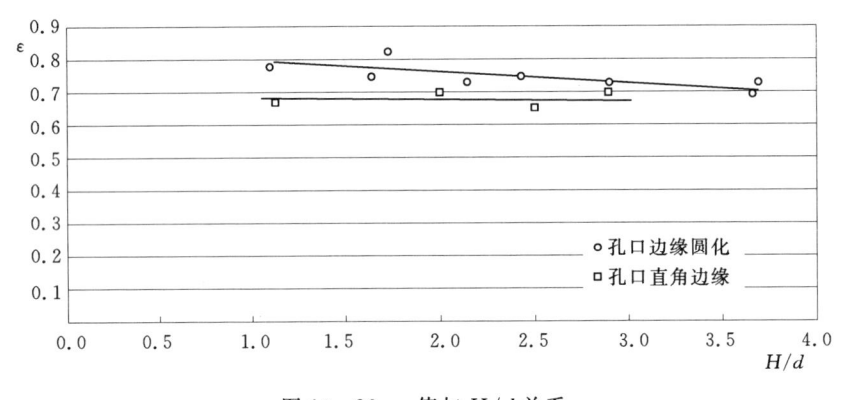

图 10-26 ε 值与 H/d 关系

由图 10-26 可以看出，孔口边缘圆化后收缩系数 ε 值在相同的水头 H 下明显大于直角边缘孔口，且随着 H/d 值的增大而减小。

卧管放水孔流量系数 μ 值与 H/d 关系见图 10-27，竖井放水孔流量系数 μ 值与 H/d 关系见图 10-28。

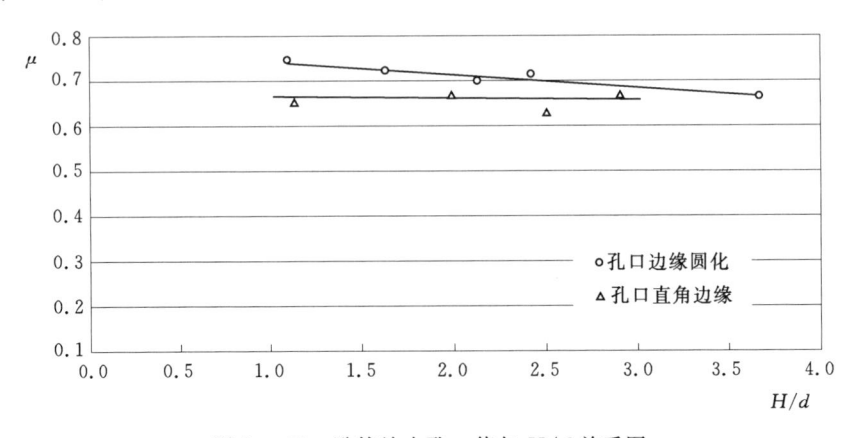

图 10-27 卧管放水孔 μ 值与 H/d 关系图

10.3 新型放水工程水力试验

由图 10-27 可以看出，改进后流量系数 μ 值比直角边缘孔口显著增大。由于 μ 值与 ε 值成正比，故 μ 值随着 ε 值的增大而增大。同时 μ 值也随着水头 H 的增大而减小。卧管放水孔边缘修圆后的 μ 值与 H/d 的关系式可以表示为

$$\mu = -0.0018\left(\frac{H}{d}\right)^2 - 0.0202\left(\frac{H}{d}\right) + 0.7641\left(\frac{H}{d} < 10\right) \quad (10-16)$$

$$R^2 = 0.83$$

试验中，改进后流量 $Q=1.14\text{m}^3/\text{s}$ 比改进前（$0.98\text{m}^3/\text{s}$）增大了 16.3%。

由图 10-28 可以看出，竖井放水孔流量系数 μ 值随 H/d 变化趋势不明显，变化趋势近于直线。

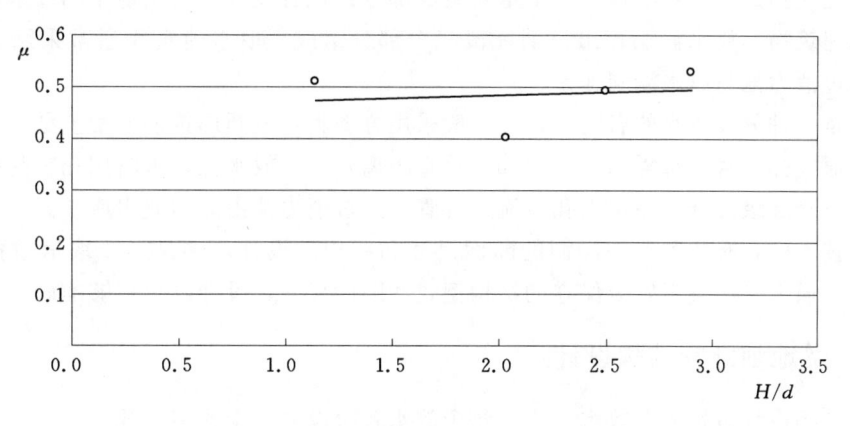

图 10-28 竖井放水孔 μ 值与 H/d 关系图

第 11 章　淤地坝结构设计与施工管理技术

11.1　淤地坝卧管结构设计

放水建筑物是淤地坝工程中一个重要组成部分。现有技术中的淤地坝的放水建筑物一般由取水建筑物、放水涵洞、出口消能段三个部分组成。取水建筑物通常采用卧管或竖井，并通过消力池与放水涵洞连接。

卧管是一种分段放水的启闭设备，一般采用方型砌石或圆形钢筋混凝土结构。卧管的上端设有通气孔，管上每隔 0.4～0.5m（垂直距离）设一放水孔，平时用孔盖封闭，放水时随水面下降逐级打开。库水由孔口流入卧管，经过消力池由涵洞放出库外。

现有技术中，有关卧管和涵洞的断面尺寸和结构的设计，多是经验取值或按规范选取。因此，通常采用偏于安全保守的结构型式和断面尺寸，设计结果不够准确。

11.1.1　淤地坝卧管结构设计

卧管结构设计包括多个放水台阶，每个放水台阶设有一个或多个放水孔。

根据公式：

$$Q = \mu A \sqrt{2gH} \tag{11-1}$$

式中：μ 为流量系数；g 为重力加速度；H 为放水孔口中心至水面深度；Q 为设计放水流量。

计算所述每个放水台阶上的一个或多个放水孔总的横断面积 A。

当所述放水孔为圆形，且每个放水台阶上分别设有一个放水孔时，式（11-1）中，$\mu = 0.62$。

所述放水孔的直径 d 按以下公式计算：

（1）当开启一个台阶上的放水孔时：

$$d = 0.68 \sqrt{\frac{Q}{H_1^{1/2}}} \tag{11-2}$$

（2）当同时开启两个台阶上的放水孔时：

$$d = 0.68 \sqrt{\frac{Q}{H_1^{1/2} + H_2^{1/2}}} \tag{11-3}$$

（3）当同时开启三个台阶上的放水孔时：

$$d = 0.68 \sqrt{\frac{Q}{H_1^{1/2} + H_2^{1/2} + H_3^{1/2}}} \tag{11-4}$$

上式中：H_1、H_2、H_3 分别为每个台阶上的放水孔口中心至水面的深度。

11.1.2 卧管横断面尺寸设计

首先，根据以下公式计算所述卧管的过水断面积：

$$\omega = \frac{Q_{加}}{C\sqrt{Ri}} \tag{11-5}$$

$$C = \frac{1}{n} R^{1/6} \tag{11-6}$$

$$R = \frac{\omega}{\chi} \tag{11-7}$$

式中：$Q_{加}$ 为通过卧管的加大流量，$Q_{加} = [1+(20\%\sim30\%)]Q$；$\omega$ 为卧管过水断面面积；C 为谢才系数；n 为糙率，混凝土 $n=0.014\sim0.017$，浆砌石 $n=0.02\sim0.025$；i 为卧管纵坡，$i=1:2\sim1:3$；χ 为湿周；R 为水力半径。

之后，根据以下原则计算卧管的尺寸：对于方形卧管，其高度为所述卧管的过水断面积 ω 形成的水深即正常水深的 $3\sim4$ 倍；对于圆形卧管，其直径为所述卧管的过水断面积 ω 形成的水深即正常水深的 2.5 倍。

11.1.3 消力池横断面尺寸设计

根据以下公式计算所述消力池的断面尺寸：
单宽流量：

$$q = \frac{Q_{加}}{b} \tag{11-8}$$

跃前水深：

$$h_1 = h_0 \tag{11-9}$$

跃后水深：

$$h_2 = \frac{h_1}{2}\left(\sqrt{1+\frac{8\alpha q^2}{g h_1^3}} - 1\right) \tag{11-10}$$

消力池池长：

$$L = (3\sim5)h_2 \tag{11-11}$$

消力池深度：

$$D = 1.1\,h_2 - h \tag{11-12}$$

消力池宽度

$$B = b + 0.4 \tag{11-13}$$

式中：$Q_{加}$ 为通过所述卧管的加大流量；b 为所述卧管宽度；h_0 为所述卧管中正常水深；g 为重力加速度；α 为流速不均匀系数，取 $1.0\sim1.1$；h 为所述涵洞中正常水深。

11.1.4 方形卧管与消力池盖板厚度设计

首先，根据方形卧管与消力池盖板在水下的位置，计算所述盖板承受的最大弯矩和最大剪力。

之后，根据所述最大弯矩和最大剪力及所述盖板的材料计算所述盖板的厚度，所述盖板的材料为条石或素混凝土或钢筋混凝土。

当所述盖板的材料为条石或素混凝土时,所述盖板的厚度 d 按以下公式计算:

$$d=\sqrt{\frac{6M_{max}}{b[\sigma_b]}} \quad (11-14)$$

或

$$d=\frac{1.5Q_{max}}{b[\sigma_\tau]} \quad (11-15)$$

式中:M_{max} 为所述盖板承受的最大弯矩;Q_{max} 为所述盖板承受的最大剪力;$[\sigma_b]$ 为条石或素混凝土弯曲时的允许拉应力;$[\sigma_\tau]$ 为条石或混凝土的允许剪应力;b 为所述盖板的单位宽度。

当所述盖板的材料为钢筋混凝土时,所述盖板的截面高度 h 按以下公式计算:

$$h=h_0+a \quad (11-16)$$

$$h_0=\gamma\sqrt{\frac{KM_{max}}{b[\sigma_b]}} \quad (11-17)$$

式中:h_0 为盖板截面有效高度;a 为保护层厚度;γ 为截面系数;K 为安全系数;$[\sigma_b]$ 为钢筋混凝土弯曲时的允许拉应力。

所述钢筋混凝土盖板的配筋面积 A_s 按以下公式计算:

$$A_s=\rho h_0 b \quad (11-18)$$

式中:ρ 为最小配筋率。

11.1.5 方形卧管侧墙厚度设计

卧管方形卧管侧墙厚度的设计包括:
侧墙中部厚度:

$$d_1=\sqrt{\frac{6M_{max}}{[\sigma_b]}}+0.15 \quad (11-19)$$

侧墙顶端厚度

$$b_1=\frac{1.5Q_{max}}{[\sigma_\tau]}+0.15 \quad (11-20)$$

式中:$[\sigma_b]$ 为砌体弯曲时允许拉应力;$[\sigma_\tau]$ 为砌体弯曲时允许剪应力;M_{max} 为墙体承受的最大弯矩;Q_{max} 为墙体承受的最大剪力。

11.2 淤地坝涵洞结构设计

涵洞的高度宜不小于正常水深的 75%,其正常水深指涵洞中通过设计流量时形成的水深。

11.2.1 方形涵洞盖板厚度设计

方形涵洞盖板厚度的设计具体包括:
首先按照以下公式计算所述盖板的跨中最大弯矩 M_{max} 和支座处最大剪力 Q_{max}。

当盖板与侧墙分开时：

$$M_{max} = \frac{1}{8}qL_0^2 \qquad (11-21)$$

$$Q_{max} = \frac{1}{2}qL_0 \qquad (11-22)$$

当盖板与侧墙连在一起时：

$$M_{max} = \frac{1}{12}qL_0^2 \qquad (11-23)$$

$$Q_{max} = \frac{1}{2}qL_0$$

式中：q 为所述盖板上部的均布载荷；L_0 为盖板计算跨度，若涵洞过水断面宽度为 L，则 $L_0=1.05L$。

之后，按不同材料分别计算所述方形涵洞盖板厚度和配筋。

11.2.2 圆形涵洞壁厚设计

具体用下式计算圆形涵洞的壁厚 t：

$$t = \sqrt{\frac{0.06PD_0}{[\sigma_b]}} \qquad (11-24)$$

式中：D_0 为圆形涵洞的计算管径，$D_0=D+t$；D 为圆形涵洞的内径；P 为单位长度管上垂直土压力；$[\sigma_b]$ 为混凝土弯曲时允许拉应力。

11.2.3 圆形涵洞配筋设计

圆形涵洞的环形配筋的间距不大于 150mm，且不大于所述圆形涵洞壁厚的 3 倍；对于手工绑扎的钢筋骨架，圆形涵洞的纵向配筋的间距不大于 300mm；对于焊接的钢筋骨架，圆形涵洞的纵向配筋的间距不大于 400mm；所配钢筋的直径不小于 2.3mm。

11.3 淤地坝卧管设计具体实例

11.3.1 卧管放水孔直径确定

卧管是一种分段放水的启闭设备，一般采用方形砌石或钢筋混凝土结构。根据《水土保持治沟骨干工程技术规范》（SL 289—2003），卧管应布置在坝上游岸坡，底坡应取 1：2～1：3，上端高出最高洪水位。

水流从放水孔口流入卧管，为保证在卧管内不发生真空，要在卧管最高处设置通气孔与大气相通，其内压力为大气压，水流状态为自由式孔口出流。

一般卧管放水时，多以每次同时开启靠近水面上下两孔的运用方式，根据式（11-1）两孔同时放水时其流量计算式为

$$Q = \mu A \sqrt{2g}(\sqrt{H_1} + \sqrt{H_2}) \qquad (11-25)$$

式中：H_1、H_2 为上下两放水孔孔口中心至水面深度，m；A 为一个放水孔口的横断面面

积，m²。

放水孔口一般采用圆形，设放水孔直径为 d，则 $A = \frac{1}{4}\pi d^2 = 0.785 d^2$，$\mu = 0.62$，$\sqrt{2g} = 4.43$，代入式（11-25），得圆形放水孔直径：开启一孔时如式（11-2），同时开启两孔时如式（11-3），同时开启三孔时如式（11-4）。如果每台设两个放水孔，计算时的 Q 值应取要求放水流量的 1/2。

确定放水孔直径时，要考虑到放水孔之间的净距、每台放水孔的数目以及淤地坝运用时每次开启放水孔的数目。根据《水土保持综合治理技术规范》(GB/T 16453.3—1996)，台阶高差即卧管孔间的垂直距离一般为 0.4~0.5m，每台阶设 1~2 个放水孔，孔径 15~25cm。

11.3.2 卧管断面尺寸设计

根据《水土保持治沟骨干工程技术规范》(SL 289—2003) 卧管和消力池横断面尺寸与通过的流量，应考虑水位变化而导致的放水流量调节，通过的流量应采用加大流量 $Q_{加}$，一般 $Q_{加}$ 比正常运用时的设计放水流量 $Q_{加}$ 大 20%~30%。

卧管有圆管和方管（正方形和长方形）两种，一般用浆砌石、混凝土和钢筋混凝土做成。设计时要求进入卧管中的水流不充满卧管，并留有适当的高度，以无压流形式沿卧管底部流动，因此，卧管的断面按无压明渠设计，用《水力学》明渠均匀流公式计算，见表 11-1。

为保持跌下水柱跃高不致淹没放水孔出口，使卧管内不形成压力流，根据《水土保持治沟骨干工程技术规范》(SL 289—2003) 确定卧管高度时，应考虑放水孔水流跌落卧管时的水柱跃起，对方形卧管，其高度应取卧管正常水深的 3~4 倍；对圆形卧管，其直径应取卧管正常水深的 2.5 倍，即正常水深为管径的 40%。

表 11-1　　　　　　　　　矩形、圆形过水断面的水力要素

断面形状	水面宽度 B	过水断面面积 ω	湿周 χ	水力半径 R
（矩形）	b	bh	$b+2h$	$\dfrac{bh}{b+2h}$
（圆形）	$2\sqrt{h(d-h)}$	$\dfrac{d^2}{8}(\theta - \sin\theta)$	$\dfrac{1}{2}\theta d$	$\dfrac{d}{4}\left(1 - \dfrac{\sin\theta}{\theta}\right)$

注　θ 的单位为 rad，B、χ、R 的单位为 m。

11.2.3.1 方形卧管断面尺寸

在已知 Q、i、n 条件下，通过假设断面宽（高）b，正常水深 $h_0 = b/(3\sim 4)$，按照式

11.3 淤地坝卧管设计具体实例

（11-5）～式（11-7）来试算 Q，当两流量 Q 相近时（算出的 Q 值不应小于已知 Q 值），b 即为所求值。试算过程见表 11-2，断面尺寸取值参考表 11-3 和表 11-4。

表 11-2　　　　　　　　　方形卧管试算过程

b	h_0	ω	χ	R	C	试算值 Q
假设值	$b/(3\sim4)$	bh_0	$b+2h_0$	$\dfrac{\omega}{\chi}$	$\dfrac{1}{n}R^{1/6}$	$\omega C\sqrt{Ri}$

表 11-3　　　　　　方形卧管、消力池断面尺寸　　　　　单位：cm　$n=0.017$

流量 (m³/s)	方形卧管 坡度1:2 宽×高	水深	消力池 池宽	池水	池深	方形卧管 坡度1:3 宽×高	水深	消力池 池宽	池长	池深
0.02	15×15	5.0	55	130	30	15×15	5.0	55	130	30
0.04	20×20	6.6	60	170	30	20×20	6.6	60	170	30
0.06	20×20	6.6	60	265	50	25×25	8.3	65	180	30
0.08	25×25	8.3	65	245	50	25×25	8.3	65	245	40
0.10	25×25	8.3	65	310	50	30×30	10.0	70	230	40
0.12	30×30	10.0	70	280	50	30×30	10.0	70	280	40
0.14	30×30	10.0	70	330	50	30×30	10.0	70	330	50
0.16	30×30	10.0	70	380	60	35×35	11.6	75	295	50
0.18	30×30	10.0	70	430	70	35×35	11.6	75	330	50
0.20	35×35	11.6	75	370	70	35×35	11.6	75	370	60
0.30	40×40	13.3	80	460	70	40×40	13.3	80	460	60
0.40	40×40	13.3	80	620	90	45×45	15.0	85	510	70
0.50	45×45	15.0	85	645	90	50×50	16.6	90	545	70
0.60	50×50	16.6	90	660	90	50×50	16.6	90	660	90
0.70	50×50	16.6	90	775	120	55×55	18.3	95	665	90
0.80	55×55	18.3	95	765	120	60×60	20.0	100	660	90
0.90	55×55	18.3	95	865	130	60×60	20.0	100	750	100
1.00	60×60	20.0	100	835	130	65×65	21.6	105	735	100
1.20	60×60	20.0	100	1015	150	65×65	21.6	105	890	130
1.50	70×70	23.3	110	1000	150	75×75	25.0	115	890	130
1.60	70×70	23.3	110	1070	160	75×75	25.0	115	955	130
1.80	70×70	23.3	110	1210	180	80×80	26.6	120	970	130
2.00	75×75	25.0	115	1205	180	80×80	26.6	120	1085	150

表 11-4 方形卧管、消力池断面尺寸 单位：cm $n=0.025$

流量 (m³/s)	方形卧管 坡度1:2 宽×高	水深	消力池 池宽	池水	池深	方形卧管 坡度1:3 宽×高	水深	消力池 池宽	池长	池深
0.02	15×15	5.0	55	130	30	20×20	4.5	60	105	30
0.04	20×20	6.2	60	180	30	25×25	6.0	65	145	30
0.06	25×25	7.0	65	200	30	25×25	8.0	65	185	30
0.08	25×25	8.2	65	250	40	30×30	8.2	70	205	30
0.10	30×30	8.3	70	255	40	30×30	10.0	70	230	30
0.12	30×30	9.5	70	285	40	35×35	9.6	75	240	30
0.14	35×35	9.5	75	285	40	35×35	10.5	75	270	40
0.16	35×35	10.2	75	315	50	35×35	11.6	75	295	40
0.18	35×35	11.0	75	345	50	40×40	11.5	80	290	40
0.20	40×40	12.0	80	315	50	40×40	12.0	80	315	50
0.30	45×45	13.0	85	410	60	45×45	14.5	85	385	50
0.40	50×50	14.0	90	475	60	50×50	16.3	90	435	60
0.50	50×50	16.5	90	545	70	55×55	17.5	95	475	70
0.60	55×55	17.5	95	580	80	60×60	18.0	100	520	70
0.70	60×60	18.0	100	610	90	65×65	19.0	105	540	70
0.80	60×60	19.7	100	665	100	65×65	21.0	105	590	80
0.90	65×65	20.0	105	690	100	70×70	21.5	110	610	80
1.00	65×65	21.5	105	735	110	70×70	23.0	110	655	90
1.20	70×70	23.0	110	795	110	75×75	25.0	115	700	90
1.50	75×75	25.0	115	890	130	85×85	26.0	125	760	100
1.60	80×80	25.0	120	890	130	85×85	27.0	125	795	110
1.80	85×85	26.0	125	925	130	90×90	28.0	130	830	110
2.00	85×85	27.5	125	1000	140	90×90	30.0	130	890	120

11.2.3.2 圆形卧管尺寸

对于圆管，正常水深为管径的40%，即直径为 d，水深 $h=0.4d$。

水面宽度：

$$B=2\sqrt{h(d-h)}=2\sqrt{0.4d(d-0.4d)}=0.9798d \quad (11-26)$$

$$\theta=2.7389\text{rad} \quad (11-27)$$

过水断面面积：

$$\omega=\frac{d^2}{8}(\theta-\sin\theta)=\frac{d^2}{8}(2.7389-\sin2.7389)=0.2934d^2 \quad (11-28)$$

湿周：

$$\chi=\frac{1}{2}\theta d=\frac{1}{2}\times2.7389\times d=1.3695d \quad (11-29)$$

水力半径：

$$R=\frac{\omega}{\chi}=\frac{0.2934d^2}{1.3695d}=0.2143d \tag{11-30}$$

谢才系数：

$$C=\frac{1}{n}R^{1/6}=\frac{1}{0.017}\times(0.2143d)^{1/6}=45.5045d^{1/6} \tag{11-31}$$

$i=1:1$ 时（见表 11-5）：

$$Q=\omega C\sqrt{Ri}=0.2934d^2\times 45.5045d^{1/6} \\ \times(0.2143d)^{1/2}=6.19d^{8/3} \tag{11-32}$$

即 $d=\left(\dfrac{Q}{6.19}\right)^{3/8}$。

表 11-5   圆形卧管管径计算公式

卧管坡度	圆形卧管管径 d	备 注
1:1	$d=\left(\dfrac{Q}{6.19}\right)^{3/8}$	$\omega=0.2934d^2$ $R=0.2143d$ $\chi=1.3695d$ $n=0.017$ 水深 $h=0.4d$
1:2	$d=\left(\dfrac{Q}{4.38}\right)^{3/8}$	
1:3	$d=\left(\dfrac{Q}{3.56}\right)^{3/8}$	

11.3.3 消力池断面尺寸

根据《水土保持治沟骨干工程技术规范》(SL 289—2003) 卧管与涵洞的连接处应设置消力池。用消力池进行消能，使水流平稳地进入涵洞。消力池是用浆砌石或混凝土做成的长方体结构。消力池断面尺寸要通过水力计算确定，按上述规范，参考表 11-3 和表 11-4，计算公式参照式 (11-8)～式 (11-13)。

11.3.4 方形卧管与消力池盖板厚度

卧管与消力池主要承受水压力，其结构尺寸决定于它在水下的位置、跨度以及卧管使用的材料。作用在单位长度盖板上的均布荷载为

$$q=\rho g H \tag{11-33}$$

式中：q 为盖板上均布荷载，kN/m；ρ 为水密度，$\rho=1000\text{kg/m}^3$；g 为重力加速度，$g=9.8\times 10^{-3}\text{kN/kg}$；$H$ 为水深，m。

(1) 如图 11-1 所示，当盖板与侧墙分开时，盖板可认为是简支于侧墙顶上的简支梁。因此，跨中最大弯矩 M_{max} 参照式 (11-21) 计算，支座处最大剪力 Q_{max} 参照式 (11-22) 计算。

(2) 如图 11-2 所示，当盖板与侧墙连在一起，形成整体，即箱形时，盖板可认为是两端固定于侧墙顶上的超静定梁。因此，两端最大弯矩 M_{max} 和支座处最大剪力 Q_{max} 可分别按式 (11-23) 和式 (11-22) 计算。

盖板的最大弯矩和最大剪力求出后，按不同材料分别计算盖板厚度和配筋等。

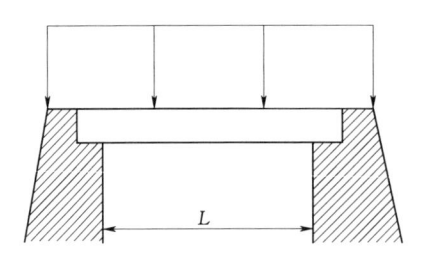

第11章 淤地坝结构设计与施工管理技术

图11-1 卧管的盖板与侧墙分开时的受力示意图

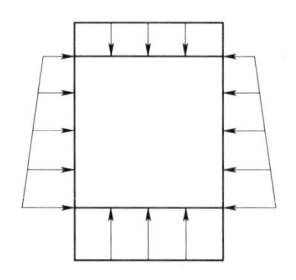

图11-2 箱形卧管的受力示意图

11.3.4.1 条石或素混凝土盖板

根据最大弯矩和最大剪力分别求出盖板厚度，选用较大值为盖板厚度。其计算公式见式（11-19）、式（11-20）。

当采用 C15 混凝土、600 号条石时，参数 C15 混凝土的 $[\sigma_b]=539 \text{kN/m}^2$；600 号条石的 $[\sigma_b]=441 \text{kN/m}^2$，$[\sigma_\tau]=343 \text{kN/m}^2$，条石或素混凝土盖板厚度参考值见表11-6和表11-7。

表11-6　　方形卧管及消力池条石或混凝土盖板厚度（简支梁）　　单位：cm

水深 H(m)	净宽0.3m 条石盖板厚	净宽0.3m 混凝土盖板厚	净宽0.4m 条石盖板厚	净宽0.4m 混凝土盖板厚	净宽0.5m 条石盖板厚	净宽0.5m 混凝土盖板厚	净宽0.6m 条石盖板厚	净宽0.6m 混凝土盖板厚	净宽0.7m 条石盖板厚	净宽0.7m 混凝土盖板厚
5	9.5	8.5	12.5	11.0	15.5	14.0	18.5	16.5	21.5	19.5
8	12.0	10.5	15.5	14.0	19.5	17.5	23.5	21.0	27.0	24.5
10	13.0	12.0	17.5	16.0	21.5	19.5	26.0	23.5	30.5	27.5
12	14.5	13.0	19.0	17.0	23.5	21.5	28.5	25.5	33.5	30.0
14	15.5	14.0	20.5	18.5	25.5	23.0	30.5	28.0	36.0	32.5
16	16.5	15.0	22.0	20.0	27.5	25.0	33.0	29.5	38.0	34.5
18	17.5	16.0	23.5	21.0	29.0	26.5	35.0	31.5	40.5	36.5
20	18.5	16.5	24.5	22.0	30.5	27.5	36.5	33.0	42.5	38.5
22	19.5	17.5	25.5	23.5	32.0	29.0	38.5	35.0	45.0	40.5
24	20.0	18.5	27.0	24.5	33.5	30.5	40.0	36.5	46.5	42.5
26	21.0	19.0	28.0	25.5	35.0	31.5	41.5	38.0	48.5	44.0
28	22.0	19.5	29.0	26.0	36.0	32.5	43.5	39.0	50.5	45.5

表11-7　　方形卧管及消力池条石或混凝土盖板厚度（两端固定梁）　　单位：cm

水深 H(m)	净宽0.3m 条石盖板厚	净宽0.3m 混凝土盖板厚	净宽0.4m 条石盖板厚度	净宽0.4m 混凝土盖板厚	净宽0.5m 条石盖板厚	净宽0.5m 混凝土盖板厚	净宽0.6m 条石盖板厚	净宽0.6m 混凝土盖板厚	净宽0.7m 条石盖板厚	净宽0.7m 混凝土盖板厚
5	7.5	7.0	10.0	9.0	12.5	11.5	15.0	13.5	17.5	16.0
8	9.5	8.5	13.0	11.5	16.0	14.5	19.0	17.0	22.5	20.0
10	10.5	9.5	14.0	13.0	17.5	16.0	21.0	19.0	24.5	22.5
12	12.0	10.5	15.5	14.0	19.5	17.5	23.5	21.0	27.0	24.5

续表

水深 H(m)	净宽0.3m 条石盖板厚	净宽0.3m 混凝土盖板厚	净宽0.4m 条石盖板厚度	净宽0.4m 混凝土盖板厚度	净宽0.5m 条石盖板厚	净宽0.5m 混凝土盖板厚	净宽0.6m 条石盖板厚	净宽0.6m 混凝土盖板厚	净宽0.7m 条石盖板厚	净宽0.7m 混凝土盖板厚
14	12.5	11.5	17.0	15.0	21.0	19.0	25.0	22.5	29.0	26.5
16	13.5	12.5	18.0	16.5	22.5	20.5	27.0	24.5	31.0	28.5
18	14.5	13.0	19.0	17.0	23.5	21.5	28.5	25.5	33.0	30.0
20	15.0	13.5	20.0	18.0	25.0	22.5	30.0	27.0	35.0	31.5
22	16.0	14.5	21.0	19.0	26.0	23.5	31.5	28.5	36.5	33.0
24	16.5	15.0	22.0	20.0	27.5	25.0	33.0	29.5	38.0	34.5
26	18.0	15.5	23.0	20.5	29.5	26.5	35.5	31.0	41.0	36.0
28	19.0	16.0	25.5	21.5	31.5	26.5	38.0	32.0	44.5	37.5

11.3.4.2 钢筋混凝土盖板

1. 设计参数

设盖板截面宽 $b=1$m，取保护层厚度 $a=5$cm，最小配筋率 $\rho=0.2\%$，截面系数 $\gamma=0.423$，取安全系数 $K=1.7$，C15轴心抗拉强度 $R=1274$kPa，安全系数 $K_z=2.5$。

钢筋混凝土板保护层厚度 $a=3\sim5$cm，经济配筋率为 $0.4\%\sim0.8\%$，安全系数 K 一般取 1.6 或 1.7，与主拉应力有关的安全系数 K_z 一般取 $2.4\sim2.7$。

2. 荷载计算

盖板上均布土压力参照式（11-32），盖板计算跨度 $L_0=1.05L$，盖板跨中最大弯矩参照式（11-21），盖板支座处最大剪力参照式（11-22）。

3. 截面厚度

截面高度参照式（11-16），盖板截面有效高度参照式（11-17）。

4. 计算配筋

配筋面积计算参照式（11-18）。

计算出钢筋面积后，选择钢筋根数及面积。此受力钢筋沿卧管跨度方向布置在下层，垂直于受力钢筋的方向，在受力钢筋之上应布置分布钢筋，以便将荷载均匀地传递给受力钢筋，并便于在施工中固定受力钢筋的位置，同时也可抵抗温度和收缩产生的应力。单位长度上分布钢筋的截面面积不宜小于单位宽度上受力钢筋截面面积的 15%，且不宜小于该方向板截面面积的 0.15%；分布钢筋的间距不宜大于 250mm，直径不宜小于 6mm；对集中荷载较大的情况，分布钢筋的截面面积应适当增加，其间距不宜大于 200mm。

5. 切应力校核

支座处主拉应力 σ_z：

$$\sigma_z = \frac{Q_{\max}}{0.9h_0 b} \leqslant \frac{R}{K_z} \tag{11-34}$$

(1) 当 $\sigma_z \leqslant \dfrac{R}{K_z}$ 时，盖板厚度和配筋可满足主拉应力的要求。

(2) 当 $\sigma_z > \dfrac{R}{K_z}$ 时，可采取将盖板厚度加大到满足主拉应力为止，即盖板厚度由切力

控制，盖板有效厚度为

$$h_0 = \frac{Q_{max}}{0.9b\dfrac{R}{K_z}} \quad (11-35)$$

6. 验算最小配筋率

配筋率：

$$\rho = \frac{A_s}{bh} > \max(0.2\%, 0.195\%) \quad (11-36)$$

7. 验算配筋构造要求

$$钢筋净间距 = (板宽 b - 钢筋根数 \times 钢筋直径)/(钢筋根数 + 1)$$
$$> \max(25mm, 钢筋直径)$$

表11-8、表11-9可供参考。

表11-8　方形卧管、消力池的钢筋混凝土盖板尺寸（简支梁）

水深 H(m)	净跨0.8m							净跨0.9m						
	盖板厚度(cm)	受力钢筋					盖板厚度(cm)	受力钢筋				
		直径(mm)	根数	间距(mm)	面积(mm²)	配筋率(%)		直径(mm)	根数	间距(mm)	面积(mm²)	配筋率(%)
5	9	6	5	162	142	0.29	10	6	5	162	142	0.26
8	11	8	4	194	201	0.28	12	6	6	138	170	0.21
10	13	8	4	194	201	0.22	14	8	5	160	252	0.25
12	15	8	5	160	252	0.23	16	8	5	160	252	0.21
14	17	8	5	160	252	0.20	18	8	6	136	302	0.21
16	18	8	6	136	302	0.21	20	8	7	118	352	0.22
18	20	8	7	118	352	0.22	22	10	5	158	393	0.22
20	22	10	5	158	393	0.22	24	10	6	134	471	0.23
22	24	8	8	104	402	0.20	26	10	6	134	471	0.21
24	26	10	6	134	471	0.22	28	10	7	116	550	0.23
26	27	10	6	134	471	0.20	30	10	7	116	550	0.21
28	29	10	7	116	550	0.22	32	10	8	102	628	0.22

表11-9　方形卧管、消力池的钢筋混凝土盖板尺寸（两端固定梁）

水深 H(m)	净跨0.8m							净跨0.9m						
	盖板厚度(cm)	受力钢筋					盖板厚度(cm)	受力钢筋				
		直径(mm)	根数	间距(mm)	面积(mm²)	配筋率(%)		直径(mm)	根数	间距(mm)	面积(mm²)	配筋率(%)
5	8	6	5	162	142	0.32	9	6	5	162	142	0.28
8	11	8	4	194	201	0.28	12	6	6	138	170	0.21
10	13	8	4	194	201	0.22	14	8	5	160	252	0.25
12	15	8	5	160	252	0.23	16	8	5	160	252	0.21
14	17	8	5	160	252	0.20	18	8	6	136	302	0.21

续表

水深 H(m)	净跨0.8m						净跨0.9m					
	盖板厚度(cm)	受力钢筋					盖板厚度(cm)	受力钢筋				
		直径(mm)	根数	间距(mm)	面积(mm²)	配筋率(%)		直径(mm)	根数	间距(mm)	面积(mm²)	配筋率(%)
16	18	8	6	136	302	0.21	20	8	7	118	352	0.22
18	20	8	7	118	352	0.22	22	10	5	158	393	0.22
20	22	10	5	158	393	0.22	24	10	6	134	471	0.23
22	24	8	8	104	402	0.20	26	10	6	134	471	0.21
24	26	10	6	134	471	0.22	28	10	6	116	550	0.23
26	27	10	6	134	471	0.20	30	10	7	116	550	0.21
28	29	10	7	116	550	0.22	32	10	8	102	628	0.22

11.3.5 方形卧管侧墙、基础尺寸

11.3.5.1 分离式卧管

1. 侧墙宽（单位长度侧墙）

侧墙受盖板及底板的支撑作用，一般将侧墙作为支撑在盖板及底板上的简支梁计算。通常中部厚度按最大弯矩确定，顶部的厚度由允许剪应力确定。底部加宽成梯形断面以利填土方便和防渗。参考值见表11-10。

水平水压力：

$$q_1 = \rho g H$$
$$q_2 = \rho g (H+h) \qquad (11-37)$$
$$L_0 = 1.05 h$$

最大弯矩：

$$M_{\max} = \frac{1}{8}\left(\frac{q_1+q_2}{2}\right)L_0^2 \qquad (11-38)$$

最大剪力：

$$Q_{\max} = \frac{1}{6}(q_1+2q_2)L_0 \qquad (11-39)$$

侧墙中部厚度参照式（11-19），侧墙顶端厚度参照式（11-20）。此时砌体弯曲时允许拉应力 $[\sigma_b]$ 一般取 490kN/m^2，混凝土结构时取 539kN/m^2；砌体弯曲时允许剪应力 $[\sigma_\tau]$ 一般取 311kN/m^2。

2. 基础厚度

基础即底板，可看做是倒置于两个边墙上的简支梁，梁的支座就是侧墙。底板底面所受的地基反力为梁的荷载，计算时可近似地认为地基反力是均布的，梁的计算跨度 $L_0 = 1.05L$。结构计算方法与盖板相同。假设底板所受均匀荷载为 $q_2 = \rho g(H+h)$ 时，$M_{\max} = \frac{1}{8}q_2 L_0^2$，$Q_{\max} = \frac{1}{2}q_2 L_0$，厚度参考值见表11-10。

表 11-10 卧管侧墙、基础尺寸表（简支梁） 单位：cm

卧管尺寸		水深 5m				水深 20m				
宽	高	砌体结构侧墙宽	混凝土结构侧墙宽	条石底板厚	混凝土底板厚	砌体结构侧墙顶宽	砌体结构侧墙底宽	混凝土结构侧墙宽	条石底板厚	混凝土底板厚
30	30	30	30	30	30	40	50	40	30	30
40	40	30	30	30	30	40	50	40	30	30
50	50	30	30	30	30	50	70	50	40	40
60	60	40	40	40	30	50	70	50	50	50
70	70	40	40	40	40	60	80	60	60	50
80	80	40	40	40	40	60	80	60	60	60
90	90	50	50	50	40	70	100	70	70	70
100	100	50	50	50	50	70	100	80	80	70

卧管尺寸		水深 10m				水深 30m				
宽	高	砌体结构侧墙宽	混凝土结构侧墙宽	条石底板厚	混凝土底板厚	砌体结构侧墙顶宽	砌体结构侧墙底宽	混凝土结构侧墙宽	条石底板厚	混凝土底板厚
30	30	30	30	30	30	40	50	40	30	30
40	40	40	40	30	30	50	70	50	40	40
50	50	40	40	30	30	60	80	50	50	50
60	60	40	40	40	30	70	100	60	60	50
70	70	50	50	40	40	70	100	70	70	60
80	80	50	50	50	40	80	100	70	70	70
90	90	60	60	60	50	90	120	80	80	70
100	100	60	60	60	60	100	130	90	90	80

11.3.5.2 箱形（整体式）卧管

1. 侧墙宽（单位长度侧墙）

当盖板、侧墙和基础形成整体的箱型结构时，侧墙可作为支撑在盖板及底板上的两端固定超静定梁计算。参考值见表 11-11。

水平水压力计算同上节分离式卧管，最大弯矩参照式（11-23）计算，侧墙宽 $b=\sqrt{\dfrac{6M_{max}}{[\sigma_b]}}+0.15$。

最大剪力：

$$Q_{max}=\frac{3}{20}q_1 L_0+\frac{7}{20}q_2 L_0 \tag{11-40}$$

2. 基础厚度

基础即底板，看做是倒置于两个边墙上两端固定的梁。结构计算方法与盖板相同。假设底板所受均匀荷载为 $q_2=\rho g(H+h)$ 时，$M_{max}=\dfrac{1}{12}q_2 L_0^2$，$Q_{max}=\dfrac{1}{2}q_2 L_0$，厚度参考值见表 11-11。

表 11-11　　　　　　卧管侧墙、基础尺寸表（两端固定梁）　　　　　　单位：cm

卧管尺寸		水深5m		水深10m		水深20m		水深30m	
宽	高	混凝土侧墙宽	混凝土底板厚	混凝土侧墙宽	混凝土底板厚	混凝土侧墙宽	混凝土底板厚	混凝土侧墙宽	混凝土底板厚
30	30	30	30	30	30	30	30	40	30
40	40	30	30	30	30	40	30	40	40
50	50	30	30	40	30	40	40	50	40
60	60	30	30	40	30	50	40	50	50
70	70	40	30	40	40	50	50	60	50
80	80	40	30	50	40	60	50	60	60
90	90	40	40	50	40	60	60	70	60
100	100	40	40	50	50	70	60	80	70

11.3.6　消力池侧墙、基础尺寸

消力池侧墙高度＝池深＋涵洞高。消力池一般由浆砌石砌筑，其基础厚度不小于0.5m。计算方法参见卧管侧墙、基础部分，参考尺寸见表 11-12。

表 11-12　　　　　　　　消力池侧墙、基础尺寸　　　　　　　　单位：cm

消力池		水深10m				
净宽	侧墙高	侧墙顶宽	侧墙底宽	基础外伸长	基础厚	盖板搭接长度
70	90～110	45～50	100～110	20	50	25
75	100～110	55	115	20	50	25
80	110	60	120	20	50	30
85	120～145	60	120～130	20	50	30
90	130～190	60	125～145	20	50	30
100	170～230	60～65	145～170	20～25	50～55	30～35
105	210～240	65	170～185	25	55～60	35
110	220～240	65	180～185	25	60	35
115	275～290	70	195～200	25	60	35
120	275～290	70～75	200～205	25	60	35
125	260～320	70～80	195～220	25	60	35～40
130	260～300	70～75	200～220	25	60	60
消力池		水深20m				
净宽	侧墙高	侧墙顶宽	侧墙底宽	基础外伸长	基础厚	盖板搭接长度
70	90～110	50～55	105～115	20	50	25
75	100～110	55～60	115～120	20	50	25
80	110	60	120	20	50	30

续表

消力池		水深20m				
净宽	侧墙高	侧墙顶宽	侧墙底宽	基础外伸长	基础厚	盖板搭接长度
85	120~145	60	120~130	20	50	30
90	130~190	60	125~150	20	53	30
100	170~230	60~65	150~175	23	55	35
105	210~240	65	175~190	25	57	35
110	220~240	65~70	185~190	25	60	35
115	275~290	70	200~205	25	60	35
120	275~290	75	205~210	25	60	35
125	260~320	70~80	200~225	25	60	37
130	260~300	70~80	205~225	25	60	37
消力池		水深30m				
净宽	侧墙高	侧墙顶宽	侧墙底宽	基础外伸长	基础厚	盖板搭接长度
70	90~110	50~60	110~120	20	50	25~30
75	100~110	60	120	20	50	30
80	110	65	125	20	50	30
85	120~145	65	125~135	20	50	30
90	130~190	65	130~155	20	53	30
100	170~230	65	155~220	23	55	30~35
105	210~240	65	180~195	25	56	35
110	220~240	70	190~195	25	60	35
115	275~290	70~75	205~210	25	60	35
120	275~290	75	210~215	25	60	35
125	260~320	75~80	205~230	25	60	35~40
130	260~300	75~80	210~230	25	60	35~40

11.4 淤地坝涵洞结构设计具体实例

11.4.1 涵洞断面尺寸

中小型淤地坝输水涵洞多采用无压的方涵或圆涵。根据《水土保持治沟骨干工程技术规范》(SL 289—2003) 涵洞底坡取 1:100~1:200。设计时要求进入涵洞中的水流不充满涵洞，并留有适当的高度，洞内水深不应超过涵洞净高的 75%，以无压流形式沿涵洞底部流动，因此，涵洞的横断面按无压明渠设计，用明渠均匀流公式计算（见表 11-1），具体参照式 (11-5)~式 (11-7)。

11.4.1.1 方涵断面尺寸

在已知 Q、i、n 条件下，假设断面宽 b 和高 h，按照上述公式来试算 Q，当两流量 Q 相近时（算出的 Q 值不应小于已知 Q 值），b 既为所求值。当取正常水深 $h_0=0.75h$ 时，各计算值见表 11-13，参考值见表 11-14。

表 11-13　　　　　　　　　　方形涵洞试算过程

$b=h$	h_0	ω	χ	R	C	试算值 Q
假设值	$0.75h$	$0.75b^2$	$2.5b$	$0.3b$	$\dfrac{1}{n}R^{1/6}$	$\omega C\sqrt{Ri}$

表 11-14　　　　　　　方涵断面尺寸表　　　　　　　单位：cm　$n=0.025$

流量（m³/s）	$i=1:100$ 宽 b、高 h	水深 h	$i=1:200$ 宽 b、高 h	水深 h
0.02	25×25	18.0	25×25	18.5
0.04	30×30	21.5	35×35	26.0
0.06	35×35	25.5	40×40	29.5
0.08	35×35	25.5	40×40	29.5
0.10	40×40	29.0	45×45	33.5
0.12	45×45	33.0	50×50	37.0
0.14	45×45	33.0	50×50	37.0
0.16	50×50	36.5	55×55	41.0
0.18	50×50	36.5	55×55	41.0
0.20	50×50	36.5	60×60	44.5
0.30	60×60	44.0	65×65	48.5
0.40	65×65	48.0	75×75	56.0
0.50	70×70	51.5	80×80	59.5
0.60	75×75	55.5	85×85	63.5
0.70	80×80	59.0	90×90	67.0
0.80	85×85	63.0	95×95	71.0
0.90	90×90	66.5	100×100	74.5
1.00	90×90	66.5	105×105	78.5

11.4.1.2 圆涵断面尺寸

对于圆涵，正常水深为管径的 75%，即直径为 d，水深 $h=0.75d$。

水面宽度：

$$B=2\sqrt{h(d-h)}=2\sqrt{0.75d(d-0.75d)}=0.8660d \tag{11-41}$$

$$\theta=240°=4.189\text{rad} \tag{11-42}$$

过水断面面积：

$$\omega=\frac{d^2}{8}(\theta-\sin\theta)=\frac{d^2}{8}(4.189-\sin 4.189)=0.6319d^2 \tag{11-43}$$

第11章 淤地坝结构设计与施工管理技术

湿周：
$$\chi = \frac{1}{2}\theta d = \frac{1}{2} \times 4.189 \times d = 2.0945d \tag{11-44}$$

水力半径：
$$R = \frac{\omega}{\chi} = \frac{0.6319d^2}{2.0945d} = 0.3017d \tag{11-45}$$

谢才系数：
$$C = \frac{1}{n}R^{1/6} = \frac{1}{0.015} \times (0.3017d)^{1/6} = 54.5973d^{1/6} \tag{11-46}$$

$i=1:10$ 时：
$$Q = \omega C \sqrt{Ri} = 0.6319d^2 \times 54.5973d^{1/6} \times \sqrt{0.3017d \times \frac{1}{100}} = 1.895d^{8/3} \tag{11-47}$$

即 $d = \left(\dfrac{Q}{1.895}\right)^{3/8}$。参考值见表 11-15 和表 11-16。

表 11-15　　圆形涵洞管径计算公式

涵洞坡度	圆涵管径 d	备 注
1:100	$d = \left(\dfrac{Q}{1.895}\right)^{3/8}$	$\omega = 0.6319d^2$ $R = 0.3017d$ $\chi = 2.0945d$ $n = 0.015$ 水深 $h = 0.75d$
1:200	$d = \left(\dfrac{Q}{1.34}\right)^{3/8}$	

表 11-16　　圆涵断面尺寸　　　　　　　　　　　　　　单位：cm　$n = 0.015$

流量（m³/s）	$i=1:100$ 圆涵直径	水深	$i=1:200$ 圆涵直径	水深
0.02	20	15.0	25	18.8
0.04	25	18.8	30	22.5
0.06	30	22.5	35	26.3
0.08	35	26.3	35	26.3
0.10	35	26.3	40	30.0
0.12	40	30.0	45	33.8
0.14	40	30.0	45	33.8
0.16	40	30.0	50	37.5
0.18	45	33.8	50	37.5
0.20	45	33.8	50	37.5
0.30	55	41.3	60	45.0
0.40	60	45.0	65	48.8
0.50	65	48.8	70	52.5
0.60	65	48.8	75	56.3
0.70	70	52.5	80	60.0
0.80	75	56.3	85	63.8
0.90	80	60.0	90	67.5
1.00	80	60.0	90	67.5

11.4.2 方形涵洞盖板厚度

盖板涵主要承受土压力,其结构尺寸决定于填土高度、跨度以及使用的材料。作用在单位长度盖板上的均布荷载为 $q=\rho g H$。

(1) 当盖板与侧墙分开时,盖板可认为是简支于侧墙顶上的简支梁。因此,跨中最大弯矩 M_{max} 和支座处最大剪力 Q_{max} 可分别按式 (11-21) 和式 (11-22) 计算。

(2) 当盖板与侧墙连在一起,形成整体,即箱形时,盖板可认为是两端固定于侧墙顶上的超静定梁。因此,两端最大弯矩 M_{max} 和支座处最大剪力 Q_{max} 可分别按式 (11-23) 和式 (11-22) 计算。

盖板的最大弯矩和最大剪力求出后,按不同材料分别计算盖板厚度和配筋等。

11.4.2.1 条石或素混凝土盖板

根据最大弯矩和最大剪力分别求出盖板厚度,选用较大值为盖板厚度。其计算公式见式 (11-19)、式 (11-20)。

当采用 C15 混凝土、600 号条石时,参数 C15 混凝土的 $[\sigma_b]=539 \text{kN/m}^2$;600 号条石的 $[\sigma_b]=441 \text{kN/m}^2$,$[\sigma_\tau]=343 \text{kN/m}^2$,条石或素混凝土盖板厚度参考值见表 11-17 和表 11-18。

表 11-17　　方形涵洞条石及混凝土盖板厚度(简支梁)　　单位:cm

填土高度 H(m)	净跨0.3m 条石盖板厚	净跨0.3m 混凝土盖板厚	净跨0.4m 条石盖板厚	净跨0.4m 混凝土盖板厚	净跨0.5m 条石盖板厚	净跨0.5m 混凝土盖板厚	净跨0.6m 条石盖板厚	净跨0.6m 混凝土盖板厚	净跨0.7m 条石盖板厚	净跨0.7m 混凝土盖板厚
5	13	12	17	16	21	19	26	23	30	27
8	16	15	22	20	27	25	33	29	38	34
10	18	16	24	22	30	27	36	33	42	38
12	20	18	27	24	33	30	40	36	46	42
14	22	19	29	26	36	32	43	39	50	45
16	23	21	31	28	38	35	46	42	54	49
18	24	22	33	29	41	37	49	44	57	51
20	26	23	34	31	43	39	51	47	60	54

表 11-18　　方形涵洞条石及混凝土盖板厚度(两端固定梁)　　单位:cm

填土高度 H(m)	净跨0.3m 条石盖板厚	净跨0.3m 混凝土盖板厚	净跨0.4m 条石盖板厚	净跨0.4m 混凝土盖板厚	净跨0.5m 条石盖板厚	净跨0.5m 混凝土盖板厚	净跨0.6m 条石盖板厚	净跨0.6m 混凝土盖板厚	净跨0.7m 条石盖板厚	净跨0.7m 混凝土盖板厚
5	11	9	14	13	18	16	21	19	25	22
8	13	12	18	16	22	20	27	24	31	28
10	15	13	20	18	25	22	30	27	35	31
12	16	15	22	20	27	25	33	29	38	34
14	19	16	25	21	32	26	38	32	44	37
16	22	17	29	23	36	28	43	34	50	40
18	24	18	32	24	41	30	49	36	57	42
20	27	19	36	25	45	32	54	38	63	44

11.4.2.2 钢筋混凝土盖板

1. 设计参数

设盖板截面宽 $b=1m$,取保护层厚度 $a=5cm$,最小配筋率 $\rho=0.2\%$,截面系数 $\gamma=0.423$,取安全系数 $K=1.7$,C15 轴心抗拉强度 $R=1274kPa$,安全系数 $K_z=2.5$。

钢筋混凝土板保护层厚度 $a=3\sim5cm$,经济配筋率为 $0.4\%\sim0.8\%$,安全系数 K 一般取 1.6 或 1.7,与主拉应力有关的安全系数 K_z 一般取 $2.4\sim2.7$。

2. 荷载计算

盖板上均布土压力 $q=\rho gH$,盖板计算跨度 $L_0=1.05L$,盖板跨中最大弯矩和盖板支座处最大剪力可分别按式(11-21)和式(11-22)计算。

3. 截面厚度

盖板截面有效高度:$h_0=\gamma\sqrt{\dfrac{KM_{max}}{b[\sigma_b]}}$ (取整),截面高度:$h=h_0+a$ (取整)。

4. 计算配筋

配筋面积计算参照式(11-18)。

计算出钢筋面积后,选择钢筋根数及面积。此受力钢筋沿卧管跨度方向布置在下层,垂直于受力钢筋的方向,在受力钢筋之上应布置分布钢筋,以便将荷载均匀地传递给受力钢筋,并便于在施工中固定受力钢筋的位置,同时也可抵抗温度和收缩产生的应力。单位长度上分布钢筋的截面面积不宜小于单位宽度上受力钢筋截面面积的 15%,且不宜小于该方向板截面面积的 0.15%;分布钢筋的间距不宜大于 250mm,直径不宜小于 6mm;对集中荷载较大的情况,分布钢筋的截面面积应适当增加,其间距不宜大于 200mm。

5. 切应力校核

支座处主拉应力 σ_z 参照式(11-34)计算。

6. 验算最小配筋率

配筋率参照式(11-36)计算。

7. 验算配筋构造要求

钢筋净间距 = (板宽 b - 钢筋根数 × 钢筋直径)/(钢筋根数 + 1) > max(25mm,钢筋直径)

表 11-19、表 11-20 可供参考。

表 11-19 方形涵洞钢筋混凝土盖板尺寸(简支梁)

填土高 H(m)	净跨 0.3m						净跨 0.4m					
	盖板厚度(cm)	受力钢筋					盖板厚度(cm)	受力钢筋				
		钢筋面积(mm)	直径(mm)	根数	配筋率(%)	间距(mm)		钢筋面积(mm)	直径(mm)	根数	配筋率(%)	间距(mm)
8	10	142	6	5	0.26	162	12	170	6	6	0.24	138
10	12	142	6	5	0.21	162	14	198	6	7	0.22	120
12	13	170	6	6	0.21	138	16	252	8	5	0.23	160
14	14	201	8	4	0.21	194	18	302	8	6	0.24	136

11.4 淤地坝涵洞结构设计具体实例

续表

填土高 H(m)	净跨0.3m						净跨0.4m					
	盖板厚度(cm)	受力钢筋					盖板厚度(cm)	受力钢筋				
		钢筋面积(mm)	直径(mm)	根数	配筋率(%)	间距(mm)		钢筋面积(mm)	直径(mm)	根数	配筋率(%)	间距(mm)
16	16	252	8	5	0.23	160	19	302	8	6	0.21	136
18	17	252	8	5	0.21	160	21	352	8	7	0.22	118
20	18	302	8	6	0.22	136	23	393	10	5	0.22	158
22	20	302	8	6	0.20	136	25	402	8	8	0.20	104
24	21	352	8	7	0.22	118	27	471	10	6	0.22	134
26	23	393	10	5	0.22	158	28	471	10	6	0.20	134
28	24	393	10	5	0.21	158	30	550	10	7	0.22	116

填土高 H(m)	净跨0.5m						净跨0.6m					
	盖板厚度(cm)	受力钢筋					盖板厚度(cm)	受力钢筋				
		钢筋面积(mm)	直径(mm)	根数	配筋率(%)	间距(mm)		钢筋面积(mm)	直径(mm)	根数	配筋率(%)	间距(mm)
8	14	198	6	7	0.22	120	16	226	6	8	0.21	106
10	16	252	8	5	0.22	160	18	302	8	6	0.22	136
12	18	302	8	6	0.22	136	21	352	8	7	0.22	118
14	21	352	8	7	0.22	118	24	402	8	8	0.21	104
16	23	393	10	5	0.22	158	27	471	10	6	0.22	134
18	25	453	8	9	0.22	93	29	550	10	7	0.23	116
20	27	453	8	9	0.20	93	32	550	10	7	0.20	116
22	30	550	10	7	0.22	116	35	628	10	8	0.22	102
24	32	550	10	7	0.20	116	37	678	12	6	0.22	133
26	34	628	10	8	0.22	102	40	791	12	7	0.23	115
28	36	678	12	6	0.22	133	43	791	12	7	0.21	115

表11-20　　方形涵洞钢筋混凝土盖板尺寸（两端固定梁）

填土高 H(m)	净跨0.3m						净跨0.4m					
	盖板厚度(cm)	受力钢筋					盖板厚度(cm)	受力钢筋				
		钢筋面积(mm)	直径(mm)	根数	配筋率(%)	间距(mm)		钢筋面积(mm)	直径(mm)	根数	配筋率(%)	间距(mm)
8	10	142	6	5	0.26	162	12	170	6	6	0.24	138
10	12	142	6	5	0.21	162	14	198	6	7	0.22	120
12	13	170	6	6	0.21	138	16	252	8	5	0.23	160
14	14	201	8	4	0.21	194	18	302	8	6	0.24	136
16	16	252	8	5	0.23	160	19	302	8	6	0.21	136
18	17	252	8	5	0.21	160	21	352	8	7	0.22	118
20	18	302	8	6	0.22	136	23	393	10	5	0.22	158

续表

填土高 H(m)	净跨 0.3m						净跨 0.4m					
	盖板厚度(cm)	受力钢筋					盖板厚度(cm)	受力钢筋				
		钢筋面积(mm)	直径(mm)	根数	配筋率(%)	间距(mm)		钢筋面积(mm)	直径(mm)	根数	配筋率(%)	间距(mm)
22	20	302	8	6	0.20	136	25	402	8	8	0.20	104
24	21	352	8	7	0.22	118	27	471	10	6	0.22	134
26	23	393	10	5	0.22	158	28	471	10	6	0.20	134
28	24	393	10	5	0.21	158	30	550	10	7	0.22	116

填土高 H(m)	净跨 0.5m						净跨 0.6m					
	盖板厚度(cm)	受力钢筋					盖板厚度(cm)	受力钢筋				
		钢筋面积(mm)	直径(cm)	根数	配筋率(%)	间距(mm)		钢筋面积(mm)	直径(mm)	根数	配筋率(%)	间距(mm)
8	14	198	6	7	0.22	120	16	226	6	8	0.21	106
10	16	252	8	5	0.22	160	18	302	8	6	0.22	136
12	18	302	8	6	0.22	136	21	352	8	7	0.22	118
14	21	352	8	7	0.22	118	24	402	8	8	0.21	104
16	23	393	10	5	0.22	158	27	471	10	6	0.22	134
18	25	453	8	9	0.22	93	29	550	10	7	0.23	116
20	27	453	8	9	0.20	93	32	550	10	7	0.20	116
22	30	550	10	7	0.22	116	35	628	10	8	0.21	102
24	32	550	10	7	0.22	116	37	678	12	6	0.21	133
26	34	628	10	8	0.22	102	40	791	12	7	0.23	115
28	36	678	12	6	0.22	133	43	791	12	7	0.21	115

11.4.3 方涵侧墙、基础尺寸

11.4.3.1 分离式涵洞

1. 侧墙宽（单位长度侧墙）

侧墙受盖板及底板的支撑作用，一般将侧墙作为支撑在盖板及底板上的简支梁计算。通常厚度按最大弯矩确定。参考值见表 11-21。具体参数计算参照 11.3.5.1 节分离式卧管。

2. 基础厚度

基础即底板，可看做是倒置于两个边墙上的简支梁，梁的支座就是侧墙。底板底面所受的地基反力为梁的荷载，计算时可近似地认为地基反力是均布的，梁的计算跨度 $L_0 = 1.05L$。结构计算方法与盖板相同。假设底板所受均匀荷载为 $q_2 = \rho g(H+h)$ 时，$M_{max} = \frac{1}{8}q_2 L_0^2$，$Q_{max} = \frac{1}{2}q_2 L_0$。

11.4 淤地坝涵洞结构设计具体实例

表 11-21　　　　　　　　方涵侧墙、基础尺寸（按简支梁）　　　　　　　　单位：cm

净宽	侧墙高	填土高 10m			填土高 20m			填土高 30m		
		侧墙宽	基础宽	基础厚	侧墙宽	基础宽	基础厚	侧墙宽	基础宽	基础厚
30	30	30	50	30	30	50	30	30	50	30
40	40	30	50	30	40	60	40	40	60	40
50	50	30	50	30	40	60	40	50	70	50
60	60	40	60	40	50	70	50	60	80	60
70	70	40	60	40	60	80	60	70	90	70
80	80	50	70	50	70	90	70	80	100	80
90	90	60	80	60	80	100	80	90	110	90
100	100	60	80	60	80	100	80	100	120	100

11.4.3.2　箱形（整体式）涵洞

1. 侧墙宽（单位长度侧墙）

当盖板、侧墙和基础形成整体的箱型结构时，侧墙可作为支撑在盖板及底板上的两端固定超静定梁计算。各参数计算参照 11.3.5.2 节箱形卧管。

2. 基础厚度

基础即底板，看做是倒置于两个边墙上两端固定的梁。结构计算方法与盖板相同。假设底板所受均匀荷载为 $q_2 = \rho g(H+h)$ 时，$M_{max} = \frac{1}{12}q_2 L_0^2$，$Q_{max} = \frac{1}{2}q_2 L_0$，厚度参考值见表 11-22。

表 11-22　　　　　　　　方涵侧墙、基础尺寸（两端固定梁）　　　　　　　　单位：cm

净宽	侧墙高	填土高 10m		填土高 20m		填土高 30m	
		侧墙宽	基础厚	侧墙宽	基础厚	侧墙宽	基础厚
30	30	30	30	30	30	30	30
40	40	30	30	40	40	40	40
50	50	30	30	40	40	50	50
60	60	40	40	50	50	60	60
70	70	40	40	60	60	70	70
80	80	50	50	70	70	80	80
90	90	60	60	80	80	90	90
100	100	60	60	80	80	100	100

11.4.4　圆涵壁厚及配筋

11.4.4.1　壁厚

坝高和管径都较小的无压圆形涵洞，常使用素混凝土材料。根据《水土保持治沟骨干工程技术规范》（SL 289—2003）管壁厚度用下式计算：

$$t=\sqrt{\frac{0.06PD_0}{[\sigma_b]}} \tag{11-48}$$

式中：t 为圆涵壁厚，m；D_0 为圆涵计算管径，$D_0=D+t$，m；D 为圆涵内径，m；D_1 为涵外径，$D_1=D+2t$，m；P 为单位长度管上垂直土压力，$P=\rho_c g h D_1$，kN/m；ρ_c 为填土密度，kg/m³；h 为圆涵顶部以上填土高度，m；$[\sigma_b]$ 为混凝土弯曲时允许拉应力，kN/m²。

填土高度在 6m 以下时，管壁厚度可按管内径的 1/12.5 初拟；填土高度在 6m 以上时，管壁厚度可按管内径的 1/10 初拟。管壁厚度按构造要求，一般不宜小于 8cm。

计算方法为试算法，过程见表 11-24。

表 11-23　　　　　　　　　　圆涵管壁厚度试算过程表

圆涵内径	管壁厚度	圆涵计算管径	圆涵外径	单位长度管上垂直土压力	管壁厚度
D	t（假设）	$D_0=D+t$	$D_1=D+2t$	$P=\rho_c g h D_1$	$t=\sqrt{\dfrac{0.06PD_0}{[\sigma_b]}}$

圆涵壁厚参考表格见表 11-24。

表 11-24　　　　　　　　　　圆　涵　管　壁　厚　度

管顶填土高（m）	栏管内径			
	20cm	30cm	40cm	50cm
	壁厚 cm	壁厚 cm	壁厚 cm	壁厚 cm
10	8	8	8	9
15	8	8	10	13
20	8	9	12	15
25	8	10	14	18

11.4.4.2　配筋

1. 基本计算参数和规定

(1) 圆涵内径 D，壁厚 t，圆涵外径 $D_1=D+2t$。

(2) 圆涵计算半径 $r_0=1/2(D+t)$，管长度 $L=2000$mm。

(3) 混凝土强度等级 C30，混凝土弯曲抗压强度 $R_w=22$MPa，混凝土抗裂强度 $R_f=2.1$MPa。

(4) 钢筋使用乙级冷拔低碳钢筋，标准强度 $R_y=550$MPa，钢筋抗拉设计强度 $R_y=360$MPa，钢筋弹性模量 $E_g=2.0\times10^5$MPa。

(5) 管内径 $D\leqslant 800$mm 时，环筋、纵筋均选用直径 $d=4$mm，并且纵筋是 8 根，长度为 1950mm；管内径 800mm$<D<$1200mm 时，环筋、纵筋均选用直径 $d=5$mm，并且纵筋是 12 根，长度为 1950mm。

(6) 管的外压荷载 p_c 和破坏荷载 p_p 参考 GB/T11836—1999 中的规定。

(7) 环筋的内、外混凝土保护层最小厚度：当壁厚小于 30mm 时，应不小于 12mm；当壁厚大于 30mm 或小于 100mm 时，应不小于 15mm；当壁厚大于 100mm 时，应不小于

20mm。

(8) 钢筋骨架的环向钢筋间距不得大于 150mm，并不得大于壁厚的 3 倍，钢筋直径不得小于 2.3mm，两端的环向钢筋应密缠 1~2 圈；钢筋骨架的纵向钢筋直径不得小于 2.3mm，根数不得小于 6 根。手工绑扎骨架的纵向钢筋间距不得大于 300mm；焊接骨架的纵向钢筋间距不得大于 400mm。

2. 配筋简化计算方法

(1) 求外荷载力矩 M：

$$M = 0.318 K_1 p_c r_0 \tag{11-49}$$

式中：0.318 为 2 个相对集中力作用下的理论弯矩系数；K_1 为实用力矩转换系数，取值见表 11-25。

表 11-25　　　　　　　　　　实用力矩转换系数表

管内径 d (mm)	200~300	400~600	700~1200
K_1	0.7	0.8	0.84

(2) 管壁纵向断面受压高度 X：

$$X = t_0 - 0.5 \sqrt{4h_0^2 - 0.0000363 M} \text{ (cm)} \tag{11-50}$$

式中：t_0 为受拉钢筋中心至截面受压边缘的距离，对单层配筋 $t_0 = 0.6t$；对管壁厚 $t < 100$mm 的双层配筋 $t_0 = t - 1.5$mm；对管壁厚 $t \geq 100$mm 的双层配筋 $t_0 = t - 2.0$mm。

(3) 内环筋或单层筋的配筋截面积 A_s：

$$A_s = 6.11 K_2 X \tag{11-51}$$

式中：K_2 为安全系数，取 $K_2 = 1.2$，则上式变为

$$A_s = 7.332 X \tag{11-52}$$

3. 裂缝宽度 $\delta_{\max}$ 的核算

$$\delta_{\max} = K_3 \phi \frac{\sigma_s}{E_g} L_f \tag{11-53}$$

其中，ϕ 为裂缝间纵向受拉钢筋应变不均匀系数，取

$$\phi = K_4 \left(1 - \frac{0.235 R_f b t^2}{M} \right) \tag{11-54}$$

σ_s 为纵向受拉钢筋的拉应力，有

$$\sigma_s = \frac{M}{0.87 t_0 A_s} \tag{11-55}$$

L_f 为平均裂缝间距，取

$$L_f = K_5 \left(6 + 0.06 \times \frac{dbt_0}{A_s} \right) \tag{11-56}$$

式中：K_3 为短期试压荷载作用下取 1.0，长期荷载作用下取 2.0；K_4 为短期试压荷载作用下取 1.1，长期荷载作用下取 1.2；K_5 为外压荷载抗裂安全系数，取 2.0；b 为单位长度的管体，取 $b = 100$cm。

根据有关技术规范的要求，如果核算 $\delta_{\max} < 0.02$cm，则产品配筋满足结构设计的要求，反之，则配筋不能满足产品结构设计要求，需重新根据实际情况进行设计计算。

4．环筋的螺距和圈数

环筋螺距 S 和圈数 N

$$S = 25\pi d^2 / A_s \tag{11-57}$$

$$N = 195/S + 2 \tag{11-58}$$

圆涵配筋可参考表 11-26。

表 11-26　　　　　　　　钢筋混凝土圆管壁厚和配筋量

管顶填土高（m）	管内径 60cm（环筋、纵筋均选用直径 d=4mm，纵筋 8 根）			
	壁厚（cm）	A_s（cm²/m）	S（cm）	N（圈）
10	11	3.7	3.4	60
15	15	2.8	4.5	46
20	18	2.1	6.0	35
25	21	1.5	8.4	26

管顶填土高（m）	管内径 70cm（环筋、纵筋均选用直径 d=4mm，纵筋 8 根）			
	壁厚（cm）	A_s（cm²/m）	S（cm）	N（圈）
10	13	4.3	2.9	69
15	17	3.4	3.7	55
20	21	2.5	5.0	41
25	25	1.6	7.9	27

管顶填土高（m）	管内径 80cm（环筋、纵筋均选用直径 d=4mm，纵筋 8 根）			
	壁厚（cm）	A_s（cm²/m）	S（cm）	N（圈）
10	15	5.0	3.1	65
15	20	4.0	3.9	52
20	24	3.0	5.2	40
25	28	2.0	7.9	27

管顶填土高（m）	管内径 90cm（环筋、纵筋均选用直径 d=5mm，纵筋 12 根）			
	壁厚（cm）	A_s（cm²/m）	S（cm）	N（圈）
10	17	5.5	2.9	71
15	22	4.5	3.5	58
20	27	3.4	4.6	45
25	32	2.1	7.5	29

管顶填土高（m）	管内径 100cm（环筋、纵筋均选用直径 d=5mm，纵筋 12 根）			
	壁厚（cm）	A_s（cm²/m）	S（cm）	N（圈）
10	19	6.0	2.6	77
15	25	4.8	3.3	62
20	30	3.6	4.4	47
25	35	2.3	6.8	31

11.5 淤地坝施工的破土面及坝体绿化技术

淤地坝建成后,坝体两边取土坡面与坝身采用植生带喷播技术,可使坡面和坝体短时间内绿化,避免雨季土壤侵蚀和滑坡发生。即在坡面或坝体铺设植生带,由于植生带中伴有灌草种子、保水剂和复合肥等,降雨过后坡土面的植生带中植物种子生长迅速,不久整个坡面即被植被覆盖,起到很好的水土保持作用。在坡度陡的坡面,可直接喷播客土、天然木纤维、保水剂、黏合剂和灌木、草种的混合浆液,也可保证裸露坡面快速绿化。如图11-3～图11-5所示。

图11-3 水坠坝施工过程及施工后的坡土面

图11-4 水坠坝施工坡土面喷播植生带后

图11-5 坝体植生带绿化

11.6 生态淤地坝的"随淤随用"

宋家沟淤地坝在使用方式上,采用"随淤随用"的思想,实现水土资源的高效利用。首先,在坝体上和坝体迎水面与背水面种植紫花苜蓿和沙打旺等饲料植物,夏、秋季可收割好多茬,不仅获得牲畜的饲料,而且加固了坝体,防止降雨侵蚀。另外,建坝后初期,为防止汛期淹没粮食作物而造成损失,可改种短生长期青饲料,发展舍饲养殖。

淤地坝在建成初期管理中,可通过蓄水灌溉和养鱼获得收益,同时在淤地坝附近可规划修建度假村,供游人赏景、钓鱼、娱乐与避暑度假,这使淤地坝获得极大效益。宋家沟淤地坝目前蓄水最深水位达 18m，可灌溉周围河道阶地 2000 亩。宋家沟淤地坝位于安塞县杏子河流域，杏子河上游建有王瑶水库，但由于淤积严重，每年需泄水冲沙，水库放水含有大量泥沙，不宜浇地。宋家沟淤地坝所蓄清水正好弥补了这一缺陷，枯水期可直接灌溉阶地上的蔬菜大棚、葡萄园和庄稼。地坝坝体种植紫花苜蓿，每年可收割湿重 3 万斤，干重 1 万斤，紫花苜蓿可粉碎作家畜的饲料，从而获得很大收益。淤地坝能获得可观的经济价值，管理与经营者必然细致维护和维修坝体，从而形成良性循环。淤地坝蓄水养鱼见图 11-6，宋家沟淤地坝蓄水灌溉大棚见图 11-7。

图 11-6 淤地坝蓄水养鱼

图 11-7 宋家沟淤地坝蓄水灌溉大棚

第12章 黄土丘陵沟壑区水土资源开发利用模式

开发利用模式是指在特定的自然条件和经济社会背景下水土资源开发利用与区域发展的样式。由于区域自然以及经济条件的差异，各区所提出的开发利用模式也不是唯一的。目前黄土高原主要的水土资源开发利用模式见表12-1。

表12-1　　　　黄土高原丘陵沟壑区水土资源主要开发利用模式

开发利用模式	代表区域	主 要 特 点
传统农业模式	陕西柳花峪等	采用传统的农业耕作方式，未开展全面统一的综合治理
林（草）粮间作模式	吴旗湫滩沟流域等	把农业与牧业林业有机结合起来，实现林（草）粮共生，充分利用空间，提高土地利用率，控制水土流失，改善生态环境
生态农业模式	纸坊沟流域、韩家沟流域	采取工程措施和生物措施相结合，综合治理，恢复植被，建设基本农田，发展经济林和养殖业
农业产业化模式	甘肃会宁、宁南山区等	农业地域资源优势的利用。依照"土壤－植物－动物"物质系统规律，其生产的农产品是无污染的绿色食品。主要包括马铃薯、苜蓿、苹果等
特色林果业模式	甘肃、山西苹果产业	海拔高，光照好，昼夜温差大，适合落叶果树生产，通过发展规模化商品生产，把资源优势转变成经济优势
高效农业示范	甘肃省环县等	资源、环境与农业经济发展结合起来，采取调整产业结构、建立高效生态农业发展模式、加快龙头企业的发展、加大资金和科技投入、保护和改善生态环境等措施
生态型乡镇农业科技示范模式	定西地区等	因地制宜，充分利用当地的生物能源、矿产资源环境；积极推进农业产业化，积极发展绿色农业、特色农业（优质洋芋、中药材、花卉、食用菌、蔬菜），延伸农业产业化链，进行农副产品的深加工，提高农产品的附加值
生态文化旅游模式	陕北延安窑洞文化、红色旅游等	展示黄土高原地域文化特色和民俗风情，窑洞文化和黄土地貌结合，形成地域特色的黄土文化，突出黄土高原特有的旅游特色。结合西部大开发和红色旅游热潮，推出精品旅游路线
观光旅游开发模式	甘肃平凉田家沟流域等	在水土保持试验示范的基础上，经过十多年的建设与开发，建成的一个以水土保持生态地文景观为主、人文景观与休闲娱乐相结合，生态旅游、文化展现、休闲度假为一体的生态风景旅游区

通过对以上多种开发利用该模式的汇总，按照开发利用方式不同，总结提出黄土丘陵沟壑区四种特色水土资源开发利用模式，即常规农林、科技示范、特色农业以及生态旅游四种开发利用模式。本研究选择典型地区开展各种开发利用模式的评价，以指导黄土丘陵沟壑区水土资源的高效利用。

第12章 黄土丘陵沟壑区水土资源开发利用模式

12.1 常规农林业利用模式——安家沟流域

12.1.1 常规农林业利用模式评价指标体系建立及解析

运用频度统计法、理论分析法、专家咨询法确定了10项评价指标，如图12-1所示。

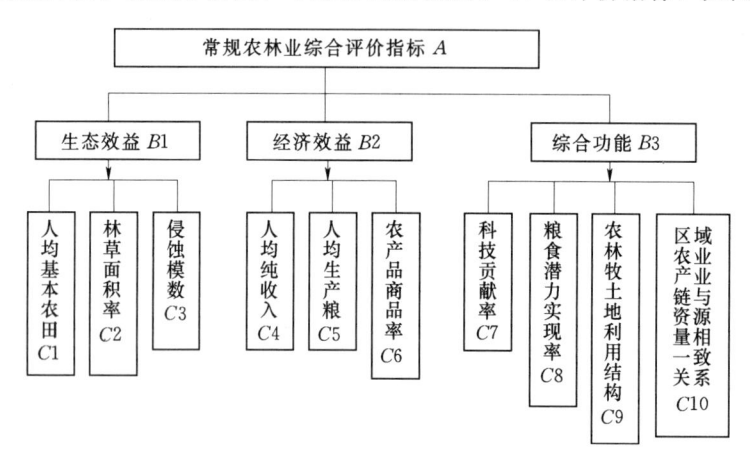

图12-1 常规农林业利用模式综合评价指标体系

为使三大效益及其各指标能够同一量纲，针对黄土丘陵区农业建设要求，设定见表12-2的农业建设效益评价特征标度值。

表12-2　　　　常规农林业综合评价标度值

序号	指标类	\multicolumn{9}{c}{标度}
		1	2	3	4	5	6	7	8	9
人均基本农田 C1	人均基本农田 (hm²/人)	0.013	0.033	0.067	0.080	0.010	0.120	0.133	0.167	0.200
林草面积率 C2	植被覆盖率 (%)	≤5	10	20	30	40	45	50	55	≥60
侵蚀模数 C3	侵蚀模数 [t/(km²·a)]	≥200	160	120	80	60	40	30	20	10
人均纯收入 C4	人均纯收入 (元/人)	≤300	500	1000	1500	2000	2500	3000	3500	≥4000
人均生产粮 C5	人均粮食 (kg/人)	≤200	250	300	350	400	450	500	550	≥600
农产品商品率 C6	农产品商品率 (%)	≤20	25	30	40	50	60	70	80	≥85
科技贡献率 C7	科技贡献率 (%)	≤10	20	30	40	50	60	70	75	≥80

续表

序 号	指标类	标 度								
		1	2	3	4	5	6	7	8	9
粮食潜力实现率 C8	粮食潜力实现率（%）	≤10	20	30	40	50	60	70	80	≥90
农林牧土地利用结构 C9	农林牧地利用结构（%）	≤1：1.0	1：1.5	1：2.0	1：2.5	1：3.0	1：3.5	1：4.0	1：4.5	1：5.0
区域农业产业链与资源量相一致关系 C10	区域农业产业与资源量相一致关系	广种垦荒	广种	单一种粮	农果农牧萌芽	农果发展，林牧萌芽	主导产业培育	相关产业形成	产业间形成有机统一的关系	生态经济社会系统良性循环

注 来自田均良，梁一民等，2003。

常规的农林业利用模式在近年来最突出的成果就是生态修复，退耕还林还草工程，在查阅了大量资料文献的基础上，结合咨询专家的意见，对常规农林业利用模式的主要影响因子进行分析。

1. 生态效益

（1）人均基本农田：土地资源是一个地区最基本、最重要的自然资源之一。对黄土高原丘陵沟壑区而言，基本农田多少是关系农民生存状况的主要方面，是粮食安全的重要保障，也就直接决定了常规农林业发展模式的进度和规模。

（2）林草面积率：或称植被覆盖率，是常规农林业生态效益的直接体现的一个方面。林草覆盖率的提高将是一个良性循环的过程。

（3）侵蚀模数：侵蚀模数是土壤侵蚀强度单位，是衡量土壤侵蚀程度的一个量化指标。也称为土壤侵蚀率、土壤流失率或土壤损失幅度。这个指标在黄土高原地区尤为重要，是判断地区水土流失程度的依据，在一定程度上说明了土壤状况的好坏。

2. 经济效益

（1）人均纯收入：人均纯收入是国家统计局批准的统计法定指标，人民生活水平低下，人均纯收入的不高，直接影响到常规农林业建设的可持续性，尤其是在林草面积增加上，人均纯收入的高低起到至关重要的作用。

（2）人均生产粮食：粮食始终是困扰区域，特别是欠发达地区经济发展的因素之一，粮食安全是发展其他产业的基础。黄土丘陵沟壑区沟坝地和川台地以及梯田的建设，新技术推广应用，都大大提高了粮食产量，是常规农林业发展的一个重要指标。

（3）农产品商品率：农业从自给性生产向商品经济转化的重要指标。影响农产品商品率的根本因素是单位面积的土地生产率和劳动生产率。与农业人口、农业生产专业化程度、产品价格、农业规模经营等也有密切关系。是提高农民收入，侧面提升常规农林业发展动力的重要指标。

3. 综合功能

（1）科技贡献率：亦称农业科技作用系数，是指一定时期内经济增长中由于科技进步影响而增长的份额。

（2）粮食潜力实现率：粮食生产潜力指一定的气候、土壤和社会经济条件与最优化管理水平下，粮食作物优良品种在其生育期内充分利用外界环境条件，将太阳辐射能转化为生物化学能，形成籽粒产量的潜在能力。

（3）农林牧土地利用结构：亦称土地构成，是指一个地区或生产单位的土地面积中各种用地的比例关系或组成。农林牧土地利用结构是指农业内部的农林牧各业用地分别占总面积的比重，它在一定程度上说明了常规农林业发展的成效。

（4）区域农业产业与资源量相一致关系：指地区主要农产品与地区农业主导产业之间的关系，反映出主要农产品的发展潜力和主导产业的可持续性。

12.1.2 典型区概况

安家沟流域地理位置介于东经 $104°38'13''\sim105°40'25''$，北纬 $35°33'02''\sim35°35'29''$ 之间，海拔 $1900\sim2250m$，位于定西市区以东 2km 处，总面积 $10.06km^2$。其中农耕地面积 $519.3hm^2$，占 52.8%；林业用地 $381hm^2$，占 38.8%；草地面积 $2.1hm^2$，占 0.2%；荒地 $23.4hm^2$，占 2.4%；其他用地面积 $57.2hm^2$，占 5.8%。该流域治理基础好，已治理水土流失面积 $8.855km^2$，其中：基本农田 $502.4hm^2$，营造防护林 $381hm^2$，种草 $2.1hm^2$，累计治理程度达到 90.1%。综合治理措施全面，交通便利，距市区近。通过小流域综合治理与综合开发，已探索出了一条"种草—养畜—沼气—肥田—增收"的生态经济之路。

安家沟流域位于黄土高原丘陵沟壑区，周界平面形如掌状。流域内梁峁顶，梁峁坡，阶（坪）地和沟谷分别占流域总面积的 0.9%、74.6%、10.8% 和 13.7%。沟壑密度 $3.14km/km^2$，流域内坡度比降小于 $5°$ 的土地占总面积的 11.7%，$5°\sim10°$ 的占 14.1%，$10°\sim15°$ 的占 38.9%，$15°\sim20°$ 的占 15.1%，$20°\sim25°$ 的占 9.3%，大于 $25°$ 的占 11.2%，平均为 $14.3°$。农村各业总产值为 330.94 万元，其中农业产值 152.56 万元，占 46.1%；林业产值 31.07 万元，占 9.4%；牧业产值 24.31 万元，占 7.3%；副业产值 45 万元，占 13.6%；其他 78 万元，占 23.6%。粮食总产量 860t。

12.1.3 评价指标权重的确定

利用 AHP 层次分析法，数据收集采用调查问卷的形式，调查对象是甘肃省兰州大学的专家以及甘肃水保所、水保局的专家。通过对 20 份调查问卷的综合和分析，得到下列判断矩阵（见表 12-3）。

$$判断矩阵 \quad A = \begin{bmatrix} 1 & 5 & 2 \\ 1/5 & 1 & 1/3 \\ 1/2 & 3 & 1 \end{bmatrix}$$

表 12-3　　　　　　　　　　判 断 矩 阵 $A-B$

常规农林业综合评价指标 A	生态效益 $B1$	经济效益 $B2$	综合功能 $B3$
生态效益 $B1$	1	5	2
经济效益 $B2$	1/5	1	1/3
综合功能 $B3$	1/2	3	1

12.1 常规农林业利用模式——安家沟流域

(1) 用 Excel 求解判断矩阵的最大特征根和相对应的特征向量。

用方根法求解判断矩阵 A 的特征向量与最大特征根为例,结果见表 12-4。

表 12-4　　　　　　　判断矩阵的最大特征根和相对应的特征向量

	A	B	C	D	E	F	G	H	I
				第一行乘积	开三次方	前面一列的和	归一化权重	矩阵	特征值
1	1	5	2	10	2.154	3.705	0.582	1.747	3.004
2	1/5	1	1/3	0.067	0.406		0.110	0.329	3.004
3	1/2	3	1	1.5	1.145		0.309	0.928	3.004
4								求和	9.011
5								平均	3.004
6								C.I.	0.002
7								C.R.	0.004

(2) 设置公式。

1) $A1\sim C3$ 为判断矩阵 A,$G1\sim G3$ 为 A 的特征向量,$I5$ 为 A 的最大特征根。

2) $D1=A1*B1*C1$,$D2=A2*B2*C2$,$D3=A3*B3*C3$。

3) $E1=\text{POWER}(D1,1/3)$,即 $E1$ 为 $D1$ 开三次方结果。同理,若为 4 阶矩阵,则开四次方,以此类推。

4) $F4=\text{SUM}(E1:E3)$。

5) $G1=E1/F1$;$G2=E2/F1$;$G3=E3/F1$。

6) $H1=\text{MMULT}(A1:C1,G1:G3)$;$H2=\text{MMULT}(A2:C2,G1:G3)$;$H3=\text{MMULT}(A3:C3,G1:G3)$。

7) $I1=H1/G1$;$I2=H2/G2$;$I3=H3/G3$;$I4=\text{SUM}(I1:I3)$。

8) $I5=I4/3$。

其中函数 POWER() 的功能为返回数值的多次方根,函数 MMULT() 的功能为返回两数组矩阵的乘积,函数 SUM() 的功能为返回单元格区域中所有数值的和。

由此可得矩阵 A 的特征向量为 $(0.582, 0.110, 0.309)^T$,特征根为 3.004。

判断矩阵是在元素间两两比较的基础上赋值的,其准确性受人的水平影响很大,需要进行一致性检验,采用同时计算一致性指标 CI 和随机一致性指标 CR,并进行一致性判断:

$$CR = CI/RI, \quad CI = \frac{\lambda_{\max} - n}{n-1}$$

式中:n 为判断矩阵的阶数;RI 为平均随机一致性指标。

若 $CR<0.1$,即认为判断矩阵具有满意一致性。

经过一致性检验,得 $CR=CI/RI=0.004<0.1$,具有满意的一致性。

(3) 求解判断矩阵的特征向量与最大特征根的数学过程为了更加清晰地说明求解过程,现将其数学计算过程列示如下:

第一，计算判断矩阵每一行元素的乘积 M_i

$$M_i = \prod_{j=1}^{n} a_{ij} \quad (i=1,2,3,\cdots,n)$$

第二，计算 M_i 的 n 次方根 $\overline{W_i}$

第三，对 $\overline{W} = [\overline{W_1} \quad \overline{W_2} \quad \overline{W_3} \quad \overline{W_4}]^T$ 正规化

$W = \dfrac{\overline{W_i}}{\sum\limits_{j=1}^{n} \overline{W_j}}$ 则 $W = [W_1 \quad W_2 \quad \cdots \quad W_n]$ 即所求的特征向量

第四，计算判断矩阵的最大特征根 $\lambda_{\max}$

$\lambda_{\max} = \sum\limits_{j=1}^{n} \dfrac{(AW)_i}{nw_i}$，其中 $(AW)_i$ 为 AW 的第 i 个元素。

同上步骤，可构造第二、三层的判断矩阵，并确定其各指标的权重系数，见表 12-5～表 12-7。

表 12-5　　　　　　　　判断矩阵 $B1-Ci$ ($i=1, 2, 3$)

B1	C1	C2	C3	W
C1	1	5	7	0.714
C2	1/5	1	2	0.143
C3	1/7	1/2	1	0.071

注　$B1$ 为生态效益；$C1$ 为人均基本农田；$C2$ 为林草面积率；$C3$ 为侵蚀模数。

表 12-6　　　　　　　　判断矩阵 $B2-Ci$ ($i=4, 5, 6$)

B2	C4	C5	C6	W
C4	1	1/3	2	0.167
C5	3	1	7	0.500
C6	1/2	1/7	1	0.071

注　$B2$ 为经济效益；$C4$ 为人均纯收入；$C5$ 为人均生产粮；$C6$ 为农产品商品率。

表 12-7　　　　　　　　判断矩阵 $B3-Ci$ ($i=7, 8, 9, 10$)

B3	C7	C8	C9	C10	W
C7	1	1/5	1	1/3	0.10
C8	5	1	5	2	0.52
C9	1	1/5	1	1/3	0.10
C10	3	1/2	3	1	0.28

注　$B3$ 为综合功能；$C7$ 为科技贡献率；$C8$ 为粮食潜力实现率；$C9$ 为农林牧土地利用结构；$C10$ 为区域农业产业链与资源量相一致关系。

以上矩阵经过一致性检验，均符合一致性标准，通过专家打分法确定甘肃定西安家沟流域常规农林业综合评价指标体系权重表见表 12-8。

12.1 常规农林业利用模式——安家沟流域

表 12-8　　　　　　　常规农林业综合评价指标体系综合权重表

指标层 C	准则层 B			组合权重 W
	B1	B2	B3	
	0.582	0.110	0.309	
C1	0.714	0	0	0.415
C2	0.143	0	0	0.083
C3	0.071	0	0	0.042
C4	0	0.167	0	0.018
C5	0	0.5	0	0.055
C6	0	0.071	0	0.008
C7	0	0	0.1	0.031
C8	0	0	0.52	0.161
C9	0	0	0.1	0.031
C10	0	0	0.28	0.087

注　C1 为人均基本农田；C2 为林草面积率；C3 为侵蚀模数；C4 为人均纯收入；C5 为人均生产粮；C6 为农产品商品率；C7 为科技贡献率；C8 为粮食潜力实现率；C9 为农林牧土地利用结构；C10 为区域农业产业链与资源量相一致关系。

由综合权重指数表可知，在常规农林业利用模式的指标体系当中综合排名的先后顺序是人均基本农田（C1）的比重最高，其次是粮食潜力实现率（C8），说明基本农田面积和粮食潜力实现率是该利用模式最大的影响因素。农产品商品化比率（C6）在常规农林业利用模式中所占的比例最低，说明它不是这种利用模式的主要目的，但是作为发展该利用模式的限制因子，应该得到重视和加强。商品率的增长对该利用模式的可持续发展和带来的经济效益有显著作用。

12.1.4　评价结果及分析

根据以上给出的评价标度值，专家给定的流域综合评价指标评分见表 12-9。

表 12-9　　　　　　　　安 家 沟 流 域 打 分 表

指标层	C1	C2	C3	C4	C5	C6	C7	C8	C9	C10
指标得分	9	3	7	6	4	6	6	4	2	6

注　C1 为人均基本农田；C2 为林草面积率；C3 为侵蚀模数；C4 为人均纯收入；C5 为人均生产粮；C6 为农产品商品率；C7 为科技贡献率；C8 为粮食潜力实现率；C9 为农林牧土地利用结构；C10 为区域农业产业链与资源量相一致关系。

在运用层次分析法计算了各指标的权重的基础上，参考模糊数学中的隶属度函数和模糊综合评判方法，采用加权求和多指标综合评价模型计算常规农林业综合评价指标值：

$$E = \sum_{j=1}^{m} \left(\sum_{i=1}^{n} A_i B_i \right) C_j \tag{12-1}$$

式中：E 为总指数得分；A_i 为第 i 个第三层次单项指标的分值；B_i 为第 i 个第三层次指标所赋予的权重；C_j 为第 j 个第二层次指标所赋予的权重；n 为第三层次指标的个数；m 为第二层次指标的个数。

经过计算可得各个准则层和总的评价指标的结果见表 12-10。

表 12-10　　　　　　　　安家沟常规农林业模式各项单项指标得分表

指标	C1	C2	C3	C4	C5	C6	C7
综合得分	3.739	0.258	0.291	0.110	0.219	0.047	0.185
指标	C8	C9	C10	B1	B2	B3	A
综合得分	0.643	0.062	0.519	4.287	0.376	1.409	6.072

注　C1 为人均基本农田；C2 为林草面积率；C3 为侵蚀模数；C4 为人均纯收入；C5 为人均生产粮；C6 为农产品商品率；C7 为科技贡献率；C8 为粮食潜力实现率；C9 为农林牧土地利用结构；C10 为区域农业产业链与资源量相一致关系。

由表 12-10 可以得出满分为 10 分的指标值，安家沟流域常规农业的综合评价指标值仅为 6.0715，发展水平一般，进一步从准则层可以看出，生态效益（B1）得分较高，说明该地区重视了生态的改善和基本农田的改造治理，经济效益（B2）和综合功能（B3）水平较低，尤其是经济效益水平低下，农产品商品化水平低，说明这个将是以后该模式在增加收入方面的增长点。综合功能中农林牧结构的缺陷明显，加大农业结构调整是补强综合功能短板的重点。

12.2　科技示范综合利用模式——定西西川旱地高效农业科技园

12.2.1　科技示范利用模式评价指标体系建立及解析

农业科技园区实质上是一个以现代科技为依托，立足本地资源开发和主导产业发展的需求，按照农业产业现代化生产和经营体系配置要素和科学管理，在特定地域范围内建立起的科技先导型现代农业示范基地。通过指标体系科学、公正、客观地评价农业科技园区，创造追求科技进步促进地方经济增长的竞争环境，调动各级政府组织实施农业科技园区建设的积极性，推进新的农业科技革命，带动中国农业资源利用方式向技术依托的效益型农业转化，加速农业现代化建设进程。

针对黄土高原丘陵沟壑区的实际情况，筛选出 5 类 18 项考核评价指标。构造农业科技园区评价指标体系层次分析结构模型，目标层：农业科技园区综合评价指标。准则层：B1、B2、B3、B4、B5 这五个准则。指标层：农业科技园区具体定量和定性的指标。这一层有 18 个指标，这些指标按其性质归属于 B1、B2、B3、B4、B5 五大类，分别受准则层支配。农业科技示范园区评价指标体系的模型如图 12-2 所示。

在参阅了大量国内外文献资料的基础上，经过咨询专家，结合目前我国科技示范发展的阶段性特征，本研究拟从以下几个方面对其影响因子进行分析，即经济效益、社会效益、科技创新水平、生态效益和组织管理五个准则层面对科技示范利用模式进行评价（表 12-11）。

12.2 科技示范综合利用模式——定西西川旱地高效农业科技园

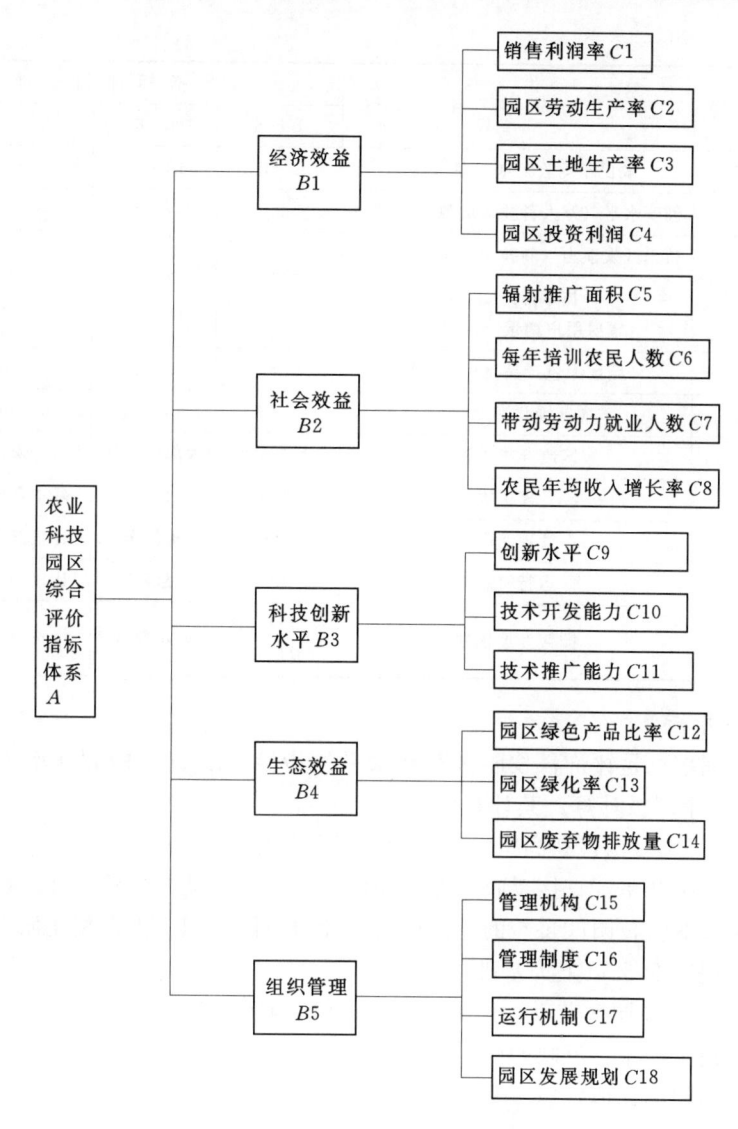

图 12-2 农业科技示范利用模式评价指标体系

表 12-11　　　　　科技示范综合评价标度值

要素层	评分项目	指标评判标准			
		10~8	8~6	6~4	4~2
销售利润率 C1	销售利润率（%）	50~40	40~30	30~20	<20
园区劳动生产率 C2	园区劳动生产率（万元/人）	>10.0	8.0~10.0	6.0~8.0	<6.0
园区土地生产率 C3	园区土地生产率（万元/hm²）	>2.4	2.2~2.4	2.0~2.2	<2.0
园区投资利润 C4	园区投资利润率（%）	40~50	30~40	20~30	<20
辐射推广面积 C5	辐射推广面积增长量（hm²）	>1000	660~1000	100~660	<100
每年培训农民人数 C6	每年培训农民人数（人次）	>400	200~400	100~200	100
带动劳动力就业人数 C7	带动劳动力就业人数	>1500	1300~1500	1000~1300	<1000

续表

要素层	评分项目	指标评判标准			
		10～8	8～6	6～4	4～2
农民年均收入增长率 C8	农民年均收入增长率（%）	>15	10～15	5～10	<5
创新水平 C9	创新水平（万人科技人员数量）（%）	>2.8	2.4～2.8	2～2.4	<2
技术开发能力 C10	技术开发能力（新技术增量）（项/a）	>5	3～5	1～3	1
技术推广能力 C11	技术推广能力（辐射用户增量）（万户/a）	>1.5	1～1.5	0.5～1	0.5
园区绿色产品比率 C12	园区绿色产品比率（%）	>80	70～80	60～70	<60
园区绿化率 C13	园区绿化率（%）	>50	45～50	40～45	<40
园区废弃物排放量 C14	园区废弃物排放量	全部达标	大部分达标	大部分未达标	未达标
管理机构 C15	管理机构	非常合理	合理	基本合理	不合理
管理制度 C16	管理制度	非常健全	很健全	比较健全	不健全
运行机制 C17	运行机制	非常健全	很健全	比较健全	不健全
园区发展规划 C18	园区发展规划	完全符合区域发展规划	基本符合	符合	不符合

1. 经济效益指标

（1）销售利润率：是评价科技园区获利水平的指标，以20%的利润率为基础，按利润率提高5%为一个层级计算，其计算公式为

$$销售利润率 = 销售利润/销售收入 \times 100\%$$

（2）园区劳动生产率：直接反映农业科技园区每一个劳动力能够为社会提供多少农产品的量和值。用农业科技园区每年的总产值与农业科技园区职工人数相比而得。比建成科技示范园区之前提高50%以上为基础。

$$园区劳动生产率 = 年总产值/园区职工人数$$

（3）园区土地生产率：反映园区土地集约利用产生的效果。土地生产率等于园区总产值与园区土地总面积的比值，以2万元/hm^{2}为基础，按5%的递增幅度计算得分，不增长不得分。

$$园区土地生产率 = 年总产值/园区土地面积$$

（4）园区投资利润率：是反映园区资金运用情况的综合性指标，用园区正常运行年份中年平均效益与年平均费用的比值来衡量。我国农业科技示范园的投资利润率普遍在20%到50%之间，按5%的递增幅度计算得分。其中效益指产品的销售收入，费用指园区支出，包括投资、年运行费用和税金等。

2. 社会效益

（1）园区辐射推广面积：园区正常运行后，区内示范的高新技术在周围地区辐射推广的面积。基础得分为5分，在原面积基础上每增加100～660hm^2、660～1000hm^{2}分别得分7分和9分。

（2）年培训农民人数：园区每年培训人数以100人为一级，基础分为5分。

（3）带动农业劳动力就业人数：园区建设及正常运行期间，为周边地区创造的就业机

12.2 科技示范综合利用模式——定西西川旱地高效农业科技园

会的个数，或带动劳动力就业的人数。基础分5分，每增加150人增加2分。

（4）农民年平均纯收入增长率：园区正常运行后，农民年平均纯收入增加值与建园前农民人均年纯收入的比率。反映园区对周围农村经济的带动作用。农民年均增长率以基础为5分，10％为阶梯递增，若负增长则不得分。

3. 科技创新水平

（1）创新水平：评估内容包括农业科技人员数量，农业科技人员综合素质（从农业科技人员的学历、背景、专业经历、学术水平等方面进行考察），先进科技成果的应用数量，园区与科研院所等结合的紧密程度等。以万人科技人员数量2％为基础，每增加0.2％增加一分，基础分为5分。

（2）技术开发能力：对技术开发能力的评价包括产品技术含量的高低、引进技术的数量、农业开发经费的多少、技术依托单位科研水平的高低；引进先进技术的多少和科研单位的实力综合评定，每增加1~3项新技术或科研结合单位增加一分，基础5分，9分封顶，若有减少不得分。

（3）技术推广能力：主要评价内容包括新品种、新技术的使用情况，农用设备的更新情况，高新技术成果的转化辐射程度，高新技术与常规技术是否组装配套，技术推广人员的素质，农民采纳新技术的情况等。以万户农户为单位，每增加0.5万户增加一分，基础5分。

4. 生态效益

（1）园区绿色产品比率：指园区正常运行后，园区内绿色产品的产值占所有农产品产值的比重。按照农业科技园的农业特色，绿色产品比率60％为标准。

（2）园区内绿化率：指园区绿化面积占园区总面积的比重。以绿化率达到40％为基础分5分，每提高10％增加2分。

（3）园区废弃物排放量：已达到国家标准的计满分，有未达标项酌情扣分。

5. 组织管理

（1）管理机构：园区管理人员所占比例，科研人员数量和职称结构。机构设置合理、管理人员比例适中，或基本合适、或不合理，分别计9分、7分、5分。

（2）管理制度：园区管理制度设置是否健全，包括设备管理，人员管理，财务管理等，酌情给分，基础分5分。

（3）运行机制：科技示范园运行机制是否健全，职能结构衔接是否顺畅，基础分5分。

（4）园区发展规划：园区是否具备短、中、长期发展规划，规划发展趋势是否与行业或者部门发展趋势相吻合，基础分5分。

12.2.2 典型地区概况

定西位于甘肃省中部，定西总面积2.033万km^2，现辖1区6县，119个乡镇、2个街道办事处，常住人口293.51万人，其中城镇人口37.36万人，占12.73％。总耕地面积770.2万亩，农民人均2.9亩。全市大致分为黄土丘陵沟壑、高寒阴湿两个自然类型区。全市海拔1420~3941m，年降水量350~600mm，年平均气温7℃，无霜期140d，是甘肃省乃至全国最为典型的旱作农业区之一。

为了将资源优势变为产业优势和经济优势，使传统旱作农业向现代节水高效型农业转化，依据国家科技发展"十五"计划和2010年中期发展规划以及农业科技园区建设的要求，结合当地实际，于1999年10月在城郊西川兴建以集雨节灌为基础的666.7hm² 旱作生态型农业科技园区。目前，西川科技园区已辐射带动凤翔、内官等10多个乡镇的20多个村的发展。农业结构调整有了长足发展，以马铃薯、食用菌、中药材种植开发和果蔬、畜牧等为主的特色产业已初步形成。经过几年的发展，产品档次有了明显提升，产品与市场协调对接，市场需求的优质化、专用化、多元化得到基本满足，适应了国内市场，并逐步打开了与国际市场接轨的门路。

12.2.3 评价指标权重的确定

利用AHP层次分析法，通过建立判断矩阵的过程，逐步分层地将众多的复杂因素和决策者的个人因素综合起来，进行逻辑思维，然后用定量的形式表示出来，从而使复杂问题从定性的分析向定量结果转化。数据收集采用调查问卷的形式，调查对象是甘肃省兰州大学的专家以及甘肃水保所、水保局、农业局的专家。通过对20份调查问卷的综合和分析，得到下列判断矩阵，见表12-12～表12-17。

表12-12　　　　　　判断矩阵 $A-Bi$ ($i=1, 2, 3, 4, 5$)

A	B1	B2	B3	B4	B5	W
B1	1	2	3	3	5	0.414
B2	1/2	1	2	2	3	0.241
B3	1/3	1/2	1	1	2	0.135
B4	1/3	1/2	1	1	2	0.135
B5	1/5	1/3	1/2	1/2	1	0.074

注　A为农业科技园区综合评价；B1为经济效益；B2为社会效益；B3为科技创新能力；B4为生态效益；B5为组织管理。

表12-13　　　　　　判断矩阵 $B1-Ci$ ($i=1, 2, 3, 4$)

B1	C1	C2	C3	C4	W
C1	1	3	5	2	0.48
C2	1/3	1	2	1/2	0.16
C3	1/5	1/2	1	1/3	0.09
C4	1/2	2	3	1	0.27

注　B1为经济效益；C1为销售利润率；C2为园区劳动生产率；C3为园区土地生产率；C4为园区投资利润率。

表12-14　　　　　　判断矩阵 $B2-Ci$ ($i=5, 6, 7, 8$)

B2	C5	C6	C7	C8	W
C5	1	3	1/2	1/2	0.19
C6	1/3	1	1/6	1/6	0.06
C7	2	6	1	1	0.38
C8	2	6	1	1	0.38

注　B2为社会效益；C5为辐射推广面积；C6为每年培训农民人数；C7为带动劳动就业人数；C8为农民年均收入增长率。

12.2 科技示范综合利用模式——定西西川旱地高效农业科技园

表 12-15　　　　　　　判断矩阵 $B3-Ci$ ($i=9, 10, 11$)

B3	C9	C10	C11	W
C9	1	1/2	3	0.309
C10	2	1	5	0.582
C11	1/3	1/5	1	0.110

注　B3 为科技创新水平；C9 为创新水平；C10 为技术开发能力；C11 为技术推广能力。

表 12-16　　　　　　　判断矩阵 $B4-Ci$ ($i=12, 13, 14$)

B4	C12	C13	C14	W
C12	1	7	2	0.615
C13	1/7	1	1/3	0.093
C14	1/2	3	1	0.292

注　B4 为生态效益；C12 为园区绿色产品比率；C13 为园区绿化率；C14 为园区废弃物排放量。

表 12-17　　　　　　　判断矩阵 $B5-Ci$ ($i=15, 16, 17, 18$)

B5	C15	C16	C17	C18	W
C15	1	3	2	5	0.49
C16	1/3	1	1	2	0.19
C17	1/2	1	1	3	0.23
C18	1/5	1/2	1/3	1	0.09

注　B5 为组织管理；C15 为管理机构；C16 为管理制度；C17 为运行机制；C18 为园区发展规划。

以上矩阵经过一致性检验，均具有满意的一致性。通过专家打分法确定特色农业利用模式综合评价指标体系综合权重见表 12-18。

表 12-18　　　　　　　科技示范模式评价指标体系综合权重表

指标层 C	准则层 B					组合权重 W
	B1	B2	B3	B4	B5	
	0.414	0.241	0.135	0.135	0.074	
C1	0.48	0	0	0	0	0.199
C2	0.16	0	0	0	0	0.066
C3	0.09	0	0	0	0	0.037
C4	0.27	0	0	0	0	0.112
C5	0	0.19	0	0	0	0.046
C6	0	0.06	0	0	0	0.015
C7	0	0.38	0	0	0	0.092
C8	0	0.38	0	0	0	0.092
C9	0	0	0.309	0	0	0.042
C10	0	0	0.582	0	0	0.079
C11	0	0	0.110	0	0	0.015

续表

指标层 C	准则层 B					组合权重 W
	B1	B2	B3	B4	B5	
	0.414	0.241	0.135	0.135	0.074	
C12	0	0	0	0.615	0	0.083
C13	0	0	0	0.093	0	0.013
C14	0	0	0	0.292	0	0.040
C15	0	0	0	0	0.490	0.036
C16	0	0	0	0	0.190	0.014
C17	0	0	0	0	0.230	0.017
C18	0	0	0	0	0.090	0.007

注 A 为农业科技园区综合评价；B1 为经济效益；B2 为社会效益；B3 为科技创新能力；B4 为生态效益；B5 为组织管理；C1 为销售利润率；C2 为园区劳动生产率；C3 为园区土地生产率；C4 为园区投资利润率；C5 为辐射推广面积；C6 为每年培训农民人数；C7 为带动劳动就业人数；C8 为农民年均收入增长率；C9 为创新水平；C10 为技术开发能力；C11 为技术推广能力；C12 为园区绿色产品比率；C13 为园区绿化率；C14 为园区废弃物排放量；C15 为管理机构；C16 为管理制度；C17 为运行机制；C18 为园区发展规划。

12.2.4 评价结果及分析

根据以上给出的评价标度值，专家给定的流域综合评价指标评分见表 12-19。

表 12-19　　　　　　西川科技示范园区单项赋值

指标层	C1	C2	C3	C4	C5	C6	C7	C8	C9
得分	7	5.8	6.8	6.7	8	6.5	7.7	6.8	6.5
指标层	C10	C11	C12	C13	C14	C15	C16	C17	C18
得分	7.8	8.4	8.1	7.5	8.4	7.3	8.2	7.2	7.6

注 C1 为销售利润率；C2 为园区劳动生产率；C3 为园区土地生产率；C4 为园区投资利润率；C5 为辐射推广面积；C6 为每年培训农民人数；C7 为带动劳动就业人数；C8 为农民年均收入增长率；C9 为创新水平；C10 为技术开发能力；C11 为技术推广能力；C12 为园区绿色产品比率；C13 为园区绿化率；C14 为园区废弃物排放量；C15 为管理机构；C16 为管理制度；C17 为运行机制；C18 为园区发展规划。

在运用层次分析法计算了各指标权重的基础上，参考模糊数学中的隶属度函数和模糊综合评判方法，采用加权求和多指标综合评价模型计算常规农林业综合评价指标值：

$$E = \sum_{j=1}^{m} \left(\sum_{i=1}^{n} A_i B_i \right) C_j \tag{12-2}$$

式中：E 为总指数得分；A_i 为第 i 个第三层次单项指标的分值；B_i 为第 i 个第三层次指标所赋予的权重；C_j 为第 j 个第二层次指标所赋予的权重；n 为第三层次指标的个数；m 为第二层次指标的个数。

经过计算可得各个准则层和总的评价指标的结果见表 12-20。

表 12-20　　西川科技示范园区指标层单项指标得分表

指标	C1	C2	C3	C4	C5	C6	C7	C8
综合得分	1.391	0.384	0.254	0.749	0.366	0.094	0.705	0.663
指标	C9	C10	C11	C12	C13	C14	C15	C16
综合得分	0.271	0.612	0.124	0.673	0.094	0.332	0.265	0.116
指标	C17	C18	B1	B2	B3	B4	B5	A
综合得分	0.122	0.051	2.778	1.789	1.008	1.099	0.554	7.227

注　C1 为销售利润率；C2 为园区劳动生产率；C3 为园区土地生产率；C4 为园区投资利润率；C5 为辐射推广面积；C6 为每年培训农民人数；C7 为带动劳动就业人数；C8 为农民年均收入增长率；C9 为创新水平；C10 为技术开发能力；C11 为技术推广能力；C12 为园区绿色产品比率；C13 为园区绿化率；C14 为园区废弃物排放量；C15 为管理机构；C16 为管理制度；C17 为运行机制；C18 为园区发展规划。

根据科技示范模式指标评价模型最终得到西川旱作农业科技示范园的综合得分是 7.227 分，属于发展良好级别。经济效益（B1）相对其权重得分较低，说明西川科技园区在经济效益这个最重点的方面还有所欠缺，尤其是劳动力生产率得分偏低，这也说明了在职工数量一定的情况下，园区的总产值不高。园区生态效益（B3）得到了 1.008 分，相对于它所占的权重得分较高，说明园区重视生态环境的建设和污染的控制。创新能力（B4）中虽然有一定数量的科技人员，但技术开发能力还稍显不足，得分相对较低，提升技术人员的综合水平是提高整体创新能力的手段。管理能力（B5）分值为 0.554 分，相对于仅占 0.074 的权重，得分很高，说明了政府等职能部门和企业园区管理部门对园区发展的重视程度很高，将是园区持续发展的优势。

12.3　特色农业模式——定西马铃薯特色农业

12.3.1　特色农业利用模式评价指标体系的建立及解析

特色农业是指具有独特的资源条件、明显的区域特征、特殊的产品品质、特定的消费市场和能将区域比较优势转化为竞争优势并形成较强支撑力和带动力的农业产业。发展特色农业是农业发展新阶段的需要，不但能够促进资源优势向经济优势的快速转变，而且还能带动其他相关产业的发展，形成有一定区域特色的产业群。通过特色农业经济基地中农产品的规模化经营，可较好地解决以家庭农户经营为主的小规模经营与现代市场经济大规模接轨的矛盾，减少由于农民盲目生产、被动经营所导致的不适合市场需求的现象。通过在特色农业经济基地中农产品产、加、运、销一条龙体系的建立，可更好地推进农村经济的发展，实现农民增收。

本研究根据生态农业和高效农业的指标特征，结合特色农业实际，国家农业部制定的《关于加强西部地区特色农业发展的意见》（中国农业部，2002），在筛选重要自然资源评价指标和社会资源评价指标的前提下，增加综合功能准则层，构成特色农业综合评价指标体系，如图 12-3 所示。

特色农业的评价指标体系包含三个准则层，即自然资源、社会资源和综合功能，指标

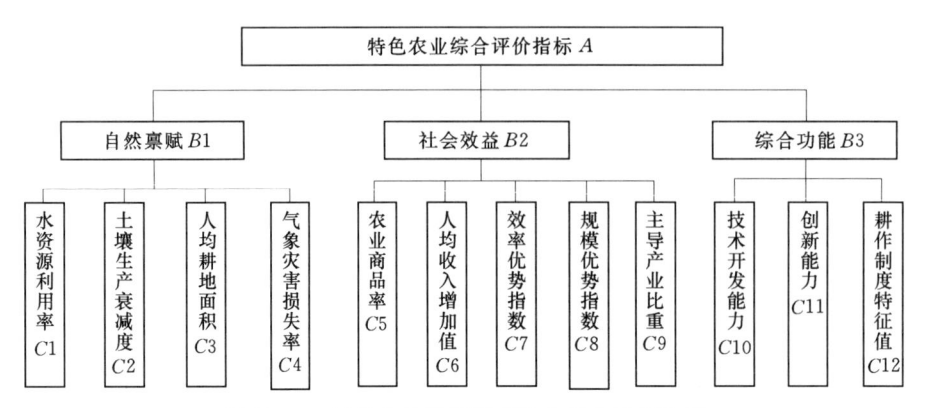

第12章 黄土丘陵沟壑区水土资源开发利用模式

图12-3 特色农业利用模式综合评价指标体系

层包含水资源利用率、土壤生产衰减度、人均耕地面积、气象灾害损失率、农业商品率、人均收入增加值、效率优势指数、规模优势指数、主导产业比重、技术开发能力、创新能力、耕作制度特征值等12个指标，见表12-21。

表12-21　　　　　　　　　　特色农业综合评价标度值

要素层	评分项目	指标评判标准			
		10～8	8～6	6～4	4～2
水资源利用率 C1	农业水资源利用率（%）	>55	45～55	35～45	<35
土壤生产衰减度 C2	土壤生产衰减度	<0.10	0.10～0.23	0.23～0.37	>0.37
人均耕地面积 C3	人均耕地面积（亩）	>2.4	1.9～2.4	1.4～1.9	<1.4
气象灾害损失率 C4	气象灾害损失率（%）	<10	10～15	15～20	>20
农业商品率 C5	农产品商品率（%）	>80	70～80	60～70	<60
人均收入增加值 C6	人均收入增加值（%）	>8	6～8	4～6	<4
效率优势指数 C7	效率优势指数	>1.5	1.3～1.5	1.1～1.3	<1.1
规模优势指数 C8	规模优势指数	>15	10～12	8～10	<8
主导产业比重 C9	主导产业比重（%）	>25	15～25	15～10	<10
技术开发能力 C10	技术开发能力（新技术增量）（项/a）	>5	3～5	1～3	1
创新能力 C11	创新能力（万人科技人员数量）（%）	>2.8	2.4～2.8	2～2.4	<2
耕作制度特征值 C12	耕作制度特征值（%）	75～80	70～75	65～70	<65

1. 自然禀赋

（1）农业水资源利用率或灌溉水有效利用系数：是作物实际耗水量与灌溉水的比值。一般用百分率表示。根据我国水资源情况，利用率均分布在35%～55%之间。

（2）人均耕地面积：现阶段全国平均人均耕地面积为1.4亩，设为标准分5分，人均面积以0.5亩/分增长。

（3）气象灾害损失率：指作物生长发育期因发生某种（或某些）灾害所造成作物经济减产量，与邻近年份正常年生物经济产量的百分比。习惯上多用减产成数表示，如减产三成，即灾害损失率达到30%。

2. 经济效益

（1）农业商品率：销售的农产品数量与农产品总产量之比，一般用百分数表示。现阶段我国农产品综合商品率达到70%,根据甘肃地区的特殊地理条件,设定60%为标准值,每增长10%加两分。

(2) 人均收入增加值:按照甘肃省特点,人均收入水平低于国家平均水平,但特色农业收入占总收入水平高,增长迅速,以年均4%为中值,每增加2%增长2分。

(3) 效率优势指数:主要从资源内涵生产力的角度来反映作物的比较优势,体现的是农业生产的效率,效率优势指数的计算公式:

$$EAI_{ij} = \frac{AP_{ij}/AP_i}{AP_j/AP}$$

式中:EAI_{ij}为i区j种农作物的效率优势指数;AP_{ij}为i区j种农作物单产;AP_i为i区粮食作物平均单产;AP_j为全国j种农作物平均单产;AP为全国粮食作物平均单产。

(4) 规模优势指数:反映一个地区某一农作物生产的规模和专业化程度,它是市场需求、资源禀赋、种植制度等因素相互作用的结果,在一定程度上可以反映作物生产的比较优势状况。规模优势指数的计算公式如下:

$$SAI_{ij} = \frac{GS_{ij}/GS_i}{GS_j/GS}$$

式中:SAI_{ij}为规模优势指数;GS_{ij}为i区j种农作物的播种面积;GS_i为i区所有农作物的播种总面积;GS_j为全国j种农作物的播种面积;GS为全国所有农作物的播种总面积。

(5) 主导产业比重:特色农业生产总值占地区经济的比重。

3. 综合功能

(1) 技术开发能力:以农业科技成果数代表技术开发能力,指在一定时期内,能有效解决某一地区农业资源利用或农业生产中存在的问题,并能使该地区的农业获得一定效益的农业科技成果项目数。每增加1~3项新技术或科研结合单位增加1分,基础5分,9分封顶,若有减少不得分。

(2) 创新能力:主要表现在地区从事特色农业研发、试验、种植的科技人员的数量以及构成,高级专业人才的比例。以万人科技人员数量2%为基础,每增加0.2%增加1分,基础分为5分。

(3) 耕作制度特征值:是衡量一个地区农业耕作制度是否合理有效的指标,旨在通过量化数值反映和表征其不完善性的程度。耕作制度特征值在计算方法上视具体地区农业生产中的限制因素而异,从一般性考虑,一个地区在一年中农作物生长发育实际利用的日数占可利用日数的百分比。

12.3.2 典型地区概况

位于甘肃中部干旱半干旱地区的定西市,是全国典型的生态脆弱区、传统农业区和国扶贫困区。由于受自然生态与社会经济条件的制约,马铃薯向来是定西人民借以温饱的传统粮作,种植规模小,布局分散,经营水平低而不稳。1996年以后,随着定西市农村经济改革的不断深入以及人民温饱问题的逐步解决,马铃薯种植被提到农业主导产业的地位,按照产业化发展的要求,实行基地化种植,区域化布局,社会化生产,一体化经营,有力地推进了马铃薯产业的迅速发展。目前,马铃薯已成为定西市农业及农村经济中的主导产业，在全省乃至全国已占有明显的规模优势，具有较强的产业竞争力和可观的经济效益，为农民增收、农业增效以及农村经济的持续快速发展形成了明显助推力。2009年底，全市特色产业总值达59.6亿元，农民人均从特色产业中获得纯收入1672元，占全市农民人均纯收入的70.25%。

12.3.3 评价指标权重的确定

利用AHP层次分析法，数据收集采用调查问卷的形式，调查对象是甘肃省兰州大学的专家以及甘肃水保所、水保局、农业局的专家。通过对20份调查问卷的综合和分析，得到下列判断矩阵表，见表12-22～表12-25。

表12-22　　　　　　　判断矩阵 $A-Bi$ （$i=1, 2, 3$）

A	B1	B2	B3	W
B1	1	2	5	0.582
B2	1/2	1	3	0.309
B3	1/5	1/3	1	0.110

注　A为特色农业综合评价指标；B1为自然禀赋；B2为社会效益；B3为综合功能。

表12-23　　　　　　　判断矩阵 $B1-Ci$ （$i=1, 2, 3, 4$）

B1	C1	C2	C3	C4	W
C1	1	2	1/3	3	0.21
C2	1/2	1	1/5	2	0.12
C3	3	5	1	8	0.60
C4	1/3	1/2	1/8	1	0.07

注　B1为自然禀赋；C1为水资源利用率；C2为土壤生产衰减度；C3为人均耕地面积；C4为气象灾害损失率。

表12-24　　　　　　　判断矩阵 $B2-Ci$ （$i=5, 6, 7, 8, 9$）

B2	C5	C6	C7	C8	C9	W
C5	1	1/3	2	1/2	1/3	0.106
C6	3	1	5	2	1	0.324
C7	1/2	1/5	1	1/4	1/5	0.057
C8	2	1/2	4	1	1/2	0.189
C9	3	1	5	2	1	0.324

注　B2为社会效益；C5为农业商品率；C6为人均收入增加值；C7为效率优势指数；C8为主导产业比重。

表12-25　　　　　　　判断矩阵 $B3-Ci$ （$i=10, 11, 12$）

B3	C10	C11	C12	W
C10	1	2	3	0.540
C11	1/2	1	2	0.297
C12	1/3	1/2	1	0.163

注　B3为综合功能；C10为技术开发能力；C11为创新能力；C12为耕作制度特征值。

12.3 特色农业模式——定西马铃薯特色农业

以上矩阵经过一致性检验,均符合一致性标准,通过专家打分法确定特色农业利用模式综合评价指标体系综合权重,见表12-26。

表12-26　　　　　　　　特色农业利用模式综合权重得分

指标层 C	准则层 B			组合权重 W
	B1	B2	B3	
	0.582	0.309	0.110	
C1	0.210	0	0	0.122
C2	0.120	0	0	0.070
C3	0.600	0	0	0.349
C4	0.070	0	0	0.041
C5	0	0.106	0	0.033
C6	0	0.324	0	0.100
C7	0	0.057	0	0.018
C8	0	0.189	0	0.058
C9	0	0.324	0	0.100
C10	0	0	0.540	0.059
C11	0	0	0.297	0.033
C12	0	0	0.163	0.018

注　B1为自然禀赋;B2为社会效益;B3为综合功能;C1为水资源利用率;C2为土壤生产衰减度;C3为人均耕地面积;C4为气象灾害损失率;C5为农业商品率;C6为人均收入增加值;C7为效率优势指数;C8为主导产业比重;C10为技术开发能力;C11为创新能力;C12为耕作制度特征值。

12.3.4 评价结果及分析

采取专家打分法对各个指标进行赋值,综合评价指标评分见表12-27。

表12-27　　　　　　　　马铃薯特色农业利用模式单项赋值表

指标层	C1	C2	C3	C4	C5	C6	C7	C8	C9	C10	C11	C12
指标得分	7.3	7.2	9.1	6.4	7.2	5.1	7.3	8.3	6.6	7.1	6.4	8.5

注　C1为水资源利用率;C2为土壤生产衰减度;C3为人均耕地面积;C4为气象灾害损失率;C5为农业商品率;C6为人均收入增加值;C7为效率优势指数;C8为主导产业比重;C10为技术开发能力;C11为创新能力;C12为耕作制度特征值。

在运用层次分析法计算了各指标权重的基础上,参考模糊数学中的隶属度函数和模糊综合评判方法,采用加权求和多指标综合评价模型计算常规农林业综合评价指标值,即

$$E = \sum_{j=1}^{m} \left(\sum_{i=1}^{n} A_i B_i \right) C_j \qquad (12-3)$$

式中：E 为总指数得分；A_i 为第 i 个第三层次单项指标的分值；B_i 为第 i 个第三层次指标所赋予的权重；C_j 为第 j 个第二层次指标所赋予的权重；n 为第三层次指标的个数；m 为第二层次指标的个数。

经过计算可得各个准则层和总的评价指标的结果见表 12-28。

表 12-28　　　　　　　　　特色农业利用模式指标层得分表

指标	C1	C2	C3	C4	C5	C6	C7	C8
综合得分	0.891	0.503	3.176	0.261	0.236	0.511	0.129	0.491
指标	C9	C10	C11	C12	B1	B2	B3	A
综合得分	0.661	0.420	0.208	0.152	4.830	2.026	0.780	7.636

注　C1 为水资源利用率；C2 为土壤生产衰减度；C3 为人均耕地面积；C4 为气象灾害损失率；C5 为农业商品率；C6 为人均收入增加值；C7 为效率优势指数；C8 为主导产业比重；C10 为技术开发能力；C11 为创新能力；C12 为耕作制度特征值。

根据评价指标体系的计算，最终定西马铃薯特色农业的得分为 7.636 分，发展水平良好，基本符合现在定西大力发展马铃薯支柱产业的事实。其中自然禀赋（B1）占的比重最大，也是得分最高的一项，说明定西的自然资源和条件适合马铃薯产业的发展；指标层中人均收入增加值（C6）所占比重虽然高，但是得分情况较少，说明特色产业的发展在提高农民收入方面虽然有作用，但是还不够明显，有进一步增加的空间，提高农产品的附加值是一个途径。

顺应国内外农业产业现代化发展的趋势，遵循不发达地区农业产业化的特殊规律，坚持高起点起步，高标准建设，走科技为支撑，精深加工为带动，高度组织化为基础，社会化服务为条件，政府推动为保障的发展路子，是定西市马铃薯产业发展的现实选择。

走科技农业发展的路子产业化农业是商品农业，是依托于高科技的强大支撑而发展的优质高效农业。定西市马铃薯产业的发展，当其通过量的扩张，赢得了初期的规模效益之后，应紧抓发展机遇，从更高层次上去追求质的增长。通过加大高科技投入，推动产业诸环节的科技进步，不断提升产业层次，增强产业发展的核心竞争力。因此，今后一段时期，要着力于加强支撑产业纵深发展的技术性建设。

综合功能（B3）因本身权重较低，最终得分虽少，但是也体现出了定西马铃薯产业对提高行业和地区的综合水平方面的重要作用，创新能力还有待提高，主要是引进高新技术人才方面。

以龙头企业发展为带动，走精深加工路子的农业产业化过程同样具有阶段演进的特征，其最直接的发展动力主要取决于加工和流通企业的龙头带动能力。目前，国外一些发达国家如美国、荷兰、日本、德国等，通过马铃薯加工业向高端产品市场的转移，已经顺利地完成了马铃薯产业的换代升级。因此，在国内马铃薯加工业仍主要以生产薯片、薯条、淀粉等中低端产品为主，低端市场趋于饱和，中高端市场亟待开发的现实条件下，定西市马铃薯产业的发展，必须将其置身于国内市场的大背景中，迅速推进马铃薯加工业的换代升级，不断拓宽马铃薯的应用领域，增加产品附加值，增强产业带动能力。

12.4 生态旅游利用模式——平凉市田家沟流域

12.4.1 生态旅游利用模式评价指标体系的建立及解析

生态旅游资源综合评价主要是对旅游区旅游资源的整体价值的评估。目前，黄土高原地区生态旅游的研究仍停留在宏观的理论探讨阶段，尚缺乏黄土高原地区生态旅游开发案例的分析。本研究根据生态旅游特征及相关评价指标，运用频度统计法、理论分析法、专家咨询法，从生态旅游资源价值、生态环境条件及旅游开发条件3个方面建立生态旅游资源综合评价指标体系（见图12-4）。

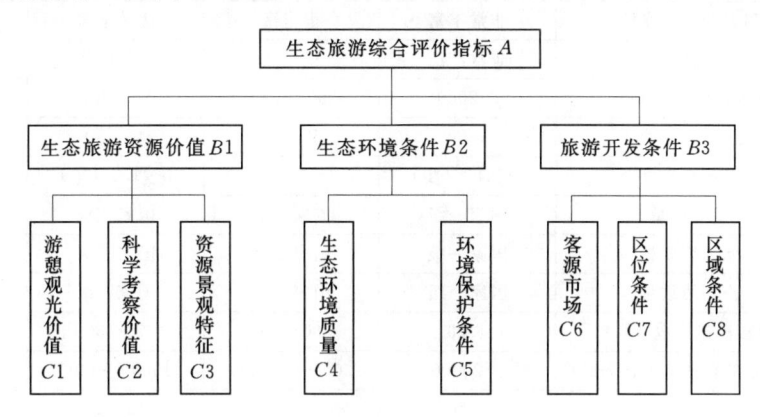

图12-4 生态旅游综合评价指标体系

根据生态旅游开发利用模式的特点，结合现有的各种生态旅游开发区的实现形式，将影响生态旅游模式的主要因子可以分为生态旅游资源价值、生态环境条件、旅游开发条件三个大类。

生态旅游资源价值体现在为旅游者提供了具有吸引力的生态美感，包括自然创造的生态美和人与自然和谐的人文生态美感。因此生态旅游资源价值又包含资源观赏价值、资源科学价值、资源景观特征三个要素。

生态旅游资源还表现在对所依存的环境的保护与改善，通过开发生态旅游资源可以提高地方资源保护力度，减轻资源负担。生态环境质量和环境保护的好坏是检验是否适合旅游资源开发的重要方面，也是维护生态旅游资源吸引力的一个保障。因此，生态环境条件包括生态环境质量、环境保护条件两方面。

无论是生态旅游还是普通旅游方式，最终都表现在具有一定的服务价值，这就要求资源具有开发条件，方便提供生态旅游服务。与传统旅游方式相同，旅游开发条件包括区位条件、客源条件、区域条件等客观要素环境。

田家沟流域生态旅游系统是一个复杂系统，包含的因子极多，对其进行综合评价不可能面面俱到。因此，在建立田家沟流域生态旅游资源评价指标体系过程中，要根据现有统计数据完备程度，同时为便于实际操作与测算，从众多指标中筛选出28项具有针对性的区域发展指标，见表12-29。

表 12-29　　　　　　　　　　　生态旅游综合评价指标评分标准

要素层	评分项目	指标评判标准			
		10~8	8~6	6~4	4~2
D1	美感度	非常美	很美	比较美	一般
D2	奇特性	全球性珍稀物种；景观罕见	国家级Ⅰ类珍稀物种；景观少见	国家级Ⅱ类珍稀物种；景观常见	国家级Ⅲ类及以下珍稀物种；景观常见
D3	自然度（%）	≤80	80~70	70~60	≥60
D4	科研特殊性	非常特殊	很特殊	比较特殊	一般
D5	科研典型性	非常典型	很典型	比较典型	一般
D6	科普知识丰富性	非常丰富	很丰富	比较丰富	一般
D7	科普教育广泛性	非常广泛	很广泛	比较广泛	一般
D8	资源规模度（hm^2）	>2000	200~2000	50~200	<50
D9	资源丰度（%）	≥50	50~40	40~30	<30
D10	资源聚集度	0~1.0（步）	1.1~2.0（步）	0~1.0（车）	>1.1（车）
D11	空气质量	国家一级	国家二级	国家三级	三级以下
D12	水环境质量	国家一级	国家二级	国家三级	三级以下
D13	声环境质量	国家一级	国家二级	国家三级	三级以下
D14	植被覆盖指数（%）	≥90	80~90	70~80	≤70
D15	空气负离子浓度（个/cm^3）	≥20000	20000~10000	10000~3000	<3000
D16	环保投入产出比（%）	>20	20~15	15~10	<10
D17	废弃物处理达标率（%）	100~96	95~90	94~90	<89
D18	环境安全性	非常安全	很安全	比较安全	一般
D19	客源市场潜力	非常大	很大	比较大	一般
D20	与客源地的交通条件	非常便利	很便利	比较便利	一般
D21	与客源地间的距离（km）	<500	500~1000	1000~1500	>1500
D22	中心城镇规模	大、中城市	小城市、县城	乡村中心集镇	人口分布分散
D23	与中心城镇的距离及交通	<60km；交通非常便利	60~120km；交通很便利	120~200km；交通较便利	200~400km；交通一般
D24	与相邻旅游资源地类型的异同[①]	上互补	下互补	上替代	下替代
D25	与相邻旅游资源地之间的距离[②]km	<60；400~200	60~120；200~120	120~200；60~120	200~400；<60
D26	区域发展总体水平（%）	<39	40~49	50~59	>60
D27	水电等基础设施条件	满足需求	基本满足需求	需扩建方可满足	需较大规模扩建才可满足
D28	开放开发意识与社会承受力（%）	>30	30~25	25~20	<20

① 上互补、下互补、上替代、下替代分别表示资源类型不同但级别高于或等于相邻旅游地、资源类型不同但级别低于相邻旅游地、资源类型相同但级别高于相邻旅游地及资源类型相同但级别等于或低于相邻旅游地。

② 根据景点间类型的相同与相异采用两种衡量距离的标准。

12.4.2 典型区概况

泾川县田家沟小流域位于甘肃省泾川县城以北,距县城 3km,流域总面积 56.3km²,是泾河水系的一级支流,属典型的黄土高原沟壑地貌,治理前水土流失面积占总面积的 100%。

近十多年来,针对该流域水土流失的特点,按照"综合治理,高效开发,注重效益"的思路,着力改善区域生态环境和农民生产生活条件,建立起了功能齐全、结构完整的水土保持综合防护体系,至 2008 年底,全流域累计完成水土保持综合治理面积 46.5km²,治理程度达到 82.6%,实现了"塬面条田林网化、塬坡梯田林果化、沟壑林草郁闭化、沟底库坝川台化、资源开发效益化"的立体综合开发模式。培育出了一个治理与开发相结合的典型——田家沟生态风景区。

田家沟生态风景区位于田家沟流域下游,规划总面积 28km²,已建成主景区面积 7km²,是在水土保持试验示范的基础上,经过十多年的建设与开发,建成的一个以水土保持生态地文景观为主、人文景观与休闲娱乐相结合,生态旅游、文化展现、休闲度假为一体的生态风景旅游区,景区极具浓厚的西王母文化、黄土文化、民俗文化和水保生态文化底蕴。

12.4.3 评价指标权重的确定

以常规农林业综合指标体系的判断矩阵的构建方法为例,结合生态旅游资源评价指标体系的准则层和指标层机构,邀请专家为各个指标的相对重要性进行打分赋值。权重确定过程得到平凉市泾川县水土保持局、田家沟景区管理委员会、甘肃农业大学、北京林业大学多位专家教授的调查支持,各个准则层和指标层的判断矩阵和权重结果见表 12-30～表 12-41。

表 12-30　　　　　　判断矩阵 $A-Bi$ ($i=1, 2, 3$)

A	B1	B2	B3	W
B1	1	2	5	0.582
B2	1/2	1	3	0.309
B3	1/5	1/3	1	0.110

注　A 为生态旅游资源评价;B1 为生态旅游资源价值;B2 为生态环境条件;B3 为旅游开发条件。

表 12-31　　　　　　判断矩阵 $B1-Ci$ ($i=1, 2, 3$)

B1	C1	C2	C3	W
C1	1	4	1	0.444
C2	1/4	1	1/4	0.111
C3	1	4	1	0.444

注　B1 为生态旅游资源价值;C1 为旅游观光价值;C2 为科学考察价值;C3 为资源景观特征。

第12章 黄土丘陵沟壑区水土资源开发利用模式

表12-32　　　　　　　　　　判断矩阵 $B2-Ci$ ($i=4, 5$)

B2	C4	C5	W
C4	1	5	0.833
C5	1/5	1	0.167

注　B2为生态环境条件；C4为生态环境质量；C5为环境保护条件。

表12-33　　　　　　　　　　判断矩阵 $B3-Ci$ ($i=6, 7, 8$)

B3	C6	C7	C8	W
C6	1	3	5	0.648
C7	1/3	1	2	0.230
C8	1/5	1/2	1	0.122

注　B3为旅游开发条件；C6为客源市场；C7为区位条件；C8为区域条件。

表12-34　　　　　　　　　　判断矩阵 $C1-Di$ ($i=1, 2, 3$)

C1	D1	D2	D3	W
D1	1	1/3	2	0.230
D2	3	1	5	0.648
D3	1/2	1/5	1	0.122

注　C1为尤其观光价值；D1为美感度；D2为奇特度；D3为自然度。

表12-35　　　　　　　　　　判断矩阵 $C2-Di$ ($i=4, 5, 6, 7$)

C2	D4	D5	D6	D7	W
D4	1	3	1	5	0.39
D5	1/3	1	1/3	2	0.14
D6	1	3	1	5	0.39
D7	1/5	1/2	1/5	1	0.08

注　C2为科学考察价值；D4为科研特殊性；D5为科研典型性；D6为科普知识丰富性；D7为科普教育广泛性。

表12-36　　　　　　　　　　判断矩阵 $C3-Di$ ($i=8, 9, 10$)

C3	D8	D9	D10	W
D8	1	1/2	3	0.309
D9	2	1	5	0.582
D10	1/3	1/5	1	0.110

注　C3为资源景观特征；D8为资源规模度；D9为资源丰度；D10为资源聚集度。

表12-37　　　　　　　　　　判断矩阵 $C4-Di$ ($i=11, 12, 13, 14, 15$)

C4	D11	D12	D13	D14	D15	W
D11	1	5	5	3	3	0.479
D12	1/5	1	1	1/2	1/2	0.089
D13	1/5	1	1	1/2	1/2	0.089
D14	1/3	2	2	1	1	0.172
D15	1/3	2	2	1	1	0.172

注　C4为生态环境质量；D11为空气质量；D12为水环境质量；D13为声环境质量；D14为植被覆盖指数；D15为空气负离子浓度。

12.4 生态旅游利用模式——平凉市田家沟流域

表 12-38　　　　判断矩阵 $C5-Di$（$i=16,17,18$）

C5	D16	D17	D18	W
D16	1	2	1/4	0.187
D17	1/2	1	1/7	0.098
D18	4	7	1	0.715

注　C5 为环境保护条件；D16 为环保投入产出比；D17 为废弃物处理达标率；D18 为环境安全性。

表 12-39　　　　判断矩阵 $C6-Di$（$i=19,20,21$）

C6	D19	D20	D21	W
D19	1	3	5	0.648
D20	1/3	1	2	0.230
D21	1/5	1/2	1	0.122

注　C6 为客源市场；D19 为客源市场潜力；D20 为与客源地的交通条件；D21 为与客源地间的距离。

表 12-40　　　　判断矩阵 $C7-Di$（$i=22,23,24,25$）

C7	D22	D23	D24	D25	W
D22	1	3	1/3	2	0.21
D23	1/3	1	1/9	1/2	0.06
D24	3	9	1	6	0.62
D25	1/2	2	1/6	1	0.11

注　C7 为区位条件；D22 为中心城镇规模；D23 为与中心城镇的距离及交通；D24 为与相邻旅游资源地类型的异同；D25 为与相邻又有资源地之间的距离。

表 12-41　　　　判断矩阵 $C8-Di$（$i=26,27,28$）

C8	D26	D27	D28	W
D26	1	5	2	0.582
D27	1/5	1	1/3	0.110
D28	1/2	3	1	0.309

注　C8 为区域条件；D26 为区域发展总体水平；D27 为水电等基础设施条件；D28 为开发开发意识与社会承受力。

以上矩阵经过一致性检验，均具有满意的一致性。

12.4.4　评价结果及分析

通过专家打分确定出田家沟流域生态旅游资源综合评价指标权重体系见表 12-42。专家根据评价标准，给田家沟流域生态旅游资源综合评价指标评分得到表 12-43。

表 12－42　　　　　　　　　生态旅游综合评价指标权重体系

总目标层	目标层	制约层	指标层
生态旅游资源综合评价指标权重体系（1）	生态旅游资源价值（0.582）	资源观赏价值（0.444）	美感度（0.230）
			奇特性（0.648）
			自然度（0.122）
		资源科学价值（0.111）	科研特殊性（0.390）
			科研典型性（0.140）
			科普知识丰富性（0.390）
			科普教育广泛性（0.08）
		资源景观特征（0.444）	资源规模度（0.309）
			资源丰度（0.582）
			资源聚集度（0.110）
	生态环境条件（0.309）	生态环境质量（0.833）	空气质量（0.479）
			水环境质量（0.089）
			声环境质量（0.089）
			植被覆盖指数（0.172）
			空气负离子浓度（0.172）
		环境保护条件（0.167）	环境投入产出比（0.187）
			废弃物处理达标率（0.098）
			环境安全性（0.715）
	旅游开发条件（0.110）	客源条件（0.648）	客源市场潜力（0.648）
			与客源地的交通条件（0.230）
			与客源地间的距离（0.122）
		区位条件（0.230）	中心城镇规模（0.210）
			与中心城镇的距离及交通（0.060）
			与相邻旅游资源地类型的异同（0.620）
			与相邻旅游资源地之间的距离（0.110）
		区域条件（0.122）	区域发展总体水平（0.582）
			水电等基础设施条件（0.110）
			开放开发意识与社会承受力（0.309）

表 12－43　　　　　　　　　田家沟流域生态旅游综合评价指标评分

要素层	D1	D2	D3	D4	D5	D6	D7
得分	7	6	7.5	5.2	6.7	4	3.7
要素层	D8	D9	D10	D11	D12	D13	D14
得分	9	5.4	8.3	7.9	8.2	9	6.8
要素层	D15	D16	D17	D18	D19	D20	D21
得分	8.4	7.1	6.6	7.6	5.1	5.7	8.4

12.4 生态旅游利用模式——平凉市田家沟流域

续表

要素层	D22	D23	D24	D25	D26	D27	D28
得分	6.7	4.5	6.3	5.6	6.8	4.2	5.4

注　D1 为美感度；D2 为奇特度；D3 为自然度；D4 为科研特殊性；D5 为科研典型性；D6 为科普知识丰富性；D7 为科普教育广泛性；D8 为资源规模度；D9 为资源丰度；D10 为资源聚集度；D11 为空气质量；D12 为水环境质量；D13 为声环境质量；D14 为植被覆盖指数；D15 为空气负离子浓度；D16 为环保投入产出比；D17 为废弃物处理达标率；D18 为环境安全性；D19 为客源市场潜力；D20 为与客源地的交通条件；D21 为与客源地间的距离；D22 为中心城镇规模；D23 为与中心城镇的距离及交通；D24 为与相邻旅游资源地类型的异同；D25 为与相邻又有资源地之间的距离；D26 为区域发展总体水平；D27 为水电等基础设施条件；D28 为开发开发意识与社会承受力。

将表 12-42 中各指标权重值和表 12-43 中的数据带入公式得计算结果见表 12-44 所示。从表 12-43 分析看出，田家沟流域的生态环境条件 $B2$ 分值为 2.423、生态旅游资源价值 $B1$ 分值为 3.735，说明田家沟流域有适合开发生态旅游的生态环境条件和优美的资源基础；但是交通等基础设施的制约使得旅游开发条件 $B3$ 分值为 0.638，分值相对偏低，说明旅游开发条件有待进一步改善。田家沟流域生态旅游资源综合得分（A）为 6.796；由表 12-44 可知，该地区开发价值属于良这个等级。从目前实际发展情况看，说明上述分析结果与规划区的实际发展情况基本相符，可以很好地为田家沟流域生态旅游开发提供理论基础。

表 12-44　田家沟流域生态旅游资源评价指标单项得分情况表

指标	D1	D2	D3	D4	D5	D6	D7
单项得分	1.608	3.890	0.915	2.028	0.938	1.560	0.296
指标	D8	D9	D10	D11	D12	D13	D14
单项得分	2.781	3.141	0.909	3.784	0.730	0.801	1.170
指标	D15	D16	D17	D18	D19	D20	D21
单项得分	1.445	1.328	0.645	5.436	3.306	1.309	1.025
指标	D22	D23	D24	D25	D26	D27	D28
单项得分	1.407	0.270	3.906	0.616	3.955	0.460	1.669
指标	C1	C2	C3	C4	C5	C6	C7
单项得分	2.850	0.536	3.036	6.608	1.235	3.657	1.424
指标	C8	B1	B2	B3	A		
单项得分	0.742	3.735	2.423	0.638	6.796		

注　D1 为美感度；D2 为奇特度；D3 为自然度；D4 为科研特殊性；D5 为科研典型性；D6 为科普知识丰富性；D7 为科普教育广泛性；D8 为资源规模度；D9 为资源丰度；D10 为资源聚集度；D11 为空气质量；D12 为水环境质量；D13 为声环境质量；D14 为植被覆盖指数；D15 为空气负离子浓度；D16 为环保投入产出比；D17 为废弃物处理达标率；D18 为环境安全性；D19 为客源市场潜力；D20 为与客源地的交通条件；D21 为与客源地间的距离；D22 为中心城镇规模；D23 为与中心城镇的距离及交通；D24 为与相邻旅游资源地类型的异同；D25 为与相邻又有资源地之间的距离；D26 为区域发展总体水平；D27 为水电等基础设施条件；D28 为开发开发意识与社会承受力。

在对当地居民的抽样调查中发现，大部分居民喜欢出省旅游，当地的自然资源没有充分开发利用，以后的发展方向是通过对生态旅游意识的培养，增长游客在环境、生态、水保等方面的知识，推行以教育科技、科普旅游、环境保护为核心的生态旅游。旅游的核心人群计划为在规划区周边的小学、中学和职业高中等，以及以科考为目的的国内外游客和文化旅游群体，以体验黄土高原地质地貌特色。

通过对田家沟流域生态旅游资源综合分析以及客源市场的分析，可知田家沟流域经过一段时间的开发和建设之后完全适合开展生态旅游，但是由于旅游开发条件有待进一步改善，尤其是应该注重自然环境与科技展示相结合，按照全新的水保生态建设理念，以现有资源与优越生境基础为依托，完善景观资源配置，发展以生态休闲度假、生态教育为主题的生态旅游，以水土资源的可持续利用促进社会经济的可持续发展，为众多旅游人创设一个幽雅舒适、品位高雅、别具情趣的休闲娱乐场所，成为陇东黄土高原生态环境建设一道亮丽的风景线。普及提高全社会的环境保护意识。这样也可以从另一个方面增加潜在客源的人数。

第13章 黄土丘陵沟壑区坝系多目标开发统筹规划模式

淤地坝系统具有整体性和关联性，是具有一定管辖区域的人工生态工程系统，与周围环境没有严格的界限。作为人工生态工程系统，淤地坝系由骨干、大、中、小型淤地坝和坝地农业组成，各组成部分都担负着特殊的功能，且都是系统中不可缺少的组成部分。骨干坝控制着坝系的防洪拦泥，生产坝以拦泥淤地、发展生产为主要目的，坝地农业随着淤地坝系的发展逐渐形成，为当地经济发展做贡献。人类作为一个重要因素，不仅参与淤地坝系形成的全过程，而且渗透到坝系的各组成部分中。总之，淤地坝系的各组成部分互相影响、联合运用，构成以骨干坝为主体，大、中、小型淤地坝相结合，同时兼顾发展坝地农业，在人类的干预下逐步向相对稳定方向发展的沟道坝系。淤地坝具有社会、生态和经济三方面的效益。其社会效益表现为坝系的建成对于交通运输、工程建筑、农业生产等方面的影响；其经济效益主要表现为坝地的农业生产收益；生态效益表现为通过淤地坝的拦泥蓄水，改变了沟道的生态环境，为植物生长提供了良好的土壤、水分条件，其价值表现为坝系的农业生产收益，当然生态效益还有拦泥量、蓄水量等，所以坝系的经济效益在一定程度上反映了它的生态效益。

随着坝系规划建设的逐渐完善，坝系开发利用是坝系规划建设的最终目的。现阶段，坝系规划建设技术已经比较成熟，但是坝系开发利用还不够深入，大部分只是简单的农业生产。在坝系建设的基础上，进行农业、林业、牧业等产业和景观等的多目标开发利用，将各产业与景观结合，进一步形成经济、生态和社会效益的多目标规划，供今后多目标坝系开发利用参考。

多目标规划是数学规划的一个分支。研究多于一个目标函数在给定区域上的最优化，又称多目标最优化。在很多实际问题中，衡量一个方案的好坏往往难以用一个指标来判断，而需要用多个目标来比较，而这些目标有时不甚协调，甚至是矛盾的。

13.1 坝系多目标开发规划内涵

13.1.1 农业开发规划

13.1.1.1 坝系农业的含义

坝地是黄土高原地区独特的基本农田，由表土逐年淤积而成，水肥条件较好，抗旱能力较强，在农业生产中起着重要作用。

近年来，建立生态农业的工作已引起有关方面的高度重视。坝系农业和生态农业虽然提法各异，但实际有很多相似之处和一致的地方，就黄土高原水土流失严重的丘陵沟壑区而言，它们是一致的。所谓生态农业，从深层次上讲，它是从整体观和系统观出发，按生态学原理、经济学原理、生态经济学原理和社会发展原理，运用科学技术和现代管理手段，建立生态、经济和社会三位一体的生态优化生产体系。它不仅注重农耕地的保护、改良和产出率，而且注重非农耕地的保护和利用，因此它是充分利用国土资源，求得大农业良性循环的生产体系。简言之，生态农业就是可持续发展的效益农业，就是因地制宜地合理植树造林、治山治水，建设基本农田，保持水土，保护环境，改善生产条件，巩固农业基础，不断提高粮食产量和经济收入的农业。

坝系农业是以沟坝地为主要粮食生产基地，促进小流域内农、林、牧各业全面发展的农业。坝系农业突出强调的是在水土流失严重地区，在一定时限内，用坝系拦截泥沙，使之在沟床上淤成大量田地——坝地。此时，我们虽叫它坝系农业，实际上也是水土保持农业，更是生态农业，不过它比一般水土保持农业和生态农业，在黄土高原上体现得更具体、更丰富、更有效，可操作性更强。坝系农业就是生态农业，但生态农业不一定是坝系农业。坝系农业实质上是在黄土高原特定情况下一种特有的生态农业模式。

13.1.1.2 坝系农业的作用

坝系农业是流域水土保持综合治理效益充分发挥的具体体现，也是坝系开发的最基本的职能。其主要有以下作用：

（1）坝地是沟壑区基本农田的重要组成部分。坝地不仅能抗旱且土壤肥沃，可建成高质量基本农田。坝地产量远高于梯田和山坡地，如果坝地粮食能满足农民生活之需要，就突破了复垦的极限条件。

（2）坝系农业建设是退耕还林还草实现荒山绿化的重要措施。退耕还林还草的出发点是增加水土流失严重地区的植被，减少输入泥沙，但从黄土丘陵沟壑区实际来看，降雨偏少，生态环境恶劣，生态林在8年内难以达到有效控制水土流失的要求，泥沙冲刷在所难免，通过建设淤地坝，可有效控制泥沙出沟。

没有退耕还林还草，坝地会遭到破坏，坝地农业发展会受到影响，同样，没有坝地农业发展，退耕还林还草实施8年后会面临较大压力。淤地坝建设、坝地农业发展在可以预见的将来将会减轻这种压力。

13.1.2 林业开发规划

13.1.2.1 发展林业的意义

黄土高原由于植被遭到严重破坏，加剧了水土流失、土地荒漠化和生态环境的恶化，进而制约了农业和农村经济的可持续发展。恢复和建造林草植被是"再造一个山川秀美的西北地区"的核心任务，是改善生态环境的根本措施。林草植被能有效控制水土流失和土地荒漠化，改善生态环境质量。据调查，坝地苜蓿产量可达到梯田的2倍或山坡地的4倍，坝地生产经营经济效益自然高于梯田和山坡地，为退耕还林还草后加快产业发展和产业结构调整提供了支撑。新中国成立以来，黄土高原造林种草取得了很大成绩，但树种单一，结构单一，造林成活率、保存率低，生态、经济效益低等问题普遍存在。要加速西北及黄土高原植被建设，除提高全民生态意识和可持续发展的战略思想，处理好眼前利益与长远利益的关系外，还要进一步研究恢复、建造林草植被的科学技术问题，提高人工林草植被的多样性、稳定性和生态、经济效益。选择树种的原则不仅要适地适树，更应强调适地适林。

13.1.2.2 林业发展的类型及作用

沟壑坝系可以发展的林业类型和作用有：

（1）防护林业：构建防护林，防风固沙，改善外围环境。

（2）观赏林业：通过林业建设，开展丰富多样的旅游活动，不仅能创造较高的社会效益，还可以创造较高的经济效益，实现可持续发展。

（3）经济林业：利用地理位置和环境条件发展经济林业，拉动农村经济的增长，提高农民收入。

（4）生态林业：通过生态林业工程建设适合多种动物生存的环境和栖息地，保护和恢复动植物多样性。

（5）教育林业：通过教育活动的开展，使公众尤其是少年儿童获得丰富的动植物、环保、自然等相关方面的知识，提升道德素质和文明水平。

（6）复合林业：林业建设与农业、湿地、河流、池塘、草地等相互嵌合形成丰富多样的景观。

13.1.3 草畜开发规划

13.1.3.1 发展草畜业的意义

在黄土高原建立农、林、牧综合发展的产业模式，被认为是整合生态功能及经济效益有效措施。黄土高原地区气候干旱，严重制约了粮食作物的发展。但是，大部分牧草都较粮食作物耐旱，因此牧草在黄土高原地区具有较强的适应性。

1. 水土保持作用

从改善生态环境的角度，防治水土流失无疑是黄土高原环境建设的重中之重。农作物生长初期覆盖度小，收获后地表裸露，值多雨季节时，水土流失甚为严重。而牧草根系发达，固土能力强，覆盖度大，减缓地表径流，防止水土冲刷，蓄水保土作用明显。退耕还林还草战略的实施，减轻了人类活动对土地的压力，促进了地表植被覆盖的恢复，有效地遏制了水土流失，起到生态保护的作用，同时也形成巨大的牧草生产力，进而支撑草地畜牧业产业的形成与发展。

2. 畜牧业发展的基础

草地畜牧业在较大程度上吻合黄土高原的生态地理背景。草地畜牧业的产业基础是牧草生产，从黄土高原生态地理背景的角度分析，退耕还林还草，最大面积的植被恢复应该是恢复草灌，这在客观上将形成巨大的牧草生产潜力，为草地畜牧业产业的发展与壮大奠定了基础。随着人民生活水平的不断提高，对饮食结构也提出了更高、更健康的需求，人们由过去对猪肉的大量需求改变为高蛋白营养型肉蛋奶的摄食。农业部制订中长期计划要提高奶类总产量，因此草地畜牧业作为黄土高原的一个支柱产业存在经济上的可行性。

3. 草产品的市场需求

日本是世界上草产品进口量最大的国家，韩国进口量也非常大，台湾也是牧草进口地区之一。东南亚的国家和地区对苜蓿产品需求量非常大，同时大多数富裕的伊斯兰国家农业资源贫乏，也是当今世界的主要苜蓿消费市场之一。

13.1.3.2 发展草畜业的优势

1. 区位优势

草地畜牧业是黄土高原半干旱地区的传统主导产业之一，也是发展该地区农村经济的基础和农业结构调整的纽带。黄土高原半干旱区地域辽阔，天然草地类型多样，其中蕴含着大量的优良牧草资源，具有发展草畜业基本的区位优势（山仑，1993）。

2. 国家政策倾斜

国家实施西部大开发战略，给黄土高原草畜业发展带来了历史机遇。面对新的机遇和挑战，草地畜牧业作为传统产业积极地开发战略规划，以市场为导向，以产业化经营为途径，发挥产业优势，增加农民收入，建成重要的草畜业基地（苏永生，2005）。

3. 市场潜力大

随着国民消费水平的提高，国内市场对优质牛羊肉的需求将与日俱增。我国牛羊肉价格低于国际市场，价格优势明显，国际市场前景广阔。国内草产品市场需求缺口大，饲料工业每年需求量200万～300万 t，预测今后需求量至少在1000万 t。国内市场草畜产品售价低于国际市场，有40%～80%的市场潜力（尹浚元，2000；黄全成，2000）。

13.1.4 沟壑坝系景观开发规划

黄土高原在地质的作用下，造就了黄土塬梁峁和千沟万壑的黄土丘陵沟壑。山大沟深、山尖坡陡、梁峁纵横、绵延不断、群山环抱、多路相连、多村点缀的风光；春花、夏绿、秋黄、冬褐四季分明的山色；田园风光、高山流水、特种养殖；早观日出、晚观霞，晨看浓雾、夜听风；春看山花烂漫，夏尝风雨彩虹，秋品山村秋色，冬眺千里冰封、万里雪飘、原驰蜡象；一泻千里的壶口瀑布、历代君主留下的墓冢、明代城墙、炮楼、红色革命遗址；民情、民意、民风，都具有很强的景观观赏性。

黄土高原地貌景观具有自然性、唯一性、人文美和景观美。黄土高原是农耕文化和游牧文化的交错带，特殊而恶劣的自然环境，造就了人们粗犷、淳厚、朴实、顽强的精神和性格。独特的民居窑洞、豪放的信天游、粗犷奔腾的腰鼓等民俗风情，无不展现出浓郁的黄土文化风情。与其他地区不同，人们常常会被黄土高原的气势所折服，到黄土高原旅游，不单是欣赏奇异的景观，这种气势、壮观、粗犷、原始野味常常能给人带来心灵的震撼。

旅游景观地貌在中国已渐成气候，如：丹霞旅游地貌、喀斯特旅游地貌、山地旅游地貌等都十分活跃，但是对于黄土高原景观旅游地貌的认识还没有引起足够重视。这种荒凉的地貌景观既是一种地质遗迹资源，又是一种特殊的观赏对象，是极具开发潜力的旅游资源，当人们对其有重新认识并合理开发利用的时候，它的景观旅游价值将远大于它的农业经济价值。

13.2 安家沟流域坝系多目标开发统筹规划

13.2.1 安家沟流域概况

安家沟小流域地处甘肃省定西市，位于定西市区以东2km处；黄河祖厉河流域关川

13.2 安家沟流域坝系多目标开发统筹规划

河的上游,是祖历河水系的一条小支沟;海拔1900~2250m,总面积10.06km²;沟长4625m,由西向东北方向延伸,分出12条支沟;径流测控面积8.54km²;地理位置为东经104°38′13″~104°40′25″,北纬35°33′02″~35°35′29″。

水土保持区划属黄土丘陵沟壑区第五副区,属于典型的半干旱黄土丘陵沟壑区。该流域为定西市水土保持科学研究所所在地,在1954年该所成立以来,安家沟流域一直列为其试验研究基地。在1956年曾由中国科学院黄土高原综合治理考察队考察,进行了水土保持规划。该流域一直列为省、市、区三级重点治理小流域,并得到了规划和治理。

13.2.2 多目标规划

1. 变量选取

根据安家沟流域土地利用情况(表13-1)和景观格局(图13-1)情况,规划采用了14个土地规划决策变量(表13-2)。

表13-1　　　　　　　　安家沟流域土地利用现状表

土地类型	农耕地	林业用地	草地	荒地	其他用地	合计
面积(hm²)	519.3	381	20.1	23.4	57.2	1001
百分比(%)	51.9	38.1	2.0	2.3	5.7	100

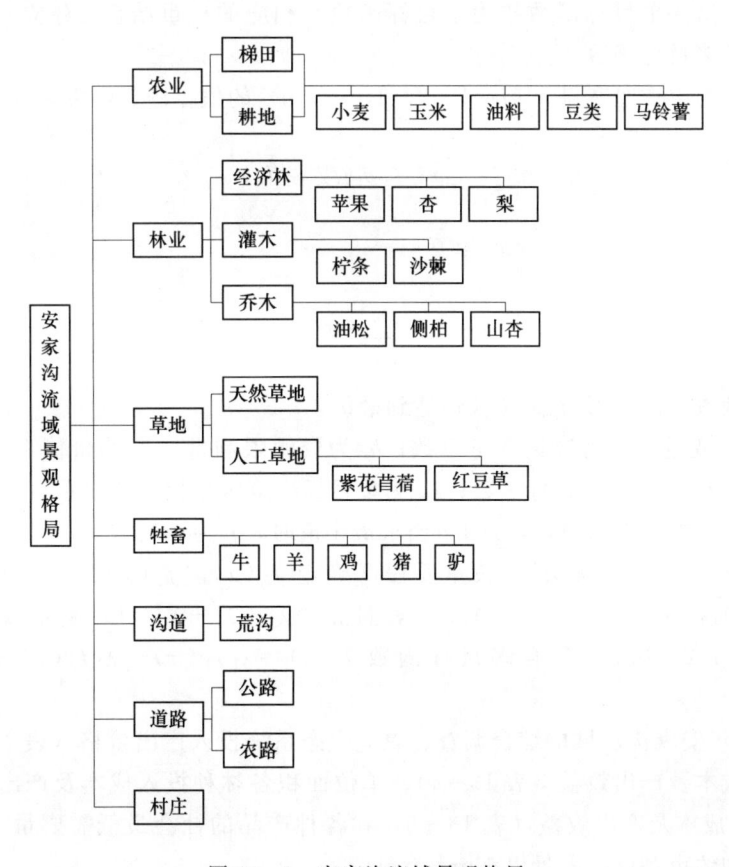

图13-1　安家沟流域景观格局

表 13-2　　　　　　　　安家沟流域多目标规划模型决策变量

项　目	变　量	项　目	变　量
小麦	x_1	乔木	x_8
玉米	x_2	灌木	x_9
油料	x_3	牛	x_{10}
豆类	x_4	羊	x_{11}
马铃薯	x_5	鸡	x_{12}
紫花苜蓿	x_6	猪	x_{13}
果园	x_7	驴	x_{14}

2. 目标函数

流域多目标规划的目标分为生态效益、经济效益和社会效益三个目标。因为社会效益无法直接实现，生态效益和经济效益的实现必将产生显著的社会效益，所以规划目标以生态效益和经济效益为主。生态效益目标为水土流失最少，生态效益最大；经济效益目标为纯收入最大，投资最省。

分别建立安家沟流域经济收入、投入资本、粮食产量和生态效益四个线性规划的单目标数学模型，把这些单目标函数作为子目标函数与相应的权重结合，建立一个新目标函数，即为所求的多目标函数。

模型求解即为求一组变量 $x_j(j=1,2,3,\cdots,n)$ 的值，满足约束条件：

$$\begin{cases} \sum_{j=1}^{n} a_{ij}x_j \leqslant b_i (\text{或} \geqslant b_i) \\ x_j \geqslant 0 \\ f_m(x) = \sum_{j=1}^{n} c_{mj}x_j \end{cases} \quad (13-1)$$

使多目标函数 $F(x)=\sum p_m \lambda_m f_m(x)$ 达到最优。

式中：x_j 为决策变量；a_{ij} 为决策变量系数；b_i 为资源限制量；c_{mj} 为价值系数，$F(x)$ 为综合目标函数；$f_m(x)$ 为单目标函数；λ_m 为单目标决策函数相应的权系数；p_m 为单目标函数方向系数，当求最大值时，p 为 1，当求最小值时，p 为 -1。

模型求解先采用"专家法"，按重要程度确定 $f_1(x)$、$f_2(x)$、$f_3(x)$、$f_4(x)$ 四个单目标函数的权重系数 λ_1、λ_2、λ_3、λ_4，且 $\lambda_1+\lambda_2+\lambda_3+\lambda_4=1$，确定权重系数分别为 0.4、0.2、0.2、0.2。整合多目标函数 $F(x)=\lambda_1 f_1(x)-\lambda_2 f_2(x)+\lambda_3 f_3(x)+\lambda_4 f_4(x)$。

根据 2005 年安家沟流域的综合调查、农业生态系统投入产出价格（表 13-3）、单位面积作物投入成本及产出效益（表 13-4）、单位面积各林种投入成本及产出收益（表 13-5）、畜禽投入成本及产出效益（表 13-6）和各种产品的社会最低需要量（表 13-7），计算目标函数和约束条件，各量以 1hm² 为单位。

13.2 安家沟流域坝系多目标开发统筹规划

表13-3 农业生态系统投入产出各项价格

投入项		产出项		投入项			产出项		
项目	单价(元/kg)	项目	单价(元/kg)	项目	单位	价格(元)	项目	单位	价格(元)
小麦	1.6	小麦	1.6	有机肥	m³	30	秸秆	kg	0.2
玉米	1.0	玉米	1.0	紫花苜蓿种子	kg	15	鸡肉	kg	10
油料	2.8	油料	2.8	劳力	d	10	猪肉	kg	8
豆类	2.0	豆类	2.0	畜力	h	3	牛犊	头	800
马铃薯	0.4	马铃薯	0.4	经济林	hm²	338	小鸡	只	3
化肥	1.6	薪材	0.6	乔木林	hm²	356			
精饲料	1.4	羊肉	14.0	灌木林	hm²	150			
粗饲料	0.4	鸡蛋	6.0	紫花苜蓿干草	hm²	3600			

表13-4 各种作物每公顷种植面积主要投入成本及效益分析

项 目		小麦	玉米	油料	豆类	马铃薯	紫花苜蓿
劳力	时间(d)	150	180	150	150	165	52.5
	成本(元)	1500	1800	1500	1500	1650	525
畜力	时间(h)	90	90	90	80	90	23
	成本(元)	270	270	270	240	270	69
种子	用种量(kg)	225	15	52.5	104	1800	22.5
	成本(元)	360	15	157	52.2	720	338
化肥	施量(kg)	300	225	375	0	225	0
	成本(元)	480	360	600	0	360	0
农家肥	施量(m³)	38	38	25	38	45	0
	成本(元)	1125	1125	750	1125	1350	0
秸秆	产量(kg)	3000	4500	750	750	750	0
	纯收益(元)	600	1500	150	150	150	0
产量(kg)		3000	2250	1500	1500	18750	6000
成本合计(元)		3735	3220	3277	2917	4350	998
毛收益(元)		5400	3750	3750	3150	7650	3600
纯收益(元)		1665	530	473	233	3300	2603

表13-5 林种成本核算　　　　　　　　　　　　　　　　　单位：元/hm²

林种	树种	造林投入	生态效益	经济效益	纯效益
经济林	苹果、杏、早酥梨	338	780	3222	3665
乔木林	油松、侧柏、山杏	356	1750	479	1872
灌木林	柠条、沙棘	150	1204	238	1292

表13-6　　　　　　　　　　　　单位畜禽成本效益核算　　　　　　　　　　　　单位：元

项	目	目	牛	羊	猪	鸡	驴
投入		劳力	480	240	300	30	360
		精饲料	175	21	252	25	0
		饲草	876	219	219	12	730
		幼崽	800	80	180	3	0
		成本小计	2331	560	951	70	1090
产出		畜力/蛋/毛/皮	2400	150	0	75	960
		肉	300	352	1000	11	0
		幼崽	800	240	0	0	0
		有机肥	180	33.6	300	4.5	400
		产出小计	3680	776	1300	91	1360
		纯收益	1349	216	349	21	270

表13-7　　　　　　　　　　各种农畜产品的社会最低需要量

产品	小麦	玉米	油料	豆类	马铃薯	猪肉	羊肉	鸡肉
人均需要量 [kg/(人·a)]	400	10	10	4	50	25	1	2
社会最低需要量 (kg/hm²)	920	23	23	9	115	58	2	5

(1) 经济效益目标：

经济收入最大（元）：

$$f_1(x) = 1665x_1 + 530x_2 + 472.7x_3 + 232.8x_4 + 3300x_5 + 3664.5x_7$$
$$+ 1872.3x_8 + 1292x_9 + 1349x_{10} + 215.6x_{11} + 20.8x_{12} + 349x_{13} + 270x_{14} \quad (13-2)$$

投入资本最小（元）：

$$f_2(x) = 3735x_1 + 3220x_2 + 3277x_3 + 2917x_4 + 4350x_5 + 998x_6 + 337.5x_7$$
$$+ 356.3x_8 + 150x_9 + 2331x_{10} + 560x_{11} + 951x_{12} + 69.7x_{13} + 1090x_{14} \quad (13-3)$$

粮食产量最大（元）：

$$f_3(x) = 3000x_1 \times 1.6 + 2250x_2 \times 1 + 1500x_3 \times 2.8 + 1500x_4 \times 2 + 18750x_5 \times 0.4$$
$$\quad (13-4)$$

(2) 生态效益目标：

林业生态效益最大（元）：

$$f_4(x) = 780x_7 + 1750x_8 + 1204x_9 \quad (13-5)$$

(3) 多目标函数：

$$F(x) = 0.4f_1(x) - 0.2f_2(x) + 0.2f_3(x) + 0.2f_4(x)$$
$$= 879x_1 + 18x_2 + 373.68x_3 + 109.72x_4 + 1950x_5 - 199.6x_6 + 1554.3x_7$$
$$+ 1027.66x_8 + 727.6x_9 + 73.4x_{10} - 25.76x_{11} - 181.88x_{12} + 125.66x_{13} - 110x_{14}$$
$$\quad (13-6)$$

3. 约束方程

根据安家沟流域的综合调查，建立以下 5 类、17 个约束方程。

(1) 土地利用面积约束。

退耕还林还草，减少水土流失：

$$x_7 + x_8 + x_9 \geq 381 \tag{13-7}$$

$$x_6 \geq 20 \tag{13-8}$$

控制耕地面积：

$$x_1 + x_2 + x_3 + x_4 + x_5 \leq 519.3 \tag{13-9}$$

农、林、草地面积总和小于流域总面积：

$$x_1 + x_2 + x_3 + x_4 + x_5 + x_6 + x_7 + x_8 + x_9 \leq 1001 \tag{13-10}$$

农、林地总面积宜控制在流域总面积的 80%～85%：

$$1001 \times 80\% \leq x_1 + x_2 + x_3 + x_4 + x_5 + x_7 + x_8 + x_9 \tag{13-11}$$

$$x_1 + x_2 + x_3 + x_4 + x_5 + x_7 + x_8 + x_9 \leq 1001 \times 85\% \tag{13-12}$$

(2) 劳力约束条件。

流域内现有劳动力有限，结合每种作物生产所必需的劳力数量，控制现有经营活动所需的劳力不超过流域内目前所能提供的劳力数量，劳力即现有劳力乘以 (1+3%)，按每人每年出勤 200d 计算（柴发喜，1991）：

$$150x_1 + 180x_2 + 150x_3 + 150x_4 + 165x_5 + 52.5x_6 + 6x_7 \\ + 11x_8 + 8.3x_9 + 40x_{10} + 20x_{11} + 4x_{12} + 25x_{13} + 30x_{14} \leq 176400 \tag{13-13}$$

(3) 畜力约束条件。

控制现有土地经营活动所需的畜力不超过流域内目前所能提供的畜力数量：

$$90x_1 + 90x_2 + 90x_3 + 80x_4 + 90x_5 + 22.5x_6 - 800x_{10} - 320x_{14} \leq 0 \tag{13-14}$$

(4) 社会需求约束条件。

在土地利用结构调整时，必需满足人民生活对粮食、油料等农产品的最低需求量：

$$3000x_1 \geq 483600 \tag{13-15}$$
$$2250x_2 \geq 12090 \tag{13-16}$$
$$1500x_3 \geq 12090 \tag{13-17}$$
$$1500x_4 \geq 4836 \tag{13-18}$$
$$18750x_5 \geq 60450 \tag{13-19}$$
$$18x_{11} \geq 1209 \tag{13-20}$$
$$12.5x_{12} \geq 2418 \tag{13-21}$$
$$125x_{13} \geq 30225 \tag{13-22}$$

(5) 饲料约束。

各种作物所产生的秸秆量及人工种植的牧草量，必须满足牲畜对饲料的最低需求：

$$3000x_1 + 4500x_2 + 750x_3 + 750x_4 + 750x_5 + 6000x_6 \\ -2190x_{10} - 547.5x_{11} - 29.2x_{12} - 547.5x_{13} - 1825x_{14} \geq 0 \tag{13-23}$$

4. 规划结果

运用 EXCEL 的规划求解功能，分别设置相应的目标单元格和约束条件单元格，规划求解得多目标规划方程 $F(x)$ 的最优解，即最大值为 897430.34。

多目标规划决策变量值见表 13-8，规划后农、林、草地利用情况见表 13-9。

表 13-8　　　　　　　　安家沟流域多目标线性规划决策变量结果

变　量	规划值	利用方式	变　量	规划值	利用方式
$x1$	161.2	小麦	$x8$	173.4	乔木林
$x2$	5.4	玉米	$x9$	274.4	灌木林
$x3$	8.1	油料	$x10$	495.0	牛
$x4$	3.2	豆类	$x11$	167.0	羊
$x5$	180.3	马铃薯	$x12$	312.0	鸡
$x6$	152.0	紫花苜蓿	$x13$	292.0	猪
$x7$	35.0	果园	$x14$	120.0	驴

表 13-9　　　　　　　　规划前后农、林、草土地利用情况

	土地类型	农耕地	林业用地	草地	合计
规划后	面积（hm²）	358.2	482.8	152.0	993.0
	百分比（%）	35.8	48.2	15.2	99.0
规划前	面积（hm²）	519.3	381.0	20.1	920.4
	百分比（%）	51.9	38.1	2.0	91.9

由表 13-9 知，规划后耕地面积为 358.2hm²，减少了 161.1hm²；林地面积 482.8hm²，增加了 101.8hm²；草地面积 152.0hm²，增加了 131.9hm²；荒地被逐步开发利用。在保证人们社会需求的前提下，退耕还林还草，有利于改善生态环境，走可持续发展的道路。

13.2.3　多目标开发

1. 发展观光农业

随着经济的发展、城市化进程的加速，生活节奏加快，城市生存环境不断恶化，人们越来越认识到生态环境的重要性，亲近自然、走进自然，在自然中放松自己的身心，已成为人们的普遍愿望。农业旅游是人们追求绿色和自然和谐而发展起来的一种新型旅游活动。它是以农村自然环境、农业生产活动和农民生活方式为核心的旅游经营项目。位于城市边缘的各类农业观光园，以回归田园、体验农耕为特色，正好迎合了这些人的心理需求，吸引了大量的城市旅游者。安家沟流域位于定西市区以东 2km 处，因此，可以结合当地农业生产，适当发展观光农业。

观光农业以农业生产经营为特色，利用农业景观和农村自然环境结合农牧业生产、农业经营活动、农村文化生活等内容吸引游客前来观光、品尝、习作、体验和休闲的一种新型农业生产经营形态。

安家沟流域可以发展的观光农业类型有：

（1）农园观光型：以展示种植业的栽培技术、园艺技术及加工过程为主，建立教育农

园、农业公园、市民农园或租赁农园等。

（2）农园采摘型：利用开放成熟期的果园、菜园、瓜园等，供游客入园观景、赏花、摘果，从中体验自摘、自食的农家生活和品味浓郁的田园风情。

（3）畜牧观赏型：利用牧场、养殖场等场所，给游人提供观光、娱乐，体验牧业生活的风情乐趣。

（4）乡村民俗文化型：依托农村特色的地域文化或风俗习惯，在村庄或农场开设农家旅舍，建立乡村休闲民俗农庄，让游客住农家房、吃农家饭、干农家活，体验农耕牧的农家乐趣。

2. 开发生态景观林业

安家沟流域林木主要品种有侧柏、油松、山杏、柠条和沙棘，品种比较单一，景观美感比较差。在做好防护林、生态林和经济林的基础上，结合景观美学，使林业发展同时具有生态、经济和景观效益。

侧柏喜光，又有一定的耐荫力，耐干旱，是当地土石山区阳坡、半阳坡造林的首选树种，它与黄栌、元宝枫、火炬树、刺槐等混交，能起到很好的水土保持、防风固沙、美化环境的功效。侧柏是常绿针叶树种，生长缓慢；黄栌、元宝枫、火炬树为落叶灌木（小乔木），它们混交后生长高低错落有致。秋天，由绿逐渐变红的阔叶在绿色的映衬下色彩鲜明、绚丽，给人以景观的美感。

油松是常绿针叶树种，耐寒、耐旱、耐瘠薄。在油松中可以配合以树种元宝枫、黄栌、辽东栎、侧柏、刺槐、黄刺玫、沙棘等。油松成林郁闭后，防风固沙、保持水土效益将非常明显。它们配置的混交林在秋季呈现出绿色衬红叶的美景。

该流域经济果园主要品种是苹果、杏和早酥梨，在发挥区域优势品种的基础上，适当引进适合本区生长的新品种，调整果品结构，可以在较短时期内增加农民收入，促进生态景观林业发展。经济果园林可以充分发挥土地资源优势，增加农民收入，到了硕果累累的秋季，不仅是一道美丽的风景线，还可以发展生态观光林业的道路。

3. 景观旅游开发

安家沟流域内有数十座形态各异的山峰，奇妙绝伦。该区域内植被覆盖率高，整个沟环绕在群山之中，避开了城市的喧闹和污染，是发展生态旅游的理想场所。通过前期治理，现沟内水、电、路基础设施齐备。

安家沟以自然生态为优势，有着深刻的历史内涵和浓厚的文化底蕴，建成一处集休闲、度假、餐饮、住宿、娱乐为一体的乡野风情旅游区。景区内峰峦叠嶂、树木繁茂、山清水秀；两座小型水库坐落其中；沟内有鸳鸯洞、清风亭、乡情园、国防洞、风岭瀑、趣乐园、盘龙道、九龙台等旅游景点。置身其中，时时处处感受到"塞外小桂林"的独特风情。

该流域治理基础好，已治理水土流失面积 $8.86km^2$，其中：基本农田 $502.4hm^2$，营造防护林 $381hm^2$，种草 $2.1hm^2$，累计治理程度达到 90.1%。谷坊 16 座，水窖 360 眼，涝池 3 个。综合治理措施全面，交通便利，距定西市区近。通过小流域综合治理与综合开发，探索出了一条"种草—养畜—沼气—肥田—增收"的生态经济之路。同时文化娱乐、医疗卫生、科技服务等各项事业得到长足发展；流域内农民生活和收入水平高；水、电及管理方便；并且与花岔流域、大坪村相邻，容易形成休闲旅游场所。

第 14 章 黄土丘陵沟壑区坝地开发利用模式

本研究主要针对黄土丘陵沟壑区小流域新建淤地坝存在的利用率低、种植结构不合理、盐碱化严重及受洪水影响严重等问题，研究防、治、用相结合的小流域坝系配套工程体系构建技术和拦、蓄、淤、排、放相结合的坝地优化运行方式，有助于坝地开发、管理、运营、维护的综合规划、统一部署，同时，根据研究地区的坝地实际水土资源及光热条件，研究坝地高附加值作物的栽培技术，最大限度的充分发掘坝地的生产潜力，提高坝地的利用效率。

14.1 坝地引水灌溉模式

14.1.1 发展坝地引水灌溉模式的意义

过去和现在所建的淤地坝，土是保住了，却没保住水，洪水利用方面依然欠缺。淤地坝仅仅保住土而保不住水，要实现干旱地区农业和林果业的持续发展、科学发展，是非常艰难的。从 20 世纪 60~70 年代建设的淤地坝来看，当淤地坝淤满之后，它不再有保土能力，更谈不上保水能力，有的又遭遇洪水的冲毁，造成资源浪费，更为严重的是水土流失得不到控制。出现上述现象的原因有重建设、轻管养的因素，但更重要的原因是缺水，群众从淤地坝中得不到应有的收益（有土无水作物生长受限）。对地多水少的干旱山区群众而言，多一块或少一块旱地无足轻重，而多一点水源将会有直接的效益产生。因此，在保土的同时，必须保住水，保住了水才能真正保住土，才能保住群众在淤地坝上持续的收益，因而也才能保住淤地坝。因此，在干旱山区保水的意义比保土更加重大。黄土高原干旱地区，年降水量大多在 400mm 左右甚至更少，其中 60% 以上的降水以暴雨形式集中在作物或经济林草生长发育需水量最大的 7~9 月 3 个月，而 60% 以上的暴雨因强度大、历时短形成洪水，携泥裹沙下泄。坡面作物和林草因得不到及时灌溉而减产甚至枯萎；而下泄的洪水在上游冲毁农田、道路、村庄，在下游则淤积河道、抬高河床，造成极大的损失。如果对洪水加以拦截利用，不但可以有效地防止水土流失，而且可增加干旱地区可利用水资源量，对干旱地区经济社会发展将产生巨大的推动作用。随着国家水土保持生态环境建设力度的加大，广大干旱山区沟道防护工程日益增多，如黄土高原地区以淤地坝为主的大量的坝系工程，改变了以往沟道没有防护措施的状态，减缓了洪水流速、延长了洪水历时，这些工程基本或全部拦截了坡面汇集到沟道的洪水，拦截后的洪水已经不具备较大的破坏性，为进一步开发利用创造了条件。被拦蓄的洪水只要采取相应措施给予储存，就可以加以利用了。

黄土高原沟壑区水资源非常有限，利用淤地坝工程拦截部分沟道洪水，再用蓄水池、水窖加以存储即可增加对洪水资源的利用。根据淤地坝所在区域地理特性（石质山区或土石山区及黄土区）设计了不同的水窖布局，采用竖井或卧管引水储存、再采用能够自行排沙的出水口。该措施若能实施，可以解决淤地坝只能淤地而不能储水的问题，对缓解黄土高原沟壑区水资源不足问题、改善生态环境、促进社会主义新农村建设意义重大。

14.1.2 发展坝地引水灌溉模式的目的

1. 提高坝系水土资源利用率

充分利用淤地坝建成后淤地蓄水的过程，使坝地实现由淤成之后的单一种植利用变为淤中即可蓄水灌溉、造林种草，发展渔、林、果、草等多种产业的快速高效利用，提前坝地的可利用期。充分合理地利用坝地水土资源，从而实现沟道坝地优化利用，提高坝系水土资源利用率。

2. 提高经济效益

利用坝地蓄水，为黄土高原小流域内农业增产、农民增收、农村经济发展进一步提供水资源条件。使农民在淤地坝建成后可以尽快地利用坝地蓄水，引水灌溉，增加收入，提高经济效益，改变淤地坝淤满后再利用的方式，缩短淤地坝利用时间，提前发挥经济效益。

3. 解决饮水困难

黄土高原沟壑区干旱缺水，人畜饮水困难。发展利用淤地坝蓄水工程，可以在一定程度上解决流域内人畜饮水的困难，发挥淤地坝蓄水工程的社会效益。

4. 提供生态用水

利用坝地蓄水还可以引水灌溉流域内水土保持植物，发展植物多样性，改善流域生态环境，发挥生态效益。

14.1.3 坝地引水灌溉技术模式

14.1.3.1 坝窖联蓄工程

坝窖联蓄工程即将淤地坝与水窖有机地结合起来，利用淤地坝拦蓄洪水，再在淤地坝库区或周围建设水窖或蓄水池储水，就可以将洪水加以利用了。

坝窖联蓄工程布局：黄土高原沟壑区用于防治水土流失的沟道治理工程，目前主要是淤地坝。由于淤地坝位置较高，结构简单，洪水设计标准低，一般不考虑储水功能。但是，淤地坝运行前期，有着一定的储水库容，短时间内可以储存一定数量的洪水。我们可以利用雨水集流成果，在淤地坝内（或周围）建设水窖或蓄水池等储水设施，将储水设施与淤地坝有机地结合起来，用淤地坝拦水，用水窖或蓄水池储水，使不能利用或难以利用的洪水能够得到利用。坝窖联蓄方式可参照以下两种方案采用。

第一方案：若淤地坝位于土石山区或石质山区，地质条件较好，适宜于在库区建设储水设施。由于该区地质条件较好，为省事起见，可以根据地形条件直接将水窖建设在库区以内，而灌溉引水则通过与窖体相连的排水管利用沟道坡度形成的自然落差进行自流引水。其工程布局见图 14-1 和图 14-2。

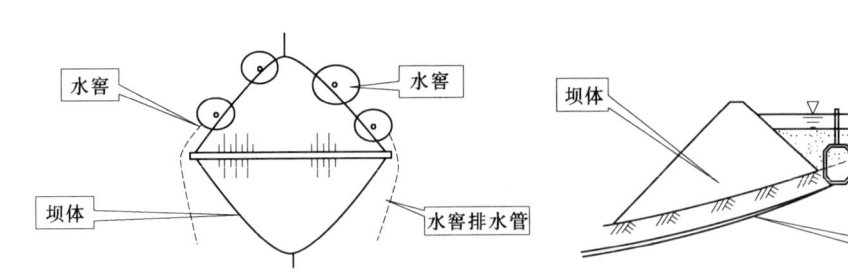

图 14-1　地质条件较好区域淤地坝储水设施布设平面

图 14-2　地质条件较好区域淤地坝水窖设计剖面

第二方案：若淤地坝位于黄土或其他土质山区，库区地质条件不好，土壤受水浸润后容易使水窖地基受损，致使水窖破裂或倾斜，宜采用第二种方案。水窖或蓄水池一般建在基础稳定、不易受水浸润的坝体下游。库内水体则通过卧管引向位于下游的水窖或蓄水池中。该方案与第一方案相比有着更大的优越性：一是取水通过卧管，操作安全简单；二是由于在这种方案中水窖地基不与水直接接触，增加了水窖或蓄水池的安全稳定性。由于水土流失大多发生在这类地区，因而建议采用第二方案。第二方案的工程布局见图 14-3 和图 14-4。

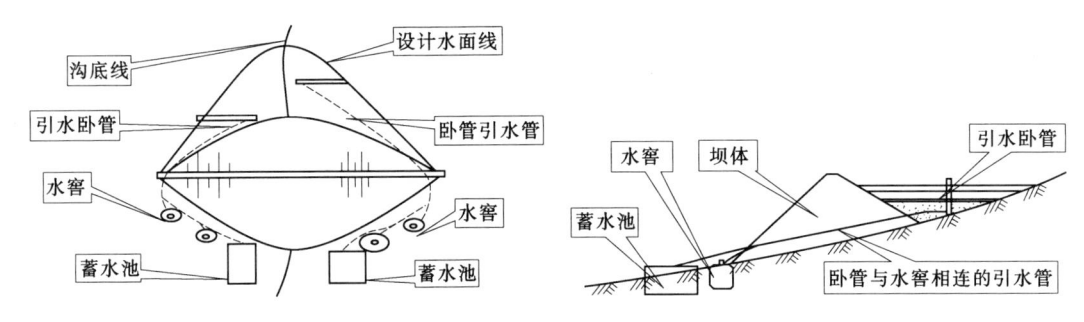

图 14-3　土质山区淤地坝储水设施布设平面

图 14-4　土质山区淤地坝储水设施布设剖面

储水设施的布局，一般应以满足储水需要，同时以安全、投资少、易施工为原则。应视淤地坝所在的沟道比降、土质、沟道形状（宽浅 U 形还是窄深 V 形）等特征确定。一般地在宽浅型易施工的沟道，基础条件好、易施工的地方，选择容积较大的蓄水池；而在窄深型不易施工的沟道，因施工场地小、基础处理难，宜选择工程量不大、占地面积小、便于施工的水窖。在石质山区沟道，也可选择四面体形状的蓄水池，并直接将蓄水池建在河道内。

14.1.3.2　"一坝一塘"

1. 设计原则

因地制宜，科学规划，经济合理，效益优先。

2. 设计机理

"一坝一塘"水源工程是采取"拦蓄天上水、补给地下水、利用塘中水"的形式发展水浇地。其基本做法是先在沟道内筑一土坝，拦蓄径流，然后在坝下游距坝脚 15~20m 处开挖水塘。坝内拦蓄的径流通过坝底粗砂层渗透补给下游的塘，既拦径流又截潜流，增加了水量，扩大了水浇地。其设计程序为：首先，根据需开发的土地资源位置选定"一坝一塘"水源工程的最佳方位后；进行"一坝"的工程设计；然后根据"一坝"的拦蓄水量确定可发展水浇地面积和作物的需水量、灌溉间隔时间及水塘的开口尺寸和容积。

3. 设计特点

一是"一坝"保护"一塘"，防止水塘遭洪水冲毁、泥沙淤积，与单纯的截潜流工程相比，水塘的使用寿命长、安全系数高；二是"一坝"补给"一塘"，由于筑坝土料为砂壤土，沟道基岩以上砂层的孔隙度较大，渗透性能好，"一坝"拦蓄的径流可以不断地补给水塘，保证了灌溉的需求；三是"一塘"提高了"一坝"的经济效益，使骨干坝、淤地坝、谷坊工程不但具有拦泥淤地的远期效益，而且成为水源涵养的保护工程，具有显著的近期效益。由于有"一坝"防护，"一塘"的开口直径可以根据沟道宽窄开挖，横截沟底，开口直径达几十米，是一般截潜流工程的十几倍，因此，贮藏水量增多，灌溉面积大幅度增加。有了充足的水源，将沟畔川台地、山梁坡耕地修成梯田，采用节水灌溉的深埋低压塑料管道，利用一定扬程的潜水泵将沟底水输送到山梁地头，每 $0.67\sim1.0\text{hm}^2$ 留 1 出水口进行灌溉。

4. 设计形式

"一坝一塘"水源工程坝控面积在 $0.5\sim3\text{km}^2$ 之间，水塘深 $3\sim5\text{m}$（水塘底至基岩），形状一般为长方形。根据立地条件，"一坝一塘"的具体形式有 3 种：典型的"一坝一塘"，即"一坝"下游只有"一塘"；"一坝多塘"，一坝下游按一定的间隔距离有 2 个或 3 个塘；"二坝一塘"，单坝控制面积小，相邻 2 支沟分别筑坝，在沟口汇合处挖塘。

5. 附属配套性措施

"一坝一塘"水源工程是以蓄水、拦洪为主，由于水土流失严重，土壤侵蚀量大，洪水中泥沙含量高，坝内泥沙淤积很快，为了延长库坝蓄水使用年限，应加强库区坡面水保综合治理。坡面开挖水平沟、鱼鳞坑，种植油松、沙棘，减少土壤侵蚀；表层覆盖砾石的坡面，土壤侵蚀量少，采用不整地营造沙棘林；当水源工程供水量不足时，可在水塘下游 $2\sim4\text{m}$ 处做黏土或混凝土截水墙，开挖至基岩，横截河床，防止地下潜水向下游渗漏。

14.1.4 坝地引水灌溉效益分析

14.1.4.1 坝系工程效益

以田家沟小流域为例分析坝系引水灌溉模式效益。

1. 基础效益

在基础效益中，主要计算蓄水保土效益。采用的方法为水文计算法。

$$拦泥量＝控制面积\times侵蚀模数\times淤积年限$$
$$蓄水量＝控制面积\times平均年径流深$$

经计算，两座骨干坝总拦泥量为 29.50 万 m^3，年均蓄水总量 38.56 万 m^3。

2. 经济效益

经济效益按直接效益和间接效益两类计算。直接效益包括淤地增产效益、灌溉效益、养鱼效益；间接效益计算拦泥保土产生的经济效益、防洪保护效益和乡村人畜饮水效益。采用静态法进行计算。

(1) 直接经济效益。

淤地增产效益：工程建成后 10 年可淤地 4.63hm²。有效利用面积按 70% 计，可利用坝地为 3.22hm²。全部用于粮食生产，按一般年景计算，坝地单产 4500kg/hm²，每公斤按 1 元计，秸秆饲料按 8730kg/hm²，每公斤按 0.2 元计，扣除投资费 1500 元/hm²，年净收入 1.58 万元。

(2) 间接经济效益。

拦泥保土效益：该工程建成后，可拦泥 29.5 万 m³。拦泥效果按单位体积的清淤费 5 元/m³ 计算，则可节约下游沟道清淤费 147.5 万元。

防洪保护效益：该工程建成后，可保护下游 3.2hm² 沟坝地的生产安全，灾害率按 15% 计，保护耕地每公顷产量按 4500kg，单价按 1.0 元/kg 计算，则该工程设计淤积年限内防洪保护效益为 12.24 万元。

乡村人畜饮水效益：该工程建成后，从根本上解决了当地群众的人畜用（饮）水问题。本工程共涉及 920 户，每户每年按节约 10 个劳动日计，每个劳动日按 15.2 元/工日计，人畜饮水效益为 18.5 万元。

(3) 生态效益。

蓄水保土及对下游的减沙作用：该坝建设完成以后，将形成 29.5 万 m³ 的拦泥库容和 74.64m³ 的滞洪库容，使水沙资源得到充分合理利用，保障了当地群众生命财产和生产建设的安全，减轻了下游的防洪压力，为国家节省了防洪费用。

改善生态环境及其他作用：该坝建设完成以后，将泥沙就地拦蓄，使荒沟变良田，新增坝地 4.63m²，使沟道实现了川台化，有利于实现机械化和水利化，进而能够促进陡坡地退耕还林还草，增加林草覆盖面积，使生态环境得到改善。

(4) 社会效益。

土地利用结构和农业产业结构将得到合理调整：该坝建设完成以后，坝地年生产粮食 1.45 万 kg，纯收入 1.88 万元。促进了陡坡退耕，改广种薄收为少种高产多收，劳动生产率将得到显著提高，促进土地利用结构和农业产业结构的合理调整，使农业产业向集约化、商品化的经营方向发展。

坝路结合、便利交通：坝面作为乡村道路的桥梁和纽带，改善了当地交通条件，有力地促进当地经济的快速发展，有效促进精神文明建设和社会全面进步。

14.1.4.2 "一坝一塘"效益分析

以边家渠"一坝一塘"水源工程为例。

1. 经济效益

土坝动用土方 1.6 万 m³，按 2.5 元/m³ 计算。则土坝投资为 4 万元；水塘开挖土方 2.4 万 m³，按 5 元/m³ 计，则蓄水塘投资 12 万元，工程总投资 16 万元。该工程新发展水浇地 18hm²，种植玉米，增产粮食 600kg/hm²，售价 1.10 元/kg，扣除生产成本和灌溉费用等，净效益为 4800 元/hm²，则边家渠"一坝一塘"水源工程每年可增产粮食 10.8 万 kg，新增净效益 8.64 万元，2 年即可回收工程投资。

截至 1998 年底，东胜市水土保持世行项目区共建"一坝一塘"工程 39 处，可发展水浇地 46.7hm²。每年可增产粮食 280.4 万 kg，新增净效益 224.3 万元。粮食产量增加了，实现余粮转化增值,大力发展养殖业,使高产农业向高效农业转化,初步走上产业化的路子。人均收入由原来的 637 元增到现在的 2126 元,项目区 12920 人已摆脱贫困,脱贫率为 95%。

2. 拦蓄效益

目前,"一坝一塘"水源工程每年可拦蓄径流 97.5 万 m^3,拦蓄泥沙 20.5 万 t,减少了洪水危害,除害兴利,可滞洪拦沙淤澄良田,抬高了地下水位,涵养水源、蓄集水量,发展扩大了水浇地面积,同时有利于生态环境的改善。

3. 社会、生态效益

"一坝一塘"水源工程在发展扩大水浇地的同时,为部分严重缺水地区解决了人畜饮水的困难。沟道内由于地下水位的抬高,杨柳树、沙棘、沙乌柳郁郁葱葱。成为广大市民领略自然风光、出外旅游、避暑消夏的胜地。

14.2 坝地养鱼模式

14.2.1 发展坝地养鱼模式的意义

淤地坝工程的建设不但有效地控制了水土流失,而且由于淤地坝在未淤平之前有较为丰富的水面,而新建的淤地坝设计标准较高,一般均有溢洪道,养鱼安全系数较大,加之山川秀美工程的实施,水土流失逐年减少,可以用来养鱼的时间较长,这就为大面积发展渔业生产提供了广泛、可靠的资源保证,大大增加了渔业养殖水面。同时淤地坝养殖还具有投资小、见效快等不可低估的优势,从而为进一步发展水产养殖开辟了新的领域。

淤地坝养鱼按照池塘精养技术,进行多品种、多规格放养,实行轮捕轮放,并结合淤地坝的特点,开展鱼、禽、畜、游钓等多位一体的生态养殖模式;同时,注重应用水质调控技术、水生动物病害综合防治技术等,实施养殖环境和生产过程的全程控制,以提高水产品质量及其市场竞争力,增加渔业经济效益。

14.2.2 发展坝地养鱼模式的目的

1. 提高坝系水土资源利用率

充分利用淤地坝建成后淤地蓄水的过程,使坝地实现由淤成之后的单一种植利用变为淤中即可蓄水养殖、造林种草,发展渔、林、果、草等多种产业的快速高效利用,提前坝地的可利用期。充分合理地利用坝地水土资源,从而实现沟道坝地优化利用,提高坝系水土资源利用率。

2. 提高经济效益

利用坝地蓄水养鱼,为黄土高原小流域内农业增产、农民增收、农村经济发展创造条件。使农民在淤地坝建成后可以尽快地利用坝地蓄水,发展养鱼业,增加收入,提高经济效益,改变淤地坝淤满后再利用的方式,缩短淤地坝利用时间,提前发挥经济效益。

3. 成为坝地景观

发展坝地养鱼景观。一是,每座淤地坝蓄水达到一定深度时,通过投放鱼苗,引导发展库坝景观；二是，在建成的流域风景区内可以发展鱼池、垂钓中心，成为风景区内旅游一景、休闲娱乐项目，从而带动经济效益、改善生态环境。

14.2.3 坝地养鱼技术模式

1. 鱼、禽、畜、游钓等多位一体的生态养殖模式

对于新修、沟壑较多、底质不平、地形狭长不开阔、通风光照较差及交通不便、经济基础及管理水平一般的淤地坝应采取该种模式。在鱼种投放中以放养花鲢、白鲢等滤食性鱼类为主，配合养猪、养鸡等为副，是多种经营的生态型养殖。鱼种的放养密度为200~400尾/亩，且鱼种规格要大，多在体重50g/尾以上。养猪可以利用坝区种植饲草饲料，再适当搭配全价饲料，实行低成本安全养殖。养鸡可以采取自然散养方式，产品属正宗土鸡，价格高，经济效益好。鸡粪、猪粪经过充分发酵后用于肥水，可以促进鱼类生长，提高养鱼的经济效益。发展休闲游钓业，使鱼、畜、禽、游钓相互促进，可以形成经济的良性循环。

2. 以草鱼为主，搭配其他品种，草饲结合的养殖模式

对于坝区开阔、可供种草面积较大的淤地坝，可采用该模式。充分利用坝区的土地资源，大量种植优质高产饲草，在品种上以适合黄土高原土壤生长的苜蓿、苏丹草、黑麦草等优质饲草为主。实行以草鱼为主，搭配滤食性鱼类和部分鲤、鲫鱼的养殖模式，主养鱼类应占60%以上。一般放养密度为300~600尾/亩，放养草鱼的规格在体重100g/尾以上。在饲草充足、防病措施得力的前提下，养鱼以投喂饲草为主，投喂颗粒饲料为辅，秋季饲草纤维化时可适当降低投草量而加大颗粒饲料的投喂量。若放养规格不等的草鱼鱼种，可实行轮捕轮放，捕大留小。此种养殖模式特别要注重鱼病的预防。

3. 以鲤鱼为主，适当搭配其他鱼，投喂颗粒饲料的精养模式

该模式要求淤地坝交通方便、水源充足，通风光照好、底质比较平缓、易捕捞且养殖户具有较好经济基础和一定管理经验。这种养殖模式适用于鱼价较高、鱼货供不应求的地区，要求淤地坝的水源和排水方便，且养殖者具有较好的养殖技术和比较宽余的资金，采取该模式养殖后可以大幅度提高产量，增加养殖的经济效益。实施中参照池塘精养技术，多品种、多规格混养，当年放养当年捕捞。鱼类放养量为500~1000尾/亩，鱼种规格在体重50g/尾以上，以鲤鱼为主并搭配其他鱼类，主养鱼类占65%左右，投喂饲料以优质颗粒饲料为主。

4. 充分利用坝区资源，以休闲渔业为主的综合开发模式

随着地区经济快速发展，外来人口越来越多，休闲、垂钓、餐饮、娱乐综合开发是提高淤地坝效益的一条有效途径。可以选择一些交通方便，距城市较近的淤地坝，将淤地坝养鱼与整个库坝开发有机地结合起来，形成一个融养殖、休闲、娱乐、垂钓和餐饮为一体的多元化发展模式，以便形成更好的经济效益和社会效益。

14.2.4 坝地养鱼主要技术措施

(1) 坚持每月用药1次，预防鱼病的发生；在鱼类生长旺季，每隔7~10d用药1次，因坝而异，可以全坝泼洒或挂篓，也可以投喂药饵。放养鱼种的规格宜大不宜小，且鱼种

体质要健壮，同一品种的鱼种规格要整齐，鱼种放养前也必须进行鱼体消毒，一般用浓度 2‰～5‰的食盐水或 20～40ppm（1ppm＝10^{-6}）的高锰酸钾溶液浸泡鱼体 5～10min。

（2）建设好拦鱼设施，并加强管理，特别注意防洪期间的日常管理工作。

（3）开展技术培训及现场培训，提高淤地坝承包户的理论水平和实践水平。如：改投放夏花为投放鱼种，改多年捕捞为当年投放当年捕捞；及时总结先进的淤地坝管理经验并加以推广，起到以点带面的作用。

（4）坚持早、晚巡库，并建立登记制度，注意控制渔药、饲料、肥料、水质等 4 个关键点。

（5）水质、饲料、渔药等投入品严格按照《无公害食品淡水养殖用水水质》（NY/T 5051—2001）、《无公害食品渔用配合饲料安全限量》（NY/T 5072—2002）、《无公害食品渔用药物使用准则》（NY/T 5071—2002）等标准执行，生产的水产品按照《无公害食品水产品中渔药残留限量》（NY/T 5070—2002）等相关的无公害食品标准执行。

14.2.5　坝地养鱼需注意的问题

淤地坝养鱼工作虽然有巨大的潜力可以挖掘，但是要进一步发挥淤地坝的养鱼优势，还应重点解决好以下几个问题。

1. 要解决好鱼种问题

由于利用淤地坝养鱼属一次性投放鱼种，鱼苗主要靠自然生长，一般不进行专门的人工喂养，这就要求我们要结合当地实际，选择适合淤地坝养殖的鱼种进行投放，切不可脱离实际，盲目进行投放。具体应把握好三个原则：一是应选择耐寒的鱼种。黄土高原地区相对于南部地区气候较为寒冷，热带鱼种多半不能适应。因此应尽量考虑耐寒性较好的鱼种，以便适应黄土高原的严寒。二是应选择以食草为主的鱼种。淤地坝中的幼鱼生长主要靠食用坝中水面周围的杂草及山洪冲入坝中的有机质，人工饵料等投入较少，因此应主要选择以食草为主的鱼种，以利于鱼的生长，最好少选或不选其他鱼种。三是应选择喜欢在水面周围活动的鱼种，尽量少选喜欢在水底活动的鱼种，以利于捕捞。

2. 要解决好管理问题

淤地坝多建在流域面积较大的沟道内，部分工程距离村庄较远，一旦投入鱼苗，管理难度较大。因此，各地应结合实际出台一些相应的管理办法，加强对淤地坝养鱼的管理工作。一是要严格执法。要认真贯彻《中华人民共和国渔业法》及与之相关的法律、法规，依法行政，照章办事。特别是渔政工作人员要经常深入到各淤地坝去巡逻、检查，发现有乱钓鱼甚至电击、炸鱼的不法分子，要严厉打击，切实起到保护渔业生产及震慑不良行为的作用。二是要落实专人管理。对于距离村庄较近的淤地坝，在发展养鱼期间可指定一户村民具体负责淤地坝的管理工作，渔业管理部门可根据情况给予一定的报酬，对于距离村庄较远、当地群众无法管理的淤地坝，则需落实专人进行管理，以确保养殖效益。三是可实行租赁或承包责任制。对于一时无法落实管理责任的淤地坝，则可以根据当地实际，将淤地坝的水面租赁或承包给懂技术、有经验的人员进行发展。在条件允许的情况下，还可实行股份制或合作经营的方式加强对淤地坝的养殖利用。

3. 要解决好防病问题

淤地坝的蓄水属于常规意义上的"死水",流动性差,容易诱发鱼病。因此,在利用淤地坝发展养殖期间,一定要加强病害防治,确保健康养殖,科学养鱼。首先要坚决杜绝石油开采等工矿企业生产、生活污水污染水源,不得在淤地坝附近审批石油开采、地质勘探等有可能造成水源污染的生产活动,确保坝水纯净,减少鱼病发生。其次是要降低养殖密度,减少鱼类排泄,减轻水中非离子氨的聚集,涵养水源。再次是要提高养殖技术水平,增强水环境意识,教育群众不得在水中随意洗衣服及农具,减少人为造成水质污染的几率,达到既养鱼又养水的目的。

4. 要解决好捕捞问题

淤地坝多建于地形较为复杂的沟道,支、毛沟较多,捕捞难度较大。不少地方由于捕捞技术跟不上,导致坝中之鱼多年不能上市,效益大打折扣。因此,解决好淤地坝养鱼的捕捞问题是关系到渔业生产健康发展的关键。具体讲,应抓好两方面的工作。一是要组建一支专业的捕捞队伍。通过技术培训、实地训练等形式,提高捕捞技术和捕捞水平,保证淤地坝中的成鱼能够及时捕捞上市。二是要配备充足的捕捞设施,特别是对渔网、捕捞船等必备的器具和设施一定要足量配备,尽可能满足捕捞需要,从而为淤地坝养殖的捕捞工作奠定基础,确保淤地坝养殖工作实现良性发展。

5. 要搞好技术培训,不断普及科学养鱼知识

近年来,尽管部分淤地坝承包户的理论水平和实践经验都得到了提高,传统的养殖方法逐步改变,科学养鱼技术正在普及,但科普培训的力度还应进一步的加大,要采取走出去学技术、请进来传、帮、带的方法解决生产中的难题,要把有限的淤地坝资源尽可能的承包给有经验、懂管理的承包人。每个县(区)可确定2~3个示范坝,从财力及技术上予以扶持。要抓典型、抓示范,以点带面,逐步推动淤地坝养鱼的健康发展。

6. 要解决好防汛问题

淤地坝养鱼的防汛工作也非常重要,在主汛期要经常检查排水涵洞或溢洪道,要安装好拦鱼设备,以免造成不必要的损失。

14.2.6 坝地养鱼效益分析

1. 经济效益

坝地蓄水养鱼:田家沟1号骨干坝工程目前蓄水20万m^3,采用社会承包方式,发展水产养殖,投放鱼苗30万尾,年产净效益48万元。

景区垂钓:田家沟水保生态风景区年接待能力达到30万人(次)以上,至目前,共接待国内外游客25万人(次),实现营业收入200多万元。

2. 社会效益

产生的社会效益主要有两方面:一是使流域内部分农民可以承包鱼塘,发展养鱼产业,改变单一地依靠经营耕地的生产方式,增加农民的收入;二是丰富了景区的景点,增加了景区的吸引力,使更多的人来景区休闲度假,放松心情,是附近城市居民不必长途跋涉就可以找到一处游憩的地方。

3. 生态效益

发展坝地养鱼业产生的生态效益主要是丰富了流域坝系的景观多样性，有了鱼儿的加入，使单调的坝地水塘变得有了灵性，充满了生机。

坝地养鱼的先进之处就在于：充分合理地利用了坝地水土资源，从而实现沟道坝地优化利用，提高坝系水土资源利用率。改变了淤地坝淤满后再利用的方式，缩短了淤地坝利用时间，提前发挥经济效益。

14.3 坝地苜蓿种植模式

14.3.1 发展坝地苜蓿种植模式的意义及目的

坝地作为该区新型农业资源，具有水肥条件优越、高产、稳产等特点，其高效开发利用不失为农业可持续发展的重要途径。

坝地土壤水肥条件优越，微生态环境良好坝系建设不仅拦蓄了大量的沟道泥沙，而且使原来不能耕种的荒沟淤成坝地，形成优越的、新型的土壤微生态环境。据测定，坝地有机质含量为0.96%，速效磷21.85mg/kg，速效钾127.64mg/kg，较一般沟坡地分别提高0.35%、12.85mg/kg、75.14mg/kg，具有良好的抗旱保墒能力，有利于新型农作物品种及先进农业技术的推广应用。淤地坝的建成使沟道实现了川台化，改善了农业基本生产条件，有利于提高农业生产机械化程度。同时，随着社会经济的发展和信息化服务范围的拓展，坝库区农民对新型农作物种质资源的认识以及科技意识的提高，农业生产实用技术及其他设施农业技术在坝地生产中将得到推广应用，有利于提高坝地单位面积土地生产力，增加区域土地资源人口承载力，减少人为对生态环境的破坏，巩固退耕还林还草成果，推进黄土高原丘陵沟壑区生态环境建设。

紫花苜蓿作为一种优质、高产、适应性强的豆科牧草，在我国北方黄土高原区发展苜蓿草业具有明显的地域优势及较为显著的经济效益和生态效益。随着气候的暖干化，种植抗旱性强的人工牧草成为适应气候变化，充分有效利用气候资源的举措之一；为了进一步提高农业经济效益，加大农业结构调整力度，也需要发展紫花苜蓿等人工牧草产业。

发展坝地紫花苜蓿种植可以解放出大量的耕地推动种植业由传统的二元结构向"粮食作物—经济作物—饲料作物"的三元种植结构转变，以获得效益产出最大化，实现对有限耕地资源的自然利用向科学分配利用的转变过程。

14.3.2 技术原理

1. 黄土高原发展苜蓿草业的地域优势分析

苜蓿可以充分利用全年降水及一年生作物难以利用的一次性小于5mm的无效降水，加之苜蓿的收获对象为无性的绿色体而不是对水分敏感的有性器官，从而使苜蓿成为旱区高度耐旱型栽培植物。据研究，紫花苜蓿在黄土高原最适宜生态区为南温带半湿润气候区，适宜区为中温带半干旱气候区，适应区为中温带半干旱、干旱气候区。在黄土高原范围内，苜蓿现实生产力水平大致为6750～9750kg/hm^2（干草产量），可望实现的降水生产潜力值为 1135 万～1165 万 kg/hm²（干草产量）。这种潜力值在磷的投入量增加和已有的旱作技术条件下，将能得到有效地开发。按干草 18% 粗蛋白质含量计算，该区没有任何其他饲草的蛋白质产出量可以赶上苜蓿。此乃黄土高原旱区一地域资源优势所在。固原县 14 年持续稳定增产的关键在于 25% 耕地种植苜蓿形成的"草—畜—肥—粮"结构体系。

2. 本区适宜种植的苜蓿品种

陇东苜蓿栽培历史约 2000 年之久。该品种分布区位于黄土高原沟壑区，气候温和，土层深厚，年平均气温 7～11℃，年降水量 400～600mm，无霜期 150～200d，年蒸发量 1500mm 左右，年日照时数 2400h 左右。pH 值为 7.4～8.0，生境条件非常适合苜蓿生长。在长期旱作条件下，形成了优良的陇东苜蓿地方品种。

阿尔冈金紫花苜蓿主根发达，具有根瘤共生的特性，能够固定空气中的氮。因此，非常抗旱、抗寒和耐瘠薄土壤，能够改良土壤理化性质，提高土壤肥力。阿尔冈金紫花苜蓿也是优良的土壤改良和水土保持植物。抗逆性强，适应性广，草质优良，产草量很高的紫花苜蓿品种。与普通品种相比，它具有如下突出特性：在有雪覆盖的条件下，能耐受 −50℃ 低温；能在降水量 200mm 左右的地区良好生长；刈割后生长快，每年可刈割 2～4 次；对褐斑病、黄萎病等有很强的抗性；全年亩产鲜草 6000～8000kg，干草 1400～2000kg；草质柔软，叶量丰富，粗蛋白质含量达 20% 以上。喜中性或微碱性土壤，适宜在我国华北、东北、西北、中原和苏北地区种植。

"巨人"紫花苜蓿，是美国培育生产的长寿紫花苜蓿新品种。分蘖能力强，单株分蘖数多；再生性好，在生长季节 20 余 d 能刈割一次。有极强的耐践踏和耐频繁刈割的能力，适宜放牧和建立人工草地。出色的耐旱和越冬能力，能在年降水量 300mm，无霜期 100d 以上的地区正常生长。抗寒性极强，秋眠级数 2.0，是寒冷地区表现最佳的苜蓿品种之一。抗病性能极强，对疫霉病、丝囊霉病、轮枝孢菌枯萎病、细菌性枯萎病及黄叶蝉有很高的抗性。叶量丰富，草质柔嫩，粗蛋白含量高，可消化养分占 66.51%，并含有多种维生素和矿物质。产草量高，全年可刈割 2～4 次，在沟道坝地有灌水条件、土地肥沃的温暖地区，可刈割 4～5 次，鲜草产量 75～112t/hm²（亩产 5000～7500kg）。

14.3.3 技术规程

14.3.3.1 轮作

一年生谷类作物、中耕作物或根菜类作物后均适于播种紫花苜蓿。一般论作种紫花苜蓿的年限为 2～4 年，栽培年限过长不仅产量低，而且根系庞大，翻耕困难。种紫花苜蓿后土地肥美，富氮质，种植麦类、棉花、水稻，无不相宜。

14.3.3.2 选地和整地

苜蓿适应性广泛，可以在各种类型土壤中生长并获得一定产量，对土壤要求不严，微碱性土壤为佳，最适宜的土壤 pH 值为 7～9，在陇东黄土高原地区的塬面、荒沟、荒坡和荒山均可种植。沟壑种植，不应在缺墒瘠薄的阳坡、梁峁或山顶种植，较适宜在阴坡、半阴坡、川台地和沟底排水良好的土壤上种植，不宜在红黏土、排水不畅的土壤上种植。在可溶性盐含量小于 0.3% 的轻度盐碱地上也可种植。

紫花苜蓿种子细小，幼苗较弱，早期生长缓慢，整地务必精细，对塬地、川台地、梯田地要求耕翻整地，使土壤平整、紧密，达到上虚下实，无大土块。整地后要镇压以利保墒，对三荒地，如当年秋播，最好在春夏深翻土地，清除草根，特别清除赖草、白草等根茎性草根。有灌溉条件的地方，播前应先灌水以保证出苗整齐；无灌溉条件地区，整地后应行镇压以利保墒。种紫花苜蓿生长年限长，出苗不匀或不齐，对以后的生产影响极大。

14.3.3.3 播种

1. 播前种子处理

自产种子中含有较多的杂质和秕种子，必须经过清选。要求种子净度和发芽率均达到85%以上，必要时还要进行硬实种子处理和根瘤菌接种工作，目的在于提高种子的萌发能力，保证播种质量，为苜蓿的壮苗打下基础。

硬实种子处理：硬实种子水分不易浸透，发芽率低。当年收获的种子当年秋播时，必须进行硬实处理。具体方法主要有：

（1）擦破种皮法，用石碾碾压，或在种子中掺入一定量的碎石、沙砾在砖地轻轻摩擦，或在搅拌器中搅拌、震荡，使种皮粗糙起毛而不压碎种子。

（2）变温浸种法，将种子放入50~60℃热水中浸泡30min后捞出来，白天放在阳光下暴晒，夜间移到阴凉处，并经常加水使种子保持湿润，一般2~3d后种皮开裂，当大部分种子略有膨胀时，即可播种。此种方法适用于土壤墒情较好的情况，墒情不好的地块不宜采用。

根瘤菌接种：紫花苜蓿是适宜接种根瘤菌的植物。特别是从未种过苜蓿的田地接种根瘤菌效果更明显。据试验，接种后的苜蓿产量可提高10%~30%。苜蓿根瘤菌可在市场上购买，也可从老苜蓿地刨出苜蓿根，阴干后把根瘤取下来，压成末，然后拌到苜蓿种子里。经根瘤菌拌种的种子应避免阳光直射；避免与农药、化肥等接触；已接种的种子不能与生石灰接触；接种后的种子如果不马上播种，3个月后应重新接种。

2. 播种期

北方各省宜春播或夏播。西北、东北、内蒙古4~7月播种，最迟不晚于8月上旬。北方春播应尽量提早，有的地方可早春顶凌播种或冬播（或称寄籽播种），争取尽早出苗，以免受烈日及杂草的危害。春播紫花苜蓿根部发育健全，有利于安全越冬，当年还可收割1~2次。播种过迟，由于气温逐渐降低，生长减慢，根部发育不良，往往不能越冬。

3. 播种量及播种方法

紫花苜蓿生长快，分枝多，枝叶多，产量高，刈割次数多，以单种为宜。采取条播、撒播、点播均可，以条播为佳，一般每亩播种量为1~1.5kg。行距为20~30cm较好，密行条播能很快地覆被地表，抑制杂草，同时可提高产量。东北贫瘠地区行距以30~40cm为宜，肥沃地则宜50~70cm的宽行播种。在肥沃地宽行稀植的植株生长健壮，分枝增多，秆粗叶密，茎下枯枝落叶少，有利于提高产量和品质。

紫花苜蓿的播种方法比较多，根据播种时期、播种目的和播种条件选择使用。

（1）条播：在进行大面积种植时，多采用播种机条播，播种的速度快、质量好、发芽成苗率较高。条播种植使植株间通风透光，利于生长，也便于中耕除草、施肥灌溉、病虫害防治和收割等田间作业。另外，在坡梁地上横向条播，有助于拦截径流，覆盖地面，减少水土流失。

（2）撒播：常用的一种简便的播种方法，适合于小面积和机械不方便作业的地块，在作物行间套种和草地改造时也常使用撒播。撒播的优点是方便快捷、经济实惠，特别是在粗放经营或不宜条播的情况下；缺点是种植深浅不一，发芽出苗不整齐，植株间无行距，不利于大田后期管理。

（3）保护播种：由于紫花苜蓿的种子细小，幼苗生长缓慢、生长力差，头年产量低等原因，常把紫花苜蓿套种在一年生作物田里，当这些一年生作物收获后，紫花苜蓿迅速生长起来，成为纯紫花苜蓿大田。保护播种可以降低气候外界环境对紫花苜蓿幼苗的不利影响，抑制杂草，使幼苗顺利生长，还可减少紫花苜蓿占地时间，提高土地利用率，增加头年种植的经济收入，整体弥补头年单播紫花苜蓿中的一些不利因素。

（4）混播：紫花苜蓿也常与其他科牧草混播，更充分地利用土地、空间、水分和光照，以提高产量、改善品质和延长草地利用年限。混播草地用于放牧时，耐践踏，适口性更好，而且还可避免牛羊发生膨胀病。另外，苜蓿混播对土壤的改良作用更全面，有益于轮作倒茬。

第一，与复种糜子混播：陇东群众习惯于小麦、荞麦、糜子或冬油菜混播，但据调查，紫花苜蓿与糜子混播比与荞麦混播增产鲜草36.4%，且施磷比不施磷增产33.3%，与糜子混播的优点是抑制杂草，保护紫花苜蓿幼苗生长，提高土地利用率。

第二，与红豆草混播：据资料，紫花苜蓿与红豆草按播量1：1混播，比单播可增产20%。与红豆草混播的优点是：因紫花苜蓿第1～2年为低产期，而红豆第1～2年产量最高，第三年后开始衰退，而紫花苜蓿在第三年后则进入高产期，如此，两者优势互补，能显著提高产草量，对生产极为有利。且抗杂草，抗病虫害的效果也很明显。

第三，与芒雀麦混播：紫花苜蓿与无芒雀麦按播量2：1混播效果最好，虽产草率不很明显，但在抗杂草和病虫害能力方面却优于紫花苜蓿与红豆草的混播。这种混播方式，在黄土原面和沟壑均可进行，尤其在沟壑混播，对水土保持效果良好。

4. 播种深度

苜蓿的播种深度应视土壤墒情而定。如果土壤墒情好，为了出好苗应尽量浅播。如果土壤墒情稍差或者土壤墒情好、天气干燥，应适当深播一些。一般湿润土壤为1～2cm，干旱时播深2～3cm。春季和秋季播种后需要镇压，使种子紧密接触土壤，有利于发芽；但在水分过多时，则不宜镇压。尤其在春季土壤水分不足时，播后镇压以利出苗。

5. 播量

紫花苜蓿的播量与种子质量有关，一般净度为60%，发芽率达85%以上的种子，用种量约11.25～15kg/hm^2，播深一般为2～3cm。播种量视整地的粗细和地形地貌的情况而定，一般黄土原面耕地用种量约6～7.5kg/hm^2，而沟坡用种量约11.25～15kg/hm^{2}为宜。

14.3.3.4 田间管理

1. 中耕除草

苗期生长缓慢，锄草2～3次以免受杂草的危害。越冬前应结合锄草进行培土以利越冬。早春返青及每次刈割以后，亦应进行中耕松土，清除杂草，促进再生。控制和消灭杂

14.3 坝地苜蓿种植模式

草是田间管理的关键工作。

除此之外，还有化学防除和生物防除措施，化学除草剂的使用能够代替一些栽培措施。

传统的除草策略是以最大限度地降低杂草密度来达到最大限度的减少杂草危害为宗旨，追求的是除草务尽，经过多年的研究发现，在苜蓿生长的一定时间内，允许存在一定密度的杂草并长到一定得生物量，不会对苜蓿的生长造成明显的影响，还会在一定程度上覆盖地面，截获或反射部分阳光，降低地表温度，减少地面蒸发以及水土流失，改善苜蓿的生长环境，降低苜蓿株行间温度，降低苜蓿植株呼吸作用强度，减少其同化产物消耗。

我国北方地区特别是中西部地区干旱少雨，苜蓿旱作比较普遍，在一定限度内发挥田间杂草的积极的生态作用，对进行苜蓿商品草生产的优化管理，降低生产成本、提高经济效益、促进农业产业化调整等都具有重要意义。

2. 施肥

紫花苜蓿对土壤养分利用能力很强，可摄取其他植物不能利用的养分，但由于产量高，自土中吸收的养分远较一般作物和牧草为高。土壤瘠薄，影响甚大，播前应施足基肥。有机肥用量为1000～2000kg/亩；过磷酸钙30～50kg/亩，翻地前施入；酸性土壤则施用石灰。返青前或刈割以后必须追肥，施肥不仅影响产草量，且可改善牧草的品质。

3. 灌溉排水

有条件地区灌溉可显著增加紫花苜蓿的收割次数，提高单位面积内的产量和饲草品质，提高越夏率。干旱和寒冷的地区，冬灌能提高地温有利于紫花苜蓿的越冬。地下水位高的地方，排水可使通气状况改善，微生物活动增加，土壤温度提高，减少冻害。

14.3.3.5 病虫害防治

紫花苜蓿常见的虫害有蚜虫、浮尘子、盲椿象、潜叶蝇等。蚜虫集中于紫花苜蓿幼嫩部分吸取其营养，使受害植物幼叶卷缩，花叶蕾凋萎干枯，可食率降低。潜叶蝇在叶表皮下潜行蛀食，使叶枯黄，影响光合作用，造成减产，上列虫害均可用乐果等防治。

14.3.3.6 收获

牧草刈割时期应是单位面积内营养物质产量最高且对植株寿命无影响的时候。紫花苜蓿最适宜的刈割时期是在第一朵花出现至1/10开花，根茎上又长出大量新芽阶段。此时刈割营养物质产量高，根部养分已积蓄到一个相当高的水平，再生性良好。在蕾时刈割蛋白质含量高，饲用价值大，但产量较低，且减少根部养分的积贮，摧残生机，甚至引起死亡。刈割过迟，草质粗老，饲用价值低，且基部长出大量新枝，一次刈割后两批茎秆，老嫩不齐，调制困难。紫花苜蓿留茬高度一般4～5cm为宜。

刈割时期还应根据具体情况而定，青饲的宜早，制干草的可在盛花期刈割。作猪、禽饲料用的较青，作牛、羊饲料的用的较早，作人工干草用的又较制普通干草的为早。如发生倒伏或根部已长出大量新芽时应及早刈割。最后一次刈割应在当地平均霜降期来临前4周进行，使上冻前能恢复至一定的高度。

刈割次数：当年春播的，无灌溉条件的干旱地区，每年收1茬，北方在灌溉条件或者降水量较多的地区，可刈割2～3次；夏播的北方不能刈割。第二年生长的紫花苜蓿收割因地而异，北方地区可年收 3~5 茬，两次刈割间隔通常为 35~42d。一般产鲜草 2000~4000kg/亩，干草 500~1500kg/亩。水肥条件好的高产田产鲜草 5000~7000kg/亩以上，产干草 1500~3500kg/亩。一般灌区风干草为鲜草重的 20%~25%，干旱地区风干草为鲜草重的 30%~35%。

14.3.4 效益分析

1. 经济效益

紫花苜蓿的产草量因生长年限和自然条件不同而变化范围很大，播后 2~5 年的鲜草产量一般在 3 万~6 万 kg/hm²，干草产量 7500~12000kg/hm²；利用年限长：寿命可达 30 年之久，田间栽培利用年限多达 7~10 年；再生性强、耐刈割：紫花苜蓿再生性很强，一般 1 年可刈割 2~4 次，多者可刈割 5~6 次；草质好、适口性强：紫花苜蓿茎叶柔嫩鲜美，不论青饲、青贮、调制青干草、加工草粉、用于配合饲料或混合饲料，各类畜禽都最喜食，也是养猪及养禽业首选青饲料。

紫花苜蓿茎叶中含有丰富的蛋白质、矿物质、多种维生素及胡萝卜素，特别是叶片中含量更高。紫花苜蓿鲜嫩状态时，叶片重量占全株的 50% 左右，叶片中粗蛋白质含量比茎秆高 1~1.5 倍，粗纤维含量比茎秆少一半以上。在同等面积的土地上，紫花苜蓿的可消化总养料是禾本科牧草的 2 倍，可消化蛋白质是 2.5 倍，矿物质是 6 倍。

国际市场上苜蓿产品的原料价格为 50 美元/t 左右，加工品价格变动于 120~240 美元/t。国内市场草捆价格一般为 1200~1400 元/t，草粉价格则在 1100~1800 元/t 左右。按目前黄土高原地区平均 9t/hm² 的干草产量水平，可创直接社会产值约 1 万~1.7 万元，按照运输、加工、田间生产、利润的产值及分配比例计算，在此类地区的中、低产地、退耕地、荒地安排苜蓿生产，产值约为 5400 元/hm²。黄土高原地区大规模苜蓿商品生产的潜在地区普遍经济落后，生活贫困，生产水平低，上述产值水平对于当地利用资源优势发展生产、增加经济收入、促进劳动力转移、实现脱贫致富具有重要意义。

从国内外市场需求看，按国内绿色饲料产品需求量约 1 亿 t，国际市场需求量约 500 万 t 计算，国内苜蓿产品市场年潜在上限为 1000 亿元人民币，国际市场容量为 10 亿美元。可见积极行动起来，开发并占有国内外有关市场是社会发展的需要，也是西北贫困地区经济腾飞的一次机遇。

2. 生态效益

紫花苜蓿发达的根系能为土壤提供大量的有机物质，并能从土壤深层吸取钙素，分解磷酸盐，遗留在耕作层中，经腐解形成有机胶体，可使土壤形成稳定的团粒，改善土壤理化性状，降低土壤含盐量，适合在轻度盐渍化的土壤中种植；根瘤能固定大气中的氮素，提高土壤肥力。平均每公顷固氮量相当于 450kg/hm² 尿素，增加土壤有机质。2~4 龄的苜蓿草地，根量鲜重可达 2 万~4 万 kg/hm²，根茬中约含氮 225kg/hm²，全磷 34.5kg/hm²，全钾 90kg/hm²。每年可从空气中固定氮素 270kg/hm²，相当于施 825kg/hm² 硝酸铵。苜蓿茬地可使后作 3 年不施肥而稳产高产，增产幅度通常为 30%~50%，高者可达一倍以上。

紫花苜蓿枝叶繁茂，可以防风固沙，防治水土流失。苜蓿对地面覆盖度大，2 龄苜蓿返青后生长 40d，覆盖度可达 95%。又是多年生深根型，在改良土壤理化性，增加透水性，拦阻径流，防止冲刷，保持坡面减少水土流失的作用十分显著。据测定：黄土高原陇东地区 20°的坡地种植苜蓿比耕地减少径流量 88.4%，减少冲刷量 97.4%，比 9°的坡耕地减少径流量 58.1%，减少冲刷量 95.6%。

14.4 坝地马铃薯种植模式

14.4.1 技术目标

黄土高原地势较高，气候温和，土层深厚，物候条件非常适宜马铃薯的生长发育，是全国主产区之一。根据坝地微地形气候条件、耕作栽培制度以及不同农作物品种的生态型综合考虑，选用的良种在抗逆性方面应具备抗旱、耐寒、抗高温、抗病、耐涝、抗倒伏以及高产、稳产的特点，在生理生态适应性方面应生育期适中，能充分利用坝地光、热、水、肥条件，同时生育期的可塑性较大，以适应坝地多变的土壤环境。

马铃薯的高效农业栽培技术，既能实现黄土高原水土资源的高效利用，又为黄土高原地区农业增产、农民增收、农村经济发展创造条件，同时又要充分发挥生态的自我修复能力，加快水土流失防治步伐，保证水土资源的可持续利用做出保证。适时、合理地调整坝地农业种植结构，并以区域龙头企业和支柱产业的形成和发展带动、提高坝地农业生产效益。

14.4.2 技术原理

1. 坝地种植优势

坝地土壤层理结构优势。据有关资料，自然土壤的土体构造具有明显的层理结构，即淋溶层、淀积层、母质层和基岩层，耕作土壤的土体构造也具有明显的层理结构。以纸坊沟流域为例，坝地土壤既非自然土壤，又非耕作土壤，坝地土壤是土壤侵蚀的产物，是土壤侵蚀物随水流运移沉积形成的，其土壤结构具有自身的特征。淤积形成的坝地土壤具有明显的特殊层理结构，剖面分层明显，自上而下依次为黄土层、以细沙为主的沙土层、质地粘重的褐色土层、与原坝地接触的粗沙层，形成了最新的坝地淤积土层层理结构，其厚度黄土层为 1.0~1.5cm，褐色土层为 5~10cm，细沙层 22~25cm，粗沙层为 2~3cm。据分析，坝地土壤粒径组成仍具有黄土性特征，以沙粉粒为主，其含量占全部粒径的 66%~70%，且中粗粉粒含量比例大，细粒比例小，从生产实际中可知，这种土壤结构特性非常适合坝地作物的生长，上部含沙量较高的土层通气透水，中下层既利于保水又能为作物后期生长发育提供养分。

坝地土壤养分优势。在 0~60cm 作物养分主要供给层中，高龄坝地速效养分含量是荒坡地 1.48~1.77 倍，是梯田的 1.04~1.4 倍，低龄坝地速效养分含量是荒坡地的 1.02~1.45 倍，梯田的 1.14~1.82 倍，这说明坝地与作物生长关系密切的土层中速效养分的供给能力更具持久性和缓效性，即坝地具有较大的生产潜力，这可能是坝地作物相对高产的一个主要原因。

2. 马铃薯的抗旱特性和需水特点

与其他作物相比，马铃薯根系生长浅，是需水较多、对水分胁迫较敏感的作物之一，稍微发生水分缺乏，叶片气孔就关闭，蒸腾率降低。不同熟性品种对水分胁迫反应不同，一般中晚熟和中早熟品种耐旱性较好，早熟品种耐旱性较差。

马铃薯根系在深度和横向分布范围都较小，因此深层用水能力不如谷类作物。马铃薯根系主要分布在 30cm 的土层中，一般不超过 70cm，水平伸展也是 30cm 左右。一般早熟品种根量少，入土浅，而晚熟品种根量相对较多，入土较深一些。马铃薯的根难以穿过犁底层是它对水分敏感的原因之一。当叶水势为 -0.35MPa 时即可引起马铃薯蒸腾降低，而引起大豆和棉花蒸腾降低的叶水势为 -1.1MPa 和 -1.3MPa，说明马铃薯是喜湿作物。

马铃薯蒸腾系数在 400～600 之间，一生需水 375mm 左右，如年总降雨量在 400～500mm，且能均匀分布在生长季节，即可满足马铃薯对水分的要求。需水规律总的特点是苗期抗旱，中期喜水，后期怕湿。中期就是指块茎的形成期和膨大期，耗水量最大，占全生育期需水量的 70% 左右，后期指淀粉积累期。

马铃薯虽需水较多，但不耐水淹，因根需氧最大，淹水后容易死亡。

抗旱锻炼对马铃薯有明显作用。在较低水分条件下种植的马铃薯在块茎膨大期有较好抗旱性，产量较高。从出苗到花芽形成期干旱（相对持水量为 25%），然后使土壤相对持水量上升到 45%，经过这种处理的产量一直高于土壤水分保持 45% 相对持水量的处理，这是因为马铃薯在较低水分条件下种植的水分利用效率较高。如果在结薯期遇到干旱，然后在块茎膨大期浇水，除非在播种至出苗期间有受旱锻炼经历，否则产量严重降低。在出苗以后 12～16d 的干旱处理（土壤相对持水量 20%～30%），然后使土壤相对持水量上升到 80%～100%，经过这种处理的产量也高于一直保持较高供水水平的处理。抗旱锻炼会增加马铃薯的净同化率，这可能是由于抗旱锻炼会降低气孔对干旱的敏感性。

马铃薯喜欢湿润的环境，凉爽的气候，疏松的土壤，地上器官要求光照充足，地下块茎要求阴暗条件。马铃薯既怕高温，又怕霜冻，不耐 0℃ 以下的低温。当温度下降到 -4℃ 时，地上植株和地下块茎都会受冻而死。

14.4.3 技术方案

1. 整薯播种

整薯播种既是一项抗旱播种技术，更重要的是一种防病技术：整薯播种可以防止薯块水分散失，避免切块时传染病菌，干旱条件下出苗率高，植株生活力强，个体和群体的生长发育都优于切块播种，以致最终产量较高。据研究，与切块播种相比，旱地马铃薯小整薯播种使出苗率提高 10%、发病率下降 7%、退化率下降 2% 左右，净产率提高 40%～52%。

旱地马铃薯在品种选择上首先要求抗病，然后考虑具有一定的耐旱、耐瘠能力。目前马铃薯只有对某些病毒病高抗或耐性较好的品种，还没有完全免疫或具有全面抗性的品种，各地可根据主要发病类型选择品种。

2. 地膜栽培

坝地地温低，农作物不宜出苗，利用地膜覆盖具有增温、保水、聚肥、提高光热效应、改变土壤理化性状、减轻病虫草害、促进早熟等多种作用。

地膜覆盖处理对马铃薯产量的影响显著。从生物学特性分析，马铃薯属喜凉作物，但试验结果看对地膜覆盖反应敏感。在陇中寒旱地区马铃薯采用全生育期覆膜，可以起到促进增产的作用。同时也说明马铃薯不中耕培土，只要其他条件改善，也能获得理想的产量。

3. 水平沟种植

甘肃中部干旱半干旱地区年平均降雨量为400mm左右，出于经常受大陆性气候影响，年间、年内分布不均，60%的降雨集中于7月、8月、9月3个月，却多以暴雨形式降下；该地属黄土高原西部，境内千沟万壑，地形支离破碎，土壤质地疏松，水分流失严重，因而相当部分的降雨以径流和无效蒸发而白白浪费，常使作物的正常发育受阻。因此，干旱、降雨分布不均，水土流失等严重限制该地农业生产。陕西省延安市大力推广旱坡地水平沟种植方法，就是通过土壤对有限降雨的调蓄来解决农作物需水的供求矛盾，从而改善农业生产条件，促进粮食高产、稳产。

水平沟种植之所以能增加大薯比例，我们分析，这种种植方法创造了较浓厚的松土层，有利于匍匐茎的形成和块茎的膨大，所以大薯的比例增加。

适期晚播是一种抗旱栽培技术。北方旱区春季墒情差，早播常出苗率低、苗弱、不整齐，反而影响结薯。早播在盛花期块茎膨大时，又正好遇到高温，造成薯小退化重。而晚播可以增加马铃薯需水盛期降水量，使块茎膨大期避过高温天气。生产实践证明，晚播10～15d，一般增产5%左右，且大、中薯率提高，次生薯下降，商品价值高。有报道表明，整薯适期晚播15d能使旱坡地马铃薯增产20%以上，次生薯率降低6%～12%，大小薯率提高10%～20%。

马铃薯季节性不强、播种期灵活，马铃薯发芽出苗的适宜温度为12～16℃，表层10cm土温稳定在7～8℃时就可以播种。但适期晚播的温度各地可根据当地需水情况具体确定。

14.4.4 技术规程

14.4.4.1 品种及茬口选择

选择品种应依据旱地、二阴区及川水区自然条件区别对待，旱地应选外销薯及加工型的高淀粉品种，如陇薯3号、新大坪、大白花、渭薯1号、渭薯8号等；二阴区应选菜用型及高淀粉品种，如陇薯3号、陇薯5号、陇薯6号等；川水区应选早上市及薯条、薯片、全粉加工型品种，如克新6号、克新12号、堪内贝克、费乌瑞它、台湾红皮、大西洋、夏波蒂等。

确立了适宜种植的品种后，应选择具有本品种特征的完整薯块、无病虫害、无伤冻、薯皮洁净、色泽鲜艳的幼嫩薯作种薯。

马铃薯的轮作方式要根据当地实际情况决定，一般是忌连茬、迎茬，轮作周期应在3年以上，轮作作物以禾谷类作物优先，切忌茄科作物。

14.4.4.2 整地与施肥技术

要达到多结薯、结大薯，要求有深厚的土层和疏松的土壤。应深耕 30～33cm，遵循"秋耕宜深，春耕宜浅"的原则。因为秋深耕可以起到消灭杂草，接纳雨水和熟化土壤的作用；而春浅耕是提高地温和减少水分蒸发作用的有效农艺措施。

施肥应以种肥为主，追肥为辅。种肥以缓效性为佳，如农家肥（有机肥）、尿素、二铵、过磷酸钙、硫酸钾等；追肥应施速效性肥，如硝酸铵、硫酸钾等。施肥的具体用法为：氮肥，钾肥 70%～80% 做种肥，20%～30% 做追肥，磷肥应一次性作种肥。追肥应在现蕾开花培土时进行。

14.4.4.3 种薯切块与播期

切种应在播前 2～3d 进行，块重 25～30g。旱地以 35～50g 小整薯播种为佳。切种时应注意细菌性病害特别是环腐病的切具传染，一旦发现有病薯存在应立即用高锰酸钾或高温对切具进行消毒，并将带病薯剔掉。

马铃薯播种期因品种、气候、栽培区不同而有所差异。一般情况下，确定适宜播种期应从以下几个方面考虑：一是薯块形成膨大期与当地雨季相吻合，同时应避开当地高温期，以满足对水分和温度的要求；二是根据品种的生育期确定播种期，晚熟品种应比中熟早熟品种早播，未催芽种薯应比催芽种薯早播；三是根据当地无霜时期来临的早晚确定播种期，以便躲过早霜和晚霜的危害；四是间作套种应比单种早播。以便缩短共同生长期，减少与主栽作物争水、争肥、争光的矛盾。

14.4.4.4 播种方法

1. 高寒区

双行起垄种植法：垄幅 100cm，垄距 70cm，行距 30cm，垄高 25～30cm，播种深度 20～22cm。

堆种法：堆距 60～70cm，堆与堆布置以正三角形为宜，堆高 25～30cm，播深 20～22cm，堆形为圆台形。

2. 旱作区

采用种二空二种植法（步犁种植法）：一般用犁幅 25cm 步犁，空犁两行播两行，犁深 16～20cm，施种肥于犁沟后，播种覆土，平种不起垄。

芽栽法：芽栽法常在种薯受细菌性病害危害严重或播种期干旱不能适时播种时应用，在播前采用厩肥和土各半的土肥将单层平铺的种薯覆盖于向阳温暖处，覆层厚 10～20cm，待芽出土 2～3cm（形成 3～7 个绿叶）后，接开土肥取出整薯掰芽剔除母薯后，将芽移栽与大田，田间操作以坑种方式最佳，也可用种二空二的方法，移栽时一定要浇水。

14.4.4.5 种植密度

马铃薯的播种密度应以品种、土壤水肥条件、种植方式和生产目的而定。一般早熟品种宜密，中晚熟品种宜稀，瘠薄地宜密，肥沃地宜稀，旱地宜稀，水地宜密，商品薯宜稀，种薯宜密。根据定西市马铃薯生产的特点，旱地种二空二的密度为 3800～4000 株/亩；整薯种二空二为 200～3200 株/亩；堆种（双子）为 2500～2800 株/亩；堆种（单子）为 400～1600 株/亩；坑种（双子）为 3200～3600 株/亩；坑种（单子）

为2800～3200株/亩；二阴区双行垄作密度为4000～4400株/亩，川水区多数以早上市加工型品种为主，加之水肥条件相对较高，并以机播为主，密度要求应在4500～6000株/亩。

14.4.4.6　田间管理

出苗后立即逐块逐垄检查，发现缺苗立即补种，补种时可挑选已发芽的薯块进行整薯播种。

深中耕、高培土可以清除杂草，疏松土壤，有利于根系的生长发育和薯块的形成膨大，避免薯块暴露地面晒绿，降低食用品质。苗齐后应及时中耕除草，平种或垄种垄高不足者在现蕾期培土至20～30cm高度以利增加结薯层次，多结薯，结大薯。

从播种到出苗阶段所需水分少，一般依靠种薯中的水分即可出苗，出苗至现蕾期，是马铃薯营养生长和生殖生长的关键时期，土壤水分的盈亏对产量影响显著，这时保持土壤湿润，是培育植株丰产的关键。现蕾开花期正是大量结薯的时期，需水量达到高峰，此时供水，不仅可以降低土壤温度，而且有利于薯块的形成膨大，同时还可以防治次生薯块的形成。马铃薯应在苗期浇一次过水，开花期浇一次走水。追肥应在开花前结合中耕培土或浇水进行。

14.4.4.7　收获

马铃薯在80%的茎叶枯黄萎蔫时割去地上部茎叶6～8d后收获（旱地可边收边除茎叶），这样做以防止茎叶病害传至块茎，同时给块茎一个充分的后熟期增加干物质，应注意割茎叶后不能将块茎暴露在土外，防止绿薯量增加。

14.4.4.8　病虫害防治

地下害虫在播前或播种时用杀虫剂处理土壤。

选用无病薯块做种薯，选用前两年没有种过马铃薯和茄科作物的地块种马铃薯。在切种薯时一旦发现有病害，不但要剔除病薯，还要用高锰酸钾或高温对切具进行消毒。田间发现病株应拔除，用石灰处理土壤杀死土壤中残留细菌。

真菌性病害是靠气流传播，因此防治方法除了用无病害薯做种薯外，应注意田间预防。具体操作应根据当地病害发生情况及时施用高效低毒农药。如杀毒矾、代森锰锌、早霜灵锰锌等交替喷施。一旦田间发现中心病株应及时剔除，并对周围植株连喷杀菌农药3～4次。

选用抗病毒品种，最好用脱毒种薯生产商品薯，生产商品薯时应在开花现蕾前喷施杀虫剂，防止蚜虫等昆虫传播病毒，开花后不再防虫，生产种薯在全生育期都要防治蚜虫的侵袭。

14.4.5　效益分析

定西市是甘肃省马铃薯的主产区，马铃薯被作为粮菜饲兼用型作物，在当地经济生产与人民生活中一直占有重要位置、产业化发展以来，通过加强基地建设、品种改良、产品加工、社会化服务、标准化生产、一体化经营等全方位的产业培育和开发，推进了马铃薯产业的迅速发展。目前，马铃薯的产业链不断延伸，系统功能趋于稳定，经济效益明显，竞争力不断增强，产业化发展的格局已基本形成（表14-1）。

表 14-1　　　　　　　　　定西市马铃薯产业发展的数值特征

年份	播种面积 (万 hm²)	产出 单产 (t)	产出 总产 (万 t)	产出 产值 (亿元)	销售 商品量 (万 t)	销售 商品率 (%)	农民纯收入 人均 (元)	农民纯收入 收入比 (%)	加工 加工量 (万 t)	加工 产值 (亿元)	加工 税收 (亿元)
2003	19.37		412.4	13.19	303.3	74	339	23.0	134.9	6.02	0.66
2002	19.44	1.06	309.5	12.38	217.8	70	317	22.5	99.5	7.10	0.33
2001	19.16	1.40	402.6	13.59	271.6	55	326	24.0	100.1	3.06	0.18
2000	15.83	1.51	335.7	11.92	191.1	57	296	23.3	66.1	3.42	0.33
1999	15.43	1.22	282.6	11.24	150.1	56	280	23.7	50.0	2.46	0.14
1998	10.99	1.27	209.2	10.00			230	22.0			
1997	13.50	0.92	185.1	8.00			174	19.0			
1996	10.04	1.04	156.9	2.35			85	10.0			
1995	7.31		100.0								

14.5　坝地油菜栽培技术

14.5.1　技术目标

坝地的利用，除了种植小麦、糜谷、胡麻等耐旱和抗逆性强的传统作物品种，应创新思路，开发种植更高价值的经济作物。坝地土壤适宜的水、肥、气、热条件，是坝地高效开发的物质基础，应采取适宜的开发利用途径，制定科学合理的开发利用方向，提高坝地生产效益，促进农村经济和农村人民生活水平可持续提高和发展。目前，本研究对甘肃天水等周边地区坝地农业生产进行了调研，对比分析其坝地生产潜势，并提出实用的坝地种植技术——天水坝地油菜栽培技术规程，旨在为甘肃地区坝地农业持续高产开辟新思路提供科学依据。

14.5.2　技术原理

1. 油菜对环境条件的要求

(1) 温度：油菜属半耐寒性蔬菜，喜凉爽气候，种子发芽适温为 5～8℃，最适温度为 20～25℃，生长发育的适宜温度为 15～20℃，超过 25℃生长不良。有些品种耐低温性更强，例如青帮油菜在 5℃时可正常生长，能耐 0℃左右的低温。

(2) 光照：油菜属长日照作物，但对光照条件要求不严格，特别是在营养生长时期，一般光照均可满足生长需要。

(3) 土肥水：油菜对土壤要求不严格，但以壤土或砂壤土为宜。对肥水供应要求相对严格，特别是在叶片旺盛生长时期需要充足的水分和速效氮，否则叶片长势弱，产量低。

2. 适合油菜栽培的坝地选择

(1) 生产基地应选择已经淤满的淤地坝坝地，由于天水市地形以山区为主，且淤地坝建设比较早，现有大面积的淤地坝已经淤满并相对连接成片，从耕作角度来说非常适宜种植作物。

(2) 坝地要不受污染源影响或污染物含量限制在允许范围之内。

(3) 生产区域内及上风向、灌溉水源上游没有对产地环境构成威胁的污染源，包括工业"三废"农业废弃物、医院污水及废弃物、城市垃圾和生活污水等污染源。

(4) 坝地必须避开公路主干线，土壤重金属背景值高的地区，与土壤、水源有关的地方病高发区，不能作为无公害农产品或产品原料基地。

(5) 茬口以小麦最佳，禁连作和十字花科蔬菜（白菜、萝卜）茬。

(6) 生产基地灌溉水、大气、土壤必须符合《无公害食品蔬菜产地环境质量标准》（NY 5010—2002）。

14.5.3 技术规程

14.5.3.1 品种选择

(1) 种子质量符合 GB 16715.2—1999 的要求。

(2) 根据天水市气候特点，宜选用耐冻、抗旱、抗病虫害的"双低"杂交油菜品种天油 2 号、秦油 2 号、甘杂 1 号以及本地育成品种 805-0-1-1 等。由于杂交油菜不能自繁留种，因此必须使用由专业研究单位或制种单位提供的杂交种，避免使用假冒伪劣种子。

14.5.3.2 播前准备

1. 整地施肥

油菜为喜肥作物，宜选用土层疏松深厚、细碎平整、通气良好、肥力中上等的地块，避免重茬。淤地坝在淤积过程中由于人为冲刷淤积及自然渗水导致土壤沉降，使得土质坚硬，因此在播种前需要多次深翻耕晒垡，破垡碎土，以利于充分接纳降水和土壤熟化。

每生产 100kg 油菜籽，白菜型油菜需吸收氮 6.0kg、磷 2.4kg、钾 4.4kg。应根据栽培试验及当地施肥水平，在播种前结合浅耕施入适量优质腐熟农家肥。具体施肥量需待肥力化验结果出来后才能确定。

2. 育苗土配制及消毒

选择 3 年内没种过十字花科作物的园土与腐熟有机肥混合，优质有机肥量占 30% 以上，掺匀过筛。每平方米用 50% 多菌灵可湿性粉剂与 50% 福美双可湿性粉剂各 5g 拌匀。

14.5.3.3 育苗

1. 种子消毒

用种子重量的 0.4% 的 50% 福美双可湿性粉剂拌种或用种子重量 0.2%～0.3% 的 50% 扑海因可湿性粉剂或用种子重量的 0.3% 的 47% 加瑞农可湿性粉剂拌种。

2. 播期

根据市场需求和品种特性，适时播种，一般在定植前 15～25d。本地区适宜播种期为 8 月 20～25 日。在海拔较高、气温较低地区适当提前播种，气候干旱年份则要在降水后抢墒播种。

3. 播种

每平方米苗畦施农家肥（以腐熟鸡粪为例）5kg，翻耙后搂平、轻镇压、浇底水。播种量 15～20g/m², 覆土 0.5cm。每 667m² 定植地需苗床 13～15m²。

4. 播种后管理

齐苗后覆土 0.5cm 保墒，分两次间苗，苗距 3～4cm。苗期不干不浇，干时浇小水，播后 25～35d，苗叶 3～4 叶定植。定植前一周降温炼苗。

14.5.3.4 直播

采用平畦直播，方式为条播，行距 15～20cm，播前先浇水，水渗后次日铺底土 2cm，撒干籽，覆土 2cm，用种量 1～1.5kg/亩。

14.5.3.5 田间管理

1. 杂交油菜品种采用移栽苗

（1）定植：按行距 18～20cm 在畦中开沟，株距 10cm，定植 32000 株/亩左右，栽后浇水。

（2）定植后管理：缓苗后如墒情好、底肥足，可在收获前 15d 左右追肥（追肥量有待计算）浇水。

2. 非杂交品种可直播

直播苗：真叶展开后分次间苗，达到苗距 8cm。间苗后及时浇水，4 片真叶时需追肥（追肥量有待计算），收获前 15d 左右再追一次肥（追肥量有待计算）。

3. 越冬培土防冻

在油菜越冬前培土盖苗能起到增温保墒、护苗防冻的效果，在海拔高、气温低的地区效果更显著。土壤封冻前沿行间锄土盖苗，将油菜苗短缩茎段埋在土中，但不要把油菜芯埋住。

14.5.3.6 收获

定植后 40d 左右，待全田 70%～80% 植株黄熟，叶片开始脱落，角果由绿色变为淡黄色时进行收获，间拔或一次性采收。收获后，要堆放后熟 5d 左右，待角果松软，籽粒变为红褐色时碾打晒干。同时注意做到单打、单收，防止坝地优质品种与非优质品种混杂，影响商品性和油品品质。

14.5.3.7 病虫害防治

天水市旱地冬油菜主要在山区种植，一般田间湿度小，病害相对较轻，一般为霜霉病和白锈病。但虫害严重，如蚜虫、小菜蛾等。对病害危害，除加强栽培管理外，应结合药剂进行防治，其中霜霉病在发病初期选用 72% 霜脲锰锌可湿性粉剂 600～800 倍液，或 72% 克露可湿性粉剂 600～800 倍液，或 69% 安克锰锌可湿性粉剂 1000～1200 倍液喷雾，一般 7～10d1 次，连喷 3 次；防治白锈病可在油菜始花期开始喷药，每隔 5～7d 防治 1 次，共 2～3 次，药剂可选用 58% 甲霜灵可湿性粉剂 200～400 倍液、1:1:200 波尔多液、65% 代森锌可湿性粉剂 500～600 倍液、40% 灭菌丹可湿性粉剂 300～500 倍液、50% 福美双可湿性粉剂 200 倍液。对蚜虫可用 10% 吡虫啉可湿性粉剂 1500 倍液，或 50% 抗蚜威可湿性粉剂 2000 倍液，或 25% 阿克泰水分散粒剂 5000～10000 倍液喷雾防治；对小菜蛾幼虫低龄选用 Bt 乳剂 200 倍液，或 5% 抑太保乳油 1000～1500 倍液，或 5% 卡死克乳油 1000～1500 倍液，或 25% 灭幼脲 3 号悬浮剂 500～800 倍液，或 1.8% 虫螨克乳油 2500～3000 倍液，或 3% 莫比朗乳油 1000～2000 倍液，或 10% 多来宝悬浮剂 1500～2000 倍液喷雾防治。

14.5.4 效益分析

甘肃省冬春严寒、气候干旱、沙尘暴频繁，冬油菜是本区主要油料作物之一。甘肃省冬油菜主要分布在以天水为中心的白菜型冬油菜区，包括天水、平凉、陇南、定西、临夏等地区。

1. 经济效益

由于国家加大了对发展油料生产的扶持力度，对油料生产给予直补政策和良种补贴，加之种植油菜操作较为简单、成本低、效益好，为了增加农民收入，天水市鼓励农民积极种植油菜。2008年天水市油菜种植面积达110.5万亩，比2007年增加了10万亩，增长10%。其中山旱地白菜型冬油菜亩产量约150kg，甘蓝型冬油菜亩产量约180kg；川水地甘蓝型冬油菜亩产量在200kg以上，油菜种植经济效益可观。

2. 生态效益

研究表明，冬油菜是理想的冬春季地表覆盖作物。冬油菜苗期生长旺盛，能充分利用干旱区8～9月的集中降雨，春季返青快，加上大量的枯落物和根系分泌有机酸等作用，使其具有良好的覆盖和肥田效果，返青后生长的需水期又避开了春作物的用水高峰期；早熟性又能避免干热风等危害，还可增加复种指数和光热利用率，提高经济效益，因此冬油菜是干旱区农业可持续发展不可替代的轮作肥田作物。同时，冬油菜推广种植后，冬油菜覆盖可降低贴地层风速等风蚀形成条件，能有效防治土壤风蚀，蓄水保肥，从而使沙漠化土地面积和沙尘源地减少，在一定程度上具有防治沙漠化和沙尘暴的效果，可以将冬油菜作为改善我国北方农牧交错带和西部干旱区生态环境的重要作物来考虑。

可见，坝地冬油菜种植具有显著经济效益与生态效益，对农业和农村经济结构战略性调整、合理利用光热水土等自然资源、改善农业生态环境、增加农民收入等均具有重要影响和重要推广应用价值。

第 15 章 沟壑整治工程的环境效应研究

15.1 流域沟壑整治工程对水沙资源的调控机制

本次研究以黄土高原典型流域马家沟为例，分析淤地坝在水土保持措施中的的减水减沙作用，以及该区域的水沙变化，对正确认识黄河流域水土保持工作的地位和作用、对多沙粗沙区水土流失的防治以及减轻下游河道淤积和生态环境的改善具有重要意义。

15.1.1 流域径流和泥沙对降雨的响应研究

为了区分不同的降雨变化和土地利用变化对流域内侵蚀产沙的影响，基于 SWAT 模型建立不同情境下的模拟，以便对不同降雨条件下马家沟流域的水文生态响应进行研究。本研究基于 SWAT 模型在分析年降雨对水沙资源的影响时，假定土地利用没有发生任何变化，分别采用了三个时间段进行模拟，依此来分析降雨对马家沟流域的水沙效应：情景模拟 1（1981~1990 年）、情景模拟 2（1991~2000 年）、情景模拟 3（2001~2007 年）。另外，由于马家沟流域内年内降水量分配不均，有枯季和洪季的特点，该文又分析了一年内各月不同降水条件的水文响应状况。图 15-1 是年际尺度的马家沟流域径流量、泥沙量变化情况。

15.1.1.1 年际尺度径流和泥沙对降雨的响应研究

情景模拟 1：1981~1990 年逐年降雨量数据，土地利用采用 1990 年遥感影响图。
情景模拟 2：1991~2000 年逐年降雨量数据，土地利用采用 2000 年遥感影响图。
情景模拟 3：2001~2007 年逐年降雨量数据，土地利用采用 2007 年遥感影响图。

情景模拟 1：由图 15-1 可以看出，在土地利用不变的情况下，受降雨量影响，径流量和产沙量也相应变化，在 1981~1990 年 10 年间，年平均降水量为 518.9mm，流域年降水量变化幅度较大，从枯水年 1982 年的 302mm 到丰水年 1983 年的 666.4mm。产流量也由 1982 年的 17.4mm 变化为 1983 年的 75.2mm，产沙量由 1982 年的 64 万 t 增加到 1983 年的 99.5 万 t。年平均径流量为 43.24mm，年平均产沙量为 79.64 万 t。

情景模拟 2：在 1991~2000 年 10 年间，流域年降水量变化幅度较大，年平均降水量为 459mm。从枯水年 1997 年的 275mm 到丰水年 1996 年的 622.1mm。产流量由 27.5mm 变化为 80.5mm，产沙量由 56.7 万 t 增加到 120.5 万 t。平均径流量为 50.33mm，平均产沙量为 80.8 万 t。

情景模拟 3：在 2001~2007 年 7 年间，流域年降水量变化不大，年平均降水量为 542.6mm。产流量变化范围从 10.5~19.8mm，产沙量变化范围为 21.5 万~32.8 万 t。年平均径流量为 14.2mm，年平均产沙量为 27.1 万 t。

综上所述，在三个模拟情景下，马家沟流域的径流量和产沙量从总体上看随着降雨量

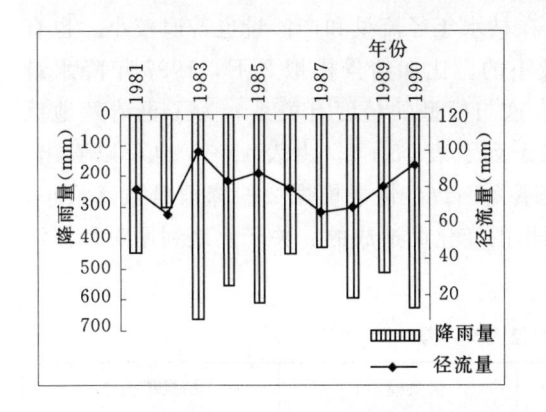

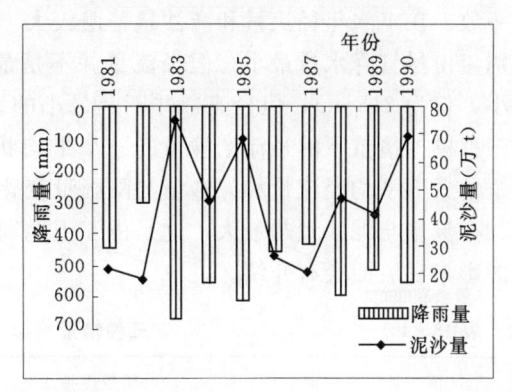

15.1 流域沟壑整治工程对水沙资源的调控机制

情景模拟1：1981～1990年径流量与泥沙量变化

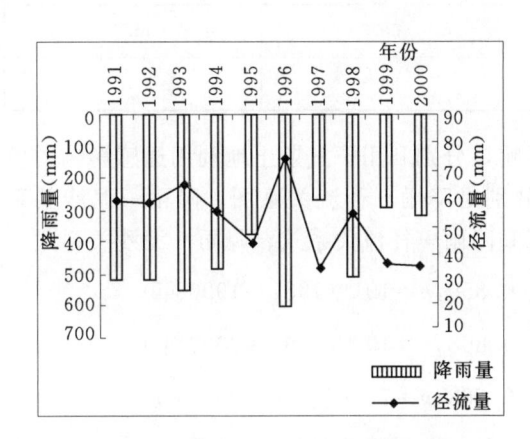

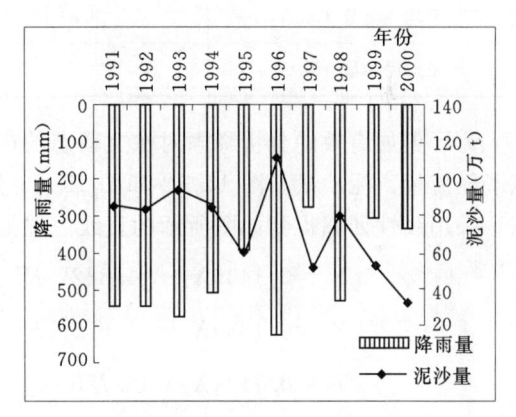

情景模拟2：1991～2000年径流量与泥沙量变化

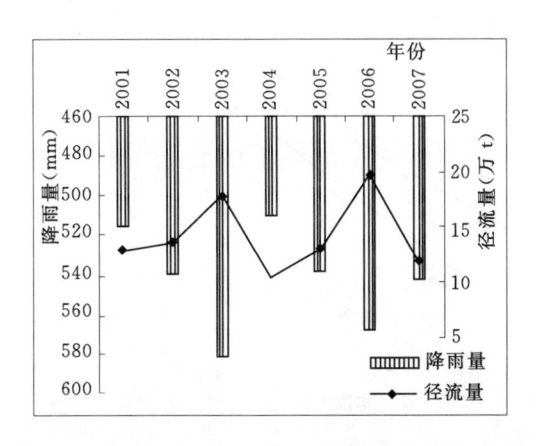

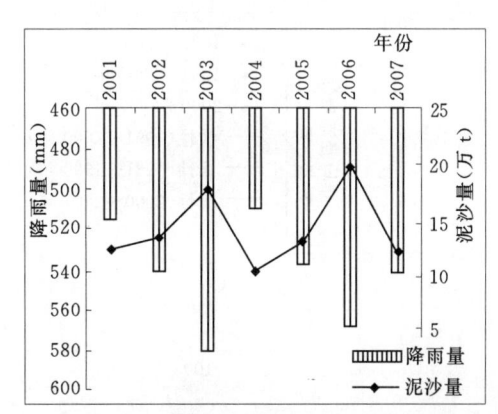

情景模拟3：2001～2007年径流量与泥沙量变化

图15-1 径流量与泥沙量变化

（说明：SWAT模拟的径流量单位是 m^3/s，依据时间步长在计算中换算为 mm）

的增加都有不同程度的增加，即降雨的轻微变化导致径流的大幅变化，这与相关研究的结论一致。在丰水年径流量和产沙量普遍较大,在枯水年径流量和产沙量也普遍较小。也有个别年份尽管降水量最小,但径流量并不是最小的,比如情景模拟2下,1997年降水量最小,仅为215mm,但径流量并不是最小的。这与模型的精度有关。为了更清楚地反映三种模拟情景下的径流产沙量的一个平均状态列了表15-1。由表15-1也可以看出,三个情景下平均径流量和泥沙量与降雨量变化不太一致,情景模拟2的降雨量虽然最小,但其径流量与泥沙量却最大,这是由于土地利用的变化而造成的。关于土地利用对径流泥沙的影响在后面会有介绍。

表 15-1   三种情景模拟的径流产沙量

情 景 设 定	情景模拟1	情景模拟2	情景模拟3
年平均降雨量变化(mm)	518.9	459.0	542.6
年平均径流量(mm)	43.2	50.3	14.2
年平均泥沙量(万t)	79.6	80.8	27.1

为了更加有效的分析降雨对水文动态的影响,分别利用了三期土地利用遥感影响图模拟了径流量、泥沙量。图15-2和图15-3分别是降雨—径流关系图、降雨—泥沙关系图,采用线性回归得到如图所示的直线,并拟和降雨—径流关系式、降雨—泥沙关系式。

$$Y_1 = 0.1409X_1 - 14.342 \quad R^2 = 0.859, n = 10 \quad (1981 \sim 1990 年)$$

$$Y_2 = 0.1829X_2 - 51.676 \quad R^2 = 0.868, n = 10 \quad (1991 \sim 2000 年)$$

$$Y_3 = 0.1124X_3 - 46.756 \quad R^2 = 0.763, n = 7 \quad (2001 \sim 2007 年)$$

以上式中:X_1、X_2、X_3为年均降雨量,mm;Y_1、Y_2、Y_3为年均径流量,mm,n为样本数。

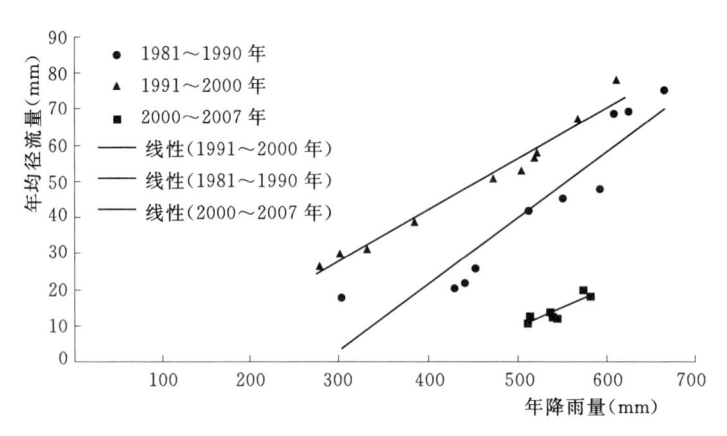

图 15-2 降雨量与径流量关系

$$S_1 = 0.1827X_1 - 3.0485, \quad R^2 = 0.897, \quad n = 10 \quad (1981 \sim 1990 年)$$

$$S_2 = 0.0751X_2 + 40.108, \quad R^2 = 0.743, \quad n = 10 \quad (1991 \sim 2000 年)$$

$$S_3 = 0.1324X_3 - 44.738, \quad R^2 = 0.847, \quad n = 7 \quad (2001 \sim 2007 年)$$

15.1 流域沟壑整治工程对水沙资源的调控机制

以上式中：X_1、X_2、X_3 为年均降雨量，mm；S_1、S_2、S_3 为年均泥沙量，万 t，n 为样本数。

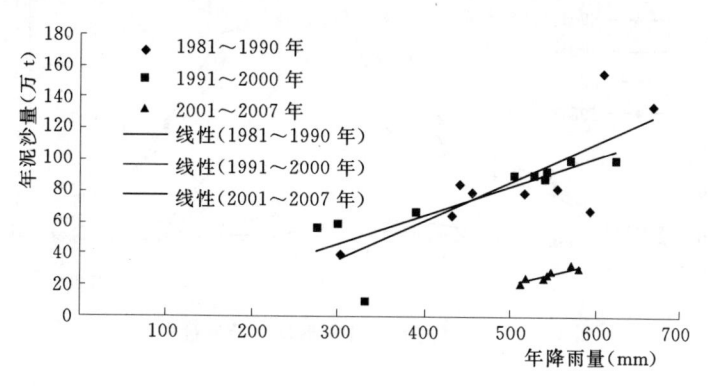

图 15-3 降雨量与泥沙量关系图

由图 15-2、图 15-3 可以看出年降雨量和年径流量、年泥沙量具有很好的线性相关关系，并且呈明显的正相关关系，回归模型的决定系数都较高。由此可见，黄土高原地区在土地利用不变的情势下，流域产流、产沙的大小取决于流域内降水量的多少，降水量多，流域产流产沙越多，降水量越少流域产流产沙也越少。

由图 15-2 和图 15-3 可以看出，不论降雨—径流曲线还是降雨—泥沙量曲线，三期数据的斜率都不相同，这是由于马家沟流域土地利用格局发生变化而造成的，其中 1981～1990 年和 1991～2000 年的斜率明显比 2001～2007 年的斜率要大。这是因为，随着退耕还林政策的实施 2000 年到 2007 年马家沟流域林草地面积有了大范围的增加，林地面积从 190.78hm²，增加到 1702.83hm²。森林作为一个复杂的生态系统，对降雨有三个作用层，即林冠、枯枝落叶层和林地土壤层。通过三个作用层提高了林地的渗透能力和土壤蓄水能力。森林由此起到了缓滞水流和保护地面的作用，可以在一定范围内减少径流总量和泥沙量。因此，2001 年以后，径流量和泥沙量尽管随着降雨量的增大也在增大，但增加的幅度较 2000 年前已经比变小了。因此，图 15-2 和图 15-3 中可以看出 1981～1990 年和 1991～2000 年的斜率明显比 2001～2007 年的斜率要大。

15.1.1.2 月尺度的径流和泥沙对降雨的响应研究

如图 15-4 所示，从月的尺度分析降雨对产流的影响，可以看出，随着月平均降雨量的增加，产流量也随降雨量发生一致的波动。在 1981～1990 年、1991～2000 年和 2001～2007 年的三个时间段内，7 月的平均降雨量均为最大，分别是 95.8mm、87.9mm、110.2mm。径流量也为最大值，分别是 15.4mm、16.8mm 和 5.1mm。在降雨量少的枯水季节，径流量也相当少，尤其在 1～4 月和 10～12 月个别枯水月份，流域内几乎不产生径流量。

如图 15-5 所示，从月的尺度来分析表明了产沙量的峰值均出现在降雨量比较集中的汛期，特别是降雨量最多的 7 月、8 月。以 1981～1990 年为例，两月产沙量的峰值分别是 35.4 万 t 和 27.8 万 t，可见集中降雨是产沙的主要动力之源，随降雨量的减少产沙量也随之减少。在枯水季节，流域产沙量也相当少。

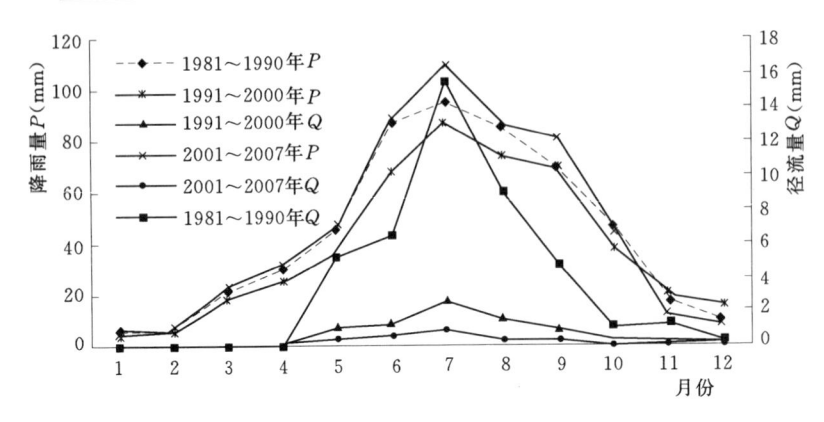

图 15-4 马家沟流域月降雨量与径流量变化

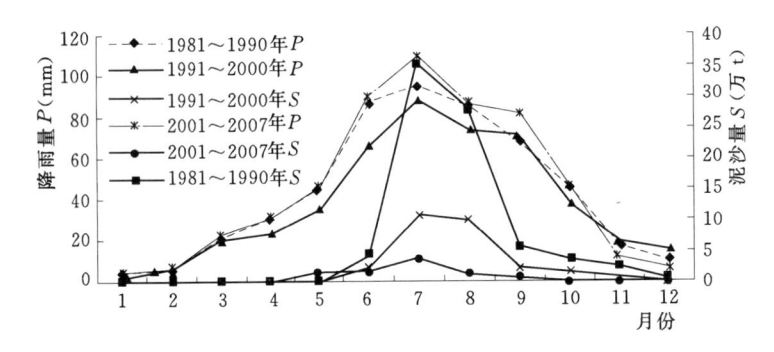

图 15-5 马家沟流域月降雨量与泥沙量变化

因此，径流的变化在汛期主要受降雨量的控制，其变化幅度较大，枯水期降雨量小，径流不受降雨的影响，基本无径流；泥沙量的变化随径流量变化而变化，集中降雨产生的径流挟持大量的泥沙，其产沙量也主要集中在6～9月，而且7月、8月的产沙量最大，平均占年产沙量的70%左右，幅度变化大于径流量的变化。因此，可以看出马家沟流域降雨对泥沙的影响程度大于降雨对径流的影响。

15.1.2 流域径流和泥沙对不同的土地利用响应研究

为了分析土地利用/覆被变化对流域减水减沙效应，利用地形地貌特征条件相似的流域进行流域径流对比分析，可基本剔除地形地貌对流域径流的影响，从而可以单纯讨论分析流域不同土地利用及森林分布特征和林分类型对流域径流的影响。

15.1.2.1 选择对比流域

1. 流域地形地貌特征

流域径流量及径流过程不仅受流域土地利用及森林分布格局和林分类型的影响，而且流域的地形地貌特征也是主要影响因素之一。因此，研究森林植被及林分类型对流域径流的影响作用必须剔除流域地形地貌的影响作用。所以，首先开展流域地形地貌条件类型的划分，以便于在流域地形地貌条件相似的情况下，分析森林植被分布及林分类型对流域径流量影响。

流域是地表水及地下水以分水线所包围的集水区域，首先必须选择一套能全面反映流

15.1 流域沟壑整治工程对水沙资源的调控机制

域地形地貌条件的指标体系。流域面积直接影响流域水量及径流的形成过程，一般来说由于河道切割的含水层层次增多，截获的地下水径流量也多，而且大流域径流变化比小流域相对稳定。流域的长短和宽窄、流域形状系数都是影响流域在降雨过程中径流的汇流时间，从而影响径流过程。狭长的流域汇流时间较长，径流过程线较平缓；扇形排列的河系，各支流的径流基本上同时汇集至干流。河道比降影响流域径流的流速，从而也影响径流过程。因此，上述几个指标是影响流域径流过程的主要地形地貌特征因子，马家沟流域中相似流域地形地貌因子见表15-2。

表 15-2 相似流域地形地貌因子

流域编号	流域面积（km²）	流域面积百分比（%）	主河道坡降	流域平均高程（m）	流域平均宽度（km）	主河道长度（km）	形状系数	流域相似性
12	1.37	1.77	0.147	1252.18	761	1.80	0.31	相似
18	1.92	2.48	0.169	1256.85	920	2.10	0.30	
27	0.33	0.43	0.084	1117.24	971	0.34	0.28	相似
31	0.31	0.40	0.082	1141.12	1033	0.30	0.26	
34	1.51	1.95	0.153	1132.18	786	1.92	0.35	相似
38	1.59	2.05	0.156	1312.39	791	2.01	0.31	

由表15-2可以看出，12号子流域和18号子流域从流域面积、主河道坡降、流域平均宽度、主河道长度、形状系数几个指标上来看，两个流域形状相近，因此，在研究中把这两个流域作为对比流域进行分析。同理，把27号子流域和31号子流域作为对比流域，34号子流域和38号子流域也作为对比流域进行分析。

2. 子流域土地利用情况

选用2000年土地利用遥感图模拟。

12号流域的土地利用格局基本以林地和坡耕地为主，坡耕地位于梁峁顶及坡上部，侵蚀沟及梁峁坡下部均为天然荒草坡，林地位于该流域上游，为刺槐与油松混交林及山杨林。水平阶整地。各类森林植被覆被率达80.12%。

18号流域的土地利用格局基本为荒草地和坡耕地，且以荒草地为主，其中坡耕地位于梁峁顶及坡上部，梁峁坡的中下部及侵蚀沟均为天然荒山草坡，种植的草本主要是白草、鹅冠草等。各类森林植被覆被率达12.41%。

27号流域是以农果地和草地为主的复合配置流域，果园以苹果为主，以水平梯田果农间作或隔坡水平沟（水平沟栽植苹果）果农复合配置为主，农田为水平梯田，果园及农田分布于坡度小于15°的梁峁坡。各类森林植被覆被率仅为8.12%。

31号流域为封山育林形成的全林流域，已封育成林的天然次生乔木林及灌木林以侧柏、辽东栎、山杨、桦树、侧柏等为主，占94.41%，人工林所占比例很小，以油松、侧柏为主，鱼鳞坑整地，整地质量较差，主要分布于侵蚀沟。人工林为5.59%。

34号流域以人工林为主，也零星有一些天然次生林，人工林以刺槐及刺槐与油松、侧柏形成的混交林为主，主要分布于梁峁坡。果园及农田多为隔坡水平沟复合经营配置，以杏为主。天然次生乔木林以杨桦为主,天然次生灌木林以沙棘、丁香、虎榛子等为主,主要分布该流域上游及侵蚀沟中。各类森林植被覆被率达87.41%。

38号流域为马家沟流域的下游,以天然次生乔木林及灌木林组成的天然森林流域,各类森林植被覆被率达95%,林分树种组成与31号子流域相似。

15.1.2.2 人工林流域和天然林流域径流对比分析

森林植被包括天然林,也包括人工林,两者对水文循环的影响既有一定的相似性,又有一定的差别。未遭破坏的天然林生态系统对水文循环的影响和调节能力较大。人工林处于不同生长发育阶段,对水文循环和水文过程的调节有一定的差异。但总体而言,森林植被通过林冠层、枯枝落叶层、根系层以及森林生态系统的生理生态特性,影响流域降水的时空分配过程,影响流域径流成分、流域蒸发散、流域径流量以及流域水量平衡变化。

由表15-3可以看出,尽管34号子流域的森林覆盖率低于38号流域。但34号流域平均径流深及径流系数均低于全林流域的38号流域。主要是由于34号子流域是人工林为主的复合经营流域,人工林地水平沟整地质量较高,农田及果园也是以水平梯田为主,因此人工林地、农田及果园中拦蓄降雨径流作用较强,除非特大暴雨,一般人工林地基本不产流,流域洪峰流量减少。鉴于此,人工林地中整地工程在削洪拦蓄地表径流中具有极为重要的作用。

表15-3　　　　　　　　不同森林覆盖率的小流域径流观测结果

模拟年份	流域编号	土地利用	流域森林覆被率（%）	降雨总量（mm）	径流深（mm）	径流系数（%）
2000	34	人工林	87.41	330.9	0.74	0.22
	38	天然林	95.00	330.9	0.81	0.24
2001	34	人工林	87.41	515.2	0.80	0.16
	38	天然林	95.00	515.2	0.87	0.17

15.1.2.3 多林流域和少林流域径流对比分析

在马家沟嵌套流域的支沟12号流域和18号流域中,地形地貌特征基本相同,但由于这两个流域中的土地利用格局及森林覆盖率不同。即12号流域的土地利用格局基本以乔灌林和坡耕地为主,18号流域的土地利用格局基本为荒草地和坡耕地,且以荒草地为主。因此,两个流域平均径流深及径流系数也不同。表15-4中为12号流域和18号流域年径流模拟结果,12号流域的森林覆盖率达80.12%,属于典型的森林流域,径流深与径流系数均很小。大部分降水在森林植被的作用下贮藏于土壤之中,以土壤水或地下水的形式存在。而18号流域为半农半牧小流域,森林植被覆盖率仅12.41%,人为活动频繁,流域内受牛羊等牲畜的践踏较为强烈,天然草地退化严重,地表裸露无保护,所以产流量较大。根据对马家沟流域2000年、2001年径流进行模拟分析,表明18号子流域径流深和径流系数约为12号小流域的2.7～2.8倍,27号子流域森林植被覆盖率为8.12%,与31号全林流域相比,径流深和径流系数约为31号子流域的2.4～2.9倍。充分表明在小流域中,森林植被具有减少流域径流总量的作用。

15.1 流域沟壑整治工程对水沙资源的调控机制

表 15-4　　　　　　　　　　　不同森林覆盖率的小流域模拟结果

模拟年份	流域编号	土地利用	流域森林覆被率（%）	年降雨总量（mm）	径流深（mm）	径流系数（%）
2000	12	林地和坡耕地	80.12	330.9	1.29	0.39
	18	荒草地和坡耕地	12.41	330.9	3.45	1.04
	27	农果地和草地	8.12	330.9	2.78	0.84
	31	全林流域	100.00	330.9	0.95	0.29
2001	12	林地和坡耕地	80.12	515.2	1.31	0.25
	18	荒草地和坡耕地	12.41	515.2	3.67	0.71
	27	农果地和草地	8.12	515.2	2.61	0.51
	31	全林流域	100.00	515.2	1.10	0.21

15.1.2.4　森林植被对流域产沙的影响

由于黄土高原流域水沙环境的复杂性，且各流域植被、地形地貌等对径流和输沙影响机理的不同，流域间实验结果的直接对比有失科学性，因此关于这方面的研究受到了限制。为了进一步分析森林的减沙效应并剔除地形地貌对泥沙的影响，本研究选择四个对比流域（12 号小流域、18 号小流域、27 号小流域和 31 号小流域）为研究对象，以 2000～2001 年年产沙资料为依据，分析森林的拦沙效应。表 15-5 为马家沟流域输沙模数。

表 15-5　　　　　　　　　　　　　流域输沙模数

模拟年份	流域名称	土地利用	流域森林覆被率（%）	降雨总量（mm）	输沙模数（万 t/km²）
2000	12	林地和坡耕地	80.12	330.9	0.87
	18	荒草地和坡耕地	12.41	330.9	1.37
	27	农果地和草地	8.20	330.9	1.41
	31	全林流域	100.00	330.9	0.91
2001	12	林地和坡耕地	80.12	515.2	0.92
	18	荒草地和坡耕地	12.41	515.2	1.40
	27	农果地和草地	8.20	515.2	1.38
	31	全林流域	100.00	515.2	0.95

分析结果表明 2000 年 18 号和 27 号森林流域的输沙模数分别是 12 号子流域和 31 号子流域的 1.57 倍、1.55 倍，2001 年 18 号和 27 号森林流域的输沙模数分别是 12 号子流域和 31 号子流域的 1.52 倍、1.45 倍。在 2001 年综合分析 18 号小流域产沙模数最大，这主要是由于 18 号子流域内森林覆被率仅为 12.41%，遇雨后极易形成洪水，从而导致严重的土壤侵蚀和高产沙的结果，而 31 号小流域由于森林植被茂密为全林流域，人为破坏少，故森林减沙作用显著，流域侵蚀模数也较小。

15.1.3　土地利用及降雨的减沙理水耦合效应

以上分析仅考虑了降雨和土地利用分别对径流产沙的关系，但没有分析降雨变化及土地利用/植被变化对径流变化的耦合作用，也没有客观地反映降雨变化和下垫面因子对流域径流产沙的贡献。因而很难将二者的贡献定量化，更难以反映二者的空间演变特征对水文系统的影响，需寻求新的方法加以解决，如借助有物理机理的流域分布式水文模型。

15.1.3.1 对径流量的影响

1. 年尺度对径流量的影响

(1) 1981~1990 年作为基准期，1991~2000 年作为变化期。

基准期在实际降雨与土地利用状况下（实际情景 1）模拟的径流与变化期在实际降雨与土地利用状况下（实际情景 2）模拟的径流相比较，二者之间的差值可看作是由降雨变化与土地利用共同作用对径流产生的影响；变化期在实际降雨状况和基准期土地利用状况下（模拟情景 1）模拟的径流，与实际情景 1 情形下模拟的径流相比较，二者之间的差值可看作是降雨变化对径流的影响；变化期的实际土地利用状况和基准期的降雨状况下（模拟情景 2）模拟的径流，与实际情景 1 情形下模拟的径流相比较，二者之间的差值可看作是土地利用对径流的影响。由此，可以计算出气候变化和土地利用变化分别对径流影响的贡献率。20 世纪 80~90 年代马家沟流域降雨和土地利用对年径流影响的贡献率见表15-6。

表 15-6　　20 世纪 80~90 年代降雨与土地利用对流域年径流量影响的贡献

降雨资料	80 年代	90 年代	80 年代	90 年代	余　额
土地利用/覆被变化	80 年代	80 年代	90 年代	90 年代	
情景设定	实际情景 1	模拟情景 1	模拟情景 2	实际情景 2	
径流量变化（mm）	43.24	49.21	45.27	50.33	—
径流量变化量（mm）	—	+5.97	+2.03	+7.09	-0.01
变化百分比（%）	—	+84.20	+28.63	—	-12.83

从不同情形模拟的结果可以看出：实际情景 1 下模拟的径流量为 43.24mm，实际情景 2 下模拟的径流量为 50.33mm，二者相差 7.09mm，说明相对基准期，变化期的径流量增加了 7.09mm。

模拟情景 1 下模拟的径流量为 49.21mm，与实际情景 1 下模拟的径流量相比，变化了 5.97mm，说明降雨变化使得年均径流增加了 5.97mm，占径流变化总量（7.09mm）的 84.20%，即降雨变化对径流影响的贡献率为 84.20%。

模拟情景 2 下模拟的径流量为 45.27mm，与实际情景 1 下模拟的径流量相比，径流量变化了 2.03mm，说明因为土地利用变化的作用，使得年径流增加了 2.03mm，占径流变化总量（7.09mm）的 28.63%，即土地利用变化对径流影响的贡献率为 28.63%。由此可见，降雨变化对径流影响的贡献率大于土地利用对径流影响的贡献率。实际情景 2 与模拟情景相比，径流量减少了 0.01mm，减少了 12.83%，其原因可能在于模型的误差或其他条件，如一些工程措施（梯田、淤地坝等的实施）。

(2) 1994~2000 年作为基准期，2001~2007 年作为变化期。

马家沟流域随着退耕还林政策的实施 2000 年到 2007 年林地面积有了大范围的增加，林地面积从 190.78hm^2，增加到 1702.83hm^2，而坡耕地面积也相应减少，因此，2000 年

15.1 流域沟壑整治工程对水沙资源的调控机制

是马家沟流域土地利用发生转折的临界年份,把2001~2007年作为变化期,为了取相同的时间步长,把1994~2000年作为基准期,见表15-7。

表15-7　1994~2007年降雨与土地利用对流域年径流量影响的贡献

降雨资料	1994~2000年	2001~2007年	1994~2000年	2001~2007年	余额
土地利用/覆被变化	1994~2000年	1994~2000年	2001~2007年	2001~2007年	
情景设定	实际情景1	模拟情景1	模拟情景2	实际情景2	
径流量变化(mm)	41.20	30.45	25.85	14.20	
径流量变化量(mm)	—	-10.75	-15.35	-27.00	0.90
变化百分比(%)	—	-39.81	-56.85	—	3.34

从不同情形模拟的结果可以看出:实际情景1下模拟的径流量为41.20mm,实际情景2下模拟的径流量为14.20mm,二者相差14.20mm,说明相对基准期,变化期的径流量增加了14.20mm。

模拟情景1下模拟的径流量为30.45mm,与实际情景1下模拟的径流量相比,径流量减少了10.75mm,说明降雨变化使得年均径流减少了10.75mm,占径流变化总量(27mm)的39.81%,即降雨变化对径流影响的贡献率为39.81%。

模拟情景2下模拟的径流量为25.85mm,与实际情景1下模拟的径流量相比,径流量变化了15.35mm,说明因为土地利用变化的作用,使得年径流减少了15.35mm,占径流变化总量(27mm)的56.85%,即土地利用变化对径流影响的贡献率为56.85%。由此可见,土地利用对径流影响的贡献率大于降雨变化对径流影响的贡献率。实际情景2与模拟情景相比,径流量增加了0.90mm,增加了3.34%,其原因可能在于模型的误差。

通过分析表明把1981~1990年作为基准期,1991~2000年作为变化期时,降雨量对径流影响的贡献率大于土地利用对径流影响的贡献率。而把1994~2000年作为基准期,2001~2007年作为变化期时,土地利用对径流影响的贡献率却大于降雨对径流影响的贡献率。这是由于:马家沟流域在20世纪80年代和90年代的林草覆盖率分别为49.17%和47.09%;进入2000年后林草覆盖率达到了82.32%。由此表明在植被覆盖率较小的情势下,降雨对径流量影响的贡献率大;而植被覆盖率大的情势下,土地利用对径流量影响的贡献率大。换言之,随着植被覆盖率的增大,土地利用对径流量的影响也相应增大。

本研究选择12号、18号、27号、31号、34号和38号子流域作为研究对象,分析各个子流域在1981~2007年森林植被面积比例与年降水、径流模数的关系,可建立流域年降水量、森林植被覆盖率和年径流模数的回归关系。

12号子流域:
$$W = 879.54 e^{0.001P - 0.121L}, \quad R^2 = 0.910 \tag{15-1}$$

18号子流域:
$$W = 1801.53 e^{0.010P - 0.124L}, \quad R^2 = 0.820 \tag{15-2}$$

27号子流域:
$$W = 2047 e^{0.003P - 0.117L}, \quad R^2 = 0.860 \tag{15-3}$$

31号子流域:

$$W = 1274 \mathrm{e}^{0.001P - 0.048L}, \quad R^2 = 0.824 \tag{15-4}$$

34 号子流域：

$$W = 1022 \mathrm{e}^{0.070P - 0.241L}, \quad R^2 = 0.918 \tag{15-5}$$

38 号子流域：

$$W = 820.34 \mathrm{e}^{0.004P - 0.185L}, \quad R^2 = 0.860 \tag{15-6}$$

式中：W 为流域年径流模数，$m^3/(km^2 \cdot a)$；P 为流域年降水量，mm；L 为森林植被覆盖率，%。

由以上各式可以看出，尽管 6 个子流域所得到的降雨、森林覆盖率和年径流模数的模型并不完全相同，但各子流域年降水量和流域森林植被盖度均与流域径流模数呈指数关系的结论是一致的，上述模型又可简化为：

$$M = a \mathrm{e}^{bP - cL} \tag{15-7}$$

式中：M 为径流模数，$m^3/(km^2 \cdot a)$；a、b、c 为系数。

由此可见，流域年径流量随着流域年降水量的增加而增加，随着流域森林植被覆盖率的增加而减少。

2. 月尺度对径流量的影响

(1) 1981～1990 年作为基准期，1991～2000 年作为变化期。

基准期在实际降雨与土地利用状况下模拟的径流与变化期在实际降雨与土地利用状况下模拟的径流相比较，二者之间的差值可看作是由降雨变化与土地利用共同作用对径流产生的影响；变化期在实际降雨状况和基准期土地利用状况下（S-a 模拟情景）模拟的径流，与实际情景 1 情形下模拟的径流相比较，二者之间的差值可看作是降雨变化对径流的影响；变化期的实际土地利用状况和基准期的降雨状况下（S-b 模拟情景）模拟的径流，与实际情景 1 情形下模拟的径流相比较，二者之间的差值可看作是土地利用对径流的影响。

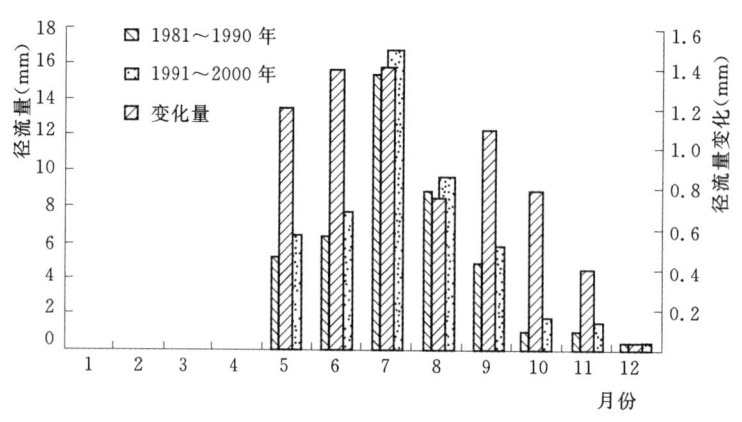

图 15-6 20 世纪 80～90 年代降雨与土地利用对月径流量的影响

图 15-6 为 20 世纪 80～90 年代降雨与土地利用共同作用对月径流量的影响，由图可以看出，在降雨和土地利用共同作用下，不论 20 世纪 80 年代还是 90 年代，5～9 月径流量都是最大的，尤其是降雨量相对较充沛的 7 月径流量达到了峰值。对比图 15-6 和图 15-7 可以看出：20 世纪 80～90 年代，降雨单独对月径流的影响与土地利用和降雨共同对

15.1 流域沟壑整治工程对水沙资源的调控机制

月径流的影响很相似,雨季径流量都是最大的,尤其是 7 月。

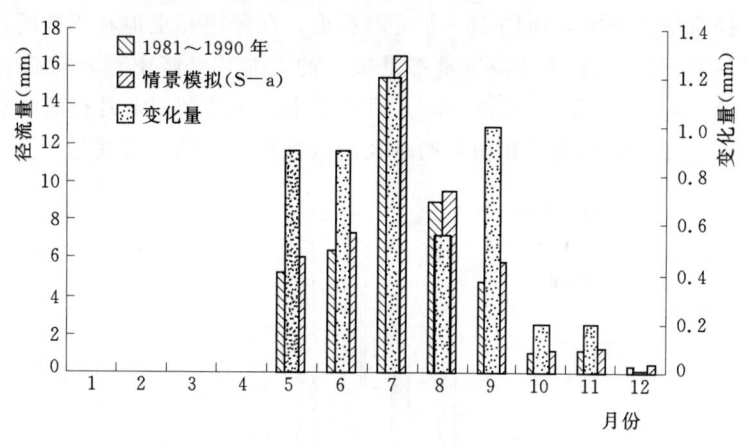

图 15-7　20 世纪 80~90 年代降雨对月径流量的影响

模拟情景（S—a）下与实际情景 1 模拟的各月平均径流的比较,揭示了降雨变化对月径流产生的影响。因此,图 15-7 可以反映 20 世纪 80~90 年代降雨对月径流量的影响。模拟情景（S—b）下与实际情景 1 模拟的各月平均径流的比较,说明了土地利用对月径流的影响,因此,图 15-8 可以表达 20 世纪 80~90 年代土地利用对月径流量的影响。

从图 15-6 可以看出,马家沟流域雨季 5 月、6 月、7 月、8 月、9 月,在 1991~2000 年较 1981~1990 年径流量分别增加了 1.2mm、1.4mm、1.4mm、0.76mm、1.1mm；而模拟情景（S—a）与实际情景 1 的径流量分别增加了 0.9mm、0.9mm、1.2mm、0.56mm、1mm；模拟情景（S—b）下与实际情景 1 模拟的平均径流增加量分别为 0.2mm、0.4mm、0.5mm、0.26mm、0.3mm。以上数据也表明模拟情景（S—a）与实际情景 1 的径流变化量较模拟情景（S—b）与实际情景 1 的径流变化量大得多,尤其在雨季降雨对径流的影响程度和土地利用对径流影响程度的比值最大可以达到 4.5。因此得出,降雨对径流影响较土地利用对径流的影响要大。

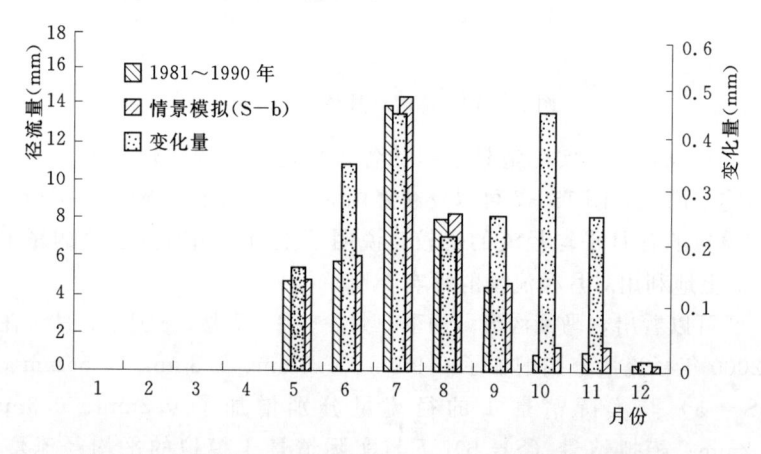

图 15-8　20 世纪 80~90 年代土地利用对月径流量的影响

(2) 1994~2000 年作为基准期,2001~2007 年作为变化期。

图 15-9 把 1994~2000 年作为基准期，2001~2007 年作为变化期的降雨与土地利用共同作用对月径流量的影响，由图 15-9 可以看出，在降雨和土地利用共同作用下，不论基准期还是还是变化期，5~9 月径流量都是最大的，尤其是降雨量相对较充沛的 7 月径流量达到了峰值。对比图 15-8 和图 15-9 可以看出：土地利用对月径流的影响与土地利用和降雨共同对月径流的影响很相似，雨季径流量都是最大的，尤其是 7 月。

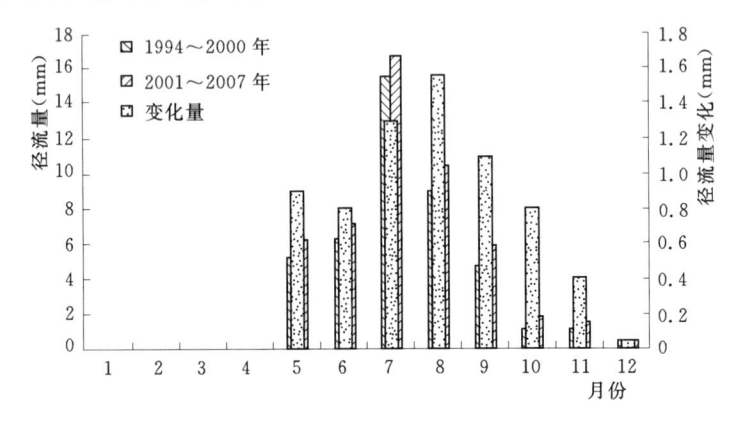

图 15-9　降雨与土地利用对月径流量的影响

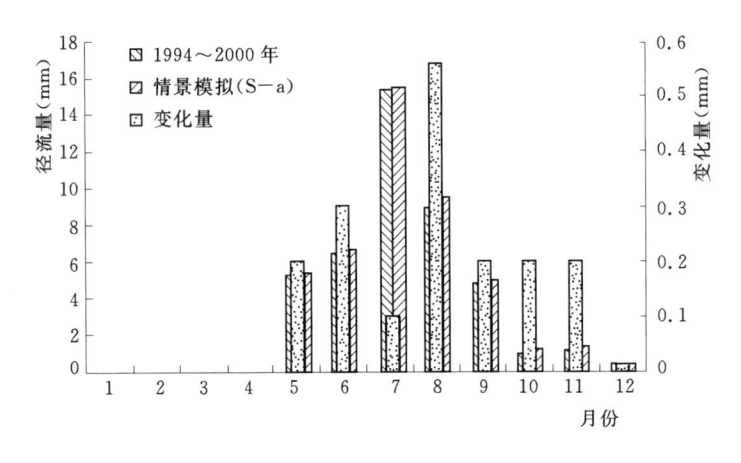

图 15-10　降雨对月径流量的影响

模拟情景（S-a）下与实际情景模拟的各月平均径流的比较，揭示了降雨变化对月径流产生的影响。因此，图 15-7 可以反映降雨对月径流量的影响。模拟情景（S-b）下与实际情景 1 模拟的各月平均径流的比较，说明了土地利用对月径流的影响，因此，图 15-8 可以表达土地利用对月径流量的影响。

从图 15-9 可以看出，马家沟流域雨季 5 月、6 月、7 月、8 月、9 月，在 2001~2007 年较 1994~2000 年径流量分别增加了 0.9mm、0.8mm、1.3mm、1.56mm、1.1mm；而模拟情景（S-a）与实际情景 1 的径流量分别增加了 0.2mm、0.3mm、0.1mm、0.56mm、0.2mm；模拟情景（S-b）下与实际情景 1 模拟的平均径流增加量分别为 0.8mm、0.6mm、1.1mm、0.27mm、0.8mm。以上数据也表明模拟情景（S-b）与实际情景 1 的径流变化量较模拟情景（S-a）与实际情景 1 的径流变化量大得多，因此得

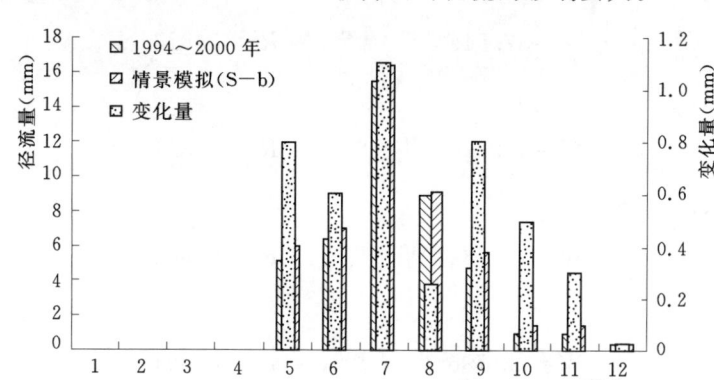

出，土地利用对径流的影响（图 15-11）较降雨对径流的影响要大。

图 15-11 土地利用对月径流量的影响

通过分析表明把 1981~1990 年作为基准期，1991~2000 年作为变化期时，月降雨量对径流影响的贡献率大于土地利用对径流影响的贡献率。而把 1994~2000 年作为基准期，2001~2007 年作为变化期时，土地利用对径流影响的贡献率却大于月降雨对径流影响的贡献率。因此，可以得出即不论年尺度还是月尺度，随着植被覆盖率的增加，土地利用对径流影响的贡献率也在增加。这个结论与张晓萍等学者得出的结论相似，他们以黄河中游河龙区间为研究对象得出：各流域间具有水土保持措施尤其淤地坝等建设面积越大，对降水产流的影响程度越大的趋势。作为土地利用/覆被变化主要内容之一的水土流失综合治理和生态环境建设，对区域水循环及河川径流具有明显的影响。

15.1.3.2 与侵蚀产沙的关系

径流既是产生土壤侵蚀的主要动力，也是输送泥沙的主要载体。综合前面分析可知，流域径流是一个受降雨、植被等因素影响的过程，因此，侵蚀产沙也受森林植被及降雨影响。径流作为挟沙的主要动力，降水量增多，不同土地利用的降雨—产流差异增大，产沙、输沙差异随之增大，反之亦然。

影响流域产沙因素较多，概括起来有两个方面，即气候因素和下垫面因素。对某流域系统而言，在影响流域产沙的诸因素中，动力因素（如降雨等）是随机变化的、动态的，是流域侵蚀产沙中主动的、积极的因素，而下垫面即地表物理特性因素，是相对稳定的因素。由于植被等地表物质的作用，降水将通过地表径流间接影响流域产沙。因此，本研究回归模型不仅包括降雨因子，也包括植被因子。与农业流域相比，当流域植被覆盖增加时，降水对流域产沙的影响将由直接影响转为以间接影响为主，因此可以得到包括植被因子和降雨因子的回归模型。模型本身不仅体现了降雨对产沙的影响，还反映了植被对产沙的影响。本研究选择 12 号、18 号、27 号、31 号、34 号和 38 号子流域作为研究对象，分析各个子流域在 1981~2007 年森林植被面积比例与年降水、输沙模数的关系，可建立流域年降水量、森林植被覆盖率和年输沙模数的回归关系。

12 号子流域：

$$W = 20.24 e^{0.004P - 0.098L}, \quad R^2 = 0.870 \tag{15-8}$$

18号子流域：

$$W = 37.54e^{0.011P - 0.104L}, \quad R^2 = 0.823 \quad (15-9)$$

27号子流域：

$$W = 41.27e^{0.007P - 0.104L}, \quad R^2 = 0.811 \quad (15-10)$$

31号子流域：

$$W = 14.78e^{0.004P - 0.018L}, \quad R^2 = 0.804 \quad (15-11)$$

34号子流域：

$$W = 22.78e^{0.010P - 0.201L}, \quad R^2 = 0.891 \quad (15-12)$$

38号子流域：

$$W = 47.12e^{0.004P - 0.245L}, \quad R^2 = 0.810 \quad (15-13)$$

以上式中：W 为流域年径流模数，t/(km²·a)；P 为流域年降水量，mm；L 为森林植被覆盖率，%。

由以上各式可以看出，尽管6个子流域所得到的降雨、森林覆盖率和年径流模数的模型并不完全相同，但各子流域年降水量和流域森林植被盖度均与流域径流模数呈指数关系的结论是一致的，流域年径流量随着流域年降水量的增加而增加，随着流域森林植被覆盖率的增加而减少。上述模型又可简化为下式：

$$M = ae^{bP - cL} \quad (15-14)$$

式中：M 为输沙模数，t/(km²·a)；a、b、c 为系数。

15.1.4 流域尺度变化对流域径流的影响

本研究基于SWAT模型，在DEM基础上对马家沟流域的河网和子流域进行了提取和划分，采用的是将流域划分为39个子流域来进行分析。通过对森林植被影响下的39个流域行减水减沙对比，分析不同尺度小流域产流产沙规律的差异性。图15-11至图15-13是不同降水水平年流域面积与年径流模数的关系，图15-12～15-14中（a）均代表的是流域面积小于等于1hm²，（b）均代表的是流域面积大于1hm²。

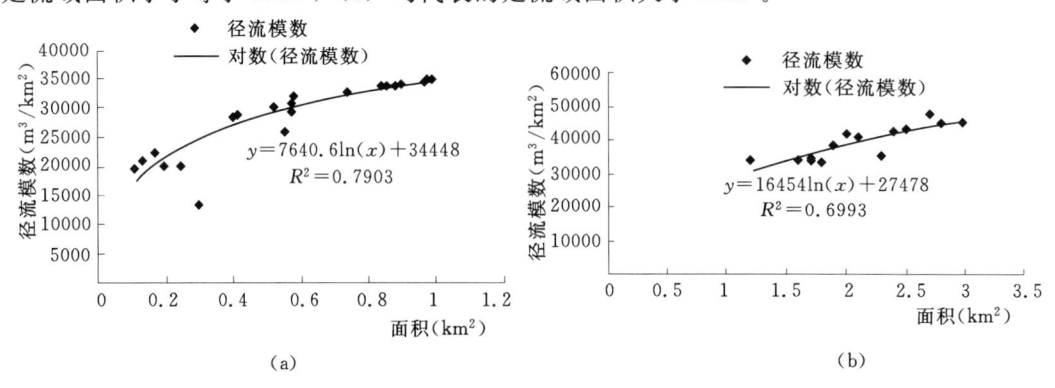

(a)

(b)

图15-12 丰水年流域面积与径流模数的关系

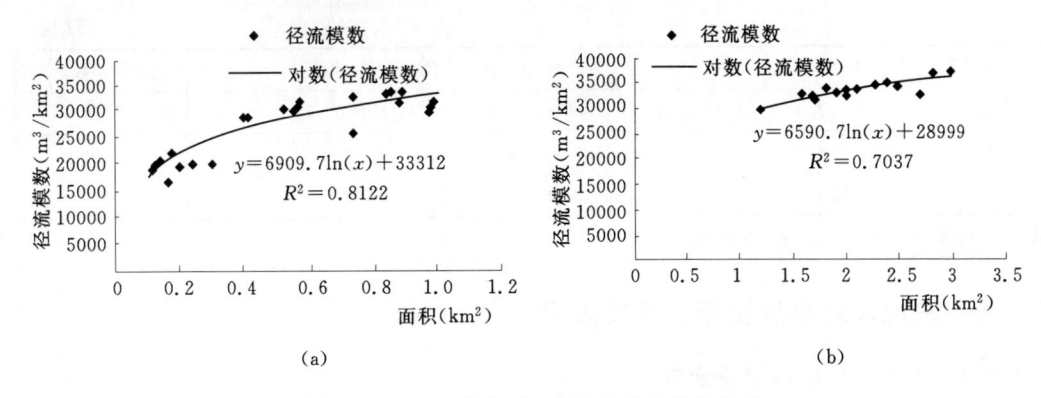

15.1 流域沟壑整治工程对水沙资源的调控机制

(a)

(b)

图 15-13 平水年流域面积与径流模数的关系

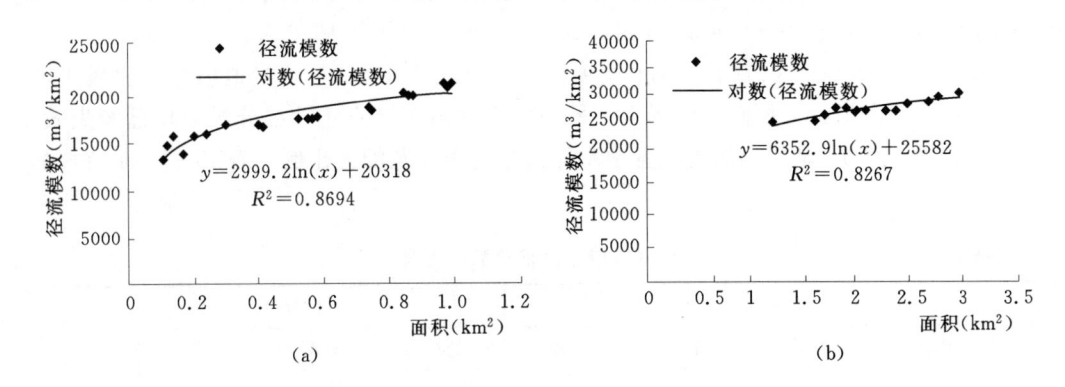

(a)

(b)

图 15-14 枯水年流域面积与径流模数的关系

由图 15-12～图 15-14 可以看出，不论丰水年、平水年、枯水年，流域面积与径流模数存在很好的对数关系，并且回归方程的决定系数受流域面积显著影响，流域面积越大，决定系数越小。这表明流域侵蚀不仅受降雨、地形地貌、土地变化等的影响，流域面积也是潜在影响因素。这是因为，不同空间尺度的流域，降雨产流过程不尽相同。首先，侵蚀来源不同，大尺度流域侵蚀可能主要来自沟道，而有些很小尺度流域侵蚀主要来自于坡面。其次，不同尺度流域、土地利用的结构模式也不相同，因此，降雨产沙过程也相应有所不同。

表 15-8 是马家沟流域面积与年径流模数的关系，由表可以看出，不同降水水平年，流域径流显著不同，丰水年流域产流产沙能力远较平水年和枯水年的强，平水年和枯水年的产流产沙能力较小。丰水年相关系数最小，平水年次之，枯水年相关系数最大。此外，由表也可以看出，面积大于 $1hm^2$ 的流域比面积小于 $1hm^2$ 的流域径流模数要大得多。

表 15-8　　马家沟流域面积与年径流模数的关系

流域范围	降水特征	流域面积－径流模数	样本数
≤1hm²	丰水年	$y=7640.6Ln(x)+34448$, $R^2=0.7903$	25
	平水年	$y=6909.7Ln(x)+33312$, $R^2=0.8122$	25
	枯水年	$y=2999.2Ln(x)+20318$, $R^2=0.8694$	25

续表

流域范围	降水特征	流域面积－径流模数	样本数
>1hm²	丰水年	$y=16454\text{Ln}(x)+27478$, $R^2=0.6993$	15
	平水年	$y=6590.7\text{Ln}(x)+28999$, $R^2=0.7037$	15
	枯水年	$y=6352.9\text{Ln}(x)+25582$, $R^2=0.8267$	15

注　y 为年径流模数，m^3/km^2；x 为流域面积，km^2。

15.1.5 淤地坝对水沙资源的调控效应

15.1.5.1 淤地坝的减沙效益分析

据调查，马家沟流域现布设各类淤地坝64座坝，其中有11座骨干坝、33座中型坝和20座小型坝。由表15-9可以看出，2000年坝地面积为10.62km²，坝地配置比为22.69%。2006年坝地面积为1.04km²，坝地配置比仅为1.489%，淤地坝配置比较少的原因：一方面是由于淤地坝修建量减少，另一方面是由于已修建的部分淤地坝已经失效。图15-15、图15-16是马家沟流域各项水保措施的面积及配置比例。表15-10是流域的模拟产沙量。

表15-9　　　　水土保持措施面积和配置比例

年份	各大措施面积（km²）				配置比（%）			
	造林	种草	梯田	坝地	造林	种草	梯田	坝地
1990	6.99	29.17	1.65	—	18.49	77.15	4.36	—
2000	1.90	32.68	1.60	10.62	4.06	69.83	3.42	22.69
2006	17.02	43.46	8.98	1.04	24.14	61.65	12.74	1.48

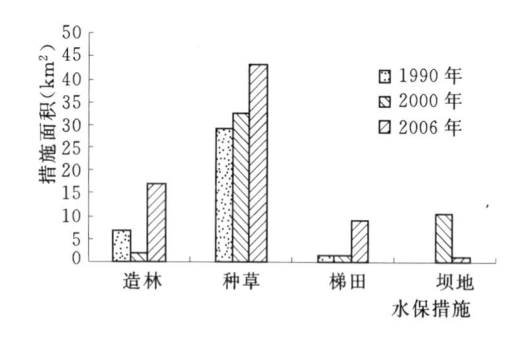

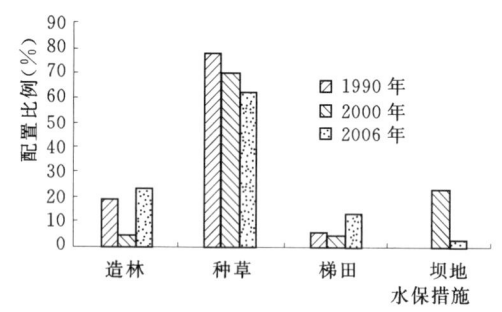

图15-15　水土保持措施面积图　　　图15-16　水土保持措施配置比例图

表15-10　　　　SWAT模拟产沙量与流域产沙量

年份	SWAT模拟流域产沙量（万t）	坝地拦沙量（万t）	坝地拦沙率（%）	流域产沙量（万t）
1990	155.05	—	—	155.05
2000	116.25	86.85	74.71	29.40
2006	93.41	75.41	80.73	18.00

由表 15-9 和表 15-10 可以看出，尽管淤地坝在 2000 年和 2006 年坝地配置比例都较小，即使是 2000 年淤地坝配置比例最高，也仅为 22.69%，但淤地坝的拦渣率却高达 74.71%。在 2006 年淤地坝配置比例仅为 1.48%，但 2006 年坝地的拦沙率却高达 80.73%。这进一步可以表明，在马家沟流域的水土保持中，应加强淤地坝建设，以实现淤地坝的持续拦沙效应。

15.1.5.2 淤地坝在流域减沙中的作用

淤地坝的拦沙机理主要体现在：淤地坝的修建可以抬高侵蚀基准面，制止沟床下切、沟岸扩张、沟头前进，从而稳定了谷坡陡岸，重力侵蚀强度大大减弱；其次，淤地坝的修建改变侵蚀形态，沟道坝系建设后，沟谷底被坝地埋没，侵蚀形态由原来的冲蚀、切蚀、重力侵蚀、洞穴侵蚀变为雨滴溅蚀，侵蚀模数接近 0；此外，淤地坝的修建减轻了下游沟道侵蚀，淤地坝建成初期可利用其库容拦蓄洪水泥沙，坝库运用后期滞洪、拦泥、淤地，可起到减轻下游沟道侵蚀的作用。

有研究表明，在各项水土保持措施中，对减少入黄泥沙量贡献最大的是淤地坝，至于造林种草等水保措施起到的减水减沙作用相对来说仍然较小。例如，无定河一级支流大理河流域淤地坝的减沙贡献率在 20 世纪 60 年代、70 年代、80 年代分别高达 97.14%、95.19% 和 97.13%。90 年代有所下降，但还远远高于修梯田、造林、种草等其他水保措施的贡献率。黄河中游河龙区间淤地坝的减沙贡献率在 70 年代、80 年代、90 年代分别占 80%、63.3%、47.6%，都是各类水保措施中最大的。

为了进一步分析淤地坝在各大水土保持中的作用，本研究以马家沟流域为例来分析淤地坝的水土保持贡献率情况。本研究的减沙量采用 SWAT 模型模拟和采的经验回归方程计算，然后取二者的平均值。

方法一：SWAT 模型模拟方法

情景 1：1990～2007 年逐年降雨量数据，土地利用全部为荒地（无措施）。

情景 2：1990～2007 年逐年降雨量数据，土地利用全部为林地。

情景 3：1990～2007 年逐年降雨量数据，土地利用全部为草地。

情景 4：1990～2007 年逐年降雨量数据，土地利用全部为梯田。

情景 5：1990～2007 年逐年降雨量数据，坡面为荒草地，沟道修建淤地坝（以 2006 年调查所得的淤地坝为基础）。

方法二：经验回归方程

(1) 植被措施减沙效益计算。

黄土高原森林植被的蓄水保土、截留降水、减少地表径流、拦截泥沙等方面的作用已被大量的研究结果所证实。王万忠等根据延安、安塞等水土保持试验站坡耕地、林地、草地等径流小区的实测年降雨径流泥沙资料，对不同盖度林地、草地相对于坡耕地的减沙效益与汛期雨量（5～9 月雨量）的关系进行了统计分析，建立了年降雨条件下的林草地减沙效益计算公式：

林地：$S_{林} = -56.523 + 116.520 \lg(\nu) - 30.864 \lg(P_{汛})$

草地：$S_{草} = -26.902 + 105.368 \lg(\nu) - 34.194 \lg(P_{汛})$

上二式中：$S_{林}$、$S_{草}$ 分别为林地、草地的年减沙效益，%；ν 为林草地盖度，%；$P_{汛}$ 为汛期（5～9月）降雨量，mm。

当某研究支流片共有 m 个子单元，其中第 n 个子单元内有 k 种不同盖度的林地和 g 种不同盖度的草地，则预测年第 n 个子单元年降雨条件下坡面植被措施减沙量计算公式为：

林地：
$$W_{林沙n} = \sum_{i=1}^{k}(A_{林i}S_{林i}M_{沙}) \tag{15-15}$$

草地：
$$W_{草沙n} = \sum_{i=1}^{k}(A_{草i}S_{草i}M_{沙}) \tag{15-16}$$

第 n 个子单元：
$$W_{林草沙n} = W_{林沙n} + W_{草沙n} \tag{15-17}$$

支流片：
$$W_{林草沙} = \sum_{i=1}^{mn}W_{林草沙} \tag{15-18}$$

以上式中：$W_{林沙n}$、$W_{草沙n}$、$W_{林草沙n}$ 分别为研究支流片内第 n 个子单元中林地、草地以及单元坡面植被措施的总减沙量，t；$A_{林i}$、$A_{草i}$ 分别为第 n 个子单元中第 i 种林地类型、第 j 种草地类型的面积，km²；$S_{林i}$、$S_{草i}$ 分别为第 n 个子单元所在植被带第 i 中林地类型、第 j 种草地类型的减沙效益，%；$M_{沙}$、$W_{林沙n}$ 分别为研究支流片现状年侵蚀模数和研究时段总减沙量，t/(km²·a)，t。

（2）水平梯田减水减沙效益计算。

水平梯田的修建可以缩短坡长，并把连续的坡面变成不连续的平面，从而改变了径流形成条件，增加了土壤入渗能力，一定程度上阻止土壤被冲刷，减少了坡面水沙。吴发启等通过黄土高原水平梯田的蓄水保土效益分析，给出了水平梯田减沙效益系数 $\eta_{沙}$ 的经验回归关系

$$\eta_{沙} = -0.0003(P_{汛}) + 0.2012(P_{汛}) + 68.316, \quad r = 0.9511 \tag{15-19}$$

式中：$\eta_{沙}$ 为黄土高原水平梯田的减水减沙效益，%；$P_{汛}$ 为流域多年平均汛期降雨量，mm。

$$W_{沙} = FM_{沙}\eta_{沙} \tag{15-20}$$

式中：$W_{沙}$ 为水平梯田的减沙量，t；F 预测年水平梯田面积，km²；$M_{沙}$ 流域年侵蚀模数，t/(km²·a)。

（3）淤地坝减沙效益计算。

本研究根据冉大川提出的淤地坝减沙量的计算公式来计算淤地坝减沙量：他提出淤地坝减沙量包括淤地坝的拦泥量、减轻沟蚀量以及由于坝地滞洪及流速减少对坝下游沟道侵蚀的影响减少量。目前拦泥量、减蚀量可以通过一定的方法来进行计算，削峰滞洪对小游沟道的影响减少量还无法计算，因此，本次研究也主要考虑前两部分的计算。

1）拦泥量计算。

$$W_{sg} = fM_{s}(1-\alpha_1)(1-\alpha_2) \tag{15-21}$$

式中：W_{sg} 为已淤成坝地的拦泥量，万 t；f 为坝地的累积面积，hm²；M_s 为拦泥定额，即单位面积坝地的拦泥量，万 t/hm²；α_1 为人工填筑及坝地两岸坍塌所形成的坝地面积占坝地总面积的比例系数，马家沟流域取 0.2；α_2 为推移质在坝地拦泥量中所占的比例系数，马家沟流域取 0.15。

15.1 流域沟壑整治工程对水沙资源的调控机制

2) 减蚀量计算。淤地坝的减蚀作用在沟道建坝后即行开始，其减蚀量一般与沟壑密度、沟道比降及沟谷侵蚀模数等因素有关，其数量主要包括坝内泥沙淤积物覆盖下的原沟谷侵蚀量。

$$\Delta W_{sj} = F W_{si} K_1 K_2 \tag{15-22}$$

式中：ΔW_{sj} 为计算年淤地坝减蚀量，万 t；F 为计算年淤地坝的面积，km²；W_{si} 为计算年内流域的侵蚀模数；K_1 为沟谷侵蚀量与流域平均侵蚀量之比，黄土丘陵沟壑区参考其他研究成果取 1.75；K_2 为坝地以上沟谷侵蚀的影响系数，取＝1.0。

由此，可知马家沟流域淤地坝的减沙量 $\Delta W_{s坝}$ 为

$$\Delta W_{s坝} = W_{sg} + \Delta W_{sj} + \cdots \tag{15-23}$$

表 15-11   各大措施减沙量及贡献率

年度	各项指标		无措施（荒地）	坡面各大措施			沟道坝地
				林地	草地	梯田	坝地
1990～2000年平均	方法一：SWAT模型模拟	SWAT模拟产沙量（万t）	193.75	110.50	147.56	82.74	—
		减沙量（万t）	—	83.25	46.19	111.01	170.64
		减沙量贡献率（%）	—	20.25	11.24	27.00	41.51
	方法二：经验回归方程	减沙量（万t）	—	81.24	50.24	107.10	180.24
		减沙量贡献率（%）	—	19.40	12.00	25.57	43.04
	平均减沙量贡献率（%）		—	19.83	11.62	26.29	42.28
2001～2007年平均	方法一：SWAT模型模拟	SWAT模拟产沙量（万t）	154.75	97.23	120.89	75.65	—
		减沙量（万t）	—	57.52	33.86	79.1	148.65
		减沙量贡献率（%）	—	18.02	10.61	24.79	46.58
	方法二：经验回归方程	减沙量（万t）	—	58.78	30.40	77.98	150.42
		减沙量贡献率（%）	—	18.51	9.57	24.55	47.36
	平均减沙量贡献率（%）		—	18.27	10.09	24.67	46.97

注　方法一的坡面减沙量为荒地产沙量与各大措施的产沙量之差。减沙量的贡献率为各措施减沙量占 4 项水土保持减沙量之和的百分比。

从表 15-11 可以看出，2001～2007 年林地的减沙贡献率从 1990～2000 年的 19.83% 下降到 18.27%，下降了 1.56%；草地的减沙贡献率从 1990～2000 年的 11.62% 下降到 2001～2007 年的 10.09%，下降了 1.53%；梯田的减沙贡献率从 1990～2000 年的 26.29% 下降到 2001～2007 年的 24.55%，下降了 1.62%。即林地、草地、梯田的减沙贡献率都在减少。而淤地坝的减沙贡献率却在增加，从 1990～2000 年的 42.28% 增加到 2001～2007 年的 46.97%，增加了 4.69%，增幅相对较大。这与自 2000 年以来，淤地坝的不断新建及改建有密切的关系。

此外，从表 15-11 也可以看出，不论采用方法一还是方法二计算减沙量，1990～2007 年年均减沙量最大的是淤地坝，其次是梯田，依次为林地和草地。造林种草等水保措施起到的减水减沙作用相对于淤地坝来说仍然较小。已有的研究表明，在黄土高原区尤

其是丘陵沟壑区，当植被达到一定的覆盖度时才能够达到明显减沙的作用。因此，林草措施减沙效益与淤地坝相比较小。坝地的减沙量贡献率在1990~2000年为42.28%，在2001~2007年平均达到了46.97%。所以淤地坝的拦沙贡献率在十几年内年达到了近一半。由此表明，作为多沙粗沙区的马家沟流域，淤地坝的减沙作用占主导地位。这与以往的研究保持一致，以往的研究成果都表明，在各项水土保持措施中，对减少入黄泥沙量贡献最大的是淤地坝。

图15-17是1990~2007年四大措施减沙量贡献率图，由图可以看出，马家沟流域坡面减沙量贡献率越大，淤地坝的减沙量贡献率就越小。即实施坡面措施后的减沙量越大，淤地坝减沙量就越小，显然，当坡面治理程度越高，由坡面进入沟道的沙量也就越少，淤地坝的拦沙量也就相应减小，也越有利于延长淤地坝的使用寿命，淤地坝持续发挥减沙作用的时间也越长。

从本质上来说，水土保持措施对流域地貌过程的影响，一是改变流域下垫面特征，从而改变产流、侵蚀和产沙过程，使侵蚀泥沙减少；二是改变流域中泥沙输移的条件，使侵蚀产生的泥沙在流域中沉积下来，使沉积量增加。需要说明的是尽管淤地坝拦沙贡献率最大，但坡面措施也是至关重要的。坡面措施不仅减少了坡面的径流量和泥沙量，而且由于减少了坡面径流，使流域中汇集到各级沟道的水流减少，从而减少了坡面以下的径流的挟沙能力，减少了土壤侵蚀。因此，如果没有坡面措施的减洪作用，当坡面洪水下沟后，将大大增加沟道的侵蚀量。以淤地坝为主的工程措施，以退耕还林（草）为主的生物措施和以改进生产方式为主的耕作措施，都是治理水土流失的重要措施，三者相辅相成，互为补充。

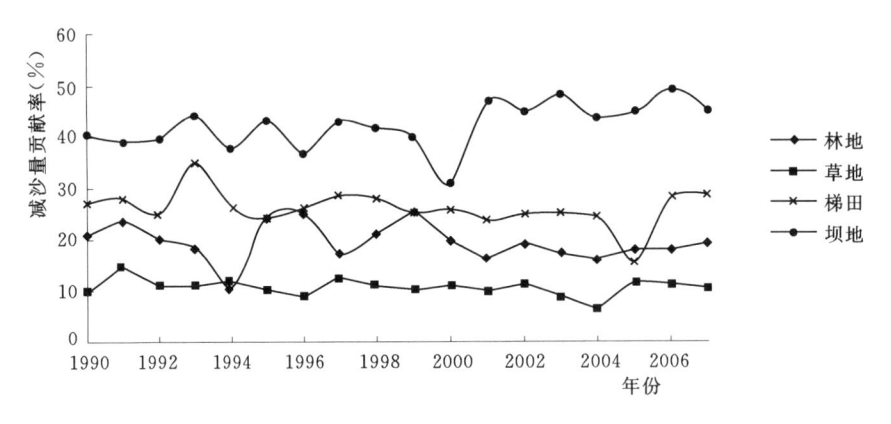

图15-17 各年度四大措施减沙量贡献率

15.1.5.3 淤地坝淤积库容分析

本研究根据对马家沟流域64座淤地坝的调查资料为例，分析了淤地坝单坝的坝控面积、总库容与坝高的关系。为此，本书将对马家沟流域的单个淤地坝的坝高、坝控面积、总库容影响因子之间的关系进行分析探讨，以期为黄土高原的淤地坝建设、合理利用土地资源提供依据。图15-18为马家沟流域坝高与坝控面积关系曲线，图15-19为马家沟流域坝高与总库容关系曲线。

15.1 流域沟壑整治工程对水沙资源的调控机制

表 15-12 马家沟流域坝控面积与总库容

坝 高	样 本 数	平均坝控面积（km²）	平均库容（万 m³）
≤5m	4	0.2	0.7
5～10m	14	0.4	1.9
10～15m	17	0.5	4.7
15～20m	20	0.9	14.6
20～25m	2	3.2	28.7
25～30m	4	4.6	82.8
≥30m	3	5.5	159.6

通过对马家沟流域 64 座淤地坝进行摸底调查，测量计算了 64 座淤地坝的坝控面积和平均库容。表 15-12 分别对马家沟流域 64 座淤地坝依据不同的坝高（分为 7 类），计算了平均坝控面积和平均库容，小于 5m 的淤地坝平均坝控面积为 0.2km²，平均库容为 0.7 万 m³；5～10m 的淤地坝平均坝控面积为 0.4km²，平均库容为 1.9 万 m³；10～15m 的淤地坝平均坝控面积为 0.5km²，平均库容为 4.7 万 m³；15～20m 的淤地坝平均坝控面积为 0.9km²，平均库容为 14.6 万 m³；20～25m 的淤地坝平均坝控面积为 3.2km²，平均库容为 28.65 万 m³；25～30m 的淤地坝平均坝控面积为 4.6km²，平均库容为 82.8 万 m³；大于等于 30m 淤地坝平均坝控面积为 5.5km²，平均库容为 159.57 万 m³。综合分析表明：马家沟流域已建的 64 座淤地坝坝高主要集中在 10～20m 范围内，占到总淤地坝的 58%，单坝的平均坝控面积介于 0.5～0.9km²，平均库容为 4.7 万～14.6 万 m³。

依据不同的坝高、坝控面积、库容绘制了坝高—坝控面积曲线和坝高—总库容曲线，见图 15-18、图 15-19。由两图可以看出马家沟流域坝控面积、库容与坝高关系呈线性正相关关系。其中坝控面积与坝高相关系数 $R^2 = 0.711$，总库容与坝高相关系数为 $R^2 = 0.592$，表明坝控面积与坝高相关系数较好。可见淤地坝的坝高和流域的侵蚀产沙特征有着密切的关系，即坝高影响着泥沙的可拦蓄量。

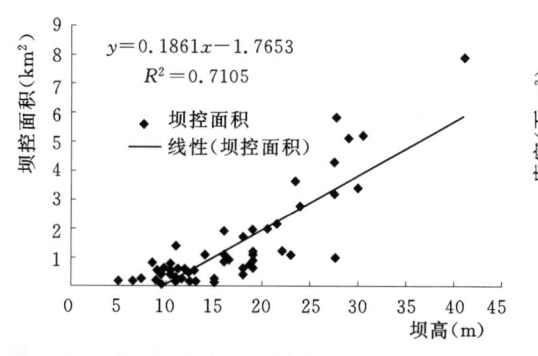

图 15-18 坝高与坝控面积关系曲线

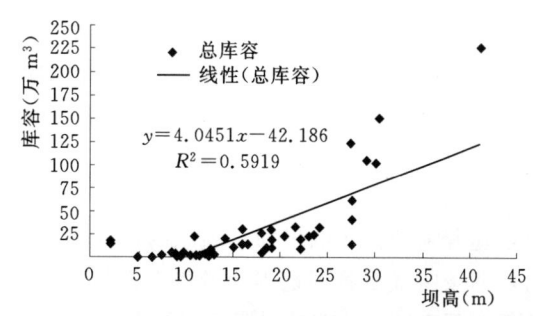

图 15-19 坝高与总库容关系曲线

15.1.5.4 单坝拦沙效益比较

淤地坝建成后，由于泥沙的淤积使库区原来侵蚀剧烈的沟道变成平整的坝地，减少了沟道侵蚀，但由于小流域不同部位的侵蚀程度不同，安排建坝顺序时及早控制土壤侵蚀剧烈的区域，必将有助于控制整个小流域的水土流失。本研究选择马家沟嵌套小流域中的两个植被覆盖率较低、侵蚀较严重的子流域——12号小流域和18号小流域为研究对象，模拟两个流域在布设淤地坝后淤积量与坝地面积随着时间的变化情况。淤地坝均设计为淤积年限10年，坝高15m的坝。这两个流域的地形地貌及植被因子前面论文已有交待，在这里就不再重述。如前所述依据两个流域的输沙模数来分别计算每年的淤积量，并依据地形地貌因子分析两个淤地坝的累积淤积量和累积坝地面积。

淤地造田目标是根据小流域的沟道形态、经济社会现状及农村经济发展需求综合确定的。经过一定的年限后，坝系中累积形成的坝地面积越大，则沟道的侵蚀就越小，且坝系农业的效益就可能越高。两个流域10年的累计的坝地面积如图15-20所示，由图可以看出，在10年的淤积过程中12号子流域的淤地面积均大于18号子流域。淤积年限达到10年时，12号子流域淤地坝累计坝地面积达到了14.3hm²，而18号子流域累计坝地面积仅为1.78hm²。前者约为后者的8倍。因此，从淤地坝淤地造田的角度考虑，12号子流域较18号子流域更有建坝的必要性。

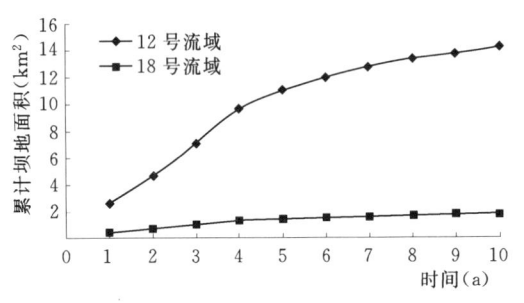

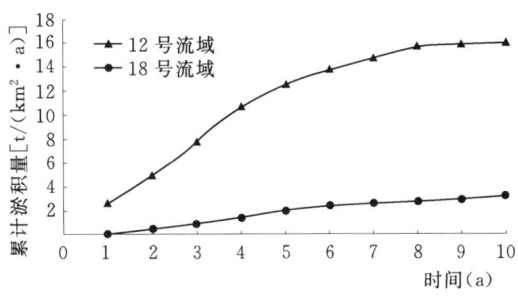

图15-20 两个流域的坝地面积比较

图15-21 两个流域的淤积量比较

两个流域10年的累计的淤积量如图15-21所示。由图15-21可以看出，在10年的淤积过程中12号子流域的淤积量均大于18号子流域。淤积年限达到10年时，12号子流域坝地累计淤积量达到了16万t，而18号子流域累计坝地面积仅为3.25万t。前者约为后者的5倍。因此，从淤地坝拦沙角度考虑，12号子流域较18号子流域更有建坝的必要性。12号淤地坝与18号淤地坝相比不论淤地面积还是淤积量都较后者大。12号坝可以较早的拦截泥沙，因此，其不仅达到了最快地形成了坝地进行农业生产，而且能尽早地实现了水土保持的效果。

淤地坝建成后，由于坝地面积的增加，一方面控制了更多的沟底冲刷，增加了淤地坝的减蚀能力；另一方面，由于坝库滞洪能力的减小，削弱了淤地坝的拦沙能力。总体来看，随着坝地面积的增加，坝系的拦沙能力逐渐减弱。由图15-20和图15-21也可以看出，两条曲线尽管坝地累计淤积面积和淤积量都在逐年增加，但是自淤积5年后两条曲线的斜率都在减小，也充分表明了坝地的拦沙能力在逐渐较小。淤积10年后两条曲线的斜率均趋于零，表明了10年后两座淤地坝逐渐淤满实效。

15.1.6 不同治理方式下的流域侵蚀强度变化

当某种水土保持措施在某一地点实施之后，所产生的减蚀减沙效益通常是依赖于时间、而不是独立于时间的变量，而流域的侵蚀模数与减蚀量有必然的关系，因此，流域侵蚀模数

15.1 流域沟壑整治工程对水沙资源的调控机制

随着时间的变化必然有变化。水土保持实施后的流域侵蚀模数随时间变化的规律，是一个十分重要的理论问题，同时又是一个具有重要应用意义的问题。了解流域侵蚀模数不仅可以清楚地认识到现有流域的土壤侵蚀状况也能为流域的水土流失治理及规划提供一定的依据。

如前所述马家沟流域坝系工程建设始于 20 世纪 50 年代末，因此，本研究以马家沟流域为例分析其通过多年的水土保持措施，流域侵蚀模数的变化情况，并据之预测流域未来的侵蚀模数发展趋势。需要说明的是由于研究采用的拦沙量为流域输沙量，而计算流域侵蚀模数时需采用流域侵蚀量来计算。根据延安市多年平均入黄泥沙量占多年平均侵蚀量推算得出延安市泥沙输移比为 0.91（刘世海）。本研究采用该输移比来计算马家沟流域侵蚀量，依此来计算流域侵蚀模数。即图 15-22 是马家沟流域 1981~2007 年土壤侵蚀模数的变化，表 15-13 是马家沟流域多年土壤侵蚀量及土壤侵蚀模数。

由图 15-22 可以看出，三个时段下侵蚀模数与降雨量变化不太一致，1990~1999 年的年平均降雨量虽然最小仅为 459mm，但其多年平均侵蚀模数却最大；2000~2007 年的年平均降雨量最大为 542.6mm，但其多年平均侵蚀模数却最小。由此可见，降雨量的变化并不是马家沟流域侵蚀模数变化的根本原因，该区侵蚀模数的变化主要是由于水土流失治理的变化而造成的。由表 15-13 和图 15-19，马家沟流域自 1981~2007 年土壤侵蚀模数在总体趋势上表现出 3 个阶段：①平缓下降；②先跳跃式增加，后急剧减小；③先骤减，后基本不变。

表 15-13　　　　　　　　马家沟流域土壤侵蚀量及土壤侵蚀模数

年　份	流域总输沙量（万 t）	流域年平均输沙量（万 t）	流域平均侵蚀量（万 t）	流域土壤侵蚀模数 [t/(km²·a)]
1981~1990	796.4	79.6	87.5	11290.3
1991~2000	808.0	80.8	88.8	11458.1
2001~2007	189.9	27.1	29.8	3842.6

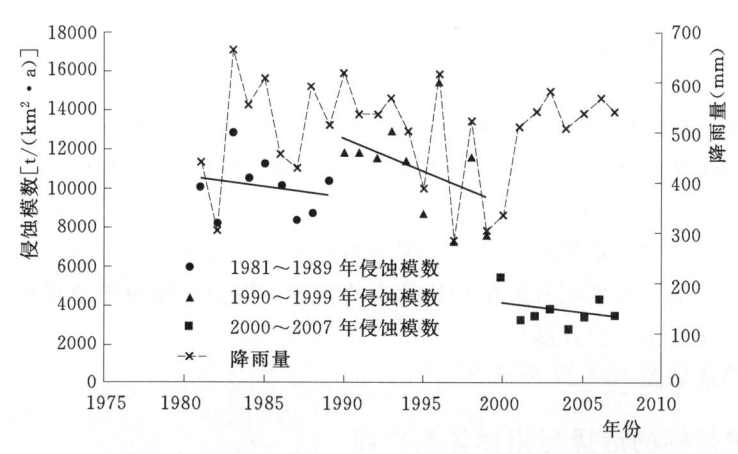

图 15-22　马家沟流域 1981~2007 年土壤侵蚀模数变化

1981~1990 年土壤侵蚀模数介于 11290t/(km²·a) 左右，尽管在这 10 年间 1983 年和 1990 年侵蚀模数相对较大，但侵蚀模数的总体趋势为平缓下降，这是由于在 20 世纪 80 年代末期，研究区小流域开展了以梯田建设为突破口的山、水、田、林、路综合治理示范工程,对土地进行"2化",即:坡耕地梯田化、宜林耕地绿化。通过不断治理,使流域内坡耕地的面积急剧减少,梯田面积大量增加,林地面积也有较大幅度的增加。随着土地利用的改善流域土壤侵蚀模数也相应降低。

1991~2000 年侵蚀模数为 11458t/(km²·a) 左右,与 20 世纪 80 年代相比,侵蚀模数明显增大,这与人为因素影响有直接的关系。马家沟流域自 1990 年以来人口数在逐年增加,居民点所占面积也从 40.12hm² 增加到了 60.22hm²。随着人口的增加滥砍滥伐等现象也在逐步增加,因此,水土流失也急剧的增大,从而造成土壤侵蚀模数与 80 年代相比骤增。但 1990~2000 年的 10 年间,土壤侵蚀模数却在逐年急剧下降,这是因为随着人口增加,水土流失增加的现象,当地政府开始重视水土保持,严禁乱砍滥伐,并且在流域坡面和沟道布置了相应的水土保持措施,加之,20 世纪 90 年代后期降雨量也较小,1997 年降雨量仅 233mm,在水土保持和降雨的双重影响下,水土流失及侵蚀模数也急剧下降。

2001~2007 年侵蚀模数较之前急剧下降,平均侵蚀模数下降到 3842t/(km²·a)。一方面是由于随着退耕还林政策的实施 2000 年到 2007 年林地面积又有了大范围的增加,林地面积从 190.78hm²,增加到 1702.83 hm²,而坡耕地面积也相应减少。另一方面是由于马家沟流域自 2000 年以后开始了以淤地坝为主的大规模沟道治理,沟谷坡下部被淤地坝沉积泥沙覆盖,对沟谷坡的稳定起到了一定的加强和巩固作用,在一定程度上减轻甚至遏制了沟谷坡下部侵蚀的发生;因此,土壤侵蚀量也急剧减小。之后,随着各项水土保持措施的完善,水土流失量也在逐渐下降。

通过对马家沟流域的实地调查,马家沟仍有十几座淤地坝规划待建,因此,在未来随着马家沟流域各项水土保持设施的逐步完善,流域土壤侵蚀模数一定会稳步下降。值得考虑的是,由于马家沟流域属于嵌套型小流域,因此,对整个流域的治理也应当有所侧重,针对土地利用现状较好,土壤侵蚀程度较低的嵌套小流域采用的水土保持措施规格可以适当降低,可以采用一般淤地坝工程就没必要再修筑骨干坝。

15.2 沟壑开发整治工程环境效应评估

建立合理的适合中尺度流域淤地坝开发环境效应评估指标体系,并对指标体系定量化;以马家沟小流域为研究对象进行域淤地坝开发环境效应进行评价,对评价结果进行分析。

评价流域淤地坝建设规模是否合理,坝系布局的是否科学。通过对淤地坝沟壑整治工程开发环境效应评估,发现现有淤地坝建设中的问题,以指导流域淤地坝规划与建设,促进黄土高原水土保持工作的开展。

研究技术路线如图 15-23 所示。

15.2.1 评价指标的选择与指标体系构建

淤地坝建设的总体目标是生态、节水、安全、可持续。其中生态是指建设生态友好型的淤地坝,不仅要避免淤地坝建设过程中对区域生态环境的不良影响,更要为促进区域生态环境向良好方向发展提供支撑;节水是指要将建设节水型淤地坝作为淤地坝建设的一项

15.2 沟壑开发整治工程环境效应评估

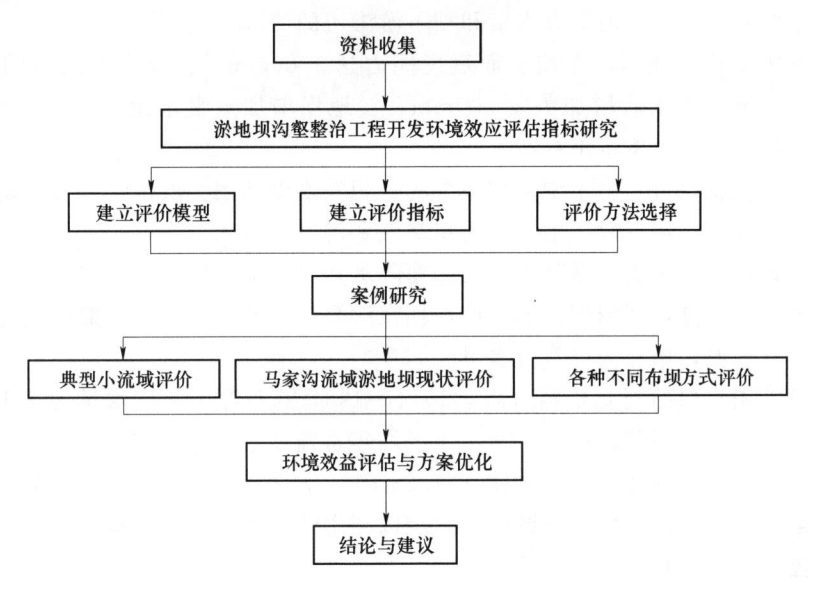

图 15-23 技术路线图

重要指标,彻底改变以往淤地坝不重视节水而造成大量水资源的无效损耗;安全是指在充分考虑淤地坝拦蓄泥沙、经济可行的基础上,通过不同种类淤地坝的合理配置,形成"小多成群有骨干",提高流域坝系抵御超标准洪水的能力,避免垮坝甚至连锁垮坝事件的发生,并提高流域在遭遇一般洪水时坝地防洪保收的比例;可持续是指通过合理淤地坝建设,使得区域生态环境、社会、经济等方面协调发展,并通过大量非工程措施以及国家、地方政府出台的相关政策,实现国家、地方政府、当地农户共赢的局面,形成淤地坝建设的良性循环,达到可持续发展的目标。

15.2.1.1 淤地坝生态环境效应

淤地坝的建设直接拦蓄了流域侵蚀的泥沙,并将洪水期流域产生的径流拦蓄下来作为农业生活生产必须的水资源,淤地坝建设对区域水资源和泥沙产生较大影响,同时淤地坝的建设形成大量高产的坝地,对减轻退耕还林压力方面也有重大意义。

1. 水资源综合利用指标

流域淤地坝建设将拦蓄上游来水来沙,改变了沟道水流原有流路,势必会对流域水资源造成较大影响,而黄土高原又是水资源十分脆弱的区域,如何配置有限的水资源,显得尤为重要。因此需要对淤地坝建设后流域水资源状况进行评价。

(1) 水资源无效损耗量。淤地坝耗用水资源包括三方面:一是淤地坝淤成后种植坝地用水,这部分用水是长期的;二是可能增加的灌溉用水,即骨干坝蓄水后可能增加的农田灌溉、农村人畜用水,植树造林的生态用水;三是骨干坝或淤地坝未淤满前增加水面蒸发水量和坝下游渗流的潜水蒸发等。

其中淤地坝建设后坝地种植用水和新增耗水是当地生态环境改善和社会经济发展不可或缺的。淤地坝建设,不仅可以有效地减少入黄泥沙量,而且可以提高当地水资源的利用率、发展农村经济,改善生态环境,淤地坝建设增加的耗水量具有一定的社会经济效益,这部分用水是当地生态环境建设及发展社会经济所必需的。无效的水资源损耗主要是骨干坝或淤地坝未淤满前增加水面蒸发水量和坝下游渗流的潜水蒸发等。

由于黄河中游蒸发强烈，年均水面蒸发能力达 1000mm，扣除未蓄水前的陆地蒸发 400mm，新修淤地坝蓄水后增加蒸发 600mm。淤地坝增加蒸发水量主要集中在蓄水期，待淤地坝淤满后，水面蒸发将不存在。

（2）地下基流变化量。由于淤地坝减少的是相对难以利用的洪水，并且汛期拦蓄的洪水有相当一部分在非汛期释放，增加了河川基流和沟道常流水。

黄土高原地区径流主要依靠降水形成，而降水多以暴雨形式出现，加之植被稀少，径流形成快，泥沙含量高，利用率极低。淤地坝在滞浑排清的同时，将一部分地表水转化为地下水，涵养了水源，增加沟道常流水量。

根据绥德韭园沟口站观测资料分析，1954～1964 年平均年常流水量为 28L/s，1965～1974 年、1975～1988 年和 1989～2000 年平均年常流水量分别为 36 L/s、65 L/s 和 78 L/s，与 1954～1964 年相比，分别增加了 1.28 倍、2.32 倍和 2.79 倍。他认为在黄河中游大量修建淤地坝可使汛期危及下游安全、难以利用的暴雨洪水得到暂时拦蓄，增加黄河枯水期的径流量，对防止黄河断流是有益的。

2. 拦泥减蚀指标

淤地坝之所以能在黄土高原地区显示出自己强大的生命力，最核心还是在于其拦泥作用。淤地坝拦泥减少了入黄泥沙，保护了下游安全，并且泥沙就地截留淤成坝地，实现了水沙资源的合理利用。

淤地坝拦淤泥沙后，抬高了侵蚀基点，阻止了沟底下切，使沟道比降变缓，延缓了溯源侵蚀和沟岸扩张，对减轻滑坡、崩塌、泻溜等重力侵蚀和稳固沟床等都具有积极意义。且淤地坝形成坝地将本是沟道或坡地的区域淤平，同样也会大量减少水土流失。

（1）淤地坝已拦蓄泥沙量。淤地坝已拦蓄泥沙量是指流域现有坝系已经拦蓄泥沙量，是指过去坝系对泥沙的拦蓄，代表淤地坝过去对生态环境的贡献。

（2）淤地坝剩余拦蓄泥沙量。淤地坝剩余蓄泥沙量是指流域现有坝系剩余拦蓄泥沙能力，代表淤地坝未来对生态环境的贡献。

（3）淤地坝剩余拦蓄潜力。淤地坝剩余拦蓄泥沙潜力主要指通过坝体加高、病险库治理、淤地坝改造、新建淤地坝等可以实现的泥沙拦蓄能力。

（4）淤地坝实际拦蓄泥沙量。淤地坝实际拦蓄泥沙量是指在流域淤地坝现状条件下，结合流域水土流失现状、淤地坝运行模式等，流域坝系实际拦蓄泥沙量，代表淤地坝现在对生态环境的贡献。

（5）淤地坝抬高基准面减蚀量。淤地坝建设不仅可使泥沙淤积，而且可有效阻止沟底下切，延缓溯源侵蚀和沟岸扩张，抬高侵蚀基准面，对减弱滑坡、崩塌、泻溜等重力侵蚀，稳定河床等都有十分重要的意义。根据无定河普查资料显示在黄土丘陵沟壑区，流域面积 3～5km 的沟道比降为 3.5%，淤地坝建设使流域川台化，沟道比降变缓，一般为 0.65%，坝前泥沙的淤积巩固并抬高了沟床，有效地制止了沟床下切，相应地稳定了沟坡，减轻了沟壑侵蚀。

（6）淤地坝占压沟道减蚀量。淤地坝占压沟道减蚀量是指通过淤地坝建设将原本比降较大的沟道变成被泥沙覆盖的川台坝地而达到减少的流域侵蚀的数量。

3. 退耕还林还草指标

稳产高产的坝地解决了群众的生计，解除了后顾之忧。同时变过去广种薄收为少种高产多收，促进了陡坡耕地退耕还林还草，推动了大面积植被恢复，改善了生态环境。真正实现"退得下，还得上，稳得住，能致富"。据分析，一亩坝地可促进6~10亩的坡地退耕。淤地坝建设，调整了土地利用结构，解决了林牧用地矛盾，变农林牧相互争地为互相促进、协调发展。

淤地坝、梯田建设与退耕还林还草工程相结合，能有效地根治水土流失，淤地坝建设及坝地农业发展在退耕还林还草实施过程中对农村生态经济系统的良性循环具有重要的作用。

(1) 增加林草覆盖率。增加林草覆盖率是指通过淤地坝建设促进流域退耕还林还草工作的开展，从而实现增加流域林草覆盖率。水利部黄委会遥感监测中心对陕西延安榆林地区的监测结果表明，从1997年7月到2002年7月的5年间，该地区植被覆盖度提高了8.45%；根据刘建军对延安张梁的调查（刘建军等，2002），当年退耕地植被盖度约50%左右；退耕1年后，植被盖度达到95%以上。

(2) 改善生物多样性。改善生物多样性是指通过淤地坝建设促进流域退耕还林还草工作的开展，从而实现改善流域生物多样性的效果。中国科学院水土保持研究所对宁夏固原退耕还林地块的调查表明，退耕地前2年自然恢复起来的大多为白羊草、长茅草和大针茅等禾本科植物；第三年逐渐增加了黄蒿、铁杆蒿、冷蒿、阿尔泰狗娃花、菊科等；第5年增加了百脉根、胡枝子等草本小灌木植被。刘建军（刘建军等，2002）还通过对不同年限退耕地组成植物优势度指数、信息统计指数和均匀度指数比较分析得出，随着退耕时间增长，植物多样性指数不断增加，信息统计指数和均匀度指数也表现出相同的趋势。

(3) 退耕后保水保土量。退耕还林（草）可在增加地表植被，提高覆盖率的基础上，涵养水源，将天然降雨较多的保留在土壤中，减少了蒸发，使土壤保持长期湿润，增加了土壤含水量。据研究，坡耕地的土壤侵蚀量大于茂密林地的5~10倍，退耕还林（草）还能明显地减少流域内的水土流失。据在安塞县县南沟的研究表明，退耕还林（草）可使流域内洪峰流量、洪水流量和水土流失总量分别减少64%、65%和72%（温仲明等，2002）。据宁夏隆德县水利局水保站的观测结果，坡耕地退耕还林（草）后，土壤侵蚀模数比退耕前降低了1400t/(km^2·a)。

15.2.1.2 社会效应

1. 防洪减灾指标

淤地坝防减灾包括两方面的含义：一是防洪保坝，也就是坝系抵御洪水能力以及减少溃坝可能造成的损失；二是坝地作物保收。其中保坝是前提，保收是目的。就坝系而言，其防洪减灾指的是通过坝系中不同功能的坝（库）群的综合作用，分工协作，互相配合，抵抗某一频率的暴雨洪水，保证坝系的整体安全，保证坝系内所有可利用坝地的正常生产。

(1) 坝系抵御洪水能力。淤地坝不论是在生产生活方面，还是在社会经济发展方面都有着举足轻重的作用，但多年来水毁问题却一直困扰着黄土高原地区淤地坝的建设发展。坝系在遭遇超标准洪水情况下，不至于发生溃坝特别是连锁溃坝事件，保证流域坝系安全，避免拦蓄泥沙的"零存整取"，而其所对应的洪水频率即为坝系抵御洪水能力。这是以往淤地坝建设经常被忽略的指标，也是淤地坝建设"安全"总体目标的具体体现。

王毅荣（王毅荣等，2007）利用中国黄土高原区域内的51个分布比较均匀的观测站1961~2000年40年逐日降水实测资料统计，1961~2000年黄土高原地区近一半的暴雨以区域性形式出现，区域性暴雨发生主要集中在7~8月。1989年7月22日，以兴县、临县交界地区为中心突降暴雨中共冲毁兴县淤地坝91座（总数205座），毁坝数占到坝总数的44%，冲毁坝地2505亩，占全县坝地总数的16.5%（马国顺等，1990）。在1977年的暴雨中，清涧县冲毁大小淤地坝2700座（总数3400座），子长县冲毁930座（总数2164座），绥德县冲毁2640座（总数3100座），毁坝数占到坝总数的70%~80%。1994年7月、8月，暴雨后绥德县共水毁淤地坝798座，占全县总坝数3769座的21.2%。8月10日，陕宁交界处的定边县共水毁淤地坝272座，占总坝数355座的76.6%；陕甘交界处的吴旗、志丹、环县等地出现的区域性大暴雨造成吴旗县城两次被淹，并水毁淤地坝65座，占全县总座数275座的23.6%（王允升，王英顺，1995；李靖等，2003）。可见坝系溃坝将造成连锁反应，对区域社会经济造成大量的损失。

由于黄土高原大部分小流域由单坝发展为坝群，逐步形成了沟道坝系。因此通过提高淤地坝设计防洪标准、选择合适的坝系结构配置，提高整个坝系抵御洪水能力。坝系抵御洪水能力是坝系防洪减灾的关键。

（2）坝系溃坝损毁风险。坝系溃坝损毁风险是指坝系在遭遇一定频率洪水条件下，坝系中部分淤地坝溃坝造成的冲毁坝地面积、带走淤积的泥沙量、淹没下游村庄等损失的程度。

（3）流域坝地防洪保收率。流域坝地防洪保收率是指在一定频率洪水条件下，通过淤地坝的正常运行而保证坝地作物不减产的比例。这是避免当地农户耕作损失的重要因素，也是保证农户积极性的重要保障。

（4）淹没损失。淤地坝淤满或蓄水后会淹没占用一部分沟道造成的损失。因此选择好的坝址是进行坝系规划的第一步。好的坝址是"口小肚大"，沟道比降较缓，同时应选在支沟分岔的下方和沟底陡坡、跌水的上方，以求修坝工程量小，库容大，淤地多，并尽量避开村庄、道路、已淤成的坝地等，减少淹没损失。

2. 粮食安全指标

保护生态环境、实施可持续发展与确保粮食安全一直受到专家学者的关注和研究。1983年4月联合国粮农组织通过的粮食安全定义为："粮食安全的最终目标应该是，确保所有人在任何时候既能买得到又能买得起他们所需要的基本食品"。

坝地主要是由山坡表土随坡面径流汇入沟道淤积而成，水分充足，抗旱能力强。同时，大量的牲畜粪便、枯枝落叶以及有机肥料流入坝内，使坝地非常肥沃，成为高产稳产的基本农田。据典型调查（胡靖，1999），坝地平均亩产一般为300~400kg，山西省汾西县康和沟流域，坝地面积占总耕地面积28%，粮食总产却占该流域粮食总产量的65%。坝地粮食产量，已成为黄土丘陵沟整区主要粮食来源之一，且抵御自然灾害的能力强，所以发展黄土高原的坝系农业是解决本地区人民基本口粮的主途径之一。

(1) 增加坝地面积。增加坝地面积是指通过淤地坝拦蓄泥沙而形成的可耕种并高产的坝地面积。增加坝地面积是淤地坝一个极为主要的作用，是保证粮食安全和维护当地农民利益的主要因素，也是当地农户开展淤地坝建设的重要推动力。

(2) 粮食自给率。粮食自给率就是在一定时期内区域自己生产和储备的能够用来满足消费的粮食与粮食总需求之比，是保证粮食安全的重要指标。而坝地粮食的高产是粮食自给率得到保证的重要因素。

(3) 人均粮食占有量。人均粮食占有量在一定程度上反映了一个国家或地区的粮食安全水平。显然，人均粮食量越多，表示粮食安全水平越高；反之，人均粮食量越少，粮食安全水平越低。

人均粮食警戒线值是多大，目前国内外还没有统一的标准。胡靖认为（胡靖，1999），只要人均粮食供给量不低于248.56kg，就能保证每人的生存安全，若低于此值，则会发生绝对的粮食危机或绝对饥荒。

15.2.1.3 经济效应

经济效应指标包括两方面的内容，一方面是淤地坝对于水土资源的利用效率；另一方面是淤地坝对当地人民收入的影响以及单个淤地坝的投入产出比。

1. 坝地利用经济指标

(1) 淤地坝淤地效率。淤地坝淤地效率是指形成单位面积坝地所需要拦蓄泥沙的量。为加快坝地形成过程，提高流域经济效益，需要利用尽量少的侵蚀后的泥沙形成较多的坝地。淤地坝拦蓄大量泥沙，减少泥沙进入河道，对减少河道淤积，减轻下游河道防洪压力方面都有重要意义。同时从坡面侵蚀的泥沙经淤地坝拦蓄后形成坝地，拦蓄泥沙所携带的大量养分形成高产量的坝地。为加快坝地形成过程，提高流域经济效益，需要利用尽量少的侵蚀后的泥沙形成较多的坝地。

(2) 坝地利用率。坝地利用率是已淤积成的坝地中真正能投入使用，并能带来经济效益的坝地比例。这是因为坝地盐碱化以及坝系规划不合理致使大量淤好的坝地无法利用，为提高流域坝地经济效益首先要提高坝地的利用率。

2. 淤地坝经济指标

淤地坝之所以深受人民群众的喜爱，在黄土高原建设大量的淤地坝，主要是坝地具有较高的自然生产能力，淤地坝对改良土壤、增加耕地面积、提高粮食产量等方面都有很大作用，同时对提高当地人民群众的收入水平也有积极作用。

(1) 人均收入变化。人均收入变化是指通过建设淤地坝后，当地人民群众人均收入的提高。

(2) 淤地坝投入产出比。淤地坝投入包括前期建设和后期维护所需要的费用，而群众建设淤地坝的主要目的是建成运行后通过种植淤积的坝地创收，因此淤地坝投入产出比为单位面积坝地所需要投入建设和维护淤地坝的费用。该指标是建设淤地坝重要动力，是淤地坝规划设计重要计算内容，也是淤地坝经济指标中的重要元指标。

15.2.1.4 评估指标体系建立

根据以上分析可形成淤地坝建设环境效应评估指标体系图，整个体系由目标层、准则层、指标层、元指标等四个层次组成，分别包括三个准则层、七个指标层和22个元指标。

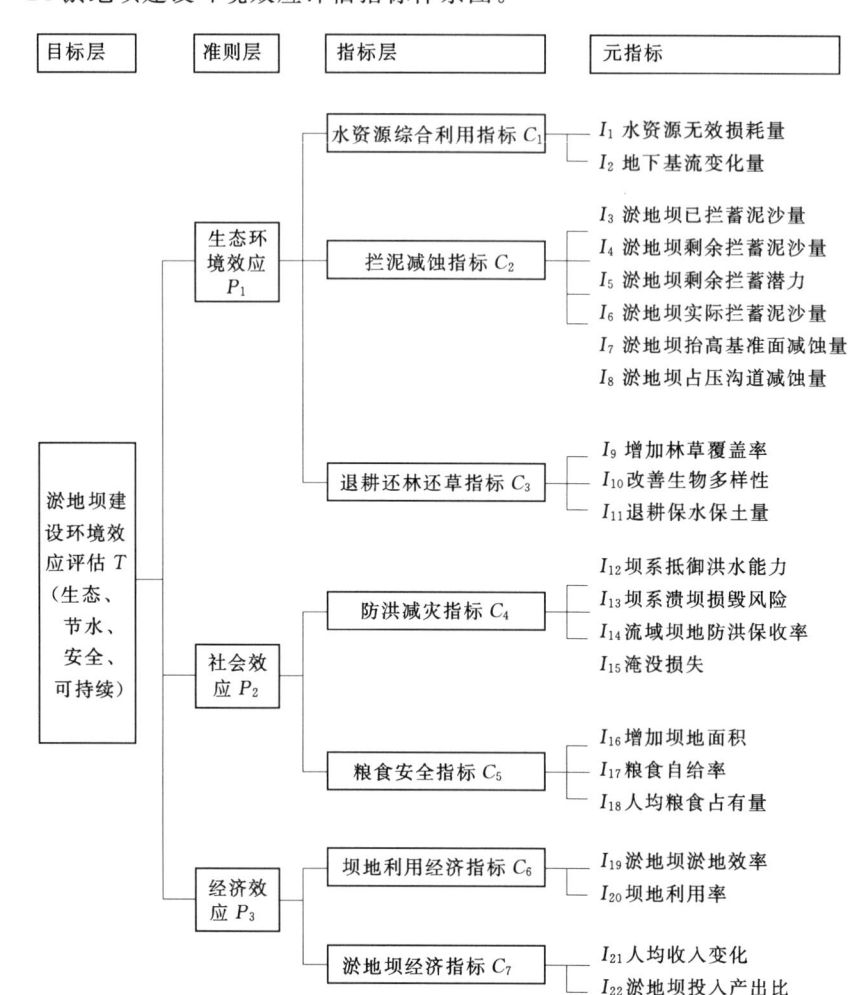

见图 15-24 淤地坝建设环境效应评估指标体系图。

图 15-24 淤地坝建设环境效应评估指标体系图

15.2.2 淤地坝建设环境效应评估指标权重分析

15.2.2.1 准则层权重分析

将淤地坝规划环境效应评估 T 作为目标层，则生态环境效应 P_1、社会效应 P_2、经济效应 P_3 为其三个准则层。按上节权重分析方法，根据淤地坝建设的具体状况，利用专家咨询法对三个准则层按重要性进行两两比较，并构造判断矩阵 $T\sim C$：

T	P_1	P_2	P_3
P_1 生态环境效应	1.00	1.30	4.00
P_2 社会效应	0.77	1.00	2.00
P_3 经济效应	0.25	0.50	1.00

则传递矩阵为：$b_{ij} = \lg a_{ij}$

0.000	0.114	0.602
−0.114	0.000	0.301
−0.602	−0.301	0.000

最优传递矩阵为：$c_{ij} = \dfrac{1}{n}\sum\limits_{k=1}^{n}(b_{ik} - b_{jk})$

0.000	0.176	0.540
−0.176	0.000	0.363
−0.540	−0.363	0.000

拟优阵 A^* 为：$a_{ij}^* = 10^{c_{ij}}$

1.000	1.501	3.465
0.666	1.000	2.309
0.289	0.433	1.000

利用方根法计算矩阵 A^* 的特征向量。

$$w_i = \dfrac{u_i}{\sum\limits_{i=1}^{n}u_i}$$

式中

$$u_i = \sqrt[n]{\prod_{j=1}^{n} a_{ij}^*}$$

由此可计算出该矩阵特征向量为 $w_0 = (0.511, 0.341, 0.147)^T$。即准则层相对于目标层的权重系数为：0.511，0.341，0.147。可见准则层按重要性排序为 P_1、P_2、P_3，其中生态环境效应最为重要，社会效应次之，经济效应按重要性排最后。

15.2.2.2 生态环境效应指标权重分析

生态环境效应方面的元指标包括：水资源无效损耗量 I_1；地下基流变化量 I_2；淤地坝已拦蓄泥沙量 I_3；淤地坝剩余拦蓄泥沙量 I_4；淤地坝剩余拦蓄潜力 I_5；淤地坝实际拦蓄泥沙量 I_6；淤地坝抬高基准面减蚀量 I_7；淤地坝占压沟道减蚀量 I_8；增加林草覆盖率 I_9；改善生物多样性 I_{10}；退耕保水保土量 I_{11}。

通过专家咨询法对生态环境效应方面的元指标进行两两比较，构造判断矩阵为：

P_1	I_1	I_2	I_3	I_4	I_5	I_6	I_7	I_8	I_9	I_{10}	I_{11}
I_1	1.00	4.00	3.00	2.00	2.00	0.25	5.00	2.00	5.00	5.00	5.00
I_2	0.25	1.00	0.50	0.25	0.33	0.13	2.00	0.25	2.00	2.00	2.00
I_3	0.33	2.00	1.00	0.33	0.50	0.14	3.00	0.50	3.00	3.00	3.00
I_4	0.50	4.00	3.00	1.00	2.00	0.20	5.00	1.00	5.00	5.00	5.00

续表

P_1	I_1	I_2	I_3	I_4	I_5	I_6	I_7	I_8	I_9	I_{10}	I_{11}
I_5	0.50	3.00	2.00	0.50	1.00	0.17	4.00	1.00	4.00	4.00	4.00
I_6	4.00	8.00	7.00	5.00	6.00	1.00	9.00	7.00	9.00	9.00	9.00
I_7	0.20	0.50	0.33	0.20	0.25	0.11	1.00	0.25	1.00	1.00	1.00
I_8	0.50	4.00	2.00	1.00	1.00	0.14	4.00	1.00	5.00	5.00	5.00
I_9	0.20	0.50	0.33	0.20	0.25	0.11	1.00	0.20	1.00	1.00	1.00
I_{10}	0.20	0.50	0.33	0.20	0.25	0.11	1.00	0.20	1.00	1.00	1.00
I_{11}	0.20	0.50	0.33	0.20	0.25	0.11	1.00	0.20	1.00	1.00	1.00

则传递矩阵为：$b_{ij} = \lg a_{ij}$

0.00	0.60	0.48	0.30	0.30	−0.60	0.70	0.30	0.70	0.70	0.70
−0.60	0.00	−0.30	−0.60	−0.48	−0.90	0.30	−0.60	0.30	0.30	0.30
−0.48	0.30	0.00	−0.48	−0.30	−0.85	0.48	−0.30	0.48	0.48	0.48
−0.30	0.60	0.48	0.00	0.30	−0.70	0.70	0.00	0.70	0.70	0.70
−0.30	0.48	0.30	−0.30	0.00	−0.78	0.60	0.00	0.60	0.60	0.60
0.60	0.90	0.85	0.70	0.78	0.00	0.95	0.85	0.95	0.95	0.95
−0.70	−0.30	−0.48	−0.70	−0.60	−0.95	0.00	−0.60	0.00	0.00	0.00
−0.30	0.60	0.30	0.00	0.00	−0.85	0.60	0.00	0.70	0.70	0.70
−0.70	−0.30	−0.48	−0.70	−0.60	−0.95	0.00	−0.70	0.00	0.00	0.00
−0.70	−0.30	−0.48	−0.70	−0.60	−0.95	0.00	−0.70	0.00	0.00	0.00
−0.70	−0.30	−0.48	−0.70	−0.60	−0.95	0.00	−0.70	0.00	0.00	0.00

最优传递矩阵为：$c_{ij} = \dfrac{1}{n} \sum\limits_{k=1}^{n} (b_{ik} - b_{jk})$

0.00	0.59	0.40	0.09	0.22	−0.39	0.77	0.16	0.78	0.78	0.78
0.59	0.00	−0.19	−0.50	−0.37	−0.98	0.19	−0.43	0.20	0.20	0.20
−0.40	0.19	0.00	−0.31	−0.18	−0.79	0.38	−0.24	0.39	0.39	0.39
−0.09	0.50	0.31	0.00	0.12	−0.48	0.68	0.07	0.69	0.69	0.69
−0.22	0.37	0.18	−0.12	0.00	−0.61	0.56	−0.06	0.57	0.57	0.57
0.39	0.98	0.79	0.48	0.61	0.00	1.17	0.55	1.17	1.17	1.17
−0.77	−0.19	−0.38	−0.68	−0.56	−1.17	0.00	−0.62	0.01	0.01	0.01
−0.16	0.43	0.24	−0.07	0.06	−0.55	0.62	0.00	0.63	0.63	0.63
−0.78	−0.20	−0.39	−0.69	−0.57	−1.17	−0.01	−0.63	0.00	0.00	0.00
−0.78	−0.20	−0.39	−0.69	−0.57	−1.17	−0.01	−0.63	0.00	0.00	0.00
−0.78	−0.20	−0.39	−0.69	−0.57	−1.17	−0.01	−0.63	0.00	0.00	0.00

拟优阵 A^* 为：$a_{ij}^* = 10^{c_{ij}}$

1.00	3.87	2.50	1.23	1.64	0.41	5.94	1.43	6.06	6.06	6.06
0.26	1.00	0.65	0.32	0.42	0.10	1.54	0.37	1.57	1.57	1.57
0.40	1.55	1.00	0.49	0.66	0.16	2.38	0.57	2.43	2.43	2.43
0.81	3.14	2.02	1.00	1.33	0.33	4.82	1.16	4.92	4.92	4.92
0.61	2.35	1.52	0.75	1.00	0.25	3.62	0.87	3.69	3.69	3.69
2.47	9.54	6.15	3.04	4.05	1.00	14.65	3.54	14.95	14.95	14.95
0.17	0.65	0.42	0.21	0.28	0.07	1.00	0.24	1.02	1.02	1.02
0.70	2.70	1.74	0.86	1.15	0.28	4.14	1.00	4.23	4.23	4.23
0.17	0.64	0.41	0.20	0.27	0.07	0.98	0.24	1.00	1.00	1.00
0.17	0.64	0.41	0.20	0.27	0.07	0.98	0.24	1.00	1.00	1.00
0.17	0.64	0.41	0.20	0.27	0.07	0.98	0.24	1.00	1.00	1.00

利用方根法计算矩阵 A^* 的特征向量。

由此可计算出该矩阵特征向量为：

$w_1 = (0.145, 0.037, 0.058, 0.117, 0.088, 0.357, 0.025, 0.101, 0.024, 0.024, 0.024)^T$

即准则层相对于目标层的权重系数为：0.145，0.037，0.058，0.117，0.088，0.357，0.025，0.101，0.024，0.024，0.024。可见准则层按重要性排序为 I_6、I_1、I_4、I_8、I_5、I_3、I_2、I_7、I_9、I_{10}、I_{11}。可见该方面最重要的三个指标分别为淤地坝每年实际拦蓄泥沙量（I_6）；水资源无效损耗量；（I_1）；淤地坝占压沟道减蚀量（I_8）。

15.2.2.3 社会效应指标权重分析

社会效应方面的元指标包括：流域坝系抵御洪水能力 I_{12}；坝系溃坝损毁风险 I_{13}；流域坝地防洪保收率 I_{14}；淹没损失 I_{15}；增加坝地面积 I_{16}；粮食自给率 I_{17}；人均粮食占有量 I_{18}。

通过专家咨询法对社会效应方面的元指标进行两两比较，构造判断矩阵为：

P_2	I_{12}	I_{13}	I_{14}	I_{15}	I_{16}	I_{17}	I_{18}
I_{12}	1.00	0.33	0.25	2.00	0.20	4.00	3.00
I_{13}	3.00	1.00	0.33	4.00	0.25	6.00	5.00
I_{14}	4.00	3.00	1.00	5.00	0.50	7.00	6.00
I_{15}	0.50	0.25	0.20	1.00	0.17	3.00	2.00
I_{16}	5.00	4.00	2.00	6.00	1.00	8.00	7.00
I_{17}	0.25	0.17	0.14	0.33	0.13	1.00	0.50
I_{18}	0.33	0.20	0.17	0.50	0.14	2.00	1.00

则传递矩阵为：$b_{ij} = \lg a_{ij}$

0.000	−0.477	−0.602	0.301	−0.699	0.602	0.477
0.477	0.000	−0.477	0.602	−0.602	0.778	0.699
0.602	0.477	0.000	0.699	−0.301	0.845	0.778
−0.301	−0.602	−0.699	0.000	−0.778	0.477	0.301
0.699	0.602	0.301	0.778	0.000	0.903	0.845
−0.602	−0.778	−0.845	−0.477	−0.903	0.000	−0.301
−0.477	−0.699	−0.778	−0.301	−0.845	0.301	0.000

最优传递矩阵为：$c_{ij} = \dfrac{1}{n}\sum\limits_{k=1}^{n}(b_{ik} - b_{jk})$

0.000	−0.268	−0.500	0.172	−0.647	0.501	0.343
0.268	0.000	−0.232	0.440	−0.379	0.769	0.611
0.500	0.232	0.000	0.672	−0.147	1.001	0.843
−0.172	−0.440	−0.672	0.000	−0.819	0.329	0.171
0.647	0.379	0.147	0.819	0.000	1.148	0.990
−0.501	−0.769	−1.001	−0.329	−1.148	0.000	−0.158
−0.343	−0.611	−0.843	−0.171	−0.990	0.158	0.000

拟优阵 A^* 为：$a_{ij}^* = 10^{c_{ij}}$

1.000	0.540	0.316	1.486	0.226	3.171	2.203
1.853	1.000	0.586	2.753	0.418	5.876	4.082
3.161	1.706	1.000	4.697	0.713	10.023	6.963
0.673	0.363	0.213	1.000	0.152	2.134	1.483
4.432	2.392	1.402	6.586	1.000	14.056	9.765
0.315	0.170	0.100	0.469	0.071	1.000	0.695
0.454	0.245	0.144	0.674	0.102	1.439	1.000

利用方根法计算矩阵 A^* 的特征向量。

由此可计算出该矩阵特征向量为：

$$w_2 = (0.085, 0.156, 0.266, 0.056, 0.373, 0.027, 0.0378)^T$$

即准则层相对于目标层的权重系数为：0.085，0.156，0.266，0.056，0.373，0.027，0.0378。可见准则层按重要性排序为 I_{16}、I_{14}、I_{13}、I_{12}、I_{15}、I_{18}、I_{17}。可见该方面最重要的三个指标分别为增加坝地面积（I_{16}）；流域坝地防洪保收率（I_{13}）；坝系溃坝损毁风险（I_{13}）。

15.2.2.4 经济效应指标权重分析

经济效应方面的元指标包括：淤地坝淤地效率 I_{19}；坝地利用率 I_{20}；人均收入变化 I_{21}；淤地坝投入产出比 I_{22}。

通过专家咨询法对经济效应方面的元指标进行两两比较，构造判断矩阵为：

15.2 沟壑开发整治工程环境效应评估

P_3	I_{19}	I_{20}	I_{21}	I_{22}
I_{19}	1.00	3.00	5.00	0.33
I_{20}	0.33	1.00	3.00	0.20
I_{21}	0.20	0.33	1.00	0.14
I_{22}	3.00	5.00	7.00	1.00

则传递矩阵为：$b_{ij} = \lg a_{ij}$

0.000	0.477	0.699	−0.477
−0.477	0.000	0.477	−0.699
−0.699	−0.477	0.000	−0.845
0.477	0.699	0.845	0.000

最优传递矩阵为：$c_{ij} = \dfrac{1}{n}\sum_{k=1}^{n}(b_{ik} - b_{jk})$

0.00	0.35	0.68	−0.33
−0.35	0.00	0.33	−0.68
−0.68	−0.33	0.00	−1.01
0.33	0.68	1.01	0.00

拟优阵 A^* 为：$a_{ij}^* = 10^{c_{ij}}$

1.00	2.24	4.79	0.47
0.45	1.00	2.14	0.21
0.21	0.47	1.00	0.10
2.14	4.79	10.25	1.00

利用方根法计算矩阵 A^* 的特征向量。

由此可计算出该矩阵特征向量为 $w_3 = (0.264, 0.118, 0.055, 0.563)^T$。即准则层相对于目标层的权重系数为：0.264, 0.118, 0.055, 0.563。可见准则层按重要性排序为 I_{22}, I_{19}, I_{20}, I_{21}。可见该方面最重要的三个指标分别为淤地坝投入产出比（I_{22}）；淤地坝淤地效率（I_{19}）；坝地利用率（I_{20}）。

15.2.2.5 总权重分析

通过改进的层次分析法计算所得的权重系数如表 15-14 所示。

其中 $T \sim P$ 的权重系数为：$w_0 = (0.511, 0.341, 0.147)$；

$P_1 \sim I$ 的权重系数为：$w_1 = (0.145, 0.037, 0.058, 0.117, 0.088, 0.357, 0.025, 0.101, 0.024, 0.024, 0.024)^T$；

$P_2 \sim I$ 的权重系数为：$w_2 = (0.085, 0.156, 0.266, 0.056, 0.373, 0.027,$

0.0378);

$P_3 \sim I$ 的权重系数为：$w_3 = (0.264, 0.118, 0.055, 0.563)$。

将其合并为 $T \sim I$ 的权重系数为：$w = (0.074, 0.019, 0.030, 0.060, 0.045, 0.182, 0.013, 0.052, 0.012, 0.012, 0.012, 0.029, 0.053, 0.091, 0.019, 0.127, 0.009, 0.013, 0.039, 0.017, 0.008, 0.083)$。

表 15-14　　淤地坝建设环境效应评估指标权重表

目标层	准则层	准则层权重	指标层	序号	指标	总权重
淤地坝建设环境效应 T	生态效应 P_1	0.511	水资源综合利用指标	I_1	水资源无效损耗量	0.074
				I_2	地下基流变化量	0.019
			拦泥减蚀指标	I_3	淤地坝已拦蓄泥沙量	0.030
				I_4	淤地坝剩余拦蓄泥沙量	0.060
				I_5	淤地坝剩余拦蓄潜力	0.045
				I_6	淤地坝实际拦蓄泥沙量	0.182
				I_7	淤地坝抬高基准面减蚀量	0.013
				I_8	淤地坝占压沟道减蚀量	0.052
			退耕还林还草指标	I_9	增加林草覆盖率	0.012
				I_{10}	改善生物多样性	0.012
				I_{11}	退耕保水保土量	0.012
	社会效应 P_2	0.341	坝系防洪减灾指标	I_{12}	坝系抵御洪水能力	0.029
				I_{13}	坝系溃坝损毁风险	0.053
				I_{14}	流域坝地防洪保收率	0.091
				I_{15}	淹没损失	0.019
			粮食安全指标	I_{16}	增加坝地面积	0.127
				I_{17}	粮食自给率	0.009
				I_{18}	人均粮食占有量	0.013
	经济效应指标 P_3	0.147	坝地利用经济指标	I_{19}	淤地坝淤地效率	0.039
				I_{20}	坝地利用率	0.017
			淤地坝经济指标	I_{21}	人均收入变化	0.008
				I_{22}	淤地坝投入产出比	0.083

通过表 15-14 可得到所有元指标相对于目标层的总权重，对所有元指标按权重系数由大到小排列如下：

淤地坝每年实际拦蓄泥沙量（I_6）权重为 0.182；

增加坝地面积（I_{16}）权重为 0.127；

流域坝地防洪保收率（I_{14}）权重为 0.091；

淤地坝投入产出比（I_{22}）权重为 0.083；

水资源无效损耗量（I_1）权重为 0.074；
淤地坝剩余拦蓄泥沙量（I_4）权重为 0.060；
坝系溃坝损毁风险（I_{13}）权重为 0.053；
淤地坝占压沟道减蚀量（I_8）权重为 0.052；
淤地坝剩余拦蓄潜力（I_5）权重为 0.045；
淤地坝淤地效率（I_{19}）权重为 0.039；
淤地坝已拦蓄泥沙量（I_3）权重为 0.030；
流域坝系抵御洪水能力（I_{12}）权重为 0.029；
淹没损失（I_{15}）权重为 0.019；
地下基流变化量（I_2）权重为 0.019；
坝地利用率（I_{20}）权重为 0.017；
人均粮食占有量（I_{18}）权重为 0.013；
淤地坝抬高基准面减蚀量（I_7）权重为 0.013；
改善生物多样性（I_{10}）权重为 0.012；
退耕保水保土量（I_{11}）权重为 0.012；
增加林草覆盖率（I_9）权重为 0.012；
粮食自给率（I_{17}）权重为 0.009；
人均收入变化（I_{21}）权重为 0.008。

15.2.3　淤地坝建设环境效应指标筛选及权重分析

15.2.3.1　元指标权重分析

由表 15-15 淤地坝建设环境效应评估指标前 10 位权重元指标分析表可知，位于前 10 位权重的元指标权重总和为 0.806，基本能代表淤地坝建设对环境的影响。

由表 15-15 可知，生态环境效应中 5 个关键指标占该准则层总权重为 0.808，社会效应中三个关键指标占该准则层总权重为 0.795，经济效应中两个关键元指标占该准则层总权重为 0.827，可见不同准则层中被选的关键元指标均能代表该准则层，指标选择较为合理。

同时这 10 个关键元指标中代表生态环境效应的有 5 个，分别为 I_6、I_1、I_4、I_8、I_5，该五项元指标占总权重的 0.413。代表社会效应的元指标有 3 个，分别为 I_{16}、I_{14}、I_{13}，该三项元指标占总权重的 0.337。代表经济效应元指标有两个，分别为 I_{22}、I_{19}，该两项元指标占总权重的 0.151。在所选的 10 个关键元指标中生态环境效应元指标占前 10 位元指标权重总和的 51.2%，社会效应元指标占前 10 位元指标权重总和的 33.7%，社会效应元指标占前 10 位元指标权重总和的 15.1%。这与三准则层相对于目标层的权重（0.511，0.314，0.147）相差不多，可见选择这 10 个元指标不仅可以代表淤地坝建设对环境的影响，基本可代表不同准则层在目标层中占有的比例，指标选择相对合理。

综上所述，所选择的 10 个关键元指标可代表淤地坝建设对环境的影响，元指标选择合理。

表 15-15　　淤地坝建设环境效应评估指标前 10 位权重元指标分析表

目标层	准则层	准则层权重	前 10 位权重元指标 序号	前 10 位权重元指标 指标	相对于目标层总权重 各元指标权重	相对于目标层总权重 各准则层合计	相对于准则层总权重 各元指标	相对于准则层总权重 占准则层
淤地坝建设环境效应 T	生态环境效应 P_1	0.511	I_1	水资源无效损耗量	0.074	0.413	0.145	0.808
			I_4	淤地坝剩余拦蓄泥沙量	0.060		0.117	
			I_5	淤地坝剩余拦蓄潜力	0.045		0.088	
			I_6	淤地坝实际拦蓄泥沙量	0.182		0.357	
			I_8	淤地坝占压沟道减蚀量	0.052		0.101	
	社会效应 P_2	0.341	I_{13}	坝系溃坝损毁风险	0.053	0.271	0.156	0.795
			I_{14}	流域坝系防洪保收率	0.091		0.266	
			I_{16}	增加坝地面积	0.127		0.373	
	经济效应指标 P_3	0.147	I_{19}	淤地坝淤地效率	0.039	0.122	0.264	0.827
			I_{22}	淤地坝投入产出比	0.083		0.563	
合计					0.806	0.806	—	—

15.2.3.2　生态效应指标选择

1. 水资源无效损耗率

淤地坝对流域水资源的影响包括对地表径流、地下基流两个方面。而淤地坝耗用水资源主要包括淤地坝淤成后种植坝地用水、骨干坝蓄水后可能增加的灌溉用水、淤地坝增加水面蒸发水量三种途径。第三种耗水途径为无效损耗，影响着流域地表径流、地下基流，在水资源十分脆弱的黄土高原，显得尤其需要关注。因此在水资源综合利用指标中选择水资源无效损耗量作为淤地坝对于水资源影响的重要指标。

为保证不同流域计算的规范和可比性，将水资源无效损耗量指标改为水资源无效损耗率。

2. 淤地坝实际拦蓄泥沙率

淤地坝拦泥减蚀作用是淤地坝具有强大生命力的核心。而淤地坝剩余拦蓄泥沙量是指现有坝系经过多年淤积后，剩余拦蓄泥沙库容，代表淤地坝未来对生态环境的贡献。而淤地坝剩余拦蓄潜力是指在现有技术条件下，通过各种工程措施（包括建设新的淤地坝、加高、加固原有淤地坝等）后，流域淤地坝剩余拦蓄泥沙量。而具有实际价值的是淤地坝实际拦蓄泥沙量，它是指在流域淤地坝现状条件下，结合流域现状条件下实际水土流失量，流域坝系实际拦蓄泥沙量。

考虑到淤地坝实际拦蓄泥沙量与淤地坝剩余拦蓄泥沙量、淤地坝剩余拦蓄潜力部分内容重叠，因此将淤地坝剩余拦蓄泥沙量、淤地坝剩余拦蓄潜力、淤地坝实际拦蓄泥沙量三指标合为淤地坝实际拦蓄泥沙量。

为了保证不同流域计算的规范和可比性，将淤地坝实际拦蓄泥沙量指标改为淤地坝实际拦蓄泥沙率。

3. 淤地坝减蚀率

淤地坝减蚀作用包括淤地坝抬高基准面减蚀和淤地坝占压沟道减蚀，在此将其合为淤地坝减蚀量指标，计算中将两方面减蚀量合并计算。为了保证不同流域计算的规范和可比性，将淤地坝减蚀量指标改为淤地坝减蚀率。

15.2.3.3 社会效应指标选择

淤地坝防洪减灾是通过坝系中不同功能的坝群的综合作用，分工协作，互相配合，抵抗某一频率的暴雨洪水，保证坝系的整体安全，保证坝系内所有可利用坝地的正常生产的能力。它主要包括两方面的内容，一是防洪保坝；二是坝地作物保收情况。

(1) 坝系溃坝损毁风险度。黄土高原地区降雨年际变化大，年内分布不均，雨量集中，且多以暴雨形式出现。近些年来，淤地坝大规模的水毁现象时有发生，因此预防超标准暴雨引起的溃坝事件或减少溃坝损失显得尤为重要。

(2) 流域坝地防洪保收率。流域坝地防洪保收率是指在一定频率洪水条件下，通过淤地坝的正常运行而保证坝地作物不减产的比例。

(3) 坝地面积增加比例。退耕还林还草指标和粮食安全指标中有重复的内容，其中退耕还林还草指标中增加林草覆盖率和改善生物多样性都是建立在坝地生产粮食的置换作用上，通过增加坝地面积使得退耕还林还草政策和措施得以实施，以此增加林草覆盖率和改善生物多样。而退耕还林还草指标中保水保土量属于由退耕还林还草措施实施后而衍生出来的效益。粮食安全指标中粮食自给率、人均粮食占有量等指标均建立在增加坝地面积上，只有坝地面积增才能增加区域粮食自给率、人均粮食占有量，保证区域粮食安全。因此为精简指标，避免指标之间的重复，将退耕还林还草指标和粮食安全指标合并为增加坝地面积元指标。

为了保证不同流域计算的规范和可比性，将增加坝地面积指标改为坝地面积增加比例。

15.2.3.4 经济效应指标选择

1. 淤地坝淤地效率

坝地利用经济指标包括淤地坝淤地效率和坝地利用率，由于坝地利用率主要淤地坝管理措施密切相关，在一般小流域中不好计算，为精简指标，突出指标的代表性和唯一性，坝地利用率不予考虑。

淤地坝淤地效率是一个和坝址选择密切相关的指标，坝址选择好坏、坝地面积增加多少、坝地形成时间长短等都与之密切相关。

2. 淤地坝投入产出比

在淤地坝经济指标中包括人均收入变化和淤地坝投入产出比，由于人均收入变化是一个区域性指标，且需要多年统计资料支持，对于较小的流域，该指标不适合进行实际应用。为此主要考虑淤地坝投入产出比。

15.2.3.5 关键指标权重分析

根据以上分析，确定淤地坝建设环境效应八大评估关键指标，分别为水资源无效损耗率、淤地坝实际拦蓄泥沙率、淤地坝减蚀率、坝系溃坝损毁风险度、流域坝地防洪保收率、坝地面积增加比例、淤地坝淤地效率、淤地坝投入产出比等指标。

本节对选择后的八个关键指标进行权重计算分析。生态环境效应（P_1）方面的元指标包括：

F_1：水资源无效损耗率

F_2：淤地坝实际拦蓄泥沙率

F_3：淤地坝减蚀率

社会效应（P_2）方面的元指标包括：

F_4：坝系溃坝损毁风险度

F_5：流域坝地防洪保收率

F_6：坝地面积增加比例

经济效应（P_3）方面的元指标包括：

F_7：淤地坝淤地效率

F_8：淤地坝投入产出比

通过专家咨询法对各准则层元指标进行两两比较，分别形成构造判断矩阵为：

P_1	F_1	F_2	F_3
F_1	1.00	0.25	2.00
F_2	4.00	1.00	7.00
F_3	0.50	0.14	1.00
P_2	F_4	F_5	F_6
F_4	1.00	0.33	0.25
F_5	3.00	1.00	0.50
F_6	4.00	2.00	1.00
P_3	F_7	F_8	
F_7	1.00	0.33	
F_8	3.00	1.00	

通过上述计算方法，分别得出各权重如下：

$P_1 \sim F$ 的权重系数为：$w_1 = (0.186, 0.715, 0.098)^T$；

$P_2 \sim F$ 的权重系数为：$w_2 = (0.122, 0.319, 0.559)$；

$P_3 \sim F$ 的权重系数为：$w_3 = (0.249, 0.751)$。

将其合并为 $T \sim F$ 的权重系数为：w =（0.095，0.366，0.05，0.042，0.109，0.191，0.037，0.111）。见表 15-16 所示。

表 15-16　　　　　　淤地坝建设环境效应评估关键指标权重表

目标层	准则层	准则层权重	序号	指标名称	总权重
淤地坝建设环境效应 T	生态环境效应 P_1	0.511	F_1	水资源无效损耗率	0.095
			F_2	淤地坝实际拦蓄泥沙率	0.366
			F_3	淤地坝减蚀率	0.050
	社会效应 P_2	0.342	F_4	坝系溃坝损毁风险度	0.042
			F_5	流域坝地防洪保收率	0.109
			F_6	坝地面积增加比例	0.191
	经济效应指标 P_3	0.147	F_7	淤地坝淤地效率	0.037
			F_8	淤地坝投入产出比	0.110

15.2.4 淤地坝建设环境效应指标计算方法及评估标准

1. 水资源无效损耗率

水资源无效损耗率＝无效蒸发量/总径流量。根据刘会源[20]关于淤地坝增加蒸发水量的计算可知，黄河流域黄土高原地区淤地坝建成后，淤地坝增加蒸发水量占流域来水量的比例平均为10%，最大为16%。因此在计算水资源无效损耗量时，当水资源无效损耗率大于16%时，评价为较差，当水资源无效损耗率为10%时，评价为中等好，当水资源无效损耗率小于4%时，评价为很好。

2. 淤地坝实际拦蓄泥沙率

计算淤地坝实际拦蓄泥沙率要考虑三方面的内容，一方面是淤地坝的拦泥库容，一方面是流域侵蚀产沙量，最后是流域淤地坝的运行方式。通过对流域淤地坝坝系的运行方式的分析，比较流域侵蚀产沙量与淤地坝的拦泥库容最终确定淤地坝实际拦蓄泥沙率。

淤地坝实际拦蓄泥沙率＝淤地坝实际拦蓄泥沙量/流域总侵蚀量，可以计算每年和累计。当淤地坝实际拦蓄泥沙率大于80%时，也就是流域全部侵蚀量80%均被淤地坝拦蓄，此时评价为很好；当淤地坝实际拦蓄泥沙率为50%时，评价为中等好；当淤地坝实际拦蓄泥沙率小于20%时，评价为很差。

3. 淤地坝减蚀率

淤地坝减蚀率＝（坝地面积×沟道侵蚀模数）/（流域面积×流域平均侵蚀模数）。考虑到坝系相对稳定是指坝系工程总体上达到一定规模，即可淤面积达到坝系控制面积的1/10～1/25，此时小流域内的泥沙将达到基本控制，洪水得到充分利用，坝系实现可持续安全和高效生产。

因此确定当淤地坝减蚀率大于1/15时，即大于7%时评价为很好；当淤地坝减蚀率大于1/25时，即为4%时评价为中等好；当淤地坝减蚀率小于1/100时，评价为很差。

4. 坝地面积增加比例

坝地面积增加系数＝（淤积产生坝地面积/流域面积）。根据淤地坝相对稳定性分析，当坝地面积增加比例大于1/15时，即大于7%时评价为很好；当坝地面积增加比例大于1/25时，即为4%时评价为中等好；当坝地面积增加比例小于1/100时，评价为很差。

5. 流域坝地防洪保收率

坝系防洪保收面积为在20年一遇洪水状况下保收坝地面积。坝系防洪保收率＝（保收坝地面积/坝地面积）。根据坝地防洪保收的临界值即淹水深度60cm、淹水时间7d作为坝地防洪保收的临界值，以20年一遇的洪水标准设计，50年一遇的洪水标准进行校核。关于淤地坝防洪保收的标准，山西水保所提议将坝地防洪保收的标准暂定为：坝地淹水后，作物产量与正常年产量相比，减产小于30%者为保收，减产30%～50%为基本保收，超过50%者则为不保收。当坝系防洪保收率大于80%时，也就是流域80%面积均能保收，此时评价为很好；当坝系防洪保收率为50%时，评价为中等好；当坝系防洪保收率小于20%时，评价为很差。

6. 坝系溃坝损毁风险度

坝系溃坝损毁风险以100年一遇的洪水标准进行模拟计算，分析在100年一遇的洪水条件下，坝系发生溃坝造成淤地坝损毁的数量以及发生连锁溃坝风险，当淤地坝坝面发生漫溢，认为该坝溃坝损毁。坝系溃坝损毁风险度＝(所有溃坝淤地坝总拦泥量/流域淤地坝总拦泥量)。当坝系溃坝损毁风险度小于20%时，此时评价为很好；当坝系溃坝损毁风险度为50%时，评价为中等好；当坝系溃坝损毁风险度大于80%时，评价为很差。

7. 淤地坝淤地效率

淤地坝淤地效率＝总拦蓄泥沙量/总坝地面积。根据对黄土高原113401座淤地坝数据统计可知（黄河上中游管理局，2005），对于骨干坝每产生1亩坝地平均淤积3317m^3泥沙，对于中小型淤地坝每产生1亩坝地平均淤积4394m^3泥沙，综合骨干坝和中小型淤地坝平均每产生1亩坝地需淤积4369m^3泥沙。通过分析各省区数据可知每产生1亩坝地最少需要约2000m^3泥沙。当淤地坝淤地效率小于2000m^3/亩时，评价为很好；当淤地坝淤地效率为5000m^3/亩时，评价为中等好；当淤地坝淤地效率大于9000m^3/亩时，评价为很差。

8. 淤地坝投入产出比

淤地坝投入产出比是淤地坝建设最重要的经济指标，考虑淤地坝建设主要投入为坝体筑造需要的人力物力，而坝体筑造工程量为可以用淤地坝建设土石方量直观的表示。因此淤地坝投入产出比＝淤地坝建设土石方量/累计坝地面积。根据对黄土高原地区大量小流域坝系设计资料统计（张强等，2003），淤地坝建设投入产出比平均为1000m^3/亩。当淤地坝投入产出比小于500m^3/亩时，评价为很好；当淤地坝投入产出为1000m^3/亩时，评价为中等好；当淤地坝投入产出大于5000m^3/亩时，评价为很差。

综上所述确定了淤地坝建设环境效应评估八项关键指标的评价标准，见表15-17。

表15-17　　　　　　　淤地坝建设环境效应评估指标评价标准

目标层	准则层	序号	指标名称	权重	单位	很好V	较好Ⅳ	中等好Ⅲ	较差Ⅱ	很差Ⅰ
淤地坝建设环境效应 T	生态效应 P_1	F_1	水资源无效损耗率	0.095	%	<4	4～8	8～12	12～16	>16
		F_2	淤地坝实际拦蓄泥沙率	0.366	%	>80	60～80	40～60	20～40	0～20
		F_3	淤地坝减蚀率	0.050	%	>7	7～5	5～3	3～1	<1
	社会效应 P_2	F_4	坝系溃坝损毁风险度	0.042	%	<20	20～40	40～60	60～80	>80
		F_5	流域坝地防洪保收率	0.109	%	>80	60～80	40～60	20～40	<20
		F_6	坝地面积增加比例	0.191	%	>7	7～5	5～3	3～1	<1
	经济效应指标 P_3	F_7	淤地坝淤地效率	0.037	m^3/亩	<2000	2000～4000	4000～6000	6000～9000	>9000
		F_8	淤地坝投入产出比	0.110	m^3/亩	<500	500～800	800～2000	2000～5000	>5000

参 考 文 献

[1] Andrle R, Abranams AD. Fractal techniques and the surface roughness of talus slope [J]. Earth Surface Processes and Landforms. 1989, 14 (2): 191-209.

[2] Bagarello V, D'Asaro F. Estimation single storm erosion index [J]. Trans., ASAE, 1994, 7: 785-791.

[3] Bagnold R A. An approach to the sediment-transport problem from general physics [R]. U S Geol Surv Prof Paper, 1966, 422-437.

[4] Beasley D B, et al. ANSWERS: A Model for Watershed Planning. Transactions of ASAE [J]. 1980, 23: 938-944.

[5] Beven K J. Towards the use of catchment geomorphology in flood frequency predictions [J]. Earth Surface Processes and Ladnforms, 1987, 12: 69-82.

[6] Bronstert A., Niehoff D. Burger G.. Effects of climate and land-use change on storm runoff generation: present knowledge and modelling capabilities [J]. Hydrological Process, 2002, 16: 509-529.

[7] Calder I. Land use impacts on water resources. In: Land-Water Linkages in Rural Watersheds Electronic Workshop [R]. Background Paper No. 1, FAO, Roma, 2000.

[8] Breyer SP, Snow RS. Drainage basin Perimeters, a fractal significance. Geomorphplogy [J]. 1992.5 (1): 143-157.

[9] D. M. Himmelblau. Applied Nonlinear Programming [M]. McGraw-Hill, New York, 1972.

[10] Dawson E M, Roth W H, Drescher A. Slope stability analysis by strength reduction [J]. Geotechnique, 1999, 496: 835-840.

[11] De Roo A P J. The LISEM project: an introduction. Hydrological Processes [J]. 1996, 10: 1021-1025.

[12] Du Q, Zhong Q C, Wang K Y. Root effect of three vegetation types on shoreline stabilization of chongming island, Shanghai [J]. Pedosphere, 2010, 20 (6): 692-701.

[13] Foster G R, Lombardi F, Moldenhauer W C. Evaluation of rainfall runoff erosivity factors for individual storms [J]. Trans., ASAE, 1982, 25 (1): 124-129.

[14] Gabet E J, DunneT. Landslides on coastal sage-scrub and grassland hillslopes in a severe EI Nino winter: The effects of vegetation conversion on sediment delivery [J]. Geological Society of America, 2002, 114: 983-990.

[15] Goodchild MF. Fractals and accuracy of geographical measures [J]. Math, Geol 1980, 12 (2): 85-98.

[16] Govers G, Poesen J. Assessment of interrill and rill contribution to total soil loss from an upland field plot [J]. Geomorphology, 1988, 1: 343-354.

[17] Hack JT. Studies of longitudinal profiles in Virginia and Maryland. U. S Geol. Surv prof pap [J]. 1957, 294-B: 53-63.

[18] Hessel R, Van Theo Asch. Modelling gully erosion for a small catchment on the Chinese Loess Plateau [J]. Catena, 2003, 54: 131-146.

[19] Itasca Consulting Group, Inc. FLAC^{3D} Fast Lagrangian Analysis of Continua in 3-Dimensions,

Version 3.0, User's Manual [M]. USA: Itasca Consulting Group, Inc., 2005.

[20] J. Feder. Fractals [M]. New York. 1988.

[21] Kenneth G Renard, George R Foster, Glenn A Weesies, et al. RUSLE-Revised Universal Soil Loss Equation. Journal of Soil and Water Conservation [J]. 1991, 46 (1): 30 – 33.

[22] Kinnell P I A, Risse L M. USLE-M: Empirical modeling rainfall erosion through runoff and sediment concentration [J]. Soil Sci. Soc. Am. J., 1998, 62 (6): 1667 – 1672.

[23] Klinkenberg B, Goodchild MF. The Fractal Property of Topography, A comparison of methods [J]. Earth Surface Processes and Landforms, 1992, 17: 217 – 234.

[24] Laflen J M, Lwonard J L, Foster G R. WEPP: a new generation of erosion prediction technology [J]. Journal of Soil and Water Conservation, 1991, 46 (1): 34 – 38.

[25] Linda C, Ferdinand B, Alain P. Vegetation indices derived from remote sensing for an estimation of soil protection against water erosion [J]. Ecological Modelling, 1995, 79: 277 – 285.

[26] Liu B Y, Nearing M A, Shi P J, et al. Slope length effects on soil loss for steep slopes [J]. Soil Sci. Soc. Am. J., 2000, 645: 1759 – 1763.

[27] M. Avriel Nonlinear Programming analysis and methods [R]. Prentice – Hall, 1976.

[28] Mandelbort B B. The Fractal Geomotry of Nature [M]. New York: WH Freeman and Co., 1982.

[29] Mark D M, Aronson P B. Scale-dependent fractal dimension of topographic surface. Math, Geol [J]. 1984, 16 (7): 671 – 684.

[30] Mellah R, Auvinet G, Masrouri F.. Stochastic finite element method applied to non – linear analysis of embankments [J]. Probabilistic Engineering Mechanics, 2001, 153: 251 – 259.

[31] Misra R K, Rose C W. Application and sensitivity analysis of process based erosion model – GUEST [J]. European Journal Soil Science, 1996, 10: 593 – 604.

[32] Morgan R P C, et al. The European Soil Erosion Model (EUROSEM): A Dynamic Approach for Predicting Sediment Transport from Fields and Small Catchments [J]. Earth Surface Processes and Landforms, 1998, 23: 527 – 544.

[33] Murray A S. Methods for determining the sources of sediments reaching reserveoirs: targeting soil conservation [J]. Ancold Bulletin, 1990, 85: 61 – 70.

[34] Murray A, Ellen Wohl and Jon East. Thermoluminescence and excess ^{226}Ra decay dating of Lake Quaternary fluvial sands, East Alligator River, Australia [J]. Quaternary Research, 1992, 37: 29 – 41.

[35] Nachtergaele J, Poesen J, Vandekerck H L, et al. Testing the ephemeral gully erosion model for two mediter ranean environment [J]. Earth Surface Process and Landforms, 2001, 26: 17 – 30.

[36] Naokazu Y, Kazuiko Y. Fractal – Based Analysis and Interpolation of 3D Nature Surface Shapes and Their Application to Terrain Modeling. Computer Vision Graphice& Image Processing [J]. 1989. (46): 284 – 302.

[37] Nearing M A, Norton L D, Bulgakov D A, et al. Hydraulics and erosion in eroding rills [J]. Water Resources Research, 1997, 334: 865 – 876.

[38] Rajendra M. Patrikar. Modeling and simulation of surface roughness [J]. Applied Surface Science, 2004, 228: 213 – 220.

[39] Ritchie J C and J Roger Mchenry. Fallout ^{137}Cs in cultivated and noncultivated North Central United States watersheds [J]. *J. Environ. Qual.*. 1978, 7 (1): 40 – 44.

[40] Robert A, Roy AG. On the fractal interpretation of the mainstream length-Drainage area Relationship [J]. Water Resources Research, 1990, 26 (5): 839 – 842.

[41] Tarboton DG, Bras RL, Rodriguez-Itube IA. Physical basis for drainage density [J]. Geomorphol-

ogy, 1992, 5 (1) 59-76.

[42] Veneziano D, Niemann JD. Self-similarity and multifractality of topography surface at basin and sub-basin scale [J]. J, Geophys. Res, 1999, 104 (12): 797-812.

[43] Williams J R, Berndt H D. Sediment yield prediction based on watershed hydrology [J]. Transaction of the ASAE, 1977, 20 (6): 1100-1104.

[44] Williams J R, Berndt H D. Sediment yield prediction based on watershed hydrology [J]. Transaction of the ASAE, 1977, 206: 1100-1104.

[45] Williams J R. Sediment yield prediction with universal equation sing runoff energy factor [C] //In: Present and prospective technology for prediction sediment yield and sources. ARS-S-40. USDA —Agricultural Research Service, Washington, D. C. USA, 1975.

[46] Wischmeier W H, Smith D D. Predicting rainfall erosion losses [M]. USDA Agricultural Handbook, 1978: 537.

[47] Wischmeier W H. A rainfall erosion index for a universal soil loss equation [J]. Soil Science Society Proceedings, 1959, 23 (3): 246-249.

[48] Young R A, Onsad C A, Bosch D D, et al. AGNPS: a non-point source pollution model for evaluating agricultural watersheds [J]. Soil and Water Conservation Society, 1989, 44 (2): 168-173.

[49] Zhou Z C, Shangguana ZP, Zhao D. Modeling vegetation coverage and soil erosion in the Loess Plateau Area of China [J]. Ecological Modelling, 2006, 198: 263-268.

[50] Zienkiewicz O C, Humpeson C, Lewis R W.. Associated and Nonassociated Visco-Plasticity in Soil Mechanics [J]. Geotechnique, 1975, 254: 671-689.

[51] Zingg, A W. Degree and length of land slope as it affects soil loss in runoff [J]. Agri. Engi., 1940, 21 (2): 59-64.

[52] 艾南山. 走向分形地貌学 [J]. 地理学与国土研究. 1999, 15 (1): 92-96.

[53] 柏跃勤, 常茂德. 黄土高原地区小流域坝系相对稳定研究进展与建议 [J]. 中国水土保持, 2002, (10): 12-13.

[54] 柏跃勤, 常茂德. 黄土高原地区小流域坝系相对稳定研究进展与建议 [J]. 中国水土保持, 2002, (10): 12-13.

[55] 毕华兴, 朱金兆, 张学培. 晋西黄土区小流域场暴雨径流泥沙模型研究 [J]. 北京林业大学学报, 1998, 20 (6): 14-19.

[56] 蔡强国, 刘纪根, 刘前进. 岔巴沟流域次暴雨产沙统计模型 [J]. 地理研究, 2004, 23 (4): 434-439.

[57] 蔡强国, 刘纪根. 关于我国土壤侵蚀模型研究进展 [J]. 地球科学进展, 2003, 22 (3): 242-250.

[58] 蔡运龙. 土地利用/土地覆被变化研究: 寻求新的综合途径 [J]. 地理研究, 2001, 20 (6): 645-652.

[59] 曹文洪, 张启舜, 姜乃森. 黄土地区一次暴雨产沙数学模型的研究 [J]. 泥沙研究, 1993, (1): 1-13.

[60] 曾伯庆, 马文中, 李俊义, 等. 人工草地植被对产流产沙影响的研究 [C] //晋西黄土高原土壤侵蚀规律实验研究文集. 北京: 水利电力出版社, 1990: 80-85.

[61] 曾茂林, 朱小勇, 康玲玲, 等. 区淤地坝的拦尼减蚀作用及发展前景 [J]. 保持研究, 1999, 6 (2): 126-133.

[62] 曾茂林, 朱小勇, 康玲玲, 等. 水土流失区淤地坝的拦沙减蚀作用及发展前景 [J]. 水土保持研究, 1999, 6 (2): 126-133.

[63] 陈法扬, 王志明. 通用土壤流失方程在小良水土保持试验站的应用 [J]. 水土保持通报, 1992,

12（1）：23-41.

[64] 陈浩，蔡强国，陈金荣，等．黄土丘陵沟壑区人类活动对流域系统侵蚀、输移和沉积的影响［J］．地理研究，2001，20（1）：68-75.

[65] 陈浩，周金星，陆中臣，等．黄河中游流域环境要素对水沙变异的影响［J］．地理研究，2002，21（1）：179-187.

[66] 陈浩．黄河中游小流域的泥沙来源研究［J］．土壤侵蚀与水土保持学报，1999，5（1）：19-26．．

[67] 陈浩．流域系统水沙过程变异规律研究进展［J］．水土保持学报，2001（1）．

[68] 陈浩．黄土丘陵沟壑区流域系统侵蚀与产沙关系［J］．地理学报，2000，55（3）：354-363.

[69] 陈军锋，李秀彬．森林植被变化对流域水文影响的争论［J］．自然资源学报，2001，16（5）：474-480.

[70] 陈军锋，裴铁璠，陶向新．河流两侧坡面非对称采伐森林对流域暴雨-径流过程的影响［J］．应用生态学报，2000，11（2）：210-214.

[71] 陈永宗，景可，蔡强国．黄土高原现代侵蚀与治理［M］．北京：科学出版社，1988.

[72] 陈永宗．黄土高原现代侵蚀与治理［M］．北京：科学出版社，1988.

[73] 陈育民，徐鼎平．FLAC/FLAC^{3D}基础与工程实例［M］．北京：中国水利水电出版社，2008.

[74] 陈彰岑，于德广，雷元静，等．黄河中游多沙粗沙区快速治理模式的实践与理论［M］．郑州：黄河水利出版社，1998：72-100.

[75] 承继成．关于坡地剥蚀过程的分带性［C］//1963年全国地貌学术讨论会论文汇编．北京：科学出版社，1964.

[76] 崔灵周，李占斌，朱永清，等．流域侵蚀强度空间分异及动态变化模拟研究［J］．农业工程学报，2006，2212：17-22.

[77] 崔灵周，肖学年，李占斌．基于GIS的流域地貌形态分形盒维数测定方法研究［J］．水土保持通报，2004，24（2）：38-40.

[78] 崔灵周．流域降雨侵蚀产沙与地貌形态特征耦合关系研究［D］杨凌：中国科学院水利部水土保持研究所，2002，（6）：19-30.

[79] 戴静，王彬，刘世海．黄土高原地区生态淤地坝效益分析探讨［J］．水土保持研究，2007（12）：371-374.

[80] 丁文峰．紫色土坡面壤中流在侵蚀产沙中的地位与作用［C］//第七届全国泥沙基本理论研究学术讨论会论文集（上）．西安：陕西科学技术出版社，2008.

[81] 方学敏，曾茂林．黄河中游淤地坝坝系相对稳定研究［J］．泥沙研究，1996，（3）：12-20.

[82] 方学敏，曾茂林．黄河中游淤地坝坝系相对稳定研究［J］．泥沙研究，1996，3：12-20.

[83] 方学敏，兆惠，匡尚富．黄河中游淤地坝拦沙机理及作用［J］．水利学报，1998，29（10）：49-53.

[84] 冯平，冯焱．河流形态特征的分维计算方法［J］．地理学报，1997，52（4）：324-329.

[85] 傅伯杰，陈利顶，马克明．黄土高原小流域土地利用变化对生态环境的影响［J］．地理学报，1999，54（3）：241-246.

[86] 高佩玲，雷廷武，邵明安，等．小流域土壤侵蚀及径流过程自动测量系统的实验应用［J］．农业工程学报，2005，2110：164-166.

[87] 高鹏，刘作新，邹桂霞．丘陵半干旱区小流域土地资源定量化评价研究［J］．农业工程学报，2003，196：298-301.

[88] 高照良，杨世伟．黄土高原地区淤地坝存在问题分析［J］．水土保持通报，1999，19（6）：16-19.

[89] 高照亮．基于土地利用变化的淤地坝坝系规划研究［D］．西北农林科技大学博士学位论文，2006.

[90] 郭生练,熊立华,杨井,等.基于DEM的分布式流域水文物理模型[J].武汉水利电力大学学报,2000,33(6):1-5.

[91] 韩鹏,倪晋仁,王兴奎.黄土坡面细沟发育过程中的重力侵蚀实验研究[J].水利学报,2003,(1):51-55.

[92] 郝芳华.流域非点源污染分布式模拟研究[D].北京:北京师范大学环境学院,2003.

[93] 何隆华,赵宏.水系的分形维数及其含义[J].地理科学,1996,16(2):124-128.

[94] 胡建军,牛萍,曹炜.浅谈黄河上中游地区水土保持淤地坝工程的作用[J].西北水资源与水工程,2002,13(2):28-31.

[95] 胡靖.中国渐近粮食安全研究[D].中国人民大学博士学位论文,1999.

[96] 胡远安,程声通,贾海峰.非点源模型中的水文模拟——以SWAT模型在芦溪河小流域的应用[J].环境科学研究,2003,16(5):9-32.

[97] 华绍祖.黄河中游实验小流域的土壤侵蚀及水土保持效益[C]//1982年国际土壤学术讨论会论文,1982.

[98] 黄河水利委员会,绥德水土保持科学试验站.水土保持试验研究成果汇编[R].(第一集):307-320.

[99] 黄平,赵吉国.流域分布型水文数学模型的研究及应用前景展望[J].水文,1997,5:5-10.

[100] 黄清华,张万昌.SWAT分布式水文模型在黑河干流山区流域的改进和应用[J].南京林业大学学报,2004,28(4):22-24.

[101] 黄炎和,卢程隆,付勤,等.闽东南土壤流失预报研究[J].水土保持学报,1993,7(4):13-18.

[102] 黄正荣,梁精华.有限差分强度折减法在边坡三维稳定分析中的应用[J].工业建筑,2006,366:59-64.

[103] 江忠善,李秀英.坡面流速试验研究[J].中科院西北水土保持研究所集刊,1985,(7):46-50.

[104] 蒋德麒,向立.水土保持是治黄之本[C]//当代治黄论坛.北京:科学出版社,1990:111-121.

[105] 蒋德麒,赵诚信,陈章霖.黄河中游小流域径流泥沙来源初步分析[J].地理学报.

[106] 蒋德麒.黄河中游丘陵沟壑区沟道小流域的水土流失及治理[J].中国科学,1978,11(6):671-678.

[107] 焦菊英,王万忠,李靖.黄土高原丘陵沟壑区淤地坝的淤地拦沙效益分析[J].农业工程学报,2003,19(6):302-306.

[108] 金鑫,郝振纯,张金良,等.考虑重力侵蚀影响的分布式土壤侵蚀模型[J].水科学进展,2008,2(19):258-262.

[109] 黎汝静,刘思忆.关于淤地坝水毁研究的几个问题[J].中国水土保持,1995,(12):43-44.

[110] 李壁成.小流域水土流失与综合治理遥感监测[M].北京:科学出版社,1995.

[111] 李后强,艾南山.分形地貌学及发育的分形模型[J].自然杂志,1991,15(7):516-519.

[112] 李靖,张金柱,王晓.20世纪70年代淤地坝水毁灾害原因分析[J].中国水利,2003(9):55-56.

[113] 李兰,郭生练.流域水文分布动态参数反问题模型[C]//朱尔明编.中国水利学会优秀论文集.北京:中国三峡出版社,2000a:48-54.

[114] 李兰,郭生练.流域水文数学物理耦合模型[C]//朱尔明编.中国水利学会优秀论文集.北京:中国三峡出版社,2000b.322-329.

[115] 李锰,朱令人,龙海英.分形在地貌学中应用的几个问题的分析[J].地震研究,2002,(4):155-161.

[116] 李敏.淤地坝在黄河中游水土流失防治中的作用[J].人民黄河,2003,25(12):25-27.

[117] 李少龙，苏春江，白立新，等．小流域泥沙来源的^{226}Ra分析法［J］．山地研究，1995，13（3）：199-202．

[118] 李孝地．黄土高原不同坡向土壤侵蚀分析［J］．中国水土保持，1988，8：52-54．

[119] 李秀彬．全球环境变化研究的核心领域——土地利用/土地覆被变化的国际研究动向［J］．地理学报，1996，51（6）：553-558．

[120] 李勇，等．陕北黄土高原陡坡耕地土壤侵蚀变异的空间格局［J］．水土保持学报，2000，14（4）：17-21．

[121] 李占斌，符素华，解建仓，阮本清．窟野河流域暴雨侵蚀产沙研究［J］．水利学报，1998，s1：18-23．

[122] 李占斌，符素华，靳顶．流域降雨侵蚀产沙过程水沙传递关系研究［J］．土壤侵蚀与水土保持学报，1997，3（4）：44-49．

[123] 李占斌，符素华，靳顶．流域降雨侵蚀产沙过程水沙传递关系研究［J］．土壤侵蚀与水土保持学报，1997，3（4）：44-49．

[124] 李占斌，符素华，鲁克新．秃尾河流域暴雨洪水产沙特性的研究［J］．水土保持学报，2001，15（2）：88-91．

[125] 李占斌，鲁克新，丁文峰．黄土坡面土壤侵蚀动力过程试验研究［J］．水土保持学报，2002，16（2）：5-7，49．

[126] 李占斌，朱冰冰，李鹏．土壤侵蚀与水土保持研究进展［J］．土壤学报，2008，45（5）：802-809．

[127] 李占斌．黄土地区小流域次暴雨侵蚀产沙研究［J］．西安理工大学学报，1996，12（3）：177-183．

[128] 刘保元，朱显谟，等．黄土高原土壤侵蚀垂直分带性研究［J］．中国科学院西北水保所集刊，1988（7）：5-8．

[129] 刘保元，朱显谟．黄土高原土壤侵蚀垂直分带性研究［J］．中国科学院西北水土保持研究所集刊，1988（7）：5-8．

[130] 刘昌明，李道峰，田英，等．基于DEM的分布式水文模型在大尺度流域应用研究［J］．地理科学进展，2003，22（5）：437-445．．

[131] 刘汉喜，田永宏，程益民．绥德王茂沟流域淤地坝调查及坝系相对稳定规划［J］．中国水土保持，1995，12：16-21．

[132] 刘纪根，蔡强国，刘前进，等．流域侵蚀产沙过程随尺度变化规律研究［J］．泥沙研究，2005，（4）：7-13．

[133] 刘家宏，王光谦，李铁键．黄河数字流域模型的建立和应用［J］．水科学进展，2006，3（17）：186-195．

[134] 刘建军，崔宏安，王得祥，等．延安市张梁试区退耕地植被自然恢复与多样性变化［J］．西北林学院学报，2002，17（3）：8-11．

[135] 刘娟．DEM在黄土高原淤地坝规划设计中的应用研究［D］．内蒙古农业大学硕士学位论文，2006．

[136] 刘君，夏智勋．动力学系统辨识与建模［M］．北京：国防科技大学出版社，2007-01．

[137] 刘善建．天水水土流失测验分析［J］．科学通报，1953，12：59-65．

[138] 刘文耀．云南昭通盆地降雨侵蚀性与土壤可蚀性的初步研究［J］．云南地理环境研究，1999，11（2）：76-82．

[139] 刘正杰．黄土高原淤地坝建设现状及其发展对策［J］．中国水土保持，2003，（4）：1-3．

[140] 柳长顺，齐实，史明昌．土地利用变化与土壤侵蚀关系的研究进展［J］．水土保持学报，2001，15（5）：10-13．

参 考 文 献

[141] 罗文强,龚珏. Rosenblueth 方法在斜坡稳定性概率评价中的应用[J]. 岩石力学与工程学报,2003,22(2):232-235.

[142] 马海宽. 基于 GIS 的坝系规划系统研究[D]. 北京林业大学硕士学位论文,2004.

[143] 牟金泽,孟庆枚. 降雨侵蚀土壤流失方程的初步研究[J]. 中国水土保持,1983,(6):25-27.

[144] 牟金泽,熊贵枢. 陕北小流域产沙量预报及水土保持措施拦沙计算[C]//河流泥沙国际学讨论会论文集,1980,第 1 卷.

[145] 穆天亮,王全九. 淤地坝最优坝高的确定方法研究[J]. 水土保持研究,2008(8):24-27.

[146] 秦向阳,郑新民. 坝系农业中相对平衡系数计算方法的改进[J]. 人民黄河 1994(10):27-29.

[147] 秦向阳,郑新民. 小流域骨干坝优化规划模型研究[J]. 中国水土保持,1994(1):37-38.

[148] 冉大川,罗全华,刘斌,等. 黄河中游地区淤地坝减洪减沙作用研究[J]. 中国水利,2003,A(9):67-69.

[149] 冉大川,刘斌,王宏. 黄河中游典型支流水土保持措施减洪减沙作用研究[M]. 郑州,黄河水利出版社,2006.

[150] 冉大川. 黄河中游水土保持措施的减水减沙作用研究[J]. 资源科学,2006,28(1).

[151] 任立良,刘新仁. 数字高程模型在排水系统拓扑评价中的应用[J]. 水科学进展,1999,10(2):129-134..

[152] 任立良. 流域水文过程的数字模型研究[D]. 博士学位论文. 南京:河海大学. 1999,6-23.

[153] 沈中原,李占斌,武金慧. 基于 GIS 的流域土地利用/土地覆被分形特征[J] 农业工程学报,2008;(8)42-47.

[154] 史培军,宫鹏,李晓兵,等. 土地利用/覆被变化研究的方法与实践[M]. 北京:科学出版社,2000.

[155] 舒宁. 卫星遥感影像纹理分析与分形分维方法[J]. 武汉测绘科技大学学报,1988,23(4):370-373.

[156] 宋艳华,马金辉. SWAT 模型辅助下的生态恢复水文响应——以陇西黄土高原华家岭南河流域为例[J]. 生态学报,2008,28(2):636-638.

[157] 苏保林,王建平. 密云水库流域非点源模型系统[J]. 清华大学学报,2006,46(3):356-359.

[158] 孙立达,等. 水土保持林体系综合效益研究与评价[M]. 北京:中国科学技术出版社,1995,126-135.

[159] 唐克丽,等. 中国水土保持[M]. 北京:科学出版社,2004.

[160] 万超,张思聪. 基于 GIS 的潘家口水库面源污染负荷计算[J]. 水力发电学报,2003,(2):62-68.

[161] 汪阳春,张信宝,李少龙,等. 黄土峁坡侵蚀的 ^{137}Cs 法研究[J]. 水土保持通报,1991,11(3):34-37.

[162] 汪阳春,张信宝,李少龙. 黄土峁坡侵蚀的 ^{137}Cs 法研究[J]. 水土保持通报,1991,11(3):34-37.

[163] 王根绪,刘桂民,常娟. 流域尺度生态水文研究评述[J]. 生态学报,2005,25(4):893-903.

[164] 王根绪,钱鞠,程国栋. 水文生态科学研究的现状与展望[J]. 地球科学进展. 2001,16(3):314-323.

[165] 王根绪,张钰,刘桂民,陈玲. 马营河流域 1967—2000 年土地利用变化对河流径流的影响[J]. 中国科学 D 辑,2005,35(7):671-681.

[166] 王美英,刘梅. 小流域淤地坝建设的方法与对策[J]. 水土保持应用技术,2008(5)24-28.

[167] 王孟楼,张仁. 陕北岔巴沟流域次暴雨产沙模型的研究[J]. 水土保持学报,1990,4(1):11-18.

[168] 王桥. 分形地学图形处理中的几个理论问题的研究 [J]. 武汉测绘科技大学学报, 1996, 21 (4): 382-385.

[169] 王万忠, 焦菊英. 中国降雨侵蚀R值的计算与分布 (Ⅱ) [J]. 土壤侵蚀与水土保持学报, 1996, 2 (1): 29-39.

[170] 王万忠, 焦菊英, 郝小品, 等. 中国降雨侵蚀力R值的计算与分布 (Ⅰ) [J]. 水土保持学报, 1995, 9 (4): 5-18.

[171] 王万忠, 焦菊英. 黄土高原降雨侵蚀产沙与黄河输沙 [M]. 北京: 科学出版社, 1996.

[172] 王万忠. 黄土地区降雨特性与土壤流失关系的研究 (Ⅱ): 降雨侵蚀力指标R值的探讨 [J]. 水土保持通报, 1983, 5: 62-64.

[173] 王晓燕. 燕沟流域侵蚀强度演变特征研究 [D]. 杨陵: 西北农林科技大学, 2003.

[174] 王协康, 方铎. 流域地貌系统定量研究的新指标 [J]. 山地研究, 1998, 16 (1): 8-12.

[175] 王秀兰, 包玉海. 土地利用动态变化研究方法探讨 [J]. 地理科学进展, 1999, 18 (3): 86.

[176] 王毅荣, 林纾, 张存杰. 中国黄土高原区域性暴雨时空变化及碎形特征 [J]. 高原气象, 2007, 26 (2): 373-379.

[177] 王允升, 王英顺, 黄河中游地区. 1994年暴雨洪水淤地坝水毁情况和拦淤作用调查 [J]. 中国水土保持, 1995, 13 (8): 23-26.

[178] 王中根, 刘昌明, 黄友波. SWAT模型的原理、结构及应用研究 [J]. 地理科学进展, 2003, 22 (1): 79-86.

[179] 王中根, 夏军, 刘昌明, 等. 分布式水文模型的参数率定及敏感性分析探讨 [J]. 自然资源学报, 2007, 22 (4): 649-654.

[180] 魏霞, 李占斌, 李勋贵, 等. 大理河流域水土保持减沙趋势分析及其成因 [J]. 水土保持学报, 2007, 21 (4): 67-71.

[181] 温仲明, 杨勤科, 焦峰, 等. 基于农户参与的退耕还林 (草) 动态研究 [J]. 干旱地区农业研究, 2002, 20 (2): 90-94.

[182] 文安邦, 张信宝, D E Walling. 黄土丘陵区小流域泥沙来源及其动态变化的^{137}Cs法研究 [J]. 地理学报 (增刊), 1998, 124-133.

[183] 文安邦, 张信宝, 王玉宽, 等. 长江上游云贵高原区泥沙来源^{137}Cs法研究 [J]. 水土保持学报, 2000, 14 (2): 25-27.

[184] 吴军, 张万昌. SWAT径流模拟及其对流域内地形参数变化的响应研究 [J]. 水土保持通报, 2007, 27 (3): 53-55.

[185] 吴素业. 安徽大别山区降雨侵蚀力指标的研究 [J]. 中国水土保持, 1992, (2): 32-33.

[186] 武春龙, 刘普灵, 郑世清, 等. 坡面土壤侵蚀垂直分布定量分析研究 [J]. 水土保持研究, 1997, 4 (2): 34-40.

[187] 席少霖, 赵凤治. 最优化计算方法 [M]. 上海: 上海科学技术出版社, 1983.

[188] 夏佰成, 胡金明, 宋新山. 地理信息系统在流域水文生态过程模拟研究中的应用 [J]. 水土保持研究, 2004, 11 (1): 5-8.

[189] 肖培青, 郑粉莉, 姚文艺. 坡沟系统侵蚀产沙及其耦合关系研究 [J]. 泥沙研究, 2007, (2): 30-31.

[190] 许炯心, 孙季. 无定河水土保持措施减沙效益的临界现象及其意义 [J]. 水科学进展, 2006, 9 (17): 610-615.

[191] 许炯心. 黄河中游多沙粗沙区水土保持减沙的近期趋势及其成因 [J]. 泥沙研究, 2004.

[192] 许炯心. 黄土高原丘陵沟壑区坡面——沟道系统中的高含沙水流: (Ⅰ) 地貌因素与重力侵蚀的影响 [J]. 自然灾害学报, 2004, 13 (1): 55-60.

[193] 杨桂莲, 郝芳华, 刘昌明, 等. 基于SWAT模型的基流估算及评价——以洛河流域为例 [J].

地理科学进展，2003，22（5）：463-471.
- [194] 杨华. 山西吉县黄土区切沟分类的研究［J］. 北京林业大学学报，2001，23（1）：38-43.
- [195] 杨玉荣. 基于分形理论的地貌表达［J］. 武汉测绘科技大学学报，1996，21（2）：154-158.
- [196] 杨子生. 滇东北山区坡耕地降雨侵蚀力研究［J］. 地理科学，1999，19（3）：265-270.
- [197] 尹婧，邱国玉，熊育久. 北方干旱化和土地利用变化对泾河流域径流的影响［J］. 自然资源学报，2008，13（2）：211-218.
- [198] 于国强，李占斌，李鹏，张霞，等. 黄土高原小流域重力侵蚀数值模拟［J］. 农业工程学报，2009，25（12）：74-79.
- [199] 于国强，李占斌，张霞，等. 黄土高原坡沟系统重力侵蚀数值模拟研究［J］. 土壤学报，2010，475：809-816.
- [200] 于兴修，杨桂山，王瑶. 土地利用/覆被变化的环境效应研究进展与动向［J］. 地理科学，2004，24（5）：627-631.
- [201] 张东，张万昌. SWAT 分布式流域水文物理模型的改进及应用研究［J］. 地理科学，2005，25（4）：434-440.
- [202] 张光辉. 国外坡面径流分离土壤过程水动力学研究进展［J］. 水土保持学报，2000，14（3）：112-115.
- [203] 张光辉. 土壤侵蚀模型研究现状与展望［J］. 水科学进展，2002，5（13）：389-396.
- [204] 张光辉. 土壤水蚀预报模型研究进展［J］. 地理研究，2001，20（3）：274-281.
- [205] 张汉雄. 黄土高原的暴雨特性及其分布规律［J］. 地理学报，1983，39（4）：416-425.
- [206] 张文英. 坝系工程效益及建设体会［J］. 山西水利，1999，3：11-12.
- [207] 张晓明. 黄土高原典型流域土地利用/森林植被演变的水文生态响应与尺度转换研究［D］. 北京林业大学博士学位论文，2007.
- [208] 张信宝，李少龙，王成华，等. 黄土高原小流域泥沙来源的 ^{137}Cs 法研究［J］. 科学通报，1989，34（3）：210-213.
- [209] 张信宝，李少龙，王成华，等. ^{137}Cs 法测算梁峁坡农耕地土壤侵蚀量的初探［J］. 水土保持通报，1988，8（5）：18-22.
- [210] 张信宝，汪阳春，李少龙，等. 蒋家沟流域土壤侵蚀及泥石流细粒物质来源的 ^{137}Cs 法初步研究［J］. 中国水土保持，1992，（2）：28-31.
- [211] 张镱锂，李秀彬，傅小锋，等. 拉萨城市用地变化分析［J］. 地理学报，2000，55（4）：395-406.
- [212] 张运生，曾志远，李硕. GIS 辅助下的江西潋水河流域径流的化学组成计算机模拟研究［J］. 土壤学报，2005，42（4）：559-568.
- [213] 章文波，谢云，刘宝元. 用雨量和雨强计算次降雨侵蚀力［J］. 地理研究，2001，21（3）：384-390.
- [214] 赵纯勇，郭跃，张述林，等. 川中小流域丘坡耕地土壤侵蚀研究［J］. 中国水土保持，1994，（9）：22-25.
- [215] 赵红，赵忠伟，陈振华. 淤地坝筑坝规划新技术应用的探讨［J］. 水科学和工程技术，2008（5）：71-74.
- [216] 赵尚毅，郑颖人，时卫民，等. 用有限差分强度折减法求边坡稳定安全系数［J］. 岩土工程学报，2002，243：343-346.
- [217] 赵晓光，李凯荣，贾锐鱼. 黄土高原南部土壤侵蚀能量的研究［J］. 西北林学院学报，1998，13（2）：10-14.
- [218] 郑宝明，王晓，田永宏，等. 淤地坝试验研究与实践［M］. 郑州：黄河水利出版社，2003.
- [219] 郑宝明，王晓，田永宏，等. 淤地坝实验研究与实践［M］. 郑州：黄河水利出版社，2003.

[220] 郑宝明，等. 黄土丘陵沟壑区第一副区小流域坝系建设理论与实践 [M]. 郑州：黄河水利出版社，2004.

[221] 郑粉莉，高学田. 黄土坡面土壤侵蚀过程与模拟 [M]. 西安：陕西人民出版社，2000.

[222] 郑书彦. 滑坡侵蚀及其动力学机制与定量评价研究 [D]. 杨陵：中国科学院水土保持研究所，2002.

[223] 中野秀章，李云森，译. 森林水文学 [M]. 北京：中国林业出版社，1983.

[224] 周伏建，陈明华，林福兴，等. 福建省降雨侵蚀力指标的初步探索 [J]. 亚热带水土保持，1989，2：13-18.

[225] 周佩华，窦葆璋，孙清芳，等. 降雨能量试验研究初报 [J]. 水土保持通报，1981，1（1）：51-60.

[226] 周佩华，王占礼. 黄土高原土壤侵蚀暴雨标准 [J]. 水土保持通报，1987，7（1）：38-44.

[227] 周维芝. ^{137}Cs法研究不同地貌类型土壤侵蚀强度分异 [D]. 中国科学院水土保持研究所，1996.

[228] 朱启疆，帅艳民，陈雪，等. 土壤侵蚀信息熵：单元地表可蚀性的综合度量指标 [J]. 水土保持学报，2002，16（1）：50-53.

[229] 朱显谟. 黄土区土壤侵蚀的分类 [J]. 土壤学报，1956，4（2）：99-115.

[230] 朱显谟. 黄土区土壤侵蚀分类 [J]. 土壤学报，1956，4（2）：99-105.

[231] 朱晓华，王健. 分形理论在地理学中应用现状和前景展望 [J]. 大自然探索，1999，18（69）：42-46.

[232] 祝玉学. 边坡可靠性分析 [M]. 北京：冶金工业出版社，1993.

[233] 庄作权. 利用放射化学及地球化学方法追踪德基水库集水区之泥沙来源 [J]. 水土保持研究，1995，2（3）：195-198.

[234] 邹亚荣，张增祥，周全斌，等. 基于GIS的土壤侵蚀与土地利用关系分析 [J]. 水土保持研究，2002，9（1）：67-69.